双证融通系列丛书

免费电子资源下载

电力电子技术简明教程

钟晓强　李方园　编著

机 械 工 业 出 版 社

电力电子技术是建立在电力半导体开关器件基础上实现电能变换的控制技术。本书反映了当前技术发展的主流和趋势，以加强基础、突出处理问题的思维方法，培养学生（或学员）分析问题和解决问题的能力为原则，详细介绍了常用电力电子器件分析与实践，触发电路分析与实践，可控整流电路分析与实践，直流斩波电路分析与实践，交流变换电路分析与实践，逆变电路分析与实践等内容。

本书可作为高职高专电气自动化、应用电子、机电一体化等专业的课程教材，也可作为广大电工技术爱好者、求职者、下岗再就业者、职业培训人员的参考用书。

图书在版编目（CIP）数据

电力电子技术简明教程/钟晓强等编著．—北京：机械工业出版社，2013.1（2017.1重印）
（双证融通系列丛书）
ISBN 978-7-111-40871-0

Ⅰ.①电… Ⅱ.①钟… Ⅲ.①电力电子技术－教材 Ⅳ.①TM1

中国版本图书馆CIP数据核字（2012）第301074号

机械工业出版社（北京市百万庄大街22号 邮政编码100037）
策划编辑：林春泉 责任编辑：赵 任
版式设计：赵颖喆 责任校对：丁丽丽
封面设计：路恩中 责任印制：常天培
北京机工印刷厂印刷（三河市南杨庄国丰装订厂装订）
2017年1月第1版第2次印刷
184mm×260mm·16.5印张·406千字
3 001—4 000册
标准书号：ISBN 978-7-111-40871-0
定价：39.80元

凡购本书，如有缺页、倒页、脱页，由本社发行部调换

电话服务
服务咨询热线：010-88379833
读者购书热线：010-88379649

网络服务
机 工 官 网：www.cmpbook.com
机 工 官 博：weibo.com/cmp1952
教育服务网：www.cmpedu.com
金 书 网：www.golden-book.com

封面无防伪标均为盗版

序

本套“维修电工培训与电类人才培养”双证融通系列丛书（简称双证融通系列丛书）是在全社会大力推进“工学结合、产学合作”的大环境下推出的。丛书以服务为宗旨，以就业为导向，以提高学生（学员）素质为核心，以培养学生（学员）职业能力为本位，全方位推行产学合作，强调学校（培训机构）与社会的联系，注重理论与实践的结合，将分层化国家职业标准的理念融入课程体系，将国家职业资格标准、行业标准，融入课程标准。

目前，在很多高职院校、应用型本科中都有“电气自动化技术”专业，其对应的第一岗位就是电气设备及其相关产品的设计与维护，对应的考证为维修电工（中高级）。因此，本丛书以目前在各类高校中针对国家职业标准重新修订的“电类人才培养”教学计划为基础，将职业标准融入到课程标准中，并力求使各课程的理论教学、实操训练与国家职业标准的应知、应会相衔接对应，力求做到毕业后零距离上岗。

电类人才的培养目标定位于培养具有良好思想品德和职业道德，具备较为坚实的文化基础知识和电专业基础知识，要求学生能适应电气自动化行业发展的需要，从事电气控制设备和自动化设备的安装、调试与维护的高素质高技能专门人才。根据这一培养目标制订的教学计划，除了能够做到学历教育与职业资格标准的完全融合外，还具有一定的前瞻性、拓展性，既满足当前岗位的要求，又体现未来岗位的发展要求；既确保当前就业能力，又为学生后续可持续发展提供基础和保障；既包含职业资格证书的内容，又保证学历教育的教学内容；既符合教育部门对电气自动化技术毕业生学历培养的要求，又符合人力资源与社会保障部对“维修电工中（高）级”职业技能鉴定的要求。

本丛书推出7门“双证融通”课程，每门课程均有电子资源免费下载，它们分别是：

（1）电工电子技术简明教程

（2）数控机床电气控制简明教程

（3）AutoCAD工程绘图简明教程

（4）电力电子技术简明教程

（5）三菱PLC应用简明教程

（6）西门子S7 PLC应用简明教程

（7）变频器应用简明教程

特别感谢宁波市服务型教育重点专业建设项目（电子电气专业）的出版资助，同时也感谢机械工业出版社电工电子分社、浙江工商职业技术学院为丛书的策划与推广提供了必不可少的帮助。

丛书主编：李方园

前　言

电力电子技术是一门利用电力电子器件对电能进行控制和转换的学科。美国电气电子工程师学会（IEEE）的电力电子学会对电力电子技术的定义是："有效地使用电力半导体器件，应用电路和设计理论以及分析开发工具，实现多电能的高效能变换和控制的一门技术，它包括电压、电流、频率和波形等方面的变换"。电力电子技术突出对电力的变换，可以实现几瓦、几十瓦、数百瓦乃至数千兆瓦的功率变换，该技术已经被广泛地应用到生产、生活的各个领域。

电力电子技术包括电力电子器件、变流电路和控制电路 3 个部分，其中电力电子器件是基础，变流技术是电力电子技术的核心。随着科学技术的发展，电力电子技术又与现代控制理论、材料科学、电机工程、微电子技术等许多领域密切相关。目前，电力电子技术已逐步发展成为一门多科学相互渗透的综合性技术学科。

本书共分 6 讲，分别是：常用电力电子器件分析与实践、常见触发电路分析与实践、可控整流电路分析与实践、直流斩波电路分析与实践、交流调压电路分析与实践、逆变电路分析与实践等。

第 1 讲是常用电力电子器件分析与实践。包括电力二极管、普通晶闸管、双向晶闸管及其晶闸管派生器件、门极关断（GTO）晶闸管、电力晶体管（GTR）、电力场效应晶体管（MOSFET）、绝缘栅双极型晶体管（IGBT）及其他新型电力电子器件等。在内容上主要介绍器件的结构、工作原理及基本应用。

第 2 讲是常见触发电路分析与实践。包括单结晶体管触发电路分析与实践、锯齿波触发电路分析与实践、正弦波触发电路分析与实践、集成触发电路分析与实践等。

第 3 讲是可控整流电路分析与实践。包括单相半波可控整流电路分析与实践、单相桥式可控整流电路分析与实践、三相半波可控整流电路分析与实践、三相桥式全控整流电路分析与实践等。

第 4 讲是逆变电路分析与实践。包括有源逆变电路分析与实践、无源逆变电路分析与实践等。

第 5 讲是直流斩波电路分析与实践。包括直流降压斩波（BUCK）电路分析与实践、直流升压斩波（BOOST）电路分析与实践、直流升-降压（BUCK-BOOST）电路分析与实践、ZETA 斩波电路等。

第 6 讲是交流调压电路分析与实践。包括单相交流调压电路分析与实践、三相交流调压电路分析与实践、交流开关及其应用电路分析与实践等。

在学习本课程时，要着重物理概念与基本分析方法的学习，理论与实际相结合，尽可能地做到器件、电路、应用三者相结合。要特别注意电路的波形分析与相位分析，在分析工作原理时要紧紧抓住电力电子器件在电路中导通与截止的变化过程，从波形分析中进一步理解电路的工作情况，同时要注意培养读图与分析的能力，以及器件计算、测量、调整及故障分析等方面的实践能力。

在本书的编写过程中，曾参考和引用了国内外许多专家、学者最新发表的论文和著作等资料，在此一并致谢！

作　者

目　录

第 1 讲　常用电力电子器件的分析与实践

【导读】

在电力电子技术的学习与应用中对电力电子器件的认知与分析是基础，因而掌握各种常用电力电子器件的特征和正确地使用方法是学好电力电子技术的关键。本学习项目在对电力电子器件的概念、特点和分类等问题作简要概述后，重点介绍了各种常用电力电子器件的工作原理、基本特性、主要参数、选择方法、保护方法及其使用中应注意的问题。

应知

※ 了解电力二极管及晶闸管的结构、符号与类型，掌握晶闸管的工作原理和主要参数
※ 熟悉晶闸管的导通条件和关断机理，掌握晶闸管的门极触发方式
※ 熟悉常见全控型电力电子器件的结构、符号及其工作原理，掌握其基本特性与参数的计算方法
※ 熟悉全控型器件的驱动及保护电路设置的目的与要求，掌握驱动与保护电路的分类与实现方法
※ 熟悉电力电子器件的缓冲电路结构与类型，掌握三种基本缓冲电路的工作原理
※ 熟悉电力电子器件的串、并联使用结构与形式

☆ 学会用万用表判别电力二极管和晶闸管引脚极性以及质量状态的基本方法，掌握晶闸管通断状态检测的基本步骤
☆ 掌握构建全控型器件状态检测电路的基本要求与实现方法，并具备能根据器件参数手册进行参数测定的能力
☆ 正确理解电力电子器件驱动电路的作用，掌握驱动电路的设置要求并学会进行电路测试与故障排除
☆ 掌握电力电子器件保护电路的基本检测方法

应会

1.1 电力二极管和晶闸管的分析与实践

1.1.1 任务导入

电力二极管和普通晶闸管都属于大功率半导体整流器件。由于它们具有体积小、重量轻、效率高、开关动作迅速、维护简单、操作方便和使用寿命长等特点，因而在生产实际中得到了广泛的应用。

1.1.2 理论知识

1. 电力二极管

电力二极管（Power Diode）在20世纪50年代初期就获得了应用，当时也被称为半导体整流器。它的基本结构和工作原理与信息电子电路中的二极管是一样的，都以半导体PN结为基础，实现正向导通、反向截止的功能。电力二极管是不可控器件，其导通和关断完全是由其在主电路中承受的电压和电流决定的。

（1）结构与伏安特性

1）结构　电力二极管的内部结构也是一个PN结，结面积较大。在PN结的两端各引出一个电极，分别称为阳极A和阴极K，使用的符号与中小功率电力二极管一样。由于电力二极管功率损耗较大，它的外形有螺栓式和平板式两种，其中螺栓式二极管的阳极紧栓在散热器上。平板式二极管又分为风冷式和水冷式，它的阳极和阴极分别由两个彼此绝缘的散热器紧紧夹住。电力二极管的外形、结构及电气符号如图1-1所示。

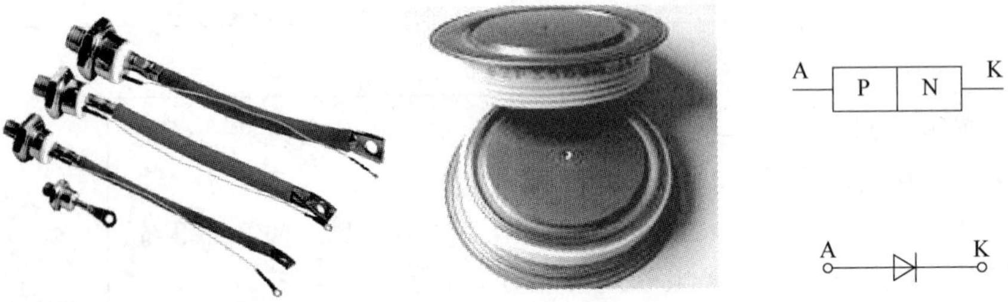

a)　b)　c)

图1-1　电力二极管外形、结构与电气符号

a）外形　b）内部结构　c）电气符号

2）伏安特性　电力二极管的阳极与阴极间的电压与流过管子的电流之间的关系称为伏安特性，如图1-2所示。当从零逐渐增大二极管的正向电压时，开始阳极电流很小，这一段特性曲线很靠近横坐标轴。当正向电压大于0.5V时，正向阳极电流急剧上升，管子正向导通。如果电路中不接限流元件，二极管将被烧毁。

当二极管加上反向电压时，起始段的反向漏电流也很小，而且随着反向电压的增加，反向漏电流只略微增大，但当反向电压增加到反向不重复峰值电压时（图1-2中的U_{RSM}），反向漏电流开始急剧增加。同样，如果对反向电压不加限制的话，二极管将被击穿而损坏。

（2）主要参数

1）额定电流（正向平均值电流）I_F　在规定的环境温度为 40℃和标准散热条件下，元件 PN 结温度稳定且不超过 140℃时，所允许长时间连续流过 50Hz 正弦半波的电流平均值。将此电流值取规定系列的电流等级，即为元件的额定电流。

2）反向重复峰值电压 U_{RRM}　在额定结温条件下，取元件反向伏安特性不重复峰值电压 U_{RSM}（见图 1-2）的 80%称为反向重复峰值电压 U_{RRM}。将 U_{RRM} 值取规定的电压等级就是该元件的额定电压。

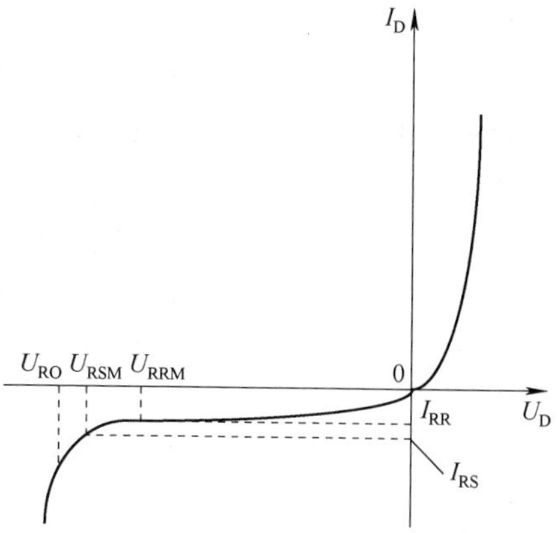

图 1-2　电力二极管伏安特性图

3）正向平均电压 U_F　在规定环境温度为 40℃和标准散热条件下，当通过晶闸管的电流为额定电流时，元件阳极与阴极之间的电压平均值，取规定系列组别称为正向平均电压 U_F，简称管压降，一般在 0.45 ~ 1V 范围内。

4）最高工作结温 T_{JM}　结温是指管芯 PN 结的平均温度，用 T_{JM} 表示。最高工作结温是指在 PN 结不致损坏的前提下所能承受的最高平均温度。T_{JM} 通常在 125 ~ 175℃范围之内。

（3）电力二极管的参数选择及使用注意事项

1）参数选择

① 额定正向平均电流 I_F 的选择原则：在规定的室温和冷却条件下，额定正向平均电流 I_F 可按式（1-1）计算后取相应标准系列值，即

$$I_F = (1.5 \sim 2)\frac{I_{DM}}{1.57} \tag{1-1}$$

式中　I_{DM}——流过二极管的最大电流有效值。

考虑到元件的过载能力较小，因此选择时应考虑 1.5 ~ 2 倍的安全裕量。

② 额定电压 U_{RRM} 的选择原则：选择电力二极管的反向重复峰值电压 U_{RRM} 的原则应为管子所工作的电路中可能承受到的最大反向瞬时值电压 U_{DM} 的 2 ~ 3 倍，即取相应标准系列值。

$$U_{RRM} = (2 \sim 3)U_{DM} \tag{1-2}$$

2）电力二极管使用注意事项

① 必须保证规定的冷却条件，如强迫风冷或水冷。如不能满足规定的冷却条件，必须降低容量使用。如规定风冷元件使用在自冷时，只允许用到额定电流的 1／3 左右。

② 平板型元件的散热器一般不应自行拆装。

③ 严禁用绝缘电阻表检查元件的绝缘情况。如需检查整机的耐压时，应将元件短接。

（4）电力二极管的主要类型

在实际应用中，人们将根据不同场合的不同要求，选择不同类型的电力二极管。而不同类型的电力二极管性能上的不同，都是由半导体物理结构和工艺上的差别造成的，它们的正向压降、反向耐压、反向漏电流及反向恢复特性等性能都各有差异。

1）普通二极管　普通二极管又称整流二极管，多用于开关频率不高（1kHz 以下）的整流电路中。其反向恢复时间较长，一般在 5μs 以上，这在开关频率不高时并不重要，在参数表中甚至不列出这一参数。但其正向电流定额和反向电压定额却可以达到很高，分别可达数

千安和数千伏以上。

2）快恢复二极管　恢复过程很短，特别是反向恢复过程很短（一般在 5μs 以下）的二极管被称为快恢复二极管，简称快速二极管。这类二极管工艺上多采用掺金措施，结构上有的采用 PN 结型结构，也有的采用对此加以改进的 PiN 结构。特别是采用外延型 PiN 结构的所谓的快恢复外延二极管，其反向恢复时间更短（可低于 50ns），正向压降也很低（0.9V 左右），但其反向耐压多在 400V 以下。不管是什么结构，快恢复二极管从性能上可分为快速恢复和超快速恢复两个等级。前者反向恢复时间为数百纳秒或更长，后者则在 100ns 以下，甚至达到 20～30ns。

3）肖特基二极管　以金属和半导体接触形成的势垒为基础的二极管称为肖特基势垒二极管，简称为肖特基二极管。肖特基二极管在信息电子电路中早就得到了应用，但直到 20 世纪 80 年代，由于工艺的发展才得以在电力电子电路中广泛应用。与以 PN 结为基础的电力二极管相比，肖特基二极管的优点在于：反向恢复时间很短（10～40ns），正向恢复过程中也不会有明显的电压过冲；在反向耐压较低的情况下其正向压降也很小，明显低于快恢复二极管。因此，其开关损耗和正向导通损耗都比快速二极管要小，且效率高。肖特基二极管的弱点在于：当所能承受的反向耐压提高时，其正向压降也会高得不能满足要求，因此多用于 200V 以下的低压场合；反向漏电流较大且对温度敏感，因此反向稳态损耗不能忽略，而且必须更严格地限制其工作温度。

2. 晶闸管

晶闸管（Thyristor）是晶体闸流管的简称，又称作晶闸管整流器（Silicon Controlled Rectifier，SCR），是一种能够承受高电压、大电流的半控型电力电子器件。1956 年美国贝尔实验室发明了晶闸管技术，1957 年美国通用电气公司（General Electric Company）成功地开发出世界上第一只工业用晶闸管。由于其在开通时刻可以控制，而且各方面的性能均明显优于以前的汞弧整流器，一面世立即受到了普遍的欢迎，从此开辟了电力电子技术迅速发展和广泛应用的崭新时代。晶闸管的特点是具有半控型，即通过在其控制门极上施加触发电压可以控制其导通，如果要对其进行关断则必须利用换相电路。

（1）晶闸管的结构

晶闸管的外形大致有三种：塑封形、螺栓形和平板形，图 1-3a 为塑封形，多用于额定电流在 10A 以下的电路，图 1-3b 为平板形，用于额定电流大于 200A 的电路，图 1-3c 为螺栓形，一般用于额定电流在 10～200A 的电路。晶闸管工作时，由于器件本身损耗会产生热量，因此需要通过加装散热器来降低管芯温度，而器件外形结构设计是为了便于安装散热器。

晶闸管是四层（$P_1N_1P_2N_2$）半导体元件，具有 3 个 PN 结，分别是 J_1、J_2、J_3，引出 3 个极分别是阳极（A）、阴极（K）、门极（G），其结构和电气图形符号如图 1-4 所示，其中图 1-4a 为晶闸管的内部结构，图 1-4b 为其电气图形符号。

（2）晶闸管的导通与关断条件

为了说明晶闸管的工作原理，先做一个实验，实验电路如图 1-5 所示。阳极电源 E_A 连接负载（白炽灯）接到晶闸管的阳极（A）与阴极（K），组成晶闸管的主电路。流过晶闸管阳极的电流称阳极电流 I_A，晶闸管阳极和阴极两端电压称阳极电压 U_A。门极电源 E_G 连接晶闸管的门极（G）与阴极（K），组成控制电路亦称触发电路。流过门极的电流称门极电流 I_G，门极与阴极之间的电压称门极电压 U_G。用白炽灯来观察晶闸管的通断情况。

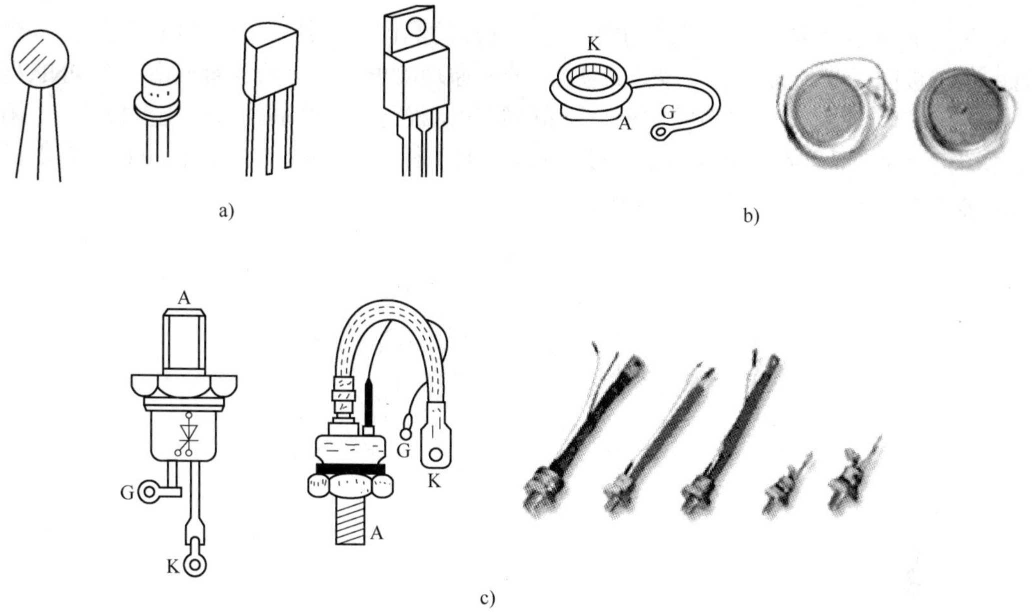

图 1-3　常见晶闸管的外形结构

a）塑封形　b）平板形　c）螺栓形

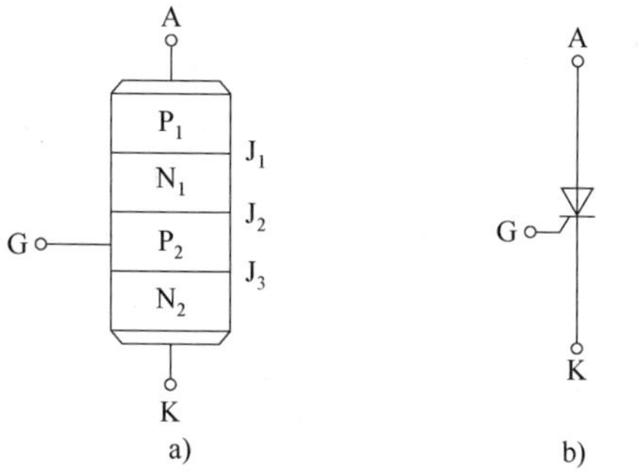

图 1-4　晶闸管的结构和电气图形符号

a）内部结构　b）电气图形符号

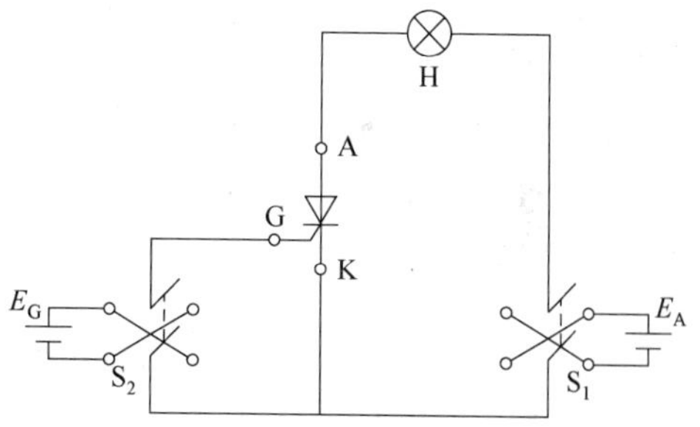

图 1-5　晶闸管导通与关断实验电路

实验说明：

1）当晶闸管承受反向阳极电压时，无论门极是否有正向触发电压或者承受反向触发电压，晶闸管不导通，只有很小的反向漏电流流过管子，这种状态称为反向阻断状态。说明晶闸管像整流二极管一样，具有单向导电性。

2）当晶闸管承受正向阳极电压时，门极加上反向电压或者不加电压，晶闸管不导通，这种状态称为正向阻断状态，这是二极管所不具备的。

3）当晶闸管承受正向阳极电压时，门极加上正向触发电压，晶闸管导通，这种状态称为正向导通状态。这就是晶闸管闸流特性，即可控特性。

4）晶闸管一旦导通后维持阳极电压不变，将触发电压撤除管子依然处于导通状态，即门极对管子不再具有控制作用。

（3）晶闸管工作原理

晶闸管的 PNPN 结构可以等效为两个互补连接的晶体管。其中，N_1 和 P_2 区既是一个晶体管的集电极同时又是另一个晶体管的基极。分析原理时可以把晶闸管看成由一个 PNP 型和一个 NPN 型两个晶体管连接而成，每一个晶闸管的基极与另一个晶闸管的集电极相连，阳极（A）相当于 PNP 型晶体管 VT_1 的发射极，阴极（K）相当于 NPN 型晶体管 VT_2 的发射极。其双晶体管模型及工作原理如图 1-6 所示。

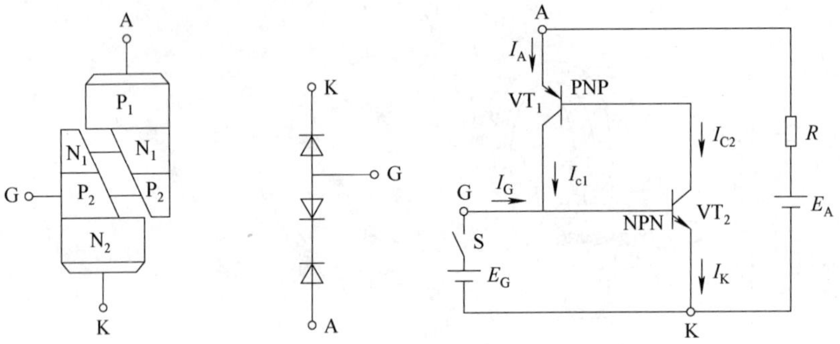

a)　　b)　　c)

图 1-6　晶闸管的双晶体管模型及其工作原理

a）双晶体管模型　b）PN 结等效结构　c）工作原理示意图

当晶闸管阳极承受正向电压（即 A 接电源正极，K 接电源负极），门极（G）不加电压，这时晶闸管相当于由 3 个 PN 结相串接，其中一只反接，因而不导通，如图 1-6b 所示。在晶闸管阳极承受正向电压，门极（G）也加上适当电压（$U_{GK}>0$）时，则有电流 I_G 从门极流入 NPN 型管的基极，即 I_{B2}，经放大后的集电极电流 I_{C2}（$I_{C2}=\beta_2 I_{B2}=\beta_2 I_G$）流入 PNP 型管的基极，再经 PNP 管的放大，其集电极电流 I_{C1} 又流入 NPN 型管的基极，如此循环，则产生强烈的增强式正反馈过程，即

$$I_G(I_{B2}) \xrightarrow{VT_2\text{放大}} I_{C2}(\beta_2 I_{B2}) \longrightarrow I_{B1} \xrightarrow{VT_1\text{放大}} I_{C1}(\beta_1\beta_2 I_{B1})$$

形成正反馈，很快使晶闸管触发导通

使两个晶闸管很快饱和导通，从而使晶闸管由阻断迅速的变为导通。流过晶闸管的电流将取决于外加电源电压和主回路的阻抗的大小。

晶闸管导通之后，它的导通状态完全依靠管子本身的正反馈作用来维持，即使门极电流消失，晶闸管仍将处于导通状态。因此，门极的作用仅是触发晶闸管使其导通，导通之后，门极就失去了控制作用。

欲使晶闸管关断，最根本的方法就是必须使其阳极电流减小到使之不能维持正反馈的程度，也就是将晶闸管的阳极电流减小到维持电流以下，这只有用使阳极电压减小到零或反向的方法来实现。

结论：

1）晶闸管导通条件　阳极加正向电压，门极加适当正向触发电压。

2）关断条件　流过晶闸管的电流小于维持电流。

（4）晶闸管基本特性

1）晶闸管的阳极伏安特性　晶闸管的阳极与阴极间电压和阳极电流之间的关系，称为阳极伏安特性。其伏安特性曲线如图 1-7 所示。

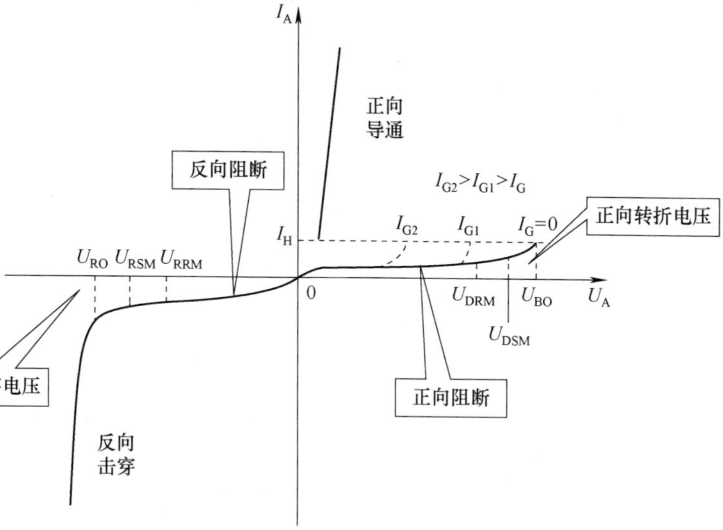

图 1-7　晶闸管阳极伏安特性曲线

图中第Ⅰ象限为正向特性，当 I_G=0 时，如果在晶闸管两端所加正向电压 U_A 未增到正向转折电压 U_{B0} 时，晶闸管都处于正向阻断状态，只有很小的正向漏电流。当 U_A 增到 U_{B0} 时，则漏电流急剧增大，晶闸管导通，正向电压降低，其特性和二极管的正向伏安特性相仿，称为正向转折或“硬开通”。多次“硬开通”会损坏管子，晶闸管通常不允许这样工作。一般采用对晶闸管的门极加足够大的触发电流使其导通，门极触发电流越大，正向转折电压越低。

晶闸管的反向伏安特性如图 1-7 中第Ⅲ象限所示，它与整流二极管的反向伏安特性相似。处于反向阻断状态时，只有很小的反向漏电流，当反向电压超过反向击穿电压 U_{R0} 时，反向漏电流急剧增大，造成晶闸管反向击穿而损坏。

2）晶闸管的门极伏安特性　晶闸管门极伏安特性是指门极电压与电流的关系，晶闸管的门极和阴极之间只有一个 PN 结，所以电压与电流的关系与普通二极管的伏安特性相似，门极伏安特性曲线如图 1-8 所示。图中 ABCGFEDA 所围成的区域为可靠触发区；图中阴影部分为不触发区；图中 ABCJIH 所围成的区域为不可靠触发区。

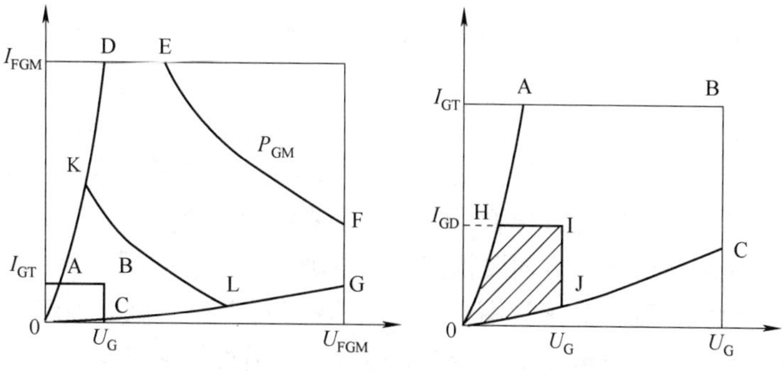

图 1-8　晶闸管门极伏安特性曲线

晶闸管是单向可控器件，即仅在晶闸管的阳极和阴极两端加正向电压时，晶闸管仍处于正向阻断状态，必须在它的门极和阴极也加适当的正向触发电压，晶闸管才能导通。

3）晶闸管的动态特性　晶闸管的动态特性主要是指晶闸管的开通与关断过程，其波形如图 1-9 所示。

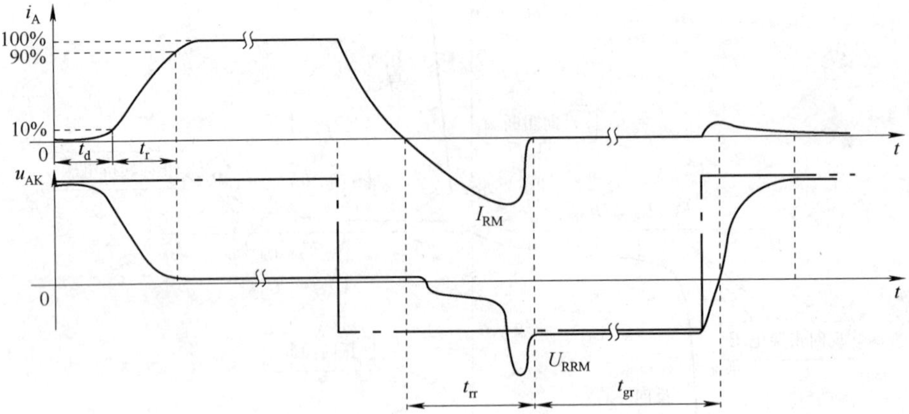

图 1-9　晶闸管的开通与关断过程波形

开通过程：

开通时间 t_{gt} 包括延迟时间 t_d 与上升时间 t_r，即

$$t_{gt}=t_d+t_r$$

延迟时间 t_d：门极电流阶跃时刻开始，到阳极电流上升到稳态值的 10%的时间。

上升时间 t_r：阳极电流从稳态值的 10%上升到稳态值的 90%所需的时间。

普通晶闸管延迟时间为 0.5 ~ 1ms，上升时间为 0.5 ~ 3ms。

关断过程：

关断时间 t_q 包括反向阻断恢复时间 t_{rr} 与正向阻断恢复时间 t_{gr}，即

$$t_q=t_{rr}+t_{gr}$$

普通晶闸管的关断时间一般为几百微秒。

反向阻断恢复时间 t_{rr}：正向电流降为零到反向电流衰减至接近零的时间。

正向阻断恢复时间 t_{gr}：晶闸管要恢复其对正向电压的阻断能力还需要一段时间。

注：

1）在正向阻断恢复时间内如果重新对晶闸管施加正向电压，晶闸管会重新正向导通。

2）在实际应用中，应对晶闸管施加足够长时间的反向电压，使晶闸管充分恢复其对正向电压的阻断能力，电路才能可靠工作。

（5）晶闸管主要参数

在实际使用的过程中，往往要根据实际的工作条件进行管子的合理选择，以达到满意的技术经济效果。怎样才能正确地选择管子呢？这主要包括两个方面：一方面要根据实际情况确定所需晶闸管的额定值；另一方面要根据额定值确定晶闸管的型号。

晶闸管的各项额定参数在晶闸管生产后，由厂家经过严格测试而确定，作为使用者来说，只需要能够正确地选择管子就可以了。表 1-1 列出了晶闸管的主要参数。

表 1-1　晶闸管的主要参数

型号	通态平均电流/A	通态峰值电压/V	断态正反向重复峰值电流/mA	断态正反向重复峰值电压/V	门极触发电流/mA	门极触发电压/V	断态电压临界上升率/（V/μs）	推荐用散热器	安装力/kN	冷却方式
KP5	5	≤2.2	≤8	100～2000	<60	<3		SZ14		自然冷却
KP10	10	≤2.2	≤10	100～2000	<100	<3	250～800	SZ15		自然冷却
KP20	20	≤2.2	≤10	100～2000	<150	<3		SZ16		自然冷却
KP30	30	≤2.4	≤20	100～2400	<200	<3	50～1000	SZ16		强迫风冷　水冷
KP50	50	≤2.4	≤20	100～2400	<250	<3		SL17		强迫风冷　水冷
KP100	100	≤2.6	≤40	100～3000	<250	<3.5		SL17		强迫风冷　水冷
KP200	200	≤2.6	≤0	100～3000	<350	<3.5		L18	11	强迫风冷　水冷
KP300	300	≤2.6	≤50	100～3000	<350	<3.5		L18B	15	强迫风冷　水冷
KP500	500	≤2.6	≤60	100～3000	<350	<4	100～1000	SF15	19	强迫风冷　水冷
KP800	800	≤2.6	≤80	100～3000	<350	<4		SF16	24	强迫风冷　水冷
KP1000	1000			100～3000				SS13		
KP1500	1000	≤2.6	≤80	100～3000	<350	<4		SF16	30	强迫风冷　水冷
KP2000								SS13		
	1500	≤2.6	≤80	100～3000	<350	<4		SS14	43	强迫风冷　水冷
	2000	≤2.6	≤80	100～3000	<350	<4		SS14	50	强迫风冷　水冷

1）晶闸管的电压定额

① 断态重复峰值电压 U_{DRM}：在图 1-7 所示的晶闸管的阳极伏安特性中，规定当门极断开，晶闸管处在额定结温时，允许重复加在管子上的正向峰值电压为晶闸管的断态重复峰值电压，用 U_{DRM} 表示。它是由伏安特性中的正向转折电压 U_{B0} 减去一定裕量，成为晶闸管的断态不重复峰值电压 U_{DSM}，然后再乘以 90%而得到的。至于断态不重复峰值电压 U_{DSM} 与正向转折电压 U_{B0} 的差值，则由生产厂家自定。这里需要说明的是，晶闸管正向工作时有两种工作状态：阻断状态（简称断态）；导通状态（简称通态）。

② 反向重复峰值电压 U_{RRM}：相似的，规定当门极断开，晶闸管处在额定结温时，允许重复加在管子上的反向峰值电压为反向重复峰值电压，用 U_{RRM} 表示。它是由伏安特性中的反向击穿电压 U_{R0} 减去一定裕量，成为晶闸管的反向不重复峰值电压 U_{RSM}，然后再乘以 90%而得到的。至于反向不重复峰值电压 U_{RSM} 与反向转折电压 U_{R0} 的差值，则由生产厂家自定。

③ 额定电压 U_{Tn}：将 U_{DRM} 和 U_{RRM} 中的较小值按百位取整后作为该晶闸管的额定值。例如：一晶闸管实测 $U_{DRM}=812V$，$U_{RRM}=756V$，将两者较小的 756V 按表 1-2 取整得 700V，该晶闸管的额定电压为 700V。

在晶闸管的铭牌上，额定电压是以电压等级的形式给出的，通常标准电压等级规定为：电压在 1000V 以下，每 100V 为一级，1000～3000V，每 200V 为一级，用百位数或千位和百位数表示级数。晶闸管标准电压等级见表 1-2。

表 1-2 晶闸管标准电压等级

级别	正反向重复峰值电压/V	级别	正反向重复峰值电压/V	级别	正反向重复峰值电压/V
1	100	8	800	20	2000
2	200	9	900	22	2200
3	300	10	1000	24	2400
4	400	12	1200	26	2600
5	500	14	1400	28	2800
6	600	16	1600	30	3000
7	700	18	1800		

在使用过程中，环境温度的变化、散热条件以及出现的各种过电压都会对晶闸管产生影响，因此在选择管子的时候，应当使晶闸管的额定电压是实际工作时可能承受的最大电压的 2~3 倍，即

$$U_{Tn}=(2\sim3)U_{TM} \tag{1-3}$$

④ 通态平均电压 $U_{T(AV)}$：在规定环境温度、标准散热条件下，元件通以额定电流时，阳极和阴极间电压降的平均值，称为通态平均电压（一般称为管压降）。从减小损耗和元件发热来看，应选择 $U_{T(AV)}$ 较小的管子。实际当晶闸管流过较大的恒定直流电流时，其通态平均电压比元件出厂时定义的值要大，约为 1.5V。晶闸管通态平均电压分组见表 1-3。

表 1-3 晶闸管通态平均电压分组

组别	A	B	C	D	E
通态平均电压/V	$U_T \leqslant 0.4$	$0.4< U_T \leqslant 0.5$	$0.5< U_T \leqslant 0.6$	$0.6< U_T \leqslant 0.7$	$0.7< U_T \leqslant 0.8$
组别	F	G	H	I	
通态平均电压/V	$0.8< U_T \leqslant 0.9$	$0.9< U_T \leqslant 1.0$	$1.0< U_T \leqslant 1.1$	$1.1< U_T \leqslant 1.2$	

2）晶闸管的电流定额

① 额定电流 $I_{T(AV)}$：由于整流设备的输出端所接负载常用平均电流来表示，晶闸管额定电流的标定与其他电器设备不同，采用的是平均电流，而不是有效值，又称为通态平均电流。所谓通态平均电流是指在环境温度为 40℃和规定的冷却条件下，晶闸管在导通角不小于 170°电阻性负载电路中，当不超过额定结温且稳定时，所允许通过的工频正弦半波电流的平均值。将该电流按晶闸管标准电流系列取值，称为晶闸管的额定电流。

按照规定条件，流过晶闸管的工频正弦半波电流波形如图 1-10 所示。

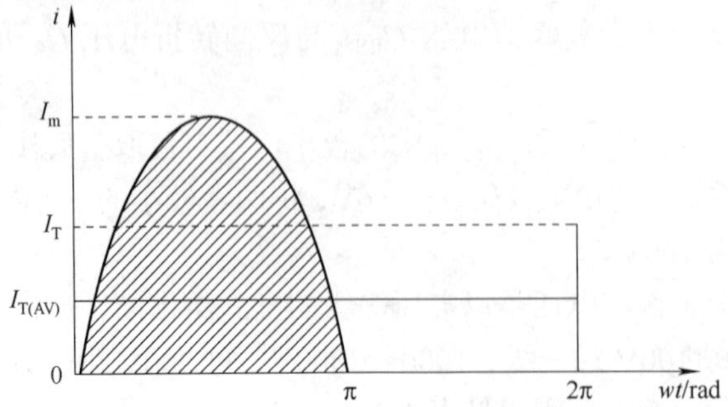

图 1-10 流过晶闸管的工频正弦半波电流波形

设电流峰值为 I_m，则通态平均电流为

$$I_{T(AV)}=\frac{1}{2\pi}\int_0^{\pi}I_m\sin wt\mathrm{d}(wt)=\frac{I_m}{\pi} \tag{1-4}$$

该电流波形的有效值为

$$I_T=\sqrt{\frac{1}{2\pi}\int_0^{\pi}(I_m\sin wt)^2\mathrm{d}(wt)}=\frac{I_m}{2} \tag{1-5}$$

但是决定晶闸管结温的是管子损耗的发热效应，表征热效应的电流是以有效值表示的，其两者的关系为

$$\frac{I_T}{I_{T(AV)}}=\frac{\pi}{2}=1.57 \tag{1-6}$$

晶闸管的额定电流用通态平均电流来表示，是因为晶闸管是可控的单向导通器件。但是，决定晶闸管结温的是管子损耗的发热效应，表征热效应的是以有效值表示的，不论流经晶闸管的电流波形如何、导通角有多大，只要电流有效值相等，其发热就是相同的。由式（1-6）可知，如额定电流为 100A 的晶闸管，其允许通过的电流有效值为 157A。

由于电路不同、负载不同、导通角不同，流过晶闸管的电流波形不一样，从而它的电流平均值和有效值的关系也不一样。晶闸管在实际选择时，其额定电流的确定一般按以下原则：管子在额定电流时的电流有效值大于其所在电路中可能流过的最大电流的有效值，同时取 1.5 ~ 2 倍的裕量，即

$$I_{T(AV)}=I_T/1.57$$

$$I_T=1.57I_{T(AV)} \tag{1-7}$$

考虑到晶闸管的过载能力差，因此在晶闸管选取时一般应考虑 1.5 ~ 2 倍的安全裕量，即

$$I_{T(AV)}=(1.5\sim2)I_T/1.57 \tag{1-8}$$

【例 1-1】　一晶闸管接在 220V 交流电路中，通过晶闸管电流的有效值为 50A，问如何选择晶闸管的额定电压和额定电流？

解： 晶闸管额定电压

$$U_{Tn}=(2\sim3)U_{TM}=(2\sim3)\sqrt{2}\times220\text{V}=(622\sim933)\ \text{V}$$

按晶闸管参数系列取 800V，即 8 级。

晶闸管的额定电流

$$I_{T(AV)}=(1.5\sim2)I_T/1.57=(1.5\sim2)50/1.57=(48\sim64)\ \text{A}$$

按晶闸管参数系列取 50A，所以选取的晶闸管型号 KP50-8E。

【例 1-2】 现有晶闸管型号为 KP50-7，用于某电路中时，流过的电流波形如图 1-11 所示，试求 I_m 允许多大？

解： KP50-7 晶闸管允许流过的电流有效值为

$$I_T=1.57\times I_{T(AV)}=1.57\times50\text{A}=78.5\text{A}$$

实际流过该管的电流有效值为

$$I=\frac{1}{2\pi}\int_0^{2\pi/3}I_m^2\mathrm{d}(wt)=\frac{I_m}{\sqrt{3}}$$

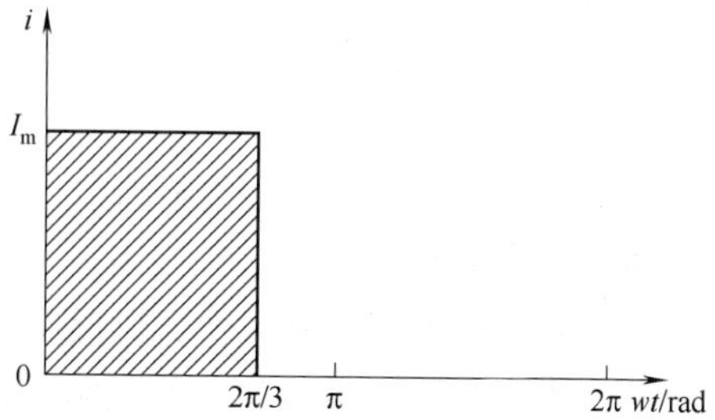

图 1-11　流过晶闸管的电流波形

当考虑 2 倍的安全裕量时，I_m 的允许值为

$$I_m = \frac{\sqrt{3} \times 78.5}{2} \text{A} \approx 68\text{A}$$

② 维持电流 I_H：在室温下门极断开时，元件从较大的通态电流降到刚好能保持导通的最小阳极电流称为维持电流 I_H。维持电流与元件容量、结温等因素有关，额定电流大的管子维持电流也大，同一管子结温低时维持电流增大，维持电流大的管子容易关断。同一型号的管子其维持电流也各不相同。

③ 擎住电流 I_L：在晶闸管加上触发电压，当元件从阻断状态刚转为导通状态就去除触发电压，此时要保持元件持续导通所需要的最小阳极电流，称为擎住电流 I_L。对同一个晶闸管来说，通常擎住电流比维持电流大数倍。

④ 断态重复峰值电流 I_{DRM} 和反向重复峰值电流 I_{RRM}：I_{DRM} 和 I_{RRM} 分别是对应于晶闸管承受断态重复峰值电压 U_{DRM} 和反向重复峰值电压 U_{RRM} 时的峰值电流。它们都应不大于表 1-2 中所规定的数值。

⑤ 浪涌电流 I_{TSM}：I_{TSM} 是一种由于电路异常情况（如故障）引起的并使结温超过额定结温的不重复性最大正向过载电流。浪涌电流有上下两个级，这些不重复电流定额用来设计保护电路。

3）晶闸管门极主要参数

① 门极触发电流 I_{GT}：在室温下，在晶闸管的阳极—阴极加上 6V 的正向阳极电压，管子由断态转为通态所必需的最小门极电流，称为门极触发电流 I_{GT}。

② 门极触发电压 U_{GT}：产生门极触发电流 I_{GT} 所必需的最小门极电压，称为门极触发电压 U_{GT}。

为了保证晶闸管的可靠导通，常常采用实际的触发电流比规定的触发电流大。

③ 门极正向峰值电压 U_{GM}、门极正向峰值电流 I_{GM} 和门极峰值功率 P_{GM}：在晶闸管触发过程中，不至于造成门极损坏的最大门极电压、最大门极电流和最大瞬时功率分别称为门极正向峰值电压 U_{GM}、门极正向峰值电流 I_{GM} 和门极峰值功率 P_{GM}。

4）晶闸管动态参数

① 断态电压临界上升率 $\mathrm{d}u/\mathrm{d}t$：$\mathrm{d}u/\mathrm{d}t$ 是在额定结温和门极开路的情况下，不导致从断态到通态转换的最大阳极电压上升率。实际使用时的电压上升率必须低于此规定值。

限制元件正向电压上升率的原因是：在正向阻断状态下，反偏的 J_2 结相当于一个结电容，如果阳极电压突然增大，便会有一充电电流流过 J_2 结，相当于有触发电流。若 $\mathrm{d}u/\mathrm{d}t$ 过大，即充电电流过大，就会造成晶闸管的误导通。所以在使用时，采取保护措施，使它不超过规定值。

② 通态电流临界上升率 $\mathrm{d}i/\mathrm{d}t$：$\mathrm{d}i/\mathrm{d}t$ 是在规定条件下，晶闸管能承受而无有害影响的最大通态电流上升率。

如果阳极电流上升太快，则晶闸管刚一导通时，会有很大的电流集中在门极附近的小区域内，造成 J_2 结局部过热而使晶闸管损坏。因此，在实际使用时要采取保护措施，使其被限制在允许值内。

（6）晶闸管的型号

根据国家的有关规定，普通晶闸管的型号及含义如下：

K　P　□ - □　□

- □（第三个）——通态平均电压组别（小于100A不标）
- □（第二个）——正反向重复峰值电压等级（额定电压）
- □（第一个）——额定通态平均电流系列（额定电流）
- P——普通反向阻断型
  - K—快速型，S—双向型，N—逆导型，G—可关断型。
- K——表示闸流特性

3. 双向晶闸管

双向晶闸管是在普通晶闸管的基础上发展起来的，具有双向导通能力，能够实现在交流信号的正负半周都有电流输出。

（1）双向晶闸管结构

双向晶闸管的外形与普通晶闸管类似，有塑封式、螺栓式、平板式。但其内部是一种 NPNPN 5 层结构的 3 端器件。有两个主电极 T_1、T_2，1 个门极（G）。常见的双向晶闸管外形及引脚排列如图 1-12 所示。

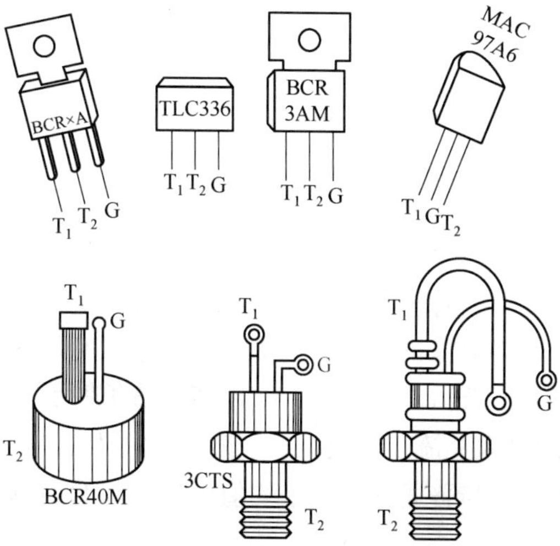

图 1-12　常见的双向晶闸管外形及引脚排列

双向晶闸管的内部结构、等效电路及图形符号如图 1-13 所示。

从图 1-13 可见，双向晶闸管相当于两个普通晶闸管反向并联（$P_1N_1P_2N_2$ 和 $P_2N_1P_1N_4$），不过它只有一个门极（G），由于 N_3 的存在，使得门极（G）相对于 T_1 端无论是正的或负的，都能触发，而且 T_1 相对于 T_2 既可以是正，也可以是负。

（2）双向晶闸管的特性及参数

双向晶闸管具有正反向对称的伏安特性。正向部分位于第 I 象限，反向部分位于第Ⅲ象限。双向晶闸管伏安特性曲线如图 1-14 所示。

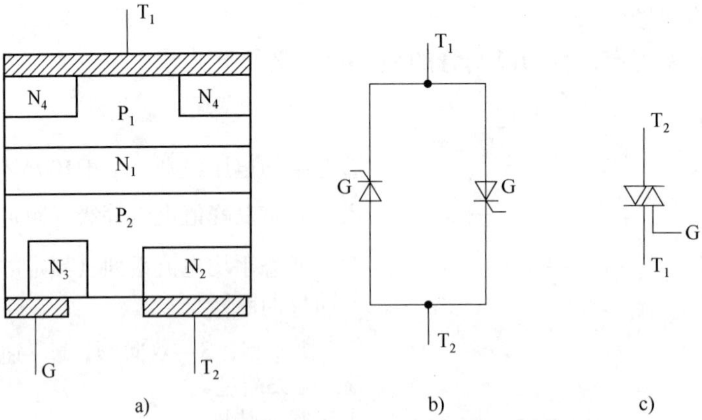

图 1-13　双向晶闸管内部结构、等效电路及图形符号

a）内部结构　b）等效电路　c）图形符号

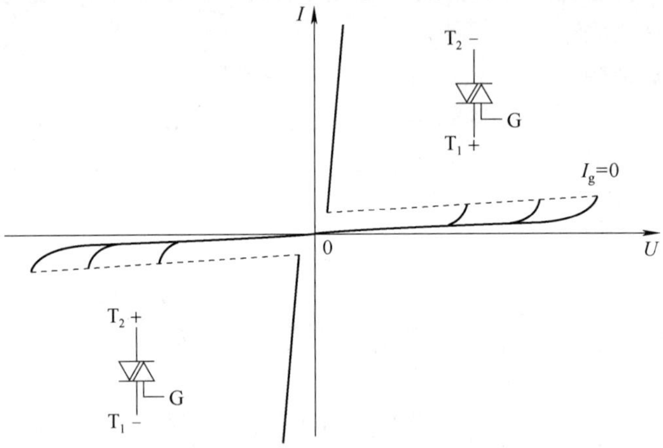

图 1-14　双向晶闸管伏安特性曲线

双向晶闸管的主要参数中只有额定电流与普通晶闸管有所不同，其他参数定义相似。由于双向晶闸管工作在交流电路中，正反向电流都可以流过，所以它的额定电流不是用平均值而是用有效值（方均根值）来表示，定义为：在标准散热条件下，当器件的单向导通角大于170° 时，允许流过器件的最大交流正弦电流的有效值，用 $I_{T(RMS)}$ 表示。

双向晶闸管方均根值电流与普通晶闸管平均值电流之间的换算关系式为

$$I_{T(AV)}=\frac{\sqrt{2}}{\pi}I_{T(RMS)}=0.45I_{T(RMS)}$$

以此推算，一个 100A 的双向晶闸管与两个反并联 45A 的普通晶闸管电流容量相等。

国产双向晶闸管的型号表示如：KS50-10-21，额定电流 50A，断态重复峰值电压 10 级（1000V），断态电压临界上升率 du/dt 为 2 级（不小于 200V/μs），换向电流临界下降率 di/dt 为 1 级（不小于 1% $I_{T(RMS)}$）。

（3）双向晶闸管的触发方式

双向晶闸管正反两个方向都能导通，门极加正负电压都能触发。根据主电压与触发电压配合方式，可以得到四种触发方式：

1）Ⅰ$_+$触发方式：主极T_1为正，T_2为负；门极电压为正，T_2为负。特性曲线在第Ⅰ象限。

2）Ⅰ$_-$触发方式：主极T_1为正，T_2为负；门极电压为负，T_2为正。特性曲线在第Ⅰ象限。

3）Ⅲ$_+$触发方式：主极T_1为负，T_2为正；门极电压为正，T_2为负。特性曲线在第Ⅲ象限。

4）Ⅲ$_-$触发方式：主极T_1为负，T_2为正；门极电压为负，T_2为正。特性曲线在第Ⅲ象限。

由于双向晶闸管的内部结构原因，四种触发方式中触发灵敏度不相同，以Ⅲ$_+$触发方式灵敏度最低，使用时要尽量避开，双向晶闸管经常采用的触发方式为Ⅰ$_+$和Ⅲ$_-$。

（4）双向晶闸管的门极控制

双向晶闸管的控制方式常用的有两种：第一种为移相触发，与普通晶闸管一样，是通过控制触发脉冲的相位来达到调压的目的；第二种是过零触发，适用于调功电路及无触点开关电路。

1）本相电压强触发电路

这种触发方式电路简单、工作可靠，主要用于双向晶闸管组成的交流开关电路。本相电压的触发方式如图1-15所示。

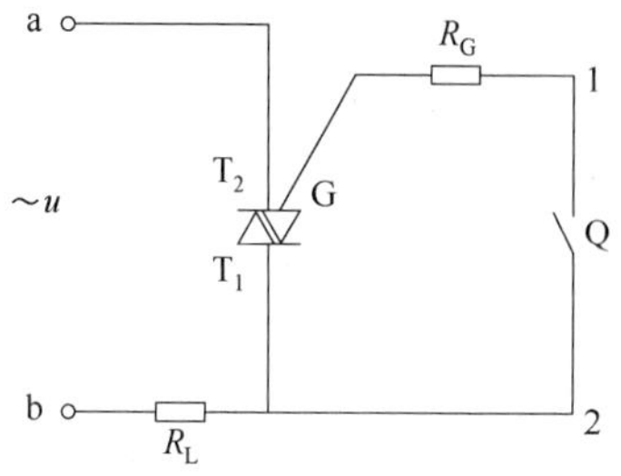

图1-15　本相电压的触发方式

图1-15中双向晶闸管的T_1和G之间通过开关Q和R_G相连接，当Q闭合，交流电源加在T_1、T_2两极的电压直接加至T_2和G之间，作为双向晶闸管的触发电压。T_2、G两端的电压将随电源电压的变化而变化，当该电压形成的电流达到双向晶闸管的触发电流时，双向晶闸管导通。器件导通后T_1与T_2之间的电压瞬时降至双向晶闸管的导通压降1V左右，从而使门极电压也降至很小，不再对双向晶闸管产生什么影响。本电路双向晶闸管的触发方式为Ⅰ$_+$和Ⅲ$_-$。

为限制触发电流，门极回路所串限流电阻R_G应近似选为

$$R_G = U_{GM} / I_{GM}$$

式中　U_{GM}——双向晶闸管的T_2和G之间的峰值电压；

I_{GM}——双向晶闸管门极的允许峰值电流。

2）程控单结晶体管（Programmable Uniguction Transistor，PUT）组成的触发电路

程控单结晶体管结构如图1-16a所示，也是由PNPN型四层半导体材料组成，其引出端为阳极（A）、阴极（C）、门极（G）三端。与普通晶闸管不同的是门极（G）是从N_1区引出的。其结构和符号如图1-16a和1-16b所示。图1-16c是其典型工作原理电路。

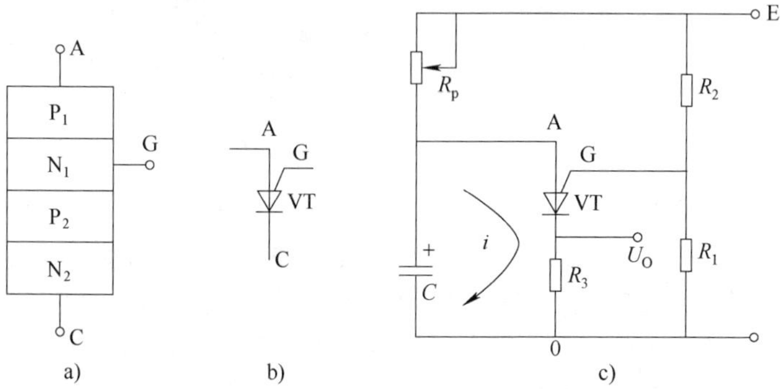

图1-16　程控单结晶体管结构、符号及工作原理电路

注意：程控单结晶体管的门极（G）是从 N_1 区引出的。图 1-16c 是程控单结晶体管的工作电路，当 R_1 和 R_2 的阻值一定时，门极电位即被确定。此时，PUT 能否导通就取决于 A 点电位。若 $U_A < U_{AG} + U_G$（U_{AG} 为 P_1N_1 结的正向压降），PUT 不导通。若 $U_A > U_{AG} + U_G$，PUT 就被触发导通。PUT 一旦导通，门极即失去控制，电容 C 放电，在 R_3 上有 U_O 输出。当放电电流小于 PUT 的维持电流时，PUT 关断。电容 C 再通过 $E \to R_p \to C \to 0$ 充电，当充至 $U_A > U_{AG} + U_G$，PUT 又被触发导通，从而形成振荡。

PUT 管的振荡周期为

$$T = RCIn\frac{1}{1-\eta} \tag{1-9}$$

式中　η——分压比，其值为 $\eta = \dfrac{R_1}{R_1 + R_2}$。

改变外接电阻 R_1 和 R_2 的大小，即可改变分压比，从而调节输出电压 U_O 的振荡周期。PUT 输出的脉冲电压上升快，导通电阻小，频率高，幅值大，一般经功率放大后可触发大功率双向晶闸管。

双向晶闸管的触发，除了上述电路形式外，还有单结晶体管触发电路和集成触发电路等。双向晶闸管相当于两个晶闸管反向并联，具有触发电路简单、工作性能可靠的优点，在交流调压、无触点交流开关、温度控制、灯光调节及交流电动机调速等领域应用广泛。

4. 常见晶闸管的衍生品种

晶闸管经过几十年的发展已经衍生出多种不同用途和功能的产品，如快速晶闸管、逆导晶闸管、光控晶闸管、不对称晶闸管等。

（1）快速晶闸管

快速晶闸管（Fast Switching Thyristor，FST），是指那些可以在 400Hz 以上频率工作的晶闸管。视电流容量大小，其开通时间为 4 ~ 8μs，关断时间为 10 ~ 60μs。快速晶闸管主要用于较高频率的整流、斩波、逆变和变频电路。其实物如图 1-17 所示。

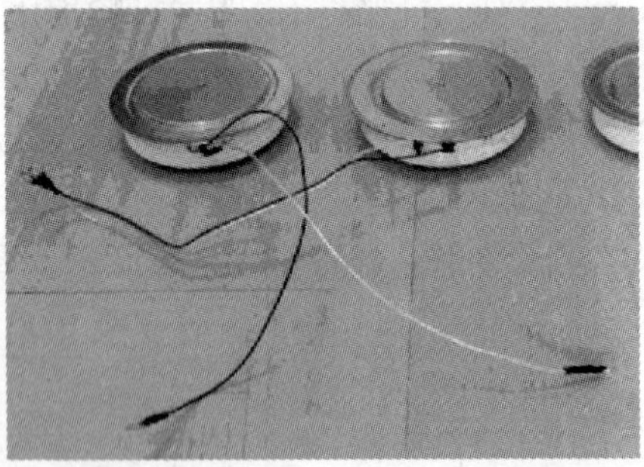

图 1-17　快速晶闸管实物图

快速晶闸管是一个 PNPN 四层三端器件，其符号与普通晶闸管（见逆阻晶闸管）一样，它不仅要有良好的静态特性，尤其要有良好的动态特性。快速晶闸管的动态参数要求为开通速度和导通扩展速度快，反向恢复电荷少，关断时间短，通态电流临界上升率（di/dt）及断态电压临界上升率（du/dt）高。通态电流临界上升率是在规定条件下，器件从断态转入通态时，对晶闸管不产生有害影响的最大通态电流上升率；断态电压临界上升率是在规定条件下，器件从断态不致转向通态的最大断态电压上升率。快速晶闸管在额定频率内其额定电流不随频率的增加而下降或下降很少。而普通晶闸管在 400Hz 以上时，因开关损耗随频率的提高而增大，并且在总损耗中所占比重也增加，所以其额定电流随频率增加而急速下降。

快速晶闸管的结构和工作原理与普通晶闸管相同，但在设计与制造中采取了特殊措施以减少开关耗散功率。通常采用增加门极 – 阴极周界长度、减薄基区厚度的办法，增加初始导通面积，提高 di/dt 耐量和提高扩展速度；采用阴极短路点、非对称结构、掺金、铂或用电子、快中子辐照技术等办法降低少子寿命，提高 du/dt 耐量，降低关断时间。20 世纪 80 年代，快速晶闸管已做到通态平均电流为 1000A，耐压为 2500V，关断时间为 30μs。

快速晶闸管的型号表示与普通晶闸管一样。例如 KG50（20kHz），表示该高频管的标称工作频率为 20kHz，通态平均电流为 50A（20kHz 下正弦半波平均电流值）。20 世纪 80 年代中期，中国已能生产 KG100（20kHz）和 KG200（10kHz），耐压为 1 ~ 1.2kV 的高频晶闸管。

快速晶闸管采取的特殊措施，在一定程度上降低了静态特性（如升高了通态压降），故限制了它直接工作于更高频率的大功率电子设备。为满足更高频率下工作对晶闸管提出的特殊要求，开发了门极辅助关断晶闸管、门极关断晶闸管等。

（2）光控晶闸管

光控晶闸管又称光触发晶闸管，是利用一定波长的光照信号触发导通的晶闸管。小功率光控晶闸管只有阳极和阴极两个端子，大功率光控晶闸管则还带有光缆，光缆上装有作为触发光源的发光二极管或半导体激光器。由于采用光触发保证了主电路与控制电路之间的绝缘，而且可以避免电磁干扰的影响，因此光控晶闸管目前在高压大功率的场合，如高压直流输电和倒牙核聚变装置中，占据重要的地位。

1）光控晶闸管的结构　通常晶闸管有 3 个电极：门极（G）、阳极（A）和阴极（C）。而光控晶闸管由于其控制信号来自光的照射，没有必要再引出门极，所以只有两个电极（阳极（A）和阴极（C））。但它的结构与普通晶闸管一样，是由四层 PNPN 器件构成。

光控晶闸管的外形如图 1-18a 所示。其电气符号如图 1-18b 所示。从外形上看，光控晶闸管亦有受光窗口，还有两条引脚和壳体，酷似光敏二极管。

2）光控晶闸管的工作原理　当在光控晶闸管的阳极加上正向电压，阴极加上负向电压时，图 1-19a 所示的光控晶闸管可以等效成图 1-19b 所示的电路。

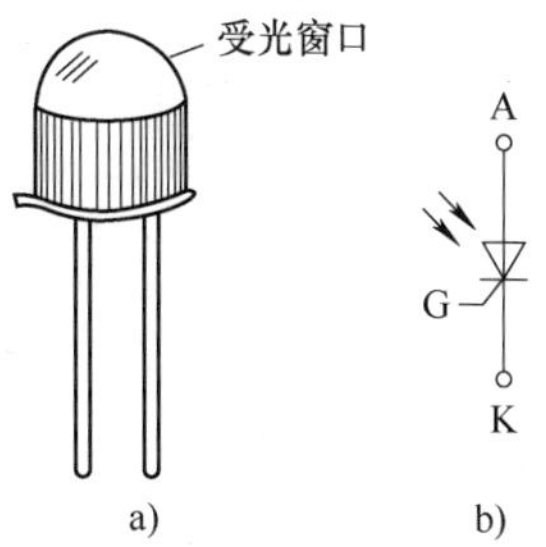

图 1-18　光控晶闸管外形及电气符号
a）外形　b）电气符号

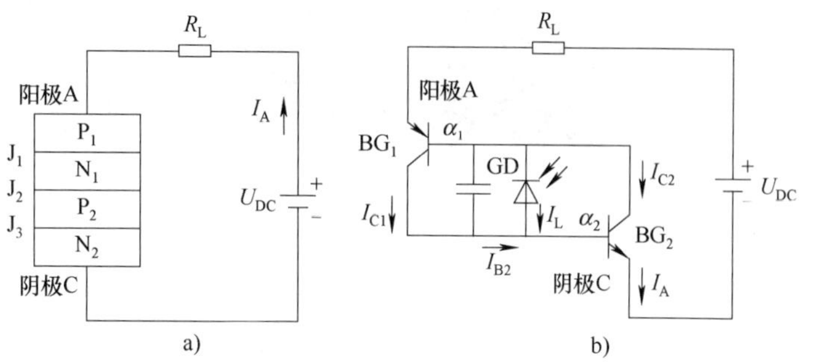

图 1-19　光控晶闸管内部结构、等效电路

由图 1-19b 可推算出下式：

$$I_A = I_1/[1-(\alpha_1+\alpha_2)]$$

式中 I_1——光敏二极管的光电流；

I_A——光控晶闸管阳极电流，即光控晶闸管的输出电流；

α_1、α_2——BG_1、BG_2的电流放大系数。

由上式可知，I_A与I_1成正比，即当光敏二极管的光电流增大时，光控晶闸管的输出电流也相应增大，同时I_1的增大，使BG_1、BG_2的电流放大系数α_1、α_2也增大。当α_1与α_2之和接近1时，光控晶闸管的I_A达到最大，即完全导通。能使光控晶闸管导通的最小光照度，称为导通光照度。光控晶闸管与普通晶闸管一样，一经触发，即成导通状态。只要有足够强度的光源照射一下管子的受光窗口，它就立即成为导通状态，而后即使撤离光源也能维持导通，除非加在阳极和阴极之间的电压为零或反相，才能关闭。

3）光控晶闸管的特性　为了使光控晶闸管能在微弱的光照下触发导通，必须使光控晶闸管在极小的控制电流下能可靠地导通。这样光控晶闸管受到了高温和耐压的限制，在目前的条件下，不可能与普通晶闸管一样做成大功率的。

光控晶闸管除了触发信号不同以外，其他特性基本与普通晶闸管是相同的，因此在使用时可按照普通晶闸管选择，只要注意它是光控这个特点就行了。光控晶闸管对光源的波长有一定的要求，即有选择性。波长在0.8～0.9μm的红外线及波长在1μm左右的激光，都是光控晶闸管较为理想的光源。

（3）逆导晶闸管

逆导晶闸管（Reverse-Conducting Thyristir，RCT）亦称反向导通晶闸管。其特点是在晶闸管的阳极与阴极之间反向并联一只二极管，使阳极与阴极的发射结均呈短路状态。由于这种特殊电路结构，使之具有耐高压、耐高温、关断时间短、通态电压低等优良性能。例如，逆导晶闸管的关断时间仅几微秒，工作频率达几十千赫，优于快速晶闸管。该器件适用于开关电源、UPS不间断电源中，一只RCT即可代替晶闸管和续流二极管各一只，不仅使用方便，而且能简化电路设计。

1）外形及电气符号　逆导晶闸管的外形与快速晶闸管相似，平板式的结构主要是为了更好的散热。图1-20a为逆导晶闸管的一种外形。逆导晶闸管是在普通晶闸管的基础上反并联了一只二极管，其电气符号如图1-20b所示。

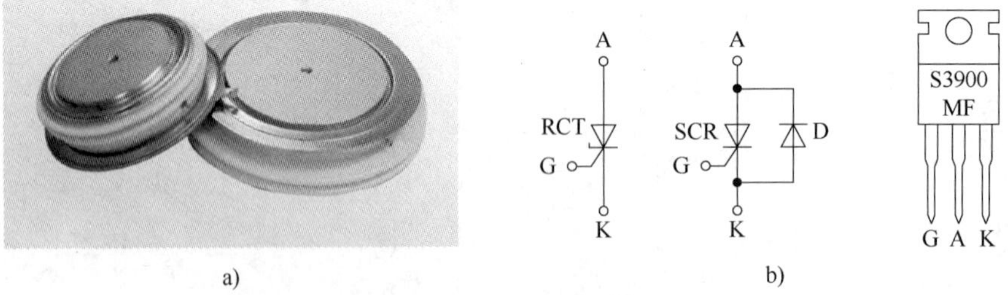

图1-20　逆导晶闸管的外形、电气符号

a）外形　b）电气符号

2）内部结构及工作原理　逆导晶闸管有3个引出电极（见图1-20b），分别用阳极（A）、阴极（K）、门极（G）表示。正向时，在阳极和阴极间加正压，若门极无电压，则阳极电压小于转折电压时，器件就不会导通；若门极加正压，器件在阳极电压小于转折电压时触发导通。逆导晶闸管的正向导通与晶闸管一样，它的反向导通与快速整流二极管一样。所以逆导晶闸管的稳态特性与由单只晶闸管和单只二极管反并联电路相比只有很小的差别，但在动态特性上，则有所不同，因为当晶闸管与二极管反并联并集成在一起时，它们之间存在着相互影响。即当二极管部分由正偏转入关断过程时，少子会流入晶闸管基区，若此时晶闸管部分加正偏，会引起误导通。所以晶闸管与二极管之间的隔离区一般采用电子辐照或挖槽等方法，以阻止载流子的横向扩散。逆导晶闸管的晶闸管部分通态平均电流和二极管部分通态平均电流比值根据应用而确定，它的换流能力由换向电流临界下降率和重加电压临界上升率决定，它的重加电压上升率一般比普通晶闸管低。其稳态的伏安特性如图 1-21c 所示。

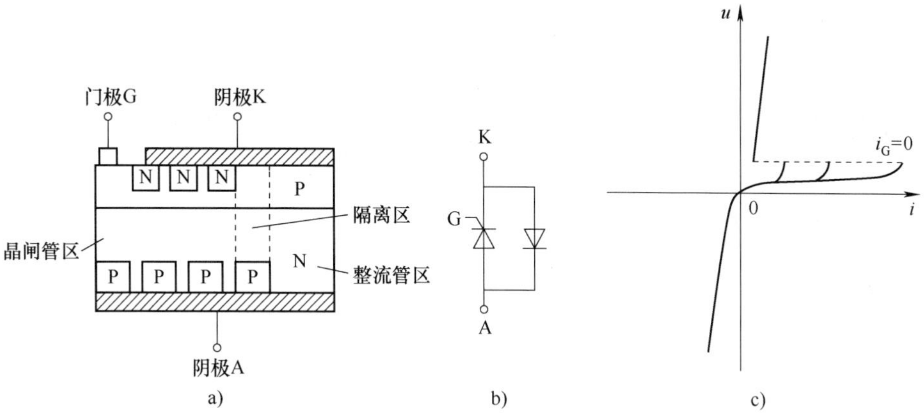

图 1-21　逆导晶闸管结构、等效电路及伏安特性

a）结构　b）等效电路　c）稳态伏安特性

逆导晶闸管的特点为：晶闸管部分采用阴极和阳极都短路的结构（见图 1-21a），使晶闸管部分的断态重复峰值电压高，关断时间短，正向压降小，高温特性好。二极管部分采用电子辐照或向半导体内掺金以减小载流子寿命，使之具有快速恢复特性。它在斩波及逆变电路中可用一个元件代替晶闸管及二极管，缩小了体积。由于把晶闸管和续流快速二极管集成在一个元件内，因而减小了接线电感，从而使换向电路小型化、轻量化。逆导晶闸管的发展方向为快速、高压、大电流以及晶闸管部分能自关断。晶闸管部分能自关断的逆导晶闸管称逆导门极关断晶闸管，它兼有门极关断晶闸管和逆导晶闸管的优点。逆导晶闸管用于逆变电路、斩波电路等需要将晶闸管和二极管反并联的场合。

1.1.3　技能训练

1. 知识准备

（1）晶闸管的简易测试方法

对于晶闸管的三个电极，可以用万用表粗测其好坏。

1）判断好坏

① 测晶闸管阳极（A）-阴极（K）之间的电阻（R×1kΩ 档）：其正、反向电阻都应为∞或在几百千欧以上，且正、反向电阻相差很小，否则说明内部有击穿或短路。

② 测晶闸管阳极（A）-门极（G）之间的电阻（R×1kΩ 档）：其正、反向电阻都应为∞或在几百千欧以上。

③ 测晶闸管门极（G）-阴极（K）之间的电阻（R×1Ω 档）：其正向电阻应为几十欧，

但反向电阻要视晶闸管容量而定，小容量晶闸管反向电阻为∞，大容量晶闸管反向电阻较小，但应比正向电阻大些。

2）判断电极　测量晶闸管任意两极间的正、反向电阻（R×1kΩ 档），如测得其中两电极的电阻较小（几到几十千欧），而变换表笔后电阻较大（几十到几百千欧），以阻值较小的那次为准，黑表笔所接为门极，红表笔所接为阴极，剩余的为阳极。

3）测试控制能力（R×1Ω 或 R×10Ω 档）　黑表笔接 A 极，红表笔接 K 极，表针应为∞或几百千欧；瞬间将 G-A 短路，指示值应变小；撤除短路后，表针指示应不变，说明门极的控制能力正常。

（2）双向晶闸管的简易测试方法

1）判断电极

① 先确定主电极（T_1）：将万用表置于 R×1kΩ 档。先假定任意一引脚为 T_1，接黑表笔，用红表笔去触碰另外两个电极，如均为∞，则原先假定正确，否则重新再测。

② 区分主电极（T_2）和门极（G）：先假定两个电极中任一个为 T_2，另一个为 G，万用表置于 R×1 档，黑表笔接 T_1，红表笔接 T_2，并将 G- T_1 短路一下再断开，如表针偏转并在较小值上停留，说明原先判断正确，否则原先判断错误。

2）判断好坏及触发能力

方法一，测量极间电阻法：万用表置于 R×1kΩ 档，测得 T_1-T_2、T_1-G 之间正、反向电阻接近∞，R×1 档测得 T_2-G 之间正、反向电阻在几十欧，说明双向晶闸管是好的。否则说明双向晶闸管性能变坏或击穿损坏，或内部接触不良，或开路损坏。

方法二，判断触发导通能力：万用表置于 R×1 档，黑表笔接 T_1，红表笔接 T_2，用短路线将 G-T_1 短路再断开，如果指针发生较大偏转并停在一固定位置，说明双向晶闸管的一部分是好的。再将红表笔接 T_1，黑表笔接 T_2，用短路线将 G-T_2 短路再断开，如结果同上，说明双向晶闸管的另一部分是好的。测试到此为止说明双向晶闸管整个都是好的，在两个方向上均能触发导通。

测试时请注意，在测量大功率双向晶闸管时应尽量使用低阻档，不行还可以在万用表上串上一节或多节干电池，使测试更为可靠。

2. 实践操作——晶闸管的简易测试及导通与关断测试

（1）所需设备

1）晶闸管（好、坏）各一只、电容 2 只；

2）万用表；

3）直流稳压电源一台；

4）干电池。

（2）检测电路

晶闸管导通与关断测试电路如图 1-22 所示。晶闸管好坏测试如图 1-23 所示。

（3）操作步骤

1）用万用表粗测元件好坏　如图 1-23 所示，用万用表 R×1kΩ 档，测量两只晶闸管的阳极（A）与阴极（K）之间的正、反向电阻 R_{AK} 和 R_{KA}；再用万用表 R×10Ω 档，测量两只晶闸管的门极（G）与阴极（K）之间的正、反向电阻 R_{GK} 和 R_{KG}。将所测数据填入表 1-4 中，并判断被测晶闸管的好坏。

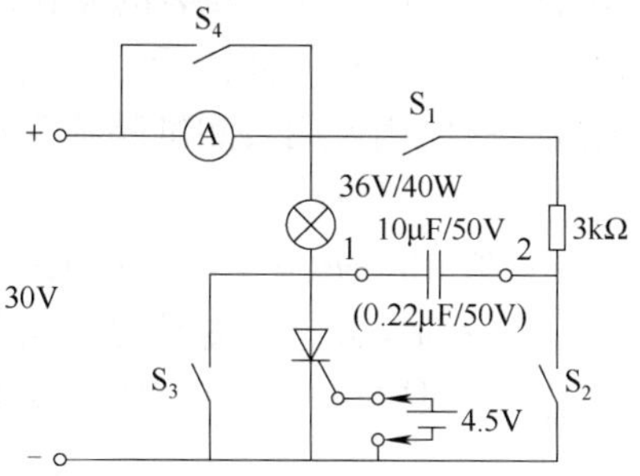

图 1-22 晶闸管导通与关断测试电路

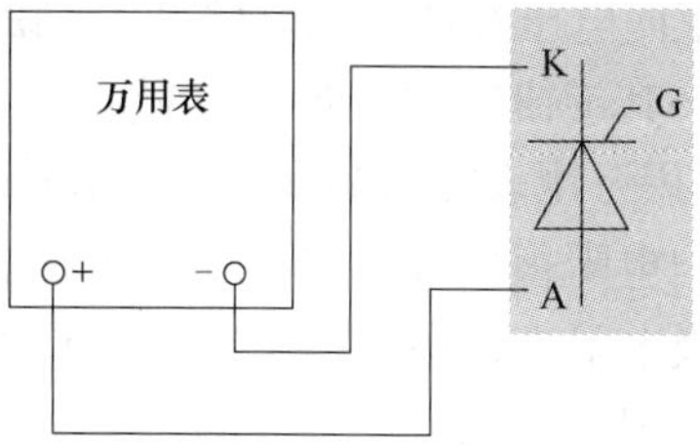

图 1-23 晶闸管好坏测试

表 1-4 晶闸管测试

被测晶闸管	R_{AK}	R_{KA}	R_{GK}	R_{KG}	结论

2）晶闸管导通测试（见图 1-22）

① 先将 S_1 ~ S_3 断开，闭合 S_4，加 30V 正向阳极电压。然后，让门极开路或接−4.5V 电压，观看晶闸管是否导通，灯泡是否亮。

② 加 30V 反向阳极电压，门极开路，接−4.5V 或接+4.5V 电压，观看晶闸管是否导通，灯泡是否亮。

③ 阳极、门极都加正向电压，观看晶闸管是否导通，灯泡是否亮。

④ 灯亮后去掉门极，看灯泡是否亮；再加−4.5V 反向门极电压，看灯泡是否继续亮，为什么？

3）晶闸管关断测试（见图 1-22）

① 接通+30V 电源，再接通+4.5V 正向门极电压使晶闸管导通，灯泡亮，然后断开门极电压。

② 去掉 30V 阳极电压，观察灯泡是否亮。

③ 接通 30V 正向阳极电压及正向门极电压使灯泡亮，而后闭合 S_1，断开门极电压，然后接通 S_2，看灯泡是否熄灭。

④ 在 1、2 端换接上 0.22μF/50V 的电容再重复步骤③，观察灯泡是否熄灭，为什么？

⑤ 再把晶闸管导通，断开门极电压，然后闭合 S_3，再立即打开 S_3，观察灯泡是否熄灭，为什么？

⑥ 断开 S_4，再使晶闸管导通，断开门极电压。逐渐减小阳极电压，当电流表指针由某值突降到零时该值就是被测晶闸管的维持电流。此时若再升高阳极电源电压，灯泡也不再发亮，说明晶闸管已经关断。

（4）任务实施过程中的注意事项

1）用万用表测试晶闸管极间电阻时，不要用 R×10kΩ 档，以防损坏门结，一般应放在 R×10Ω 档测量。

2）用万用表测量晶闸管门极和阴极之间的正向电阻时，有时会发现表的旋钮放在不同电阻档的位置，读出的 R_{GK} 的欧姆值相差很大。这是由于旋钮放在不同位置时，加到晶闸管 J_3 结的正向电压数值不同。这是 J_3 结的非线性特性所致。所以用万用表测试晶闸管各极间的电阻时，其旋钮应放在同一档测量。

3）用万用表测量晶闸管门极和阴极之间的正向电阻时，旋钮放在 R×10Ω 档，有时管的正、反向电阻很接近，这种现象还不能判断管子的好坏，特别是大电流的晶闸管或者塑封管子，门极电阻都很小（10 ~ 20Ω），要留心观察它们的差别，只要正向电阻值比反向电阻值小一些，一般说被测管子是好的。

1.1.4 相关习题

1. 填空题

1）电力电子技术包括______________、______________和______________3 个部分。

2）现代电力电子器件分为_____________、______________ 和______________三类。

3）电力二极管的主要类型有____________、_____________ 和_______________三种。

4）晶闸管的外形大致有____________、_____________和 ____________ 三种。

5）晶闸管额定电流与有效值电流的关系______________。

6）双向晶闸管的门极控制方式有两种：______________ 和________________。

2. 判断题

(　　) 1）普通晶闸管内部有两个 PN 结。

(　　) 2）普通晶闸管外部有 3 个电极，分别是基极、发射极和集电极。

(　　) 3）型号为 KP50—7 的半导体器件，是一额定电流为 50A 的普通晶闸管。

(　　) 4）只要让加在晶闸管两端的电压减小为零，晶闸管就会关断。

(　　) 5）只要给门极加上触发电压，晶闸管就导通。

(　　) 6）晶闸管加上阳极电压后，不给门极加触发电压，晶闸管也会导通。

(　　) 7）加在晶闸管门极上的触发电压，最高不得超过 100V。

3. 选择题

1）在型号 KP100-10G 中，数字 10 表示（　　）。

A. 额定电压为 10V　B. 额定电流为 10A　C. 额定电压为 1000V　D. 额定电流为 100A

2）晶闸管内部有（　　）PN 结。

A. 1 个　B. 2 个　C. 3 个　D. 4 个

3）晶闸管的 3 个引出电极分别是（　　）。

A. 阳极、阴极、栅极　B. 阳极、阴极、门极

C. 栅极、漏极、源极　D. 发射极、基极、集电极

4）普通晶闸管的额定通态电流是用（　　）表示。

A. 流过晶闸管的平均电流　B. 直流输出平均电流

C. 整流输出电流有效值　D. 交流有效值

5）当晶闸管承受反向阳极电压时，不论门极加何种极性触发电压，管子都将工作在（　　）。

A. 导通状态　B. 关断状态　C. 饱和状态　D. 不定

6）处于阻断状态的晶闸管，只有在阳极与阴极间加正向电压，且在门极与阴极间作（　　）处理才能使其开通。

A. 并联一电容　　B. 串联一电感　　C. 加正向触发电压　　D.加反向触发电压

7）在晶闸管工作过程中，管子本身产生的管耗等于管子两端电压乘以（　　）。

A. 阳极电流　　B. 门极电流

C. 阳极电流与门极电流之差　　D. 阳极电流与门极电流之和

4. 思考题

1）如何用万用表检测晶闸管元件的好坏？

2）在不用晶闸管测试仪的情况下，如何用万用表简易地测出晶闸管的阳极、阴极与门极？

3）双向晶闸管与普通晶闸管的额定电流有什么区别？

1.2　典型全控型电力电子器件分析与实践

电力电子器件种类繁多，按其开关控制性能可分为不控型器件、半控型器件和全控型器件：

1）不控型器件　为无控制端的二端器件。如电力二极管，其不具备可控开关性能。

2）半控型器件　为具有控制端的三端器件，但其控制端只能控制器件导通，即无自关断能力。如晶闸管及其大部分派生器件均属这一类。

3）全控型器件　为具有控制端的三端器件，其控制端有控制器件开通和关断的双重功能，也称自关断器件。如门极关断晶闸管（Gate Turn Off Thyristor，GTO）、电力晶体管（Giant Transistor，GTR）及绝缘栅双极晶体管（Insulate Gate Bipolar Transistor，IGBT）等。

在全控型电力电子器件中，根据器件内部载流子参与导电的种类不同可分为三大类型：单极型、双极型和混合型。

全控型电力电子器件
- 单极型（器件内只有一种载流子参与导电）
  - 功率MOSFET（功率场效应晶体管）
  - SIT（静电感应晶体管）
- 双极型（器件内电子与空穴两种载流子都参与导电）
  - GTR或BJT（电力晶体管）
  - GTO（门极关断晶闸管）
- 复合型（由双极型器件与单极型器件复合而成）
  - SITH（静电感应晶闸管）
  - IGBT（绝缘栅双极晶体管）
  - MCT（MOS控制晶闸管）

1.2.1　任务引入

随着半导体制造工艺水平的不断提高以及信息技术的发展，由电力电子技术与信息电子技术相结合而形成的新一代高频化、全控型、采用集成电路制造工艺的电力电子器件逐渐成为电力电子技术应用的主角。其中，尤以 GTO，GTR，MOSFET 和 IGBT 为典型。

1.2.2 理论知识

1. 门极可关断晶闸管

门极可关断晶闸管（Gate Turn off Thyristor，GTO），是一种通过门极来控制器件导通和关断的全控型电力半导体器件，即在门极正脉冲电流触发下导通，在负脉冲电流触发下关断。GTO 既具有普通晶闸管的优点（耐压高、电流大、耐浪涌、能力强、价格便宜），同时又具有 GTR 的优点（自关断能力、无需辅助关断电路、使用方便）。GTO 是目前应用于高压、大容量场合中的一种大功率开关器件。

目前，GTO 的生产水平已达到 6000V、6000A，频率为 1kHz，其研制水平可达到 9000V、8000A。GTO 广泛应用于电力机车的逆变器、电网动态无功补偿和大功率直流斩波调速等领域。

（1）GTO 的结构与工作原理

GTO 的结构原理与普通晶闸管相似，为 PNPN 四层三端半导体器件，外部引出阳极、阴极和门极。和普通晶闸管的不同点是：GTO 是一种多元的功率集成器件，内部包含数十个甚至数百个共阳极的小 GTO 元，这些 GTO 元的阴极和门极则在器件内部并联在一起，这是为实现门极控制关断所采取的特殊设计。其内部结构、等效电路及电气符号如图 1-24 所示。图中 A、G 和 K 分别表示 GTO 的阳极、门极和阴极。

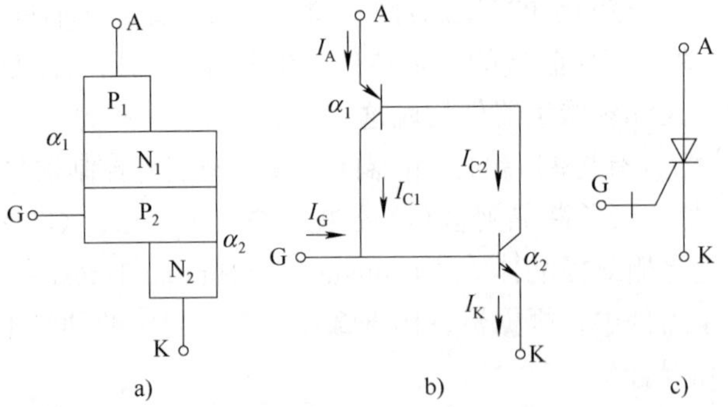

图 1-24 GTO 的内部结构、等效电路及电气符号

a）内部结构 b）等效电路 c）电气符号

在图 1-24b 中 α_1 为 $P_1N_1P_2$ 晶体管的共基极电流放大系数，α_2 为 $N_2P_2N_1$ 晶体管的共基极电流放大系数，图 1-24b 中的箭头表示各自的多数载流子运动方向。通常 α_1 比 α_2 小，即 $P_1N_1P_2$ 晶体管不灵敏，而 $N_2P_2N_1$ 晶体管灵敏。GTO 导通时器件总的放大系数 $\alpha_1+\alpha_2$ 稍大于 1，器件处于临界饱和状态，为用门极负信号去关断阳极电流提供了可能性。

GTO 称为 GTO 元，它们的门极和阴极分别并联在一起。与 SCR 不同，GTO 是一种多元的功率集成器件，这是为便于实现门极控制关断所采取的特殊设计。

GTO 的开通和关断过程与每一个 GTO 元密切相关，但 GTO 元的特性又不等同于整个 GTO 器件的特性，多元集成使 GTO 的开关过程产生了一系列新的问题。

GTO 的开通原理与普通晶闸管相同。与普通晶闸管不同的是 GTO 导通时，使 GTO 处于临界饱和状态，为用门极负信号去关断阳极电流提供了可能性。

（2）GTO 导通与关断原理

1）开通原理　由图 1-24b 所示可以看出，当阳极加正向电压，门极同时加正触发信号时，

GTO 导通，其具体过程如图 1-25 所示。

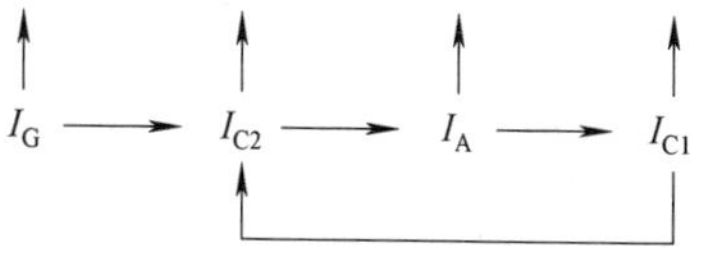

图 1-25　导通过程

显然这是一个正反馈过程。当流入的门极电流 I_G 足以使晶体管 $N_2P_2N_1$ 的发射极电流增加，进而使晶体管 $P_1N_1P_2$ 的发射极电流也增加时，α_1 和 α_2 增加。当 $\alpha_1+\alpha_2>1$ 之后，两个晶体管均饱和导通，GTO 则完成了导通过程。可见，GTO 开通的必要条件是：

$$\alpha_1+\alpha_2>1 \tag{1-10}$$

此时注入门极的电流

$$I_G=\left[1-(\alpha_1+\alpha_2)I_A\right]/\alpha_2 \tag{1-11}$$

式中　I_A——GTO 的阳极电流；

I_G——GTO 的门极电流。

由式（1-25）可知，当 GTO 门极注入正的电流 I_G 但尚不满足导通条件时，虽有正反馈作用，但器件仍不会饱和导通。这是因为门极电流不够大，不满足 $\alpha_1+\alpha_2>1$ 的条件，这时阳极电流只流过一个不大而且是确定的电流值。当门极电流 I_G 撤销后，该阳极电流也就消失。与 $\alpha_1+\alpha_2=1$ 状态所对应的阳极电流为临界导通电流，定义为 GTO 的擎住电流。当 GTO 在门极正触发信号的作用下导通时，只有阳极电流大于擎住电流后，GTO 才能维持大面积导通。由此可见，只要能引起 α_1 和 α_2 变化，并使之满足 $\alpha_1+\alpha_2>1$ 条件的任何因素，都可以导致 PNPN 四层器件的导通。所以，除了注入门极电流使 GTO 导通外，在一定条件下过高的阳极电压和阳极电压上升率 du/dt、过高的结温及火花发光照射等均可能使 GTO 触发导通。所有这些非门极触发都是不希望的非正常触发，应采取适当措施加以防止。

实际上，因为 GTO 是多元集成结构，数百个以上的 GTO 元制作在同一硅片上，而 GTO 元的特性总会存在差异，使得 GTO 元的电流分布不均，通态压降不一，甚至会在导通过程中造成个别 GTO 元的损坏，以致引起整个 GTO 的损坏。为此，要求在制造时尽可能地使硅片微观结构均匀，严格控制工艺装备和工艺过程，以求最大限度地达到所有 GTO 元的特性的一致性。另外，要提高正向门极触发电流脉冲上升沿陡度，以求达到缩短 GTO 元阳极电流滞后时间，加速 GTO 元阴极导电面积的扩展，缩短 GTO 导通时间的目的。

2）关断原理　GTO 导通后可在适当外部条件下关断，其关断等效电路及关断波形如图 1-26 所示。关断 GTO 时，将开关 S 闭合，门极就施以负偏置电压 U_G。晶体管 $P_1N_1P_2$ 的集电极电流 I_{C1} 被抽出形成门极负电流 $-I_G$，此时晶体管 $N_2P_2N_1$ 的基极电流减小，进而引起 I_{C1} 的进一步下降，如此循环，最终导致 GTO 的阳极电流消失而关断。

GTO 的关断过程分为 3 个阶段：存储时间（t_s）阶段，下降时间（t_f）阶段，尾部时间（t_t）阶段。关断过程中相应的阳极电流 i_A、门极电流 i_G、管压降 u_{AK} 和功耗 P_{off} 随时间的变化波形如图 1-26b 所示。

① t_s 阶段。GTO 导电时，所有 GTO 元中两个等效晶体管均饱和，要用门极控制 GTO 关断，首先必须使饱和的等效晶体管退出饱和，恢复基区控制能力。为此应排除 P_2 基区中的存储电荷，t_s 阶段即是依靠门极负脉冲电压抽出这部分存储的电荷。在 t_s 阶段所有等效晶体管均未退出饱和，3 个 PN 结都还是正向偏置。所以在门极抽出存储电荷的同时，GTO 阳极电流 i_A 仍保持原先稳定导电时的数值 I_A，管压降 u_{AK} 也保持通态压降。

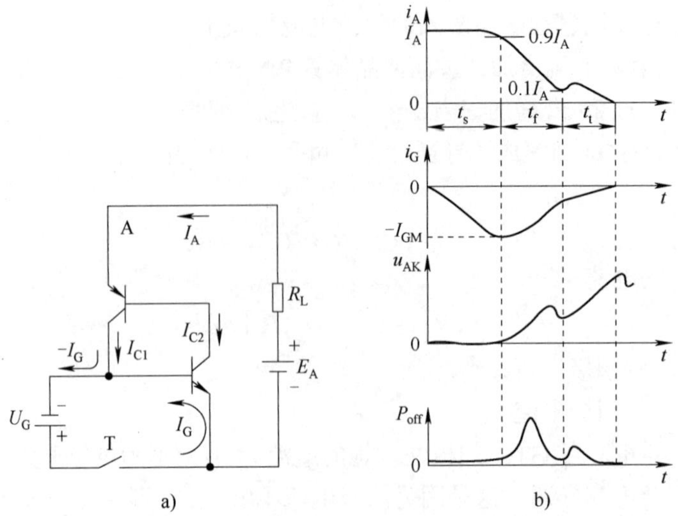

图 1-26 关断过程等效电路及关断波形

a）关断等效电路 b）关断过程波形

② t_f 阶段。经过 t_s 阶段后，$P_1N_1P_2$ 等效晶体管退出饱和，$N_2P_2N_1$ 晶体管也恢复了控制能力，当 i_G 变化到其最大值 $-I_{GM}$ 时，阳极电流开始下降，于是 α_1 和 α_2 也不断减小，当 $\alpha_1+\alpha_2 \leqslant 1$ 时，器件内部正反馈作用停止，称此点为临界关断点。GTO 的关断条件为

$$\alpha_1+\alpha_2<1 \tag{1-12}$$

关断时需要抽出的最大门极负电流 $-I_{GM}$ 为

$$|-I_{GM}|>[(\alpha_1+\alpha_2)-1]I_{ATO}/\alpha_2 \tag{1-13}$$

式中 I_{ATO}——被关断的最大阳极电流；

I_{GM}——抽出的最大门极电流。

由式（1-13）得出的两个电流的比表示 GTO 的关断能力，称为电流关断增益，用 β_{off} 表示如下：

$$\beta_{off}=I_{ATO}/|-I_{GM}| \tag{1-14}$$

β_{off} 是一个重要的特征参数，其值一般为 3 ~ 8。

在 t_f 阶段，GTO 元中两个等效晶体管从饱和退出到放大区，所以随着阳极电流的下降，阳极电压逐步上升，因而关断时功耗较大。在电感负载条件下，阳极电流与阳极电压有可能同时出现最大值，此时的瞬时关断损耗尤为突出。

③ t_t 阶段。从 GTO 阳极电流下降到稳定导通电流值的 10%至阳极电流衰减到断态漏电流值时所需的时间定义为尾部时间 t_t。

在 t_t 阶段中，如果 u_{AK} 上升 du/dt 较大时，可能有位移电流通过 P_2N_1 结注入 P_2 基区，引起两个等效晶体管的正反馈过程，轻则出现 I_A 的增大过程，重则造成 GTO 再次导通。随着 du/dt 上升减慢，阳极电流 I_A 逐渐衰减。

如果能使门极驱动负脉冲电压幅值缓慢衰减，在 t_t 阶段，门极依旧保持适当负电压，则 t_t 时间可以缩短。

（3）特性与参数

1）静态特性

① 阳极伏安特性：GTO 的阳极伏安特性如图 1-27 所示。当外加电压超过正向转折电压 U_{DRM} 时，GTO 即正向导通，这种现象称为电压触发。此时不一定破坏器件的性能，但是若外加电压超过反向击穿电压 U_{RRM} 之后，则发生雪崩击穿现象，极易损坏器件。

用 90%U_{DRM} 值定义为正向额定电压，用 90%U_{RRM} 值定义为反向额定电压。

GTO 的阳极耐压与结温和门极状态有着密切关系，随着结温升高，GTO 的耐压降低，如图 1-28 所示。当 GTO 结温高于 125℃时，由于 α_1 和 α_2 大大增加，自动满足了 $\alpha_1+\alpha_2>1$ 的条件，所以不加触发信号 GTO 即可自行导通。为了减小温度对阻断电压的影响，可在其门极与阴极之间并联一个电阻，即相当于增设了一短路发射极。

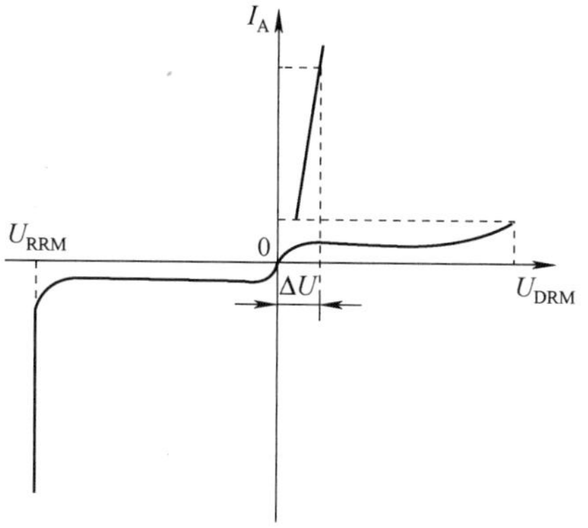

图 1-27　GTO 的阳极伏安特性

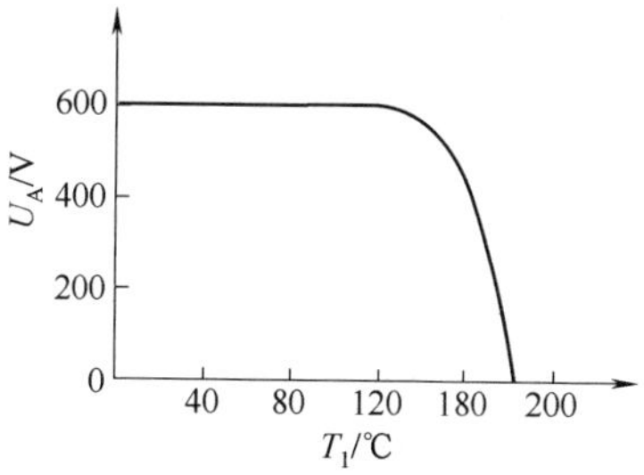

图 1-28　GTO 阳极耐压与结温关系

GTO 的阳极耐压还与门极状态有关，门极电路中的任何毛刺电流都会使阳极耐压降低，导通后又会使 GTO 擎住电流和管压降增大。图 1-29 所示为门极状态对 GTO 阳极耐压的影响。图 1-29 中 I_{G1} 和 I_{G2} 相当于毛刺电流，$I_{G0}<I_{G1}<I_{G2}$。显然，当门极出现 I_{G1} 或 I_{G2} 时，GTO 正向转折电压大大降低，因而器件的正向额定电压相应降低。

② 通态压降特性：GTO 的通态压降特性如图 1-30 所示。结温不同，GTO 的通态压降 U_A 随着阳极通态电流 I_A 的增加而增加，只是趋势不尽相同。图 1-30 中所示曲线为 GFF200E 型 GTO 的通态压降特性。一般希望通态压降越小越好；管压降小，GTO 的通态损耗小。

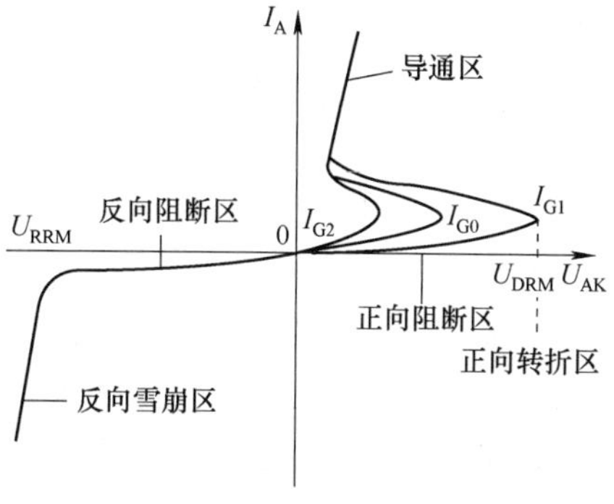

图 1-29　门极状态对 GTO 阳极耐压的影响

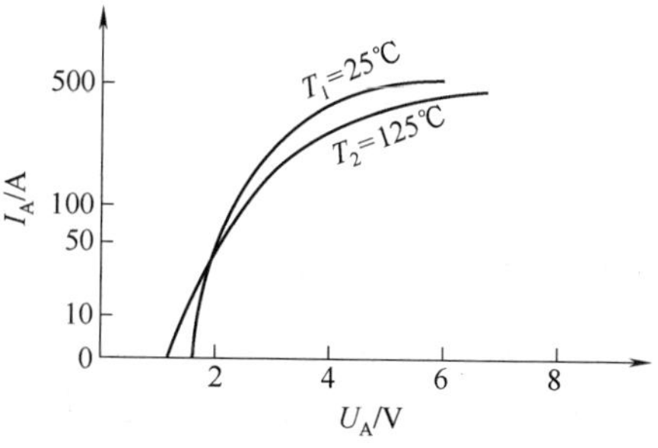

图 1-30　GFF200E 型 GTO 通态压降特性

2）动态特性　GTO 的动态特性是指 GTO 从断态到通态、从通态到断态的变化过程中，电压、电流以及功率损耗随时间变化的规律。

① GTO 的导通特性：GTO 的导通特性如图 1-31 所示。当阳极施以正电压，门极注入一定电流时，阳极电流大于擎住电流之后，GTO 完全导通。导通时间 t_{on} 由延迟时间 t_d 和上升时间 t_r 组成。t_{on} 的大小取决于元件特性、门极电流上升率 di_G/dt 以及门极脉冲幅值的大小。

由图 1-31 可知，在延迟时间内功率损耗比较小，大部分的导通损耗出现在上升时间内。当阳极电压一定时，每个脉冲 GTO 导通损耗将随着峰值阳极电流 I_A 的增加而增加。

② GTO 的关断特性：GTO 的门极、阴极加适当负脉冲时，可关断导通着的 GTO 阳极电流。关断过程中阳极电流、电压及关断功率损耗随时间变化的曲线，以及关断过程中门极电流、电压及阳极电流、电压随时间变化的曲线如图 1-32 所示。

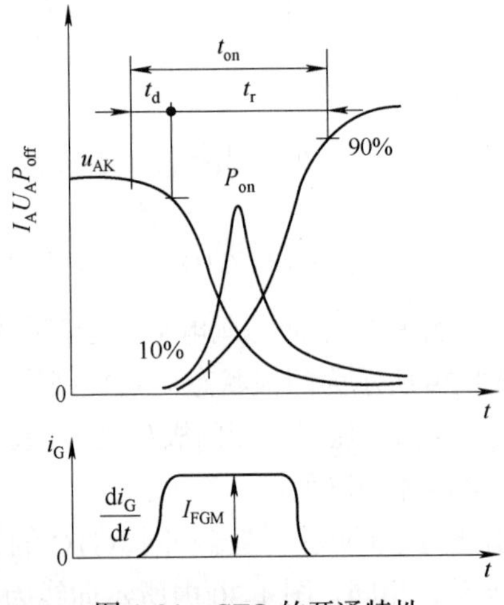

图 1-31　GTO 的开通特性

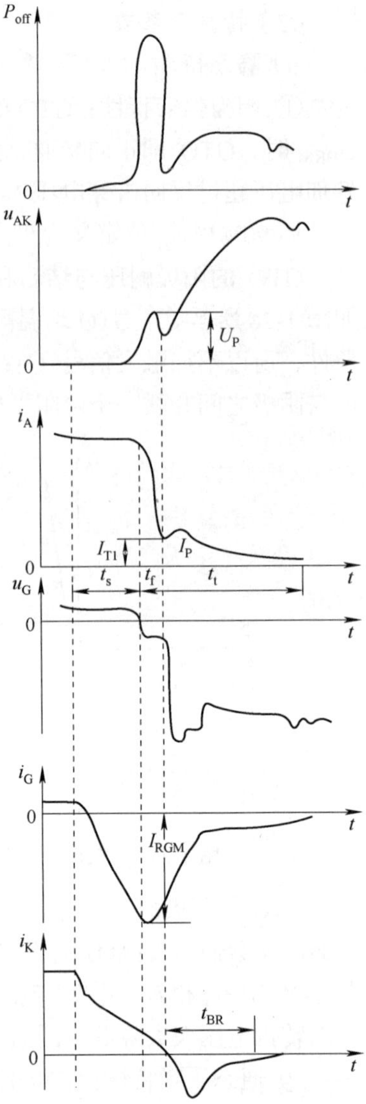

图 1-32　GTO 的关断特性曲线

由图 1-32 可以看出，整个关断过程可由 3 个不同的时间间隔来表示，即存储时间 t_s、下降时间 t_f 和尾部时间 t_t。存储时间 t_s 对应着从关断过程开始，到出现 $\alpha_1+\alpha_2=1$ 状态为止的一段时间间隔，在这段时间内从门极抽出大量过剩载流子，GTO 的导通区不断被压缩，但总的电流几乎不变。下降时间 t_f 对应着阳极电流迅速下降，门极电流不断上升和门极反电压开始建立的过程，在这段时间里，GTO 中心结开始退出饱和，继续从门极抽出载流子。尾部时间 t_t 则是指从阳极电流降到极小值开始，直到最终达到维持电流为止的电流时间。在这段时间内仍有残存的载流子被抽出，但是阳极电压已建立，因此很容易由于过高的重加 du/dt，使 GTO 关断失效，这一点必须充分重视。

GTO 的关断损耗在下降时间 t_f 阶段内相当集中，其瞬时功耗与尖峰电压 U_P 有关。过大的瞬时功耗会出现类似晶体管二次击穿的现象，造成 GTO 损坏。在实际应用中应尽量减小缓冲电路的杂散电感，选择电感小的二极管及电容等元件，以便减小尖峰电压 U_P。

阳极电流急剧减小以后，呈现出一个缓慢衰减的尾部电流。由于此时阳极电压已经升高，因此 GTO 关断时的大部分功率损耗出现在尾部时间。在相同的关断条件下，GTO 型号不同，相应的尾部电流起始值 I_{T1} 和尾部电流的持续时间均不同。在存储时间内过大的门极反向电流上升率 di_{RG}/dt 会使尾部时间加长。此外，过高的重加 du/dt 适当地缓冲电路。一般来说，GTO 关断时总的功率损耗随阳极电流的增大而增大，随缓冲电容的增加而减小。

门极负电流、负电压波形是 GTO 特有的门极动态特性，如图 1-32 所示。门极负电流的最大值随阳极可关断电流的增大而增大。门极负电流增长的速度与门极所加负电压参数有关。如果在门极电路中有较大的电感，会使门极-阴极结进入雪崩状态。在雪崩期间，阴极产生反向电流。与阴极反向电流对应的时间为雪崩时间 t_{BR}，在这段时间内，阳极仍有尾部电流，门极继续从阳极抽出电流。门极负电流中既有从阳极抽出的电流又有阴极反向电流。如果门极实际承受的反向电流不超过门极雪崩电压 U_{GR}，则不会出现阴极反向电流。在实际应用中，多数情况下不使门极-阴极结产生雪崩现象，以防止因雪崩电流过大而损坏门极-阴极结。

2. GTR

GTR（电力晶体管也称功率晶体管）多数作为功率开关使用，对它的要求与模拟电子技术所讨论的小信号晶体管不同。由于电力晶体管的工作电流大，功率损耗也大，其工作状况与小信号晶体管相比出现了一些新的问题，在结构上也有其新的特点。电力晶体管在交直流调速、不间断电源、中频电源等电力变流装置中被广泛应用。在中小功率应用方面，它是取代晶闸管的自关断器件之一。

目前，GTR 的容量已达 400A/1200V、1000A/400V，耗散功率已达 3kW 以上。

（1）GTR 的结构及工作原理

GTR 有 NPN 和 PNP 两种结构，其电流由两种载流子（电子和空穴）的运动形成，又称为双极型晶体管（BJT）。目前/常用的电力晶体管器件有单管 GTR、达林顿管和 GTR 模块。

1）单管 GTR

① 单管 GTR 的结构：图 1-33 所示为 GTR 的结构示意图。其内部结构原理及电极的命名与晶体管相同，所用概念与小信号处理时的分析是一致的。对于小功率信号的处理，晶体管的重要用途是放大信号，它要求晶体管的增益要适当、特征频率要高、噪声系数要低、线性度要好和温度漂移要小等。

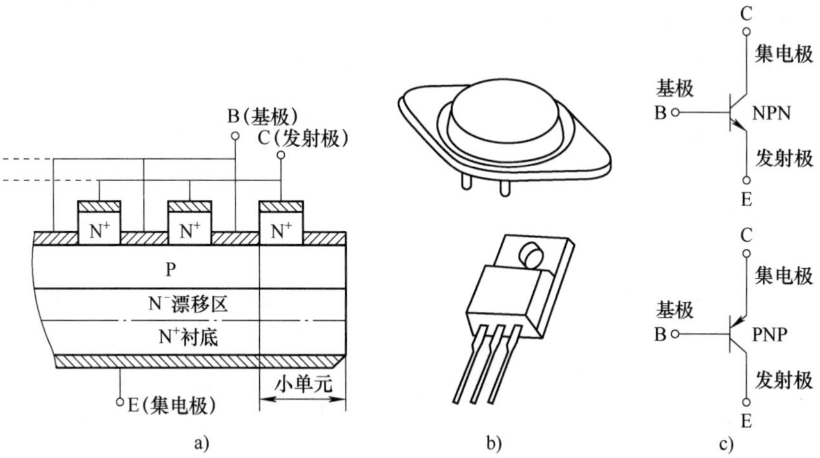

图 1-33　GTR 的结构示意图

a）结构剖析图　b）单管外形图　c）电路符号

作为功率开关使用的电力晶体管而言，则要求有足够大的容量（大电流、高电压）、适当的增益、较高的开关速度和较低的功率损耗等。由于晶体管的工作电流大、功率损耗大的缘故，器件内部的物理效应将严重地影响GTR的品质，造成电流增益低、特征频率降低、局部过热等问题。为了消减上述影响，在GTR的制造过程中采取了特殊的措施以保障功率应用的需要。如扩大结片的面积，采用特殊形状的管芯图形、精细结构等制造工艺，以增大电流、提高开关速度和提高直流增益。

② 单管GTR的基本工作原理：图1-34所示是共发射极的单管NPN电力晶体管基本工作原理电路，基极电流i_b、集电极电流i_c和发射极电流i_e三者关系满足式（1-14），即

$$i_e = i_b + i_c \tag{1-15}$$

$$i_c / i_e = \alpha \tag{1-16}$$

系数α称为电流传输比，它是共基极接法时的电流放大系数，$\alpha < 1$。在共发射极应用中，基极电流与发射极电流之比非常重要。

$$\frac{i_c}{i_b} = \frac{i_c}{i_e - i_c} = \frac{i_c / i_e}{1 - i_c / i_e} = \frac{\alpha}{1-\alpha} = \beta \tag{1-17}$$

β定义为集电极电流对基极电流的放大系数。

若α接近于1，说明传输效率很高，则β很大。

作为开关应用时，其直流增益（h_{FE}）定义为

$$h_{FE} = I_C / I_B = \overline{\beta}\ （直流）$$

通常可以认为$\beta = \overline{\beta}$。对于单管GTR来说，受其结构特点的限制，电流增益都较低，约为0～20倍。直流增益决定了饱和压降达到理想值时基极驱动的电流量。

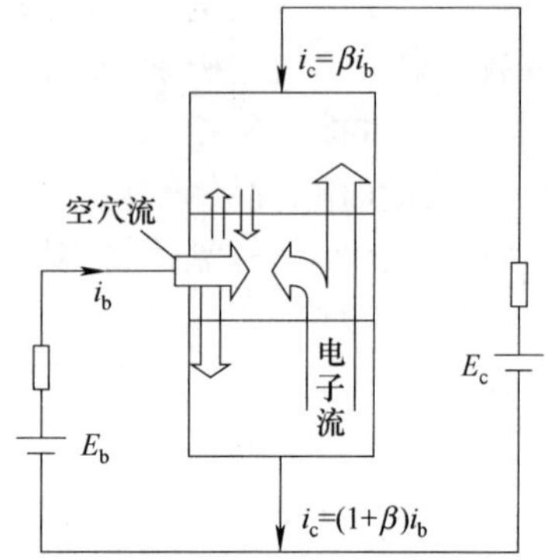

图1-34 共发射极的单管NPN电力晶体管基本工作原理电路

作为大功率开关管应用时，GTR工作在截止和导通两种状态。在理想情况下，晶体管导通时可以看成短路，截止时可看成开路（断路），而且认为从一种工作状态转换到另一种状态的理想过渡时间为零，当然实际工作情况只能是接近这一理想情况。

2）达林顿管 单管GTR的电流增益低，将给基极驱动电路造成过重的负担。达林顿结构是提高电流增益的一种有效方式。达林顿结构由两个或多个晶体管复合而成，可以是PNP型也可以是NPN型，其性质由驱动管来决定，如图1-35a所示。图中的V_1为驱动管，V_2为输出管。

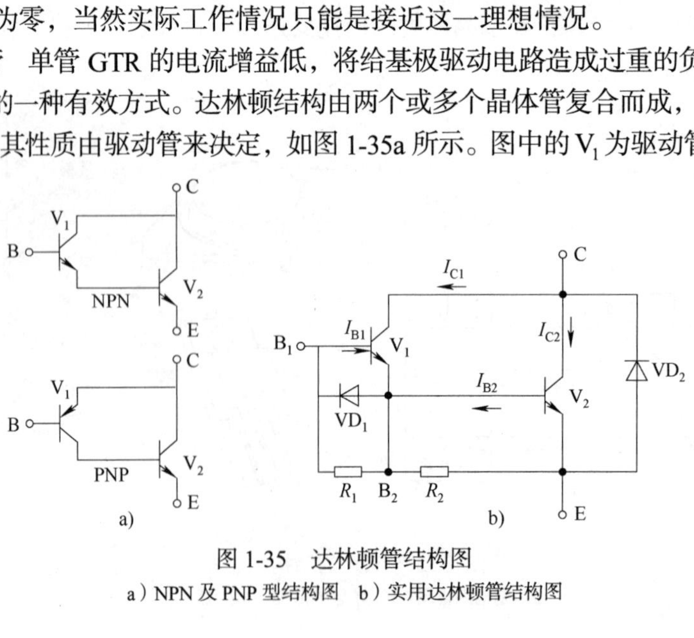

图1-35 达林顿管结构图

a）NPN及PNP型结构图 b）实用达林顿管结构图

达林顿管的共射极电流增益值大大提高，但饱和压降 U_{CES} 也较高且关断速度较慢。

图 1-35b 所示为实用达林顿管结构图。由图可见驱动管 V_1 的发射极电流 I_{C1} 等于输出管 V_2 的基极电流 I_{B2}，因此有下述关系：

$$I_C = I_{C1} + I_{C2} = \beta_1 I_{B1} + \beta_2(1+\beta_1)I_{B1} = I_{B1}(\beta_1 + \beta_2 + \beta_1\beta_2) = I_{B1}\beta \tag{1-18}$$

式中　$\beta \approx \beta_1\beta_2$。

上式意味着晶体管 V_1、V_2 已复合等效成一个电流增益为 β 的晶体管，复合管的集电极电流 $I_C = I_{C1} + I_{C2}$，基极电流 $I_B = I_{B1}$，发射极电流 $I_E = (1+\beta)I_{B1}$。达林顿管的电流增益可达 100 ~ 200 倍。

达林顿连接虽然提高了电流增益，但饱和压降却增加了。由于驱动管 V_1 的集电极和发射极分别与输出管 V_2 的集电极和基极连接，而 V_1 的集电极电位又永远高于它的发射极电位，因此 V_2 的集电结永远不会处于正向偏置状态。也就是说，达林顿管中驱动管 V_1 可以饱和，而输出管 V_2 却永远不会饱和，因而其导通压降 U_{CES} 较高，增加了导通损耗。达林顿管的饱和管压降可表示为

$$U_{CES} = U_{CES1} + U_{BES2} \tag{1-19}$$

图 1-35b 中的电阻 R_1 和 R_2 提供反向漏电流通路，提高了复合管的温度稳定性。

达林顿管的开关速度慢，其主要原因是：无论 GTR 是导通或是关断，总是驱动管先要动作，而后才是输出管动作，因此开关时间长。为了加快 V_2 的开关速度，必须使 V_2 与 V_1 同时动作。为此加入了图中所示的二极管 VD_1，当输入信号反向关断晶体管时，输入反向驱动信号经 VD_1，也加到 V_2 的基极，VD_1 提供反向 I_{B2} 的通路，加速了 V_2 的关断过程。

3）GTR 模块　图 1-36 所示是两个三级达林顿管及其辅助元器件构成的 GTR 模块。它是将图 1-36b 中的 GTR 管芯、稳定电阻 R_1 和 R_2、加速二极管 VD_1、续流二极管 VD_2 等组装成一个单元，然后根据不同用途将几个单元电路组装在一个管壳内构成 GTR 模块。现已可将上述单元电路集成制作在同一硅片上，使其小型轻量化，大大提高了器件的集成度和性能价格比。图中各元器件及中间级晶体管的基极均有引线引出，如 BC_{11}、BC_{12} 等端子。目前，生产的 GTR 模块可将多达 6 个互相绝缘的单元电路做在同一模块内，可以很方便地组成三相桥式电路。

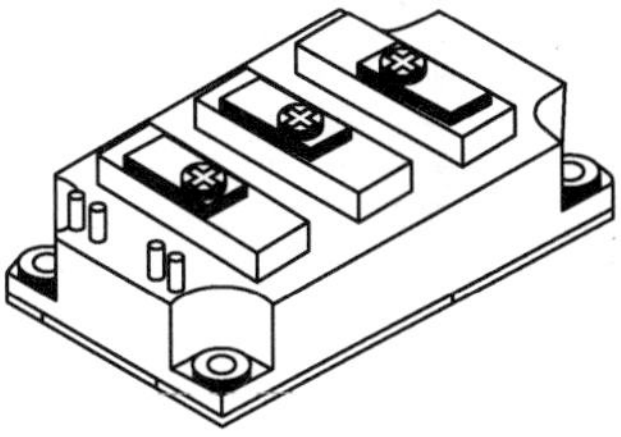

a)

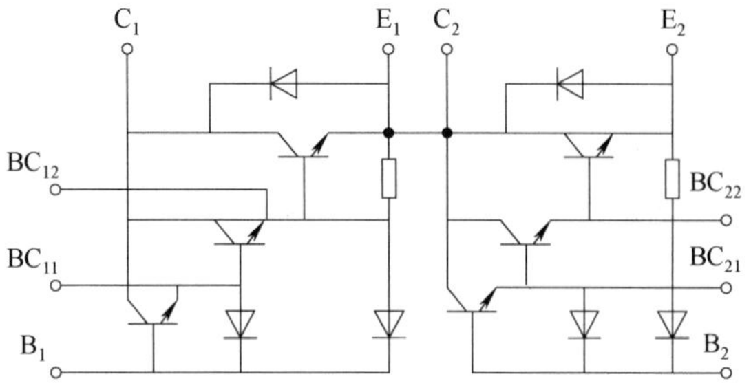

b)

图 1-36　GTR 模块

a）GTR 模块的外形图　b）GTR 模块外的等效电路

（2）GTR 的特性

1）共发射极输出特性　图 1-37 所示为共发射极输出特性曲线，该特性可用来解释 GTR 的不同工作区域。一般可分为 4 个区：

① 放大区（线性区）：其特点是发射结正偏，集电结反偏，集电极与基极电流呈线性关系。

② 饱和区：其特征是发射结、集电结都正偏。

③ 准饱和区（临界饱和区）：其特征是集电结反偏，发射结正偏，但集电极电流与基极电流不是线性关系。

④ 截止区发射结、集电结反偏，I_B 为零。

2）饱和压降特性　处于深饱和区工作的 GTR 集-射极电压称为饱和压降，用 U_{CES} 表示。此时的基-射极电压称基极正向压降，用 U_{BES}。本来它们是 GTR 输出特性和输入特性的一个局部，但在大功率应用中变成了两个重要指标，因为它直接关系到器件的导通损耗，所以有必要提醒在使用中引起注意。

达林顿管结构的 GTR 由多管复合而成，不可能进入深饱和区，因而饱和压降较大。

3）GTR 的反向电流与工作温度的关系　GTR 反向电流的存在不但消耗了一部分电源的能量，而且对于开关的工作没有好处，它影响了 GTR 电路工作时的稳定性。因此，希望 GTR 的反向电流尽可能小，并将反向电流作为检验晶体管质量的一个重要参数。

晶体管反向电流有：集电极-基极间反向电流 I_{CBO}；发射极-基极间反向电流 I_{EBO}；集电极-发射极间的反向电流 I_{CEO}，其中 I_{CBO} 和 I_{CEO} 满足以下关系：

$$I_{CEO}=I_{CBO}+I_{EBO}=(1+\beta)I_{CBO} \tag{1-20}$$

I_{CBO} 随温度升高而增大，对于硅管，温度每升高 8℃，I_{CBO} 增加一倍左右。从而引起 I_C 随温度升高而增大，又使 GTR 温度更加上升，I_{CBO} 进一步增大，如此循环，最后会导致 GTR 烧毁。

为了确保 GTR 工作时的稳定性，通常规定它在最高工作温度下允许的方向电流值，使晶体管不致造成热不稳定或过热损坏。

4）动态特性　动态特性描述 GTR 的开关过程的瞬态性能，又称开关特性。在瞬态时由于 PN 结电容的充、放电作用影响了 GTR 的开关特性。此外，为了降低导通时的功率损耗，常采用驱动的方法，使得基区积累了大量的过剩载流子，在关断时这些载流子的消散严重影响关断时间。图 1-38 所示为 GTR 导通与关断时基极和集电极电流波形。

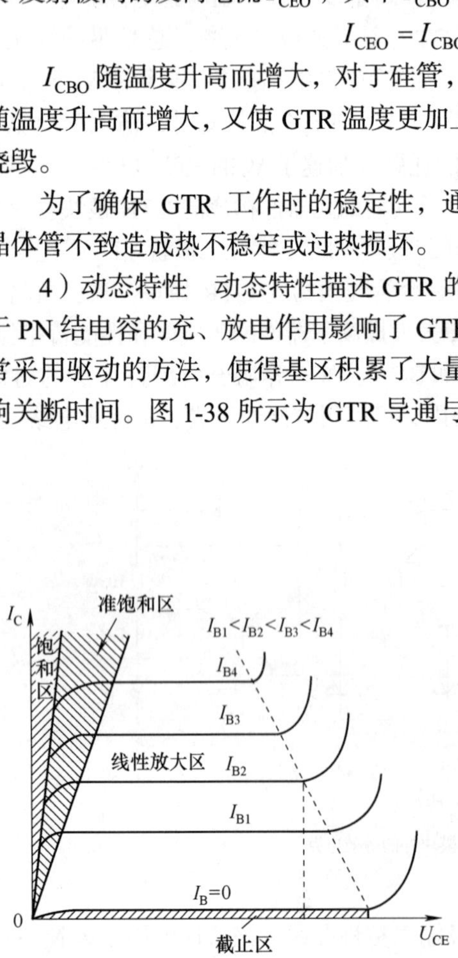

图 1-37　共发射极输出特性曲线

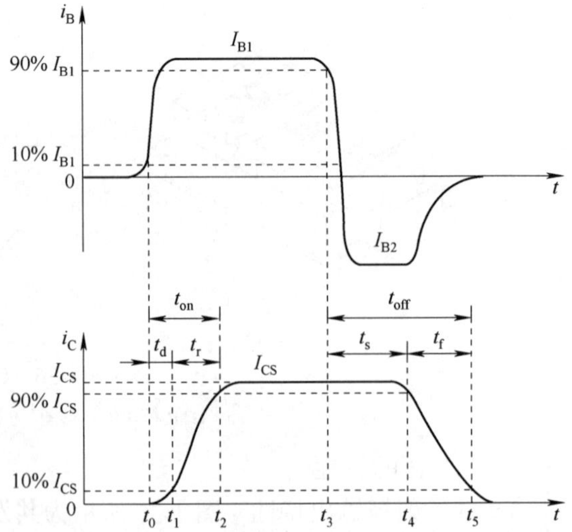

图 1-38　GTR 导通与关断时基极和集电极电流波形

由实验可测得输出与输入信号之间的波形差异，时间也有滞后。整个工作周期与 GTO 晶闸管的导通与关断过程相似，GTR 导通时需经历延迟时间 t_d 和上升时间 t_r，两者之和为导通时间 t_{on}；关断时需经历存储时间 t_s 和下降时间 t_f，两者之和为关断时间 t_{off}。在导通与关断状态的转换过程中，GTR 的工作应尽快通过线性工作区，以减少功耗。

一般导通时间比关断时间小得多，在产品手册中一般不给出该参数。关断时间的数值都为微秒级。为了缩短关断时间可采取以下措施：选择电流增益小的器件、防止进入深饱和区工作及增加反向驱动电流。

另外，集电极电压上升率 du/dt 是动态过程中的一个重要参数。du/dt 产生的过程损耗严重威胁着器件和电路的安全。使用中可在集-射极之间并联阻容缓冲网络，以抑制过高的 du/dt 对 GTR 的危害。

（3）GTR 的额定参数

额定参数指允许施加于 GTR 上的直流电压、直流电流、耗散功率及结温等极限参数。使用中绝不可超越这些参数极限，以免造成器件失效或损坏。

1）电压参数　GTR 的电压参数包括：最高工作电压值、集-射饱和压降 U_{CES} 等。

① 最高电压额定值：最高集电极电压额定值是指集电极的击穿电压值，它不仅因器件不同而不同，而且会因外电路接法不同而不同。击穿电压有：BU_{CBO} 为发射极开路时，集电极-基极的击穿电压；BU_{CEO} 为基极开路时，集电极-发射极的击穿电压；BU_{CES} 为基极-射极短路时，集电极-发射极的击穿电压；BU_{CER} 为基极-发射极间并联电阻时，集电极-发射极的击穿电压（并联电阻越小，其值越高）；BU_{CEX} 为基极-发射极施加反偏压时，集电极-发射极的击穿电压。

各种不同接法时的击穿电压的关系如下：

$$BU_{CBO} > BU_{CEX} > BU_{CES} > BU_{CER} > BU_{CEO}$$

为了保证器件工作安全，GTR 的最高工作电压 U_{CEM} 应比最小击穿电压 BU_{CEO} 低。

② 饱和压降：处于深饱和区的集电极电压称为饱和压降 U_{CES}，在大功率应用中它是一项重要指标，因为它关系到器件导通的功率损耗。单个 GTR 的饱和压降一般不超过 1～1.5V，它随集电极电流 I_{CM} 的增加而增大。

2）电流参数　GTR 的电流参数包括集电极连续直流电流额定值 I_C、集电极最大电流额定值 I_{CM}、基极电流最大允许值 I_{BM} 等。

① 集电极连续直流电流额定值 I_C：集电极连续直流电流额定值是指只要保证结温不超过允许的最高结温，晶体管允许连续通过的直流电流值。

② 集电极最大电流额定值 I_{CM}：集电极最大电流额定值是指在最高允许结温下，不造成器件损坏的最大电流。超过该额定值必将导致晶体管内部结构的烧毁。在实际使用中，可以利用热容量效应，根据占空比来增大连续电流，但不能超过峰值额定电流，正常工作时流过管子的电流一般为 $(1/3 \sim 1/2)I_{CM}$，以确保使用的稳定与安全。

③ 基极电流最大允许值 I_{BM}：基极电流最大允许值比集电极最大电流额定值要小得多，通常 $I_{BM} = (1/10 \sim 1/2)I_{CM}$，而基极-发射极间的最大电压额定值通常只有几伏。

3）其他参数

① 最高结温 T_{JM}：最高结温是指正常工作时不损坏器件所允许的最高温度。它由器件所

用的半导体材料、制造工艺、封装方式及可靠性要求来决定。塑封器件一般为 120 ~ 150℃，金属封装为 150 ~ 170℃。为了充分利用器件功率而又不超过允许结温，GTR 使用时必须选配合适的散热器。

② 最大额定功耗 P_{CM}：最大额定功耗是指 GTR 在最高允许结温时，所对应的耗散功率。它受结温限制，其大小主要由集电结工作电压和集电极电流的乘积决定。一般是在环境温度为 25℃时测定，如果环境温度高于 25℃，允许的 PCM 值应当减小。由于这部分功耗全部变成热量使器件结温升高，因此散热条件对 GTR 的安全可靠十分重要，如果散热条件不好，器件就会因温度过高而烧毁；相反，如果散热条件越好，在给定的范围内允许的功耗也越高。

（4）二次击穿与安全工作区

二次击穿是造成 GTR 突然损坏或早期失效的原因。在电感性负载和大电流开关电路中，二次击穿更是晶体管损坏的主要因素。二次击穿已成为影响电力晶体管安全使用和可靠性的重要因素。

1）二次击穿现象　当集电极电压 U_{CE} 逐渐增加到达某一数值时，如上述 BU_{CEO}，集电结的反向电流 I_C 急剧增加，出现击穿现象。首先出现的击穿现象称为一次击穿，如图 1-39 中的 AB 段所示，这种击穿是正常的雪崩击穿。这一击穿可用外接串联电阻的办法加以控制，只要适当限制晶体管的电流（或功耗），流过结的反向电流不太大，进入击穿区的时间不长，一次击穿具有可逆性，一般不会引起晶体管的特性变坏，也不会损坏晶体管。但是，一次击穿出现后若继续增大偏压 U_{CE}，而外接限流电阻又不变，反向电流将继续增大。如工作点到达 B 点，此时若 GTR 仍在工作，并继续供给电能，使它吸收了足以产生二次击穿的能量，GTR 的工作状态将以纳秒或微秒速度迅速移向低压大电流区的 CD 段，出现负阻区（AB 段）。在极短的时间内，使器件内出现明显的电流集中和过热点。电流急剧增长，此现象便称为二次击穿。一旦发生二次击穿，轻者使 GTR 电压降低、特性变差，重者使集电结和发射结熔通，使晶体管受到永久性损坏。

二次击穿最终是由器件芯片局部过热而引起的，而热点形成需要能量的积累，即需要一定的电压、电流乘积和一定的时间。因此，诸如集电极电压、电流、负载特性、导通脉冲宽度、基极电路的配置、管芯材料及制造工艺等因素都对二次击穿有一定的影响。

二次击穿是GTR突然损坏的主要原因之一，成为影响其是否安全可靠的一个重要因素。前述的集电极-发射极击穿电压 BU_{CBO} 是一次击穿电压，一次击穿时集电极电流急剧增加，如果有外加电阻限制电流的增长时，则一般不会引起 GTR 特性变坏。但不加以限制，就会导致破坏性的二次击穿。二次击穿是指器件发生一次击穿后，集电极电流急剧增加，在某电压电流点将产生向低阻抗高速移动的负阻现象。一旦发生二次击穿就会使器件受到永久性损坏。

2）安全工作区（SOA）　GTR 在运行中受电压、电流、功率损耗和二次击穿等的限制。为了使 GTR 安全可靠地运行，必须使其工作在安全工作区范围内。安全工作区是由 GTR 的二次击穿功率 P_{SB}、集射极最高电压 U_{CEM}、集电极最大电流 I_{CM} 和集电极最大耗散功率 P_{CM} 等参数限制的区域，如图 1-40 的阴影部分所示。

安全工作区是在一定的温度下得出的，例如环境温度 25℃或管子壳温 75℃等。使用时，如果超出上述指定的温度值，则最大耗散功率和二次击穿耐压值都必须低于额定值使用。

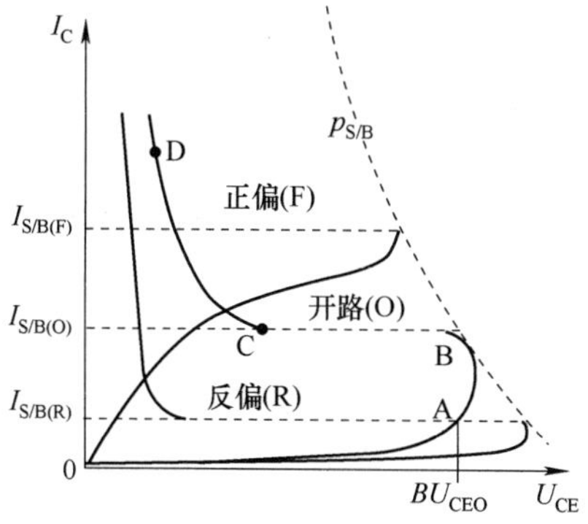

图 1-39　二次击穿现象

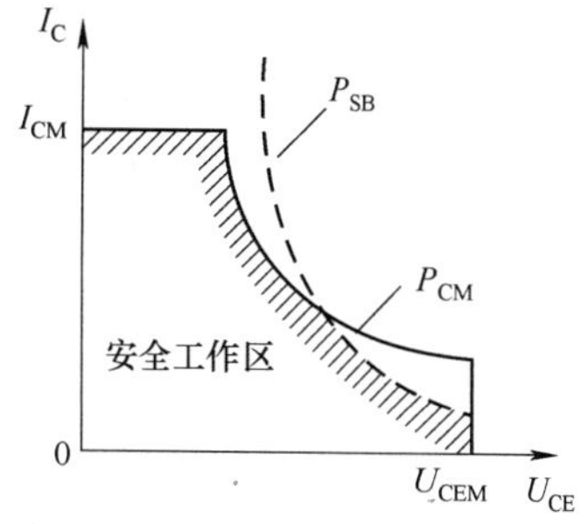

图 1-40　GTR 的安全工作区

3. 电力场效应晶体管

电力场效应晶体管简称电力 MOSFET（Power MOS Field-Effect Transistor），它是对功率较小的电力 MOSFET 的工艺结构进行了改进，在功率上有所突破的单极型半导体器件，属于电压控制型，具有驱动功率小、控制电路简单、工作频率高的特点。

（1）电力 MOSFET 的结构与特性

1）电力 MOSFET 的结构　由电子技术基础可知，功率较小的电力 MOSFET 的栅极（G）、源极（S）和漏极（D）位于芯片的同一侧，导电沟道平行于芯片表面，是横向导电器件，这种结构限制了它的电流容量。电力 MOSFET 采取两次扩散工艺，并将漏极（D）移到芯片的另一侧表面上，使从漏极到源极的电流垂直于芯片表面流过，这样有利于减小芯片面积和提高电流密度。这种采用垂直导电方式的 MOSFET 称为 VMOSFET。

电力 MOSFET 的导电沟道也分为 N 沟道和 P 沟道，栅偏压为零时，漏源极之间存在导电沟道的称为耗尽型；栅偏压大于零（N 沟道）才存在导电沟道的称为增强型。下面以 N 沟道增强型为例，说明电力 MOSFET 的结构。图 1-41 所示的是其内部结构和电气符号。电力 MOSFET 是多元集成结构，即一个器件由多个 MOSFET 元组成，图 1-41a 所示的是一个 MOSFET 的内部结构剖面示意图。

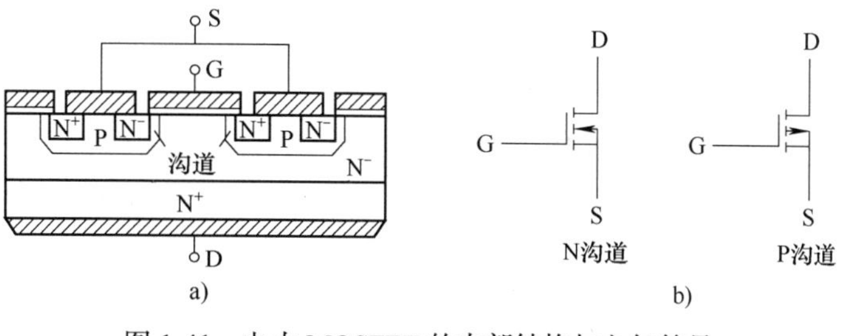

图 1-41　电力 MOSFET 的内部结构与电气符号

a）内部结构剖面示意图　b）电气符号

另外，电力 MOSFET 都含有一个寄生晶体管，所以电力 MOSFET 无反向阻断能力，当在器件两端加反向电压时器件导通，在使用中要引起注意。

2）电力 MOSFET 的工作原理　当漏极接电源正极，源极接电源负极，栅源极之间电压为零或为负时，P 型区和 N^- 型漂移区之间的 PN 结反向，漏源极之间无电流流过。如果在栅极和源极间加正向电压 U_{GS}，由于栅极是绝缘的，不会有电流。但栅极的正电压所形成的电场的感应作用却会将其下面的P型区中的少数载流子电子吸引到栅极下面的P型区表面。当U_{GS}大于某一电压值U_T时，栅极下面的P型区表面的电子浓度将超过空穴浓度，使P型反型成N型，沟通了漏极和源极。此时，若在漏源极之间加正向电压，则电子将从源极横向穿过沟道，然后垂直（即纵向）流向漏极，形成漏极电流I_D。电压U_T称为开启电压，U_{GS}超过U_T越多，导电能力就越强，漏极电流I_D也越大。

电力MOSFET的多元结构使每个MOSFET元的沟道长度大为缩短，而且使所有MOSFET元的沟道并联，这势必使沟道电阻大幅度减小，从而使得在同样的额定结温下，器件的通态电流大大提高。此外，沟道长度的缩短，使载流子的渡越时间减小；沟道的并联，允许更多的载流子同时渡越，使器件的导通时间缩短，提高了工作频率，改善了器件性能。

（2）电力MOSFET的特性

1）转移特性　转移特性是指电力MOSFET的输入栅源电压U_{GS}与输出漏极电流I_D之间的关系，如图1-42a所示。由图可见，当$U_{GS}<U_T$时，I_D近似为零；当$U_{GS}>U_T$时，随着U_{GS}的增大，I_D也越大。当I_D较大时，I_D与U_{GS}的关系近似为线性，曲线的斜率被定义为跨导g_m。则有

$$g_m=\frac{\Delta I_D}{\Delta U_{GS}} \tag{1-21}$$

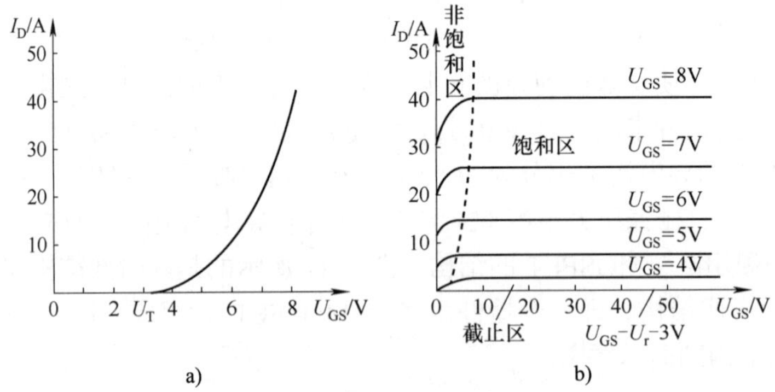

图1-42　电力MOSFET转移特性和输出特性

a）转移特性曲线　b）输出特性曲线

2）输出特性　输出特性是指以栅源电压U_{GS}为参变量，漏极电流I_D与漏源电压U_{DS}之间的关系曲线，如图1-42b所示。输出特性分为3个区域：非饱和区、饱和区和截止区。

非饱和区：在此区间，器件的漏源极之间的电阻受栅压控制，栅压（负值）越小，漏源极间的电阻就越大。阻值是变化的。当栅压U_{GS}一定时，器件内的沟道已经形成，若所加漏源电压U_{DS}很小时，对沟道的影响可以忽略，因而I_D与U_{DS}基本呈线性关系。但当U_{DS}逐渐增大时，靠近漏极一端的沟道逐渐变窄，使得I_D增加缓慢，相当于沟道有效电阻逐渐增加。随着U_{DS}继续增加，开始进入饱和区。

饱和区：在此区间，当U_{GS}不变时，I_D几乎不随U_{DS}的增加而增加，近似为一常数。当电力MOSFET用作线性放大时，工作在该区。

截止区：在此区间，U_{GS}低于MOSFET的开启电压U_T，漏极电流I_D很小，几乎不随U_{GS}的变化而变化，管子处于截止状态。

3）开关特性 图 1-43a 所示电路可用于测试电力 MOSFET 的开关特性。图中u_p为栅极控制电压信号源，R_S为信号源内阻，R_C为栅极电阻，R_L为漏极负载电阻，R_F为检测漏极电流的电阻。信号源产生阶跃脉冲电压，当其前沿到来时，输入电容C_{in}（$C_{in}=C_{GS}+C_{GD}$）充电，栅极电压u_{GS}按指数曲线上升，如图 1-43b 所示。当u_{GS}上升到开启电压U_T时，开始出现漏极电流i_D，从u_P前沿到i_D出现的这段时间称为开通延迟时间t_d。之后，i_D随u_{GS}的增大而上升，u_{GS}从U_T上升到使i_D达到稳态值所用的时间称为上升时间t_r。开通时间t_{on}为

$$t_{on}=t_d+t_r \tag{1-22}$$

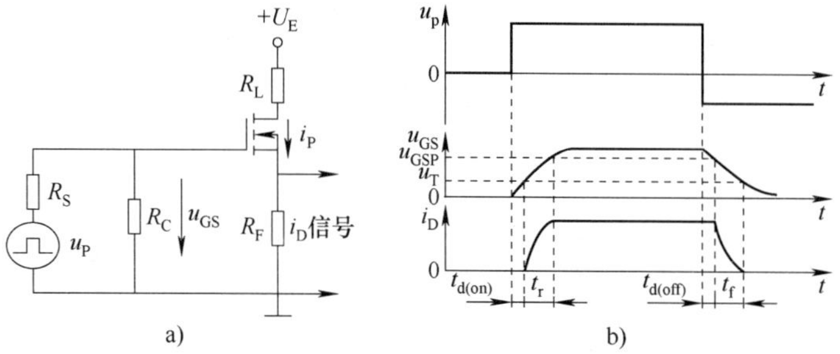

图 1-43 电力 MOSFET 的开关特性

a）测试电路 b）开关过程波形

当信号源脉冲电压u_P下降到零时，电容C_{in}通过信号源内阻R_S和栅极电阻R_G开始放电，u_{GS}按指数规律下降，当下降到U_{GSP}时，i_D才开始减小，这段时间称为延迟关断时间t_s。此后，C_{in}继续放电，u_{GS}从U_{GSP}继续下降，i_D减小，到$u_P<U_T$时沟道消失，i_D下降到零，这段时间称为下降时间t_f。关断时间t_{off}为延迟关断时间t_s和下降时间t_f之和，即

$$t_{off}=t_s+t_f \tag{1-23}$$

由以上分析可知，电力 MOSFET 的开关时间与输入电容C_{in}的充放电时间常数有很大的关系。使用时，C_{in}大小无法改变，但可以改变信号源内阻R_S的值，从而缩短时间常数，提高开关速度。电力 MOSFET 的工作频率可达 100kHz 以上。尽管电力 MOSFET 的栅极绝缘，且为电压控制器件，但在开关状态，驱动信号要给C_{in}提供充电电流，因此需要驱动电路提供一定的功率。开关频率越高，驱动功率就越大。

（3）电力 MOSFET 的主要参数

1）漏源击穿电压BU_{DS} 漏源击穿电压BU_{DS}决定了电力 MOSFET 的最高工作电压，使用时应注意结温的影响，结温每升高 100℃，BU_{DS}约增加 10%。这与双极型器件 SCR 及 GTR 等随结温升高而耐压降低的特性恰好相反。

2）漏极连续电流I_D和漏极峰值电流$\boldsymbol{I_{DM}}$ 在器件内部温度不超过最高工作温度时，电力 MOSFET 允许通过的最大漏极连续电流和脉冲电流称为漏极连续电流I_D和漏极峰值电流I_{DM}。它们是电力 MOSFET 的电流额定参数。

3）栅源击穿电压BU_{GS} 造成栅源极之间绝缘栅被击穿的电压称为栅源击穿电压BU_{GS}。栅源极之间绝缘层很薄，$U_{GS}>20V$就将发生绝缘层击穿。

4）极间电容 电力 MOSFET 极间电容包括C_{GS}、C_{GD}和C_{DS}，其中C_{GS}是栅源电容，C_{GD}是栅源电容，是由器件结构中的绝缘层形成的；C_{DS}是漏源电容，是由 PN 结形成的。图 1-44 所示是电力 MOSFET 极间电容的等效电路。

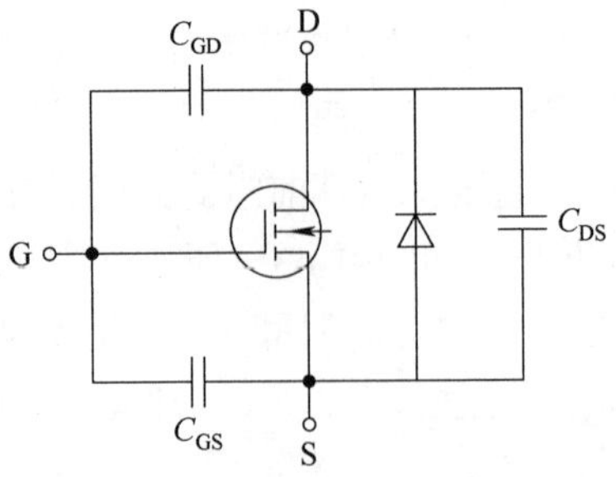

图 1-44　电力 MOSFET 极间电容的等效电路

各极间电容之间的关系为

$$C_{in} = C_{GS} + C_{GD} \tag{1-24}$$

$$C_{out} = C_{DS} + C_{GD} \tag{1-25}$$

$$C_f = C_{GD} \tag{1-26}$$

以上电容的数值均与漏极电压 U_{DS} 有关，U_{DS} 越高，极间电容越小。当 $U_{DS}>25V$ 时，各电容值趋于恒定。

漏源间的耐压、漏极最大允许电流和最大耗散功率决定了电力 MOSFET 的安全工作区。一般来说，电力 MOSFET 不存在二次击穿问题。在实际使用中，仍应注意留适当的裕量。

（4）电力 MOSFET 主要应用

1）场效应晶体管可应用于放大。由于场效应晶体管放大器的输入阻抗很高，因此耦合电容可以容量较小，不必使用电解电容器。

2）场效应晶体管很高的输入阻抗非常适合作阻抗变换。常用于多级放大器的输入级作阻抗变换。

3）场效应晶体管可以用作可变电阻。

4）场效应晶体管可以方便地用作恒流源。

5）场效应晶体管可以用作电子开关。

4. 绝缘栅双极型晶体管（IGBT）

GTR 和 GTO 是双极型电流驱动器件，由于具有电导调制效应，其通流能力很强，但开关速度较慢，所需驱动功率大，驱动电路复杂。而电力 MOSFET 是单极型电压驱动器件，开关速度快，输入阻抗高，热稳定性好，所需驱动功率小而且驱动电路简单。将这两类器件相互取长补短适当结合而成的复合器件，通常称为 Bi-MOS 器件。IGBT 综合了 GTR 和电力 MOSFET 的优点，具有良好的特性，应用领域很广泛。IGBT 也是三端器件：栅极，集电极和发射极。

（1）IGBT 的结构与电气符号

图 1-45a 所示为 IGBT 的结构剖面图。IGBT 是在电力 MOSFET 的基础上发展起来的，两者结构十分类似，不同之处是 IGBT 多一个 P 层发射极，可形成 PN 结 J_1，使得 IGBT 导通时可由 P 注入区 N 基区发射载流子（空穴），对漂移区电导率进行调制。因而 IGBT 具有很强的电流控制能力。

由增加的 P 区引出电极为集电极（C），原 VMOS 的源区电极称为发射极（E），G 仍称为栅极。图 1-45b 所示为 N 沟道 IGBT 的图形符号。从图可见，IGBT 相当于以 GTR 为主导元件，以 MOSET 为驱动元件的达林顿结构。其等效电路如图 1-45c 所示，P 沟道 IGBT 的图形箭头方向与图 1-45c 相反。图中的电阻 R_D 是原基区 GTR 基区内的扩展电阻。

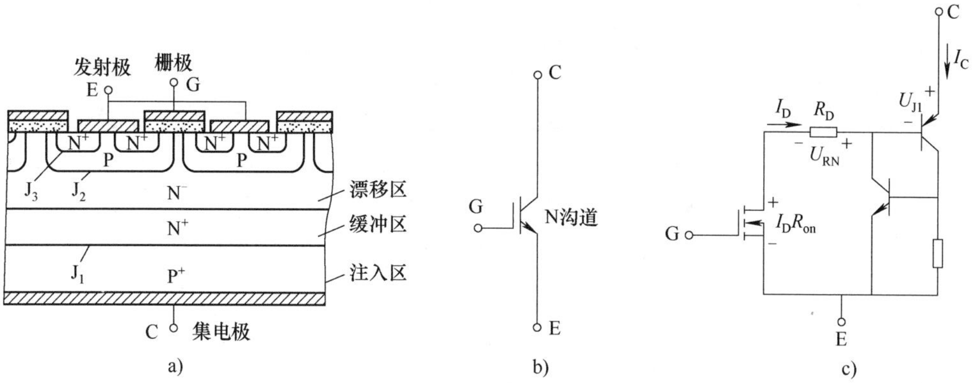

图 1-45　IGBT 示意图

a）IBGT 结构剖面图　b）图形符号　c）等效电路

IGBT 的导通和关断是由门极电压来控制的。门极施以正电压时，MOSFET 内形成沟道，并为 PNP 晶体管提供基极电流，从而使 IGBT 导通。在门极上施以负电压时，MOSFET 内的沟道消失，PNP 晶体管的基极电流被切断，IGBT 即为关断。

由于 IGBT 结构上的客观特征，内部寄生着一个 PNPN 四层结构晶闸管。需防止出于寄生晶闸管通道起作用而产生的锁定效应，即 IGBT 失去了栅极控制器件关断的能力，进而引起器件产生破坏性失效。因此，除了在器件的制作工艺上采取一定措施外（如提高 IGBT 的锁定电流），在使用中还要注意防止过高的 du/dt 值和过大的电流（过载）值等问题。

值得提醒的是，IGBT 的反向电压承受能力很低，只有几十伏。另外，早期的单管 IGBT 内部没有设置反并联二极管。IGBT 模块总是将二极管同 IGBT 反并联地封装在一起。

（2）IGBT 的基本特性与参数

1）静态特性

IGBT 的静态特性包括传输特性和输出特性。

① 传输特性：IGBT 的静态传输特性描述的是集电极电流 I_C 与栅射电压 U_{GE} 之间的相互关系，如图 1-46a 所示，它与功率 MOSFET 的转移特性相似。

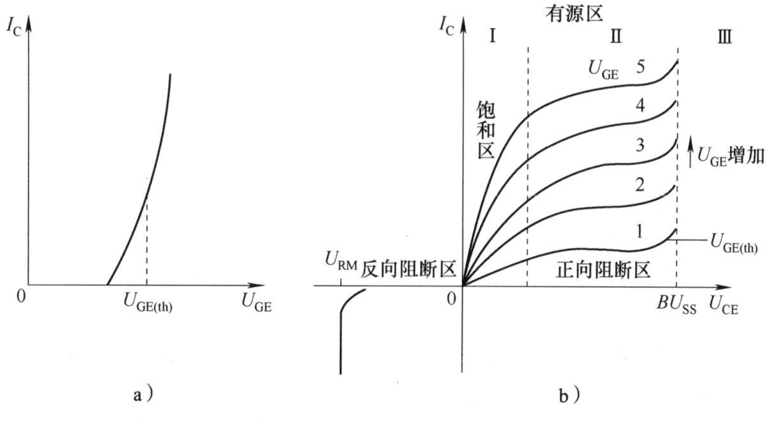

图 1-46　IGBT 的静态特性

a）传输特性　b）输出特性

U_{GE}低于开启电压$U_{GE(th)}$时，IGBT 处于关断状态；当U_{GE}大于开启电压$U_{GE(th)}$时，IGBT 开始导通，I_C与U_{GE}基本是线性关系。

加于栅-射极之间的最佳工作电压U_{GE}可取 15V 左右。$U_{GE(th)}$是 IGBT 实现电导调制（即P^+区向N^-区注入少数载流子）导通的最低栅-射极之间的电压，它随温度升高而略有下降，温度每升高 1℃，其值下降 5mV 左右。在+25℃时，IGBT 的开启电压$U_{GE}=(2\sim6)\text{V}$。

② 输出特性：IGBT 的输出特性描述的是以栅-射极电压U_{GE}为控制变量时，集电极电流I_C与集-射极间电压U_{CE}之间的相互关系，如图 1-46b 所示。它与 GTR 的输出特性相似，不同的是 IGBT 的控制变量为栅-射极电压U_{GE}，GTR 为基极电流I_B。由于 PN 结的开启电压不为零，引起 IGBT 的输出特性曲线不开始于坐标原点。

IGBT 的输出特性分为正向阻断区、有源区、饱和区。当$U_{CE}<0$时，IGBT 为反向阻断工作状态，参照图 1-45 知，P^+N^+结（J_1结）处于反偏，无集电极电流出现。IGBT 较 VMOS 多了一个J_1结而获得反向电压阻断能力，能够承受的最高反向阻断电压U_{RM}取决于J_1结的雪崩击穿电压。

当$U_{CE}>0$而$U_{GE}<U_{GE(th)}$时，IGBT 为正向阻断工作状态，J_2结处于反偏，VMOS 的沟道体区没有形成沟道，IGBT 只有很小的集电极漏电流I_{CES}流过。IGBT 能够承受的最高正向阻断电压U_{FM}取决于J_2的雪崩击穿电压。当$U_{CE}>0$、$U_{GE}>U_{GE(th)}$时，VMOS 的沟道体区内形成导电沟道，IGBT 进入正向导通状态。随U_{GE}的升高，向 N 基区提供电子的导电沟道加宽，集电极电流I_C增大。在正向导通的大部分区域内，I_C与U_{GE}呈线性关系，而与U_{GE}无关。IGBT 的这种状态称为线性工作状态。作为开关状态工作的 IGBT 同样要避开此区，否则功耗将会很大。

饱和区指输出特性比较明显弯曲的部分，此时集电极电流I_C与栅-射极电压U_{GE}不再是线性关系。

IGBT 的通态电流I_{CS}为

$$I_{CS}=I_C+\beta_{PNP}I_D=(1+\beta_{PNP})I_D \tag{1-27}$$

式（1-27）中，I_C为等效达林顿管中 MOSFET 的集电极电流，即 PNP 晶体管的基极电流；β_{PNP}为 PNP 晶体管的电流放大系数，与普通达林顿结构电路不同，IGBT 的$\beta_{PNP}<1$，I_C是构成 IGBT 通态电流的主要部分。IGBT 的通态压降$U_{CE(ON)}$为

$$U_{CE(ON)}=U_{ji}+U_{RD}+I_dR_{on} \tag{1-28}$$

式中　U_{ji}——ji 结的正向电压，约为 0.7～1V；

U_{RD}——扩展电阻R_D上的压降；

R_{on}——沟道欧姆电阻。

与电力 MOSFET 相比，IGBT 的通态压降小得多，1000V 的 IGBT 约有 2～5V 的通态压降，这是因为 IGBT 中N^-漂移区存在电导调制效应的缘故。

2）动态特性

IGBT 的动态特性包括导通过程和关断过程两个方面。如图 1-47 所示，为 IGBT 的导通与关断过程，在导通过程中大部分时间是作为 MOSFET 来运行的。所以其电压、电流波形与电力 MOSFET 导通时相似。图中，t_{on}为导通延时时间，定义为U_{GE}上升$10\%U_{GEM}$到上升达$90\%I_{CM}$处所需的时间。它包括延时开通时间$t_{d(on)}$和电流上升时间t_r两部分。

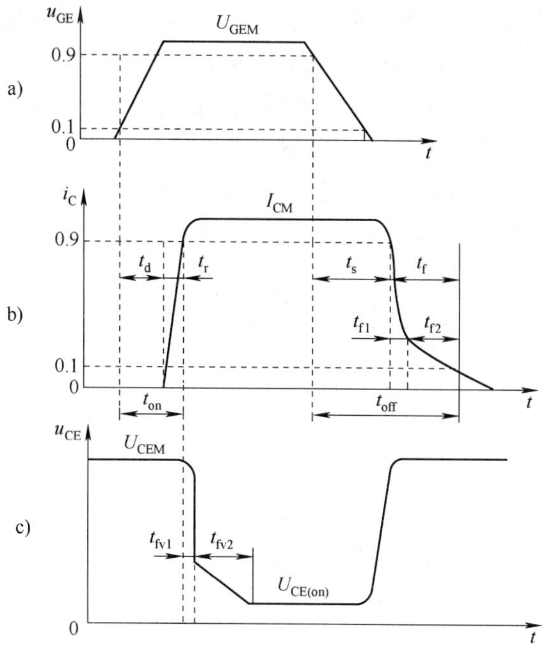

图 1-47　IGBT 的导通与关断过程

a）栅、射极电压波形　b）射极电流波形　c）集、射极间电压波形

集电极电压 U_{CE} 的下降过程分为 t_{fv1} 和 t_{fv2} 两段：t_{fv1} 为 IGBT 中 MOSFET 单独工作的电压下降过程，t_{fv2} 为 MOSFET 和 PNP 管同时工作的电压下降过程。t_{fv2} 下降缓慢，一方面由于 U_{CE} 电压下降，MOSFET 栅-射极间电容增加，使电压下降变的缓慢；另一方面因 IGBT 中的 PNP 管转到饱和状态有一过程，也使电压下降变缓，仅当 t_{fv2} 结束才完全进入饱和状态。

IGBT 的关断过程是从正向导通状态转换到正向阻断状态的过程。关断过程定义为从 U_{CE} 脉冲后沿 90% U_{GEM} 到集电极电流下降到 10% I_{CM} 处止。

关断时间 t_{off} 包括关断延时 $t_{d(off)}$ 和电流下降时间 t_f 两部分。如图 1-47 定义从 90% U_{GEM} 处起到 10% I_{CM} 处的一段时间间隔。其中，t_f 段下降缓慢是由于 IGBT 内部等效晶体管的关断过程影响，当 MOSFET 关断后，IGBT 无反向电压，N 基区内少数载流子复合缓慢，以致 I_C 下降也较慢，形成一段拖尾时间。由于此时集-射极电压的建立，过长的电流下降时间会产生较大的损耗，使结温升高，因而希望电流下降时间越短越好。

IGBT 的开关时间与漏极电流、门极电阻以及结温等参数有关。随 I_C 和 R_G 的增大，导通时间 t_{on} 和关断时间 t_{off} 趋于增加，尤其受门极电阻的影响较大。

此外 IGBT 的开关损耗与温度有关，尽管它的开通损耗较低，但随温度升高而增大。

3）IGBT 的主要参数及特点

IGBT 的主要参数包括：

① 最大集射极间电压 U_{CES}：这是由器件内部的 PNP 晶体管所能承受的击穿电压所确定的。

② 最大集电极电流 I_{CM}：最大集电极电流包括直流电流 I_C 和 1ms 脉宽最大电流 I_{CP}。

③ 最大集电极功耗 P_{CM}：在正常工作温度下运行的最大耗散功率。

IGBT 的特性和参数特点可以总结如下：

a. IGBT 的开关速度快、损耗小，据统计电压为 1000V 以上的 IGBT 开关损耗仅为 GTR 的 1/10，与 VDMOS 相当；通态压降也比 VDMOS 低，特别是大电流、高电压应用时。但是，IGBT 的开关损耗与温度有关，尽管它的导通损耗较低，但随温度升高而增大。

b. IGBT 的通态压降 1/2 或 1/3 额定电流以下区段具有负温度系数，以上区段有正温度系数，因此 IGBT 在并联使用时具有电流调节的能力，即有益并联使用的特点。

c. 安全工作区比 GTR 宽，具有耐脉冲电流冲击的性能；与 VDMOS 和 GTR 相比，耐压、电流等参数可以继续做得更高，同时保持工作频率高的特点。

4）IGBT 的电压、电流额定值选择　根据有关资料介绍，现以逆变器中 IGBT 的选择为例，给出其额定电压和额定电流的经验估算方法。

① IGBT 额定电压 U_{CE}（见表 1-5）

表 1-5　IGBT 额定电压 U_{CE}

交流电网电压/V	180 ~ 220	380 ~ 440	480 ~ 575
器件额定电压/V	600	1000 ~ 1200	1400

② IGBT 额定电流 I_C：在实际应用中应考虑到一些因素的影响，I_C 的取值需留有余地。如考虑逆变器的逆变效率（$\eta = 75\%$），逆变输出电压脉动率（$\lambda = 20\%$），以及安全过载余量（2 倍左右）。流过 IGBT 的电流额定值 I_C 可按下式估算

$$I_C = 2 \times \frac{P_N}{\sqrt{3}\eta U_N} \times (1+20\%) \times \sqrt{2}$$

即

$$I_C = 2 \times \frac{3.7 \times 10^3}{\sqrt{3} \times 0.75 \times 220} \times (1+20\%) \times \sqrt{2} \approx 45\text{A}$$

（3）IGBT 的擎住效应和安全工作区

从图 1-45 所示的 IGBT 结构可以发现，在 IGBT 内部寄生着一个 N^-PN^+ 晶体管和作为主开关器件的 P^+N^-P 晶体管组成的寄生晶闸管。其中，NPN 晶体管的基极与发射极之间存在体区短路电阻，P 形体区的横向空穴电流会在该电阻上产生压降，相当于对 J_3 结施加一个正向偏压。在额定集电极电流范围内，这个偏压很小，不足以使 J_3 导通，然而一旦 J_3 导通，栅极就会失去对集电极电流的控制作用，导致集电极电流增大，造成器件功耗过高而损坏。这种电流失控的现象，就像普通晶闸管被触发以后，即使撤销触发信号晶闸管仍然因进入正反馈过程而维持导通的机理一样，因此被称为擎住效应或自锁效应。引发擎住效应的原因可能是集电极电流过大（静态擎住效应），也可能是 du_{CE}/dt 过大（动态擎住效应）。温度升高也会增加发生擎住效应的危险。

动态擎住效应比静态擎住效应所允许的集电极电流还要小，因此所允许的最大集电极电流实际上是根据动态擎住效应而确定的。

根据最大集电极电流、最大集-射极间电压和最大集电极功耗可以确定 IGBT 在导通工作状态的参数极限范围，即正向偏置安全工作区（Forward Biased Safe Operating Area，FBSOA）；根据最大集电极电流、最大集-射极间电压和最大允许电压上升率 du_{CE}/dt，可以确定 IGBT 在阻断工作状态下的参数极限范围，即反向偏置安全工作区（Reverse Biased Safe Operating Area，RBSOA）。

擎住效应曾经是限制 IGBT 电流容量进一步提高的主要问题之一，但经过多年的努力，自 20 世纪 90 年代中后期开始，这个问题已得到了很好的解决。

此外，为满足实际电路的要求，IGBT 往往与反并联的快速二极管封装在一起，制成模块，称为逆导器件，选用时应加以注意。

（4）IGBT 的主要应用

IGBT 的应用范围一般都在耐压 600V 以上、电流 10A 以上、频率为 1kHz 以上的区域，多使用在工业用电机、民用小容量电机、变换器（逆变器）、照相机的频闪观测器、感应加热（InductionHeating）电饭锅等领域。根据封装的不同，IGBT 大致分为两种类型：一种是模压树脂密封的三端单体封装型，从 TO-3P 到小型表面贴装都已形成系列；另一种是把 IGBT 与 FWD（FleeWheelDiode）成对地（2 或 6 组）封装起来的模块型，主要应用在工业上。模块的类型根据用途的不同，分为多种形状及封装方式，都已形成系列化。

IGBT 是强电流、高压应用和快速终端设备用垂直功率 MOSFET 的自然进化。MOSFET 由于实现一个较高的击穿电压 BVDSS 需要一个源漏通道，而这个通道却具有很高的电阻率，因而造成功率 MOSFET 具有 RDS（on）数值高的特征，IGBT 消除了现有功率 MOSFET 的这些主要缺点。虽然最新一代功率 MOSFET 器件大幅度改进了 RDS（on）特性，但是在高电平时，功率导通损耗仍然要比 IGBT 高出很多。IGBT 较低的压降，转换成一个低 VCE（sat）的能力，以及 IGBT 的结构与同一个标准双极器件相比，可支持更高的电流密度，并简化了 IGBT 驱动器的原理图。

5．其他新型电力电子器件

（1）MOS 控制晶闸管

MOS 控制晶闸管（MOS Controlled Thyristor，MCT），是 20 世纪 80 年代末出现的一种新型的电压控制型全控器件，它将 MOSFET 的高输入阻抗、快开关速度的特性与晶闸管的高压大电流特性结合在一起，产生出较理想的功率器件特性。图 1-48a 所示为 P- MCT 单胞基本结构剖面图，一个 MCT 大约由 10^5 个单胞组成。图 1-48b 所示为其等效电路及电气符号。MCT 有 3 个极：阳极（A）、阴极（K）和门极（G）。从等效电路看，MCT 是在晶闸管结构中集成一对 MOSFET，使 MCT 导通的 MOSFET 称为 ON-FET（开通场效应晶体管）；使 MCT 阻断的称为 OFF-FET（关断场效应晶体管）。根据 ON-FET 的沟道类型，MCT 分为 P-MCT 和 N-MCT。目前，MCT 产品多为 P-MCT。

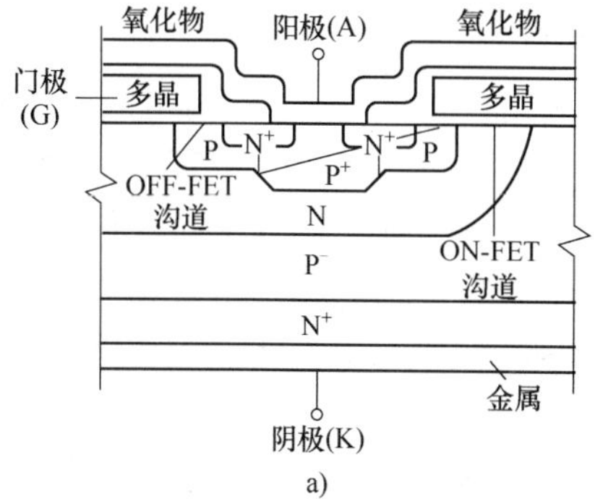

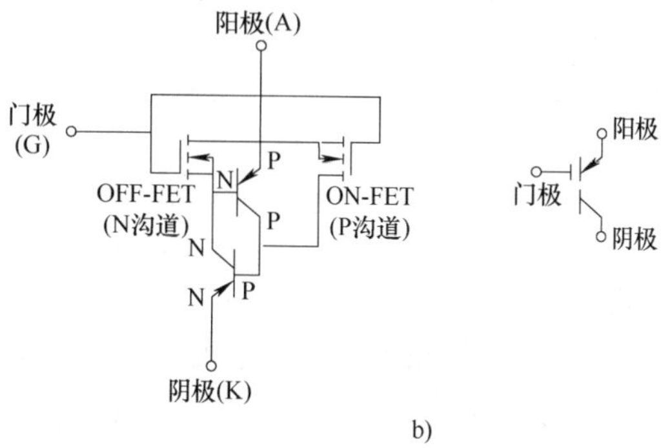

图 1-48　P-MCT 的单胞剖面、等效电路及电气符号

a）单胞基本结构剖面图　b）等效电路及电气符号

MCT 的控制信号以阳极为基准。当门极相对于阳极加负脉冲电压时，ON-FET 导通，它的漏极电流使 NPN 晶体管导通，NPN 晶体管又使 PNP 晶体管导通并形成正反馈触发过程，于是 MCT 导通。当门极施加相对于阳极为正脉冲的电压时，OFF-FET 导通，PNP 晶体管因基极电流中断而截止，破坏了正反馈过程，于是 MCT 关断。

MCT 触发导通的门极负脉冲幅度一般为−15 ~ −5V，关断的门极正脉冲电压一般为+10V。

与 IGBT 等其他电力电子器件相比，MCT 具有如下优点：

1）电压、电流容量大。目前，研制水平为阻断电压 3000V、峰值电流 1000A，最大关断电流密度为 $6000A/cm^2$。

2）通态压降小，约为 1.1V，仅是 IGBT 通态压降的 1/3。

3）di/dt 和 du/dt 耐量极高，可分别达到 2000A/μs 和 2000V/μs。

4）开关速度快，导通时间为 200ns，可在 2μs 时间内关断 1000V 电压。

5）工作温度高。其温度受限于反向漏电流，上限温度值可达 250 ~ 270℃。

MCT 还有一个重要特性：即使关断失败，器件也不会损坏。MCT 与其他 MOS 栅控器件一样，对驱动电路要求很低，门极驱动简单。MCT 作为功率开关，主要用于大电流、低通态损耗的领域。典型的应用是逆变器、电动机驱动和脉冲电路等。由于 MCT 具有高电压、大电流、高载流密度、低通态压降的特点，其通态压降只有 GTR 的 1/3 左右，硅片的单位面积连续电流密度在各种器件中是最高的。另外，MCT 可承受极高的 di/dt 和 du/dt，使得其保护电路可以简化。MCT 的开关速度超过 GTR，开关损耗也小。

总之，MCT 曾一度被认为是一种最有发展前途的电力电子器件。因此，20 世纪 80 年代以来一度成为研究的热点。但经过十多年的努力，其关键技术问题没有大的突破，电压和电流容量都远未达到预期的数值，未能投入实际应用。而其竞争对手——IGBT 却进展飞速，所以，目前从事 MCT 研究的人不是很多。

（2）静电感应晶体管

静电感应晶体管（Static Induction Transistor，SIT），是一种靠场效应引起元件中导电沟道形成或消失来实现开关功能的器件。每个 SIT 由几百或几千个单元胞并联而成，其单元胞结构剖面如图 1-49a 所示。SIT 有 3 个极：门极（G）、漏极（D）和源极（S），电气符号如图 1-49b 所示。STT 分为 N 沟道和 P 沟道两种，图中箭头表示门源结为正偏时门极电流的方向。

SIT 的导通和关断原理可用沟道夹断机理来说明。当 G、S 之间不加电压时，两侧的空间电荷层很薄，中间层（N）电流通道最宽，这时 D、S 之间加上电压，则有电流通过 N 型层，即电流通道是“畅通”的。若 G 相对于 S 加负偏压，两侧 PN 结为反偏置，而且随着 U_{GS} 反偏压的增大两侧空间电荷层向中间扩展，电流通道随之变窄。随着 U_{GS} 反偏压进一步提高，会出现两侧空间电荷区重叠的现象，于是电流通道被“夹断”，D、S 之间无法通过电流，器件处于关断状态。所以 SIT 重要的特征是：门源电压为零，器件处于导通状态，其在电路中的开关作用相当于接触器的“常闭”触点。

SIT 的漏极电流不但受门极电压控制，同时也受漏极电压的控制。图 1-50 所示为 N 沟道 SIT 的伏安特性。当 $U_{GS}=0$ 时，SIT 处于导通状态，U_{GS} 在负值方向增加时，对应不同的负偏压有一族 $I_D=f(U_{GS})$ 伏安特性。

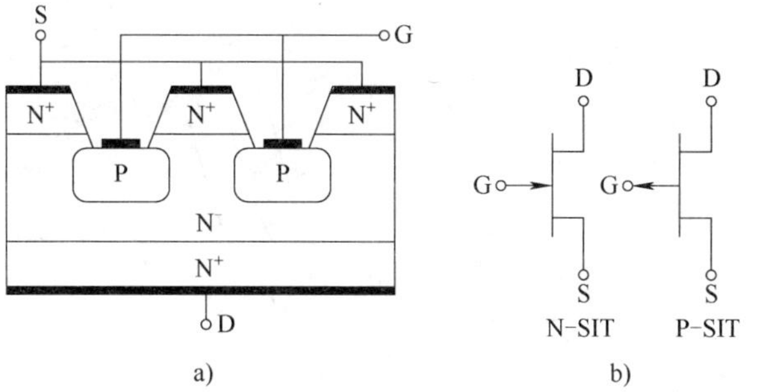

图 1-49　SIT 的原理结构与电气符号
a）SIT 结构剖面　b）SIT 电气符号

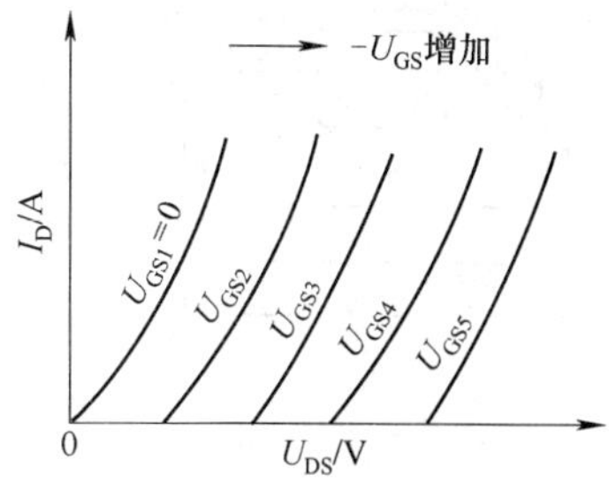

图 1-50　N 沟道 SIT 的伏安特性

目前，SIT 的制造水平已达到截止频率 30 ~ 50MHz、电压 1500V、电流 300A，耗散功率 3kW。由于 SIT 具有工作频率高、输出功率大、线性度好、失真小、输入阻抗高、开关特性好、热稳定性好和抗辐射能力强等优点，所以在雷达通信设备、超声波功率放大、开关电流、脉冲功率放大和高频感应加热等方面获得广泛的应用。

但是 SIT 在栅极不加任何信号时是导通的，而栅极加负偏压时关断，被称为正常导通型器件，使用不太方便。此外，SIT 通态电阻较大，使得通态损耗也大。SIT 可以做成正常关断型器件，但通态损耗将更大。因而 SIT 还未在大多数电力电子设备中得到广泛应用。

（3）静电感应晶闸管

静电感应晶闸管（Static Indtuction Thyristor，SITH）诞生于 1972 年，是在 SIT 的漏极层上附加一层与漏极层导电类型不同的发射极层而得到的，就像 IGBT 可以看成是电力 MOSFET 与 GTR 复合而成的器件一样，SITH 也可以看成是 SIT 与 GTO 复合而成。因为其工作原理也与 SIT 类似，门极和阳极电压均能通过电场控制阳极电流，因此 SITH 又被称为场控晶闸管（Field Controlled Thyristor，FCT）。由于比 SIT 多了一个具有少子注入功能的 PN 结，因而 SITH 本质上是两种载流子导电的双极型器件，具有电导调制效应，通态压降低、通流能力强。其很多特性与 GTO 类似，但开关速度比 GTO 高得多，是大容量的快速器件，图 1-51a 所示是其典型的单胞结构。

SITH 的阳极、阴极和门极用字母 A、K 和 G 表示，常用的电气符号如图 1-51b 所示。

SITH 的工作原理与普通晶闸管和门极关断晶闸管不同，它是通过改变门极偏压、调节导电沟道中空间电荷区的宽度来控制导电沟道的关断与导通的，从而实现其开关作用。

SITH 多为常开型器件，其开关机理与 SIT 相同。当门极不加偏压时，门极空间电荷区很窄，在两个 P^+ 门极区之间形成 N 型导电沟道，SITH 处于导通状态，通过导电沟道形成由阳极到阴极（K）的阳极电流 I_A；当门极加负电压时，空间电荷区扩展，使阳极和阴极之间的电流夹断，SITH 处于关断状态。

常开型 SITH 的静态伏安特性如图 1-52 所示。特性的正向偏置部分与 SIT 相似。阳极阻断电压 U_{AK} 和阳极可关断电流由门极负电压 $-U_{GK}$ 控制。$-U_{GK}$ 越高，阻断阳极电压的能力越强。与晶闸管、GTO 相比，SITH 的正向压降小、开关速度快。由于 SITH 的导通和关断是在整个硅片面积内均匀进行的，因此其 di/dt 和 du/dt 的承受能力很高，可达 3000A/μs 和 1000V/μs，比 GTO 高一个数量级，从而对缓冲电路的要求降低。

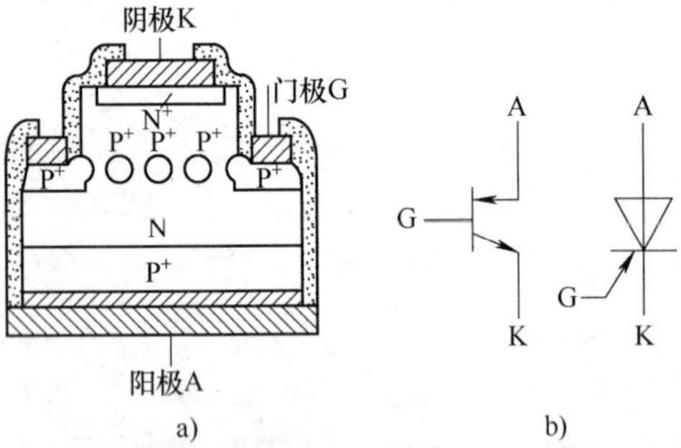

图 1-51 SITH 单胞结构及电气符号

a）单胞结构 b）电气符号

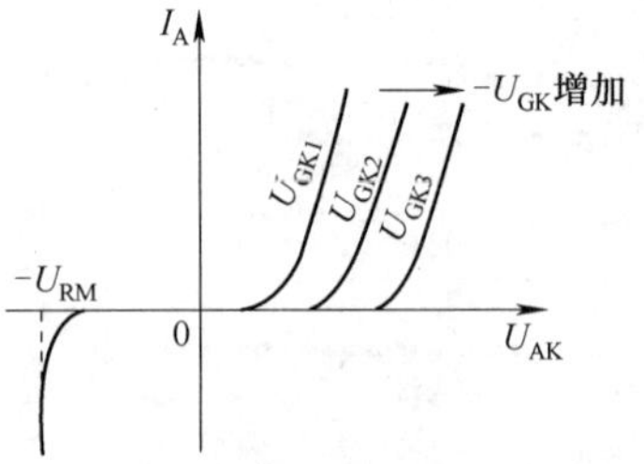

图 1-52 常开型 SITH 的静态伏安特性

目前，日本对 SITH 的研制水平已达 4500V、2200A，工作频率为 100kHz。SITH 主要应用于高压直流输电系统、高频感应加热装置及高频逆变器。

SITH 一般也是正常导通型，但也有正常关断型。此外，其制造工艺比 GTO 复杂得多，电流关断增益较小，因而其应用范围还有待拓展。

（4）集成门极换流晶闸管

集成门极换流晶闸管（Integrated Gate-Commutated Thyristor，IGCT），有的厂家也称为 GCT（Gate-Commutated Thyristor），是 20 世纪 90 年代后期出现的新型电力电子器件。IGCT 实质上是将一个平板型的 GTO 与由很多个并联的电力 MOSFET 器件和其他辅助元件组成的 GTO 门极驱动电路，采用精心设计的互联结构和封装工艺集成在一起。IGCT 的容量与普通 GTO 相当，但开关速度比普通的 GTO 快 10 倍，而且可以简化普通 GTO 应用时庞大而复杂的缓冲电路，只不过其所需的驱动功率仍然很大。在 IGCT 产品刚推出的几年中，由于其电压和电流容量大于当时 IGBT 的水平而很受关注，但 IGBT 的电压和电流容量很快赶了上来，而且市场上一直只有个别厂家在提供 IGCT 产品，因此 IGCT 的前景目前还很难预料。

（5）基于宽禁带半导体材料的电力电子器件

到目前为止，硅材料一直是电力电子器件所采用的主要半导体材料，主要原因是人们早已掌握了低成本、大批量制造、大尺寸、低缺陷、高纯度的单晶硅材料的技术以及随后进行半导体加工的各种工艺技术，人类对硅器件不断地研究和开发投入也是巨大的。但是，硅器件的各方面性能已随其结构设计和制造工艺的相当完善而接近其由材料特性决定的理论极限（虽然随着器件技术的不断创新这个极限一再被突破），很多人认为依靠硅器件继续完善和提高电力电子装置与系统性能的潜力已十分有限。因此，将越来越多的注意力投向基于宽禁带半导体材料的电力电子器件。

可以知道，固体中电子的能量具有不连续的量值，电子都分布在一些相互之间不连续的能带（Energy Band）上。价电子所在能带与自由电子所在能带之间的间隙称为禁带或带隙（Energy Gap 或 Band Gap）。所以禁带的宽度实际上反映了被束缚的价电子要成为自由电子所必须额外获得的能量。硅的禁带宽度为 1.12 电子伏特（eV），而宽禁带半导体材料是指禁带宽度在 3.0eV 及以上的半导体材料，典型的是碳化硅（SiC）、氮化镓（GaN）、金刚石等材料。

通过对半导体物理知识的学习可以知道，由于具有比硅宽得多的禁带宽度，宽禁带半导体材料一般都具有比硅高得多的临界雪崩击穿电场强度和载流子饱和漂移速度、较高的热导率和相差不大的载流子迁移率。因此，基于宽禁带半导体材料（如碳化硅）的电力电子器件将具有比硅器件高得多的耐受高电压的能力、低得多的通态电阻、更好的导热性能和热稳定性以及更强的耐受高温和射线辐射的能力，许多方面的性能都是成数量级的提高。但是，宽禁带半导体器件的发展一直受制于材料的提炼和制造以及随后半导体制造工艺的困难。直到 20 世纪 90 年代，碳化硅材料的提炼和制造技术以及随后的半导体制造工艺才有所突破，到 21 世纪初推出了基于碳化硅的肖特基二极管，性能全面优于硅肖特基二极管，因而迅速在有关的电力电子装置中应用，其总体效益远远超过这些器件与硅器件之间的价格差异造成的成本增加。氮化镓的半导体制造工艺自 20 世纪 90 年代以来也有所突破，因而也已可以在其他材料衬底（Substrate）的基础上实施加工工艺制造相应的器件。由于氮化镓器件具有比碳化硅器件更好的高频特性而较受关注。金刚石在这些宽禁带半导体材料中性能是最好的，很多人称之为最理想的或最具前景的电力半导体材料。但是金刚石材料提炼和制造以及随后的半导体制造工艺也是最困难的，目前还没有有效的办法。距离基于金刚石材料的电力电子器件产品的出现还有很长的路要走。

1.2.3　技能训练

1．知识准备

（1）GTO 的认识与检测

1）判别各电极　GTO 的 3 个电极的判别方法与普通晶闸管相同，即用万用表的 R×100 档找出具有二极管特性的两个电极，其中一次为低阻值（几百欧姆），另一次阻值较大。在阻值小的那一次测量中，红表笔接的是阴极（K），黑表笔接的是门极（G），剩下的一只引脚为阳极（A）。

具体方法是：将万用表黑表笔任接晶闸管某一极，红表笔依次去触碰另外两个电极。若测量结果有一次阻值为几千欧姆，而另一次阻值为几十或几百欧姆，则可判定黑表笔接的是门极（G）。在阻值为几百欧姆的测量中，红表笔接的是阴极（K），而在阻值为几千欧姆的那次测量中，红表笔接的是阳极（A），若两次测出的阻值均很大，则说明黑表笔接的不是门极（G），应用同样方法改测其他电极，直到找出 3 个电极为止。

也可以测任两脚之间的正、反向电阻，若正、反向电阻均接近无穷大，则两极即为阳极（A）和阴极（K），而另一脚即为门极（G）。

2）触发能力和关断能力的检测

① 触发能力检测：GTO 触发能力的检测方法与普通晶闸管相同。对于小功率（工作电流为 5A 以下）的 GTO，可用万用表 R×1Ω 档测量。测量时黑表笔接阳极（A），红表笔接阴极（K），此时表针不动，显示阻值为无穷大（∞）。用镊子或导线将晶闸管的阳极（A）与门极短路，相当于给 G 加上正向触发电压，此时若电阻值为几欧姆至几十欧姆（具体阻值根据晶闸管的型号不同会有所差异），则表明晶闸管因正向触发而导通。再断开 A 与 G 的连接（A、K 上的表笔不动，只将 G 的触发电压断掉），若表针示值仍保持在几欧姆至几十欧姆的位置不动，则说明此晶闸管的触发性能良好。

对电流在 5A 以上的中、大功率 GTO，因其通态压降 U_T、维持电流 I_H 及门极触发电压 U_G 均相对较大，万用表 R×1Ω 档所提供的电流偏低，晶闸管不能完全导通，故检测时可在黑表笔端串接一只 200Ω 可调电阻和 1～3 节 1.5V 干电池（视被测晶闸管的容量而定，其工作电流大于 100A 的，应用 3 节 1.5V 干电池）。

也可以用图 1-53 所示的测试电路测试 GTO 的触发能力。电路中，VT 为被测晶闸管，HL 为 6.3V 指示灯（手电筒中的小电珠），GB 为 6V 电源（可使用 4 节 1.5V 干电池或 6V 稳压电源），S 为按钮，R 为限流电阻。当按钮 S 未接通时，晶闸管 VT 处于阻断状态，指示灯 HL 不亮（若此时 HL 亮，则是 VT 击穿或漏电损坏）。按动一下按钮 S 后（使 S 接通一下，为晶闸管 VT 的门极（G）提供触发电压），若指示灯 HL 一直点亮，则说明晶闸管的触发能力良好。若指示灯亮度偏低，则表明晶闸管性能不良、导通压降大（正常时导通压降应为 1V 左右）。若按钮 S 接通时，指示灯亮，而按钮断开时，指示灯熄灭，则说明晶闸管已损坏，触发性能不良。

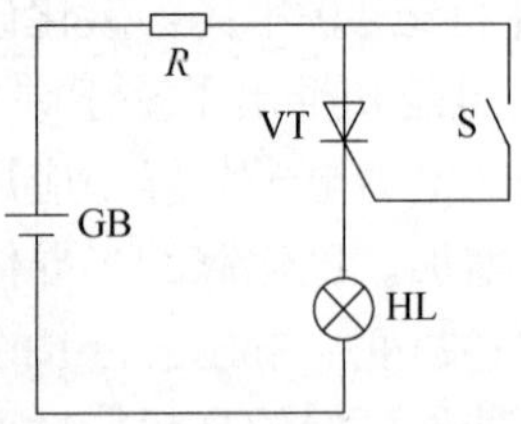

图 1-53　GTO 的触发测试电路

② 关断能力检测：检测 GTO 的关断能力时，可先按检测触发能力的方法使晶闸管处于导通状态，即用万用表 R×1Ω 档，黑表笔接阳极（A），红表笔接阴极（K），测得电阻值为无穷大。再将 A 与门极（G）短路，给 G 加上正向触发信号时，晶闸管被触发导通，其 A、K 间电阻值由无穷大变为低阻状态。断开 A 与 G 的短路点后，晶闸管维持低阻导通状态，说明其触发能力正常。再在晶闸管的门极（G）与阳极（A）之间加上反向触发信号，若此时 A 与 K 间电阻值由低阻值变为无穷大，则说明晶闸管的关断能力正常。

（2）IGBT 的认识与检测

IGBT 的好坏可用指针万用表的 R×1kΩ 档来检测，或用数字万用表的“二极管”档来测量 PN 结正向压降进行判断。检测前先将 IGBT 三只引脚短路放电，避免影响检测的准确度。

1）判断极性　如图 1-54 所示，首先将万用表拨在 R×1kΩ 档，用万用表测量时，若某一极与其他两极阻值为无穷大，调换表笔后该极与其他两极的阻值仍为无穷大，则判断此极为栅极（G）。其余两极再用万用表测量，若测得阻值为无穷大，调换表笔后测量阻值较小。在测量阻值较小的一次中，则判断红表笔接的为集电极（C），黑表笔接的为发射极（E）。

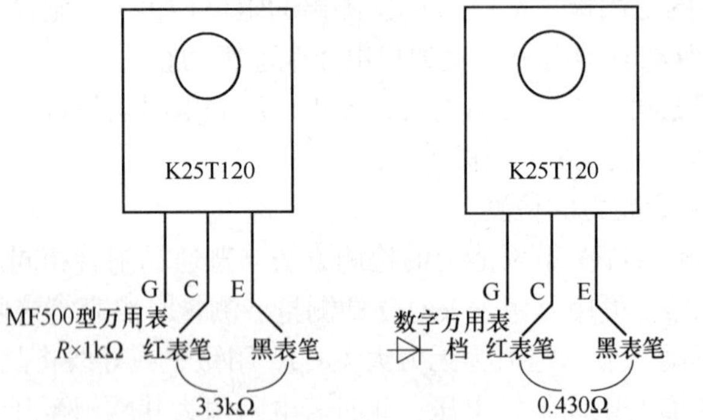

图 1-54　IGBT 检测示意图

2）判断好坏　将万用表拨在 R×10kΩ 档，用黑表笔接 IGBT 的集电极（C），红表笔接 IGBT 的发射极（E），此时万用表的指针在零位。用手指同时触及一下栅极（G）和集电极（C），这时 IGBT 被触发导通，万用表的指针摆向阻值较小的方向，并能站住指示在某一位置。然后再用手指同时触及一下栅极（G）和发射极（E），这时 IGBT 被阻断，万用表的指针回零。此时即可判断 IGBT 是好的。

3）注意事项　任何指针式万用表皆可用于检测 IGBT。注意判断 IGBT 好坏时，一定要将万用表拨在 R×10k 档，因 R×1k 档以下各档万用表内部电池电压太低，检测好坏时不能使 IGBT 导通，而无法判断 IGBT 的好坏。此方法同样也可以用于检测功率场效应晶体管（P-MOSFET）的好坏。

对于正常的 IGBT（正常 G、E 两极与 G、C 两极间的正、反向电阻均为无穷大；内含阻尼二极管的 IGBT 正常时 E、C 极间均有 4kΩ 正向电阻），上述所测值均为无穷大。最后用指针万用表的红笔接 C 极，黑笔接 E 极，若所测值在 3.5kΩ 左右，则所测管为含阻尼二极管的 IGBT；若所测值在 50kΩ 左右，则所测 IGBT 内不含阻尼二极管。对于数字万用表，正常情况下，IGBT 的 C、E 极间正向压降约为 0.5V。

2．实践操作—典型全控型器件的特性测试

（1）项目线路与原理

将电力电子器件（包括 SCR、GTO、MOSFET、GTR、IGBT 五种）和负载电阻 *R* 串联后接至直流电源的两端，由 DL08 上的给定为新器件提供触发电压信号，给定电压从零开始调节，直至器件触发导通，从而可测得在上述过程中器件的伏安特性。图 1-55 中的电阻 *R* 用 DL11 上的可调电阻负载，将两个 90Ω 的电阻接成串联形式，最大可通过电流为 1.3A。直流电压和电流表可从 TLDD-1 电源控制屏上获得，五种电力电子器件均在 DL09 挂箱上。直流电源从电源控制屏的输出接 DL11 上的单相调压器，然后调压器输出接 DL11 上的整流及滤波电路，从而得到一个输出可以由调压器调节的直流电压源。

新器件特性项目原理图如图 1-55 所示。

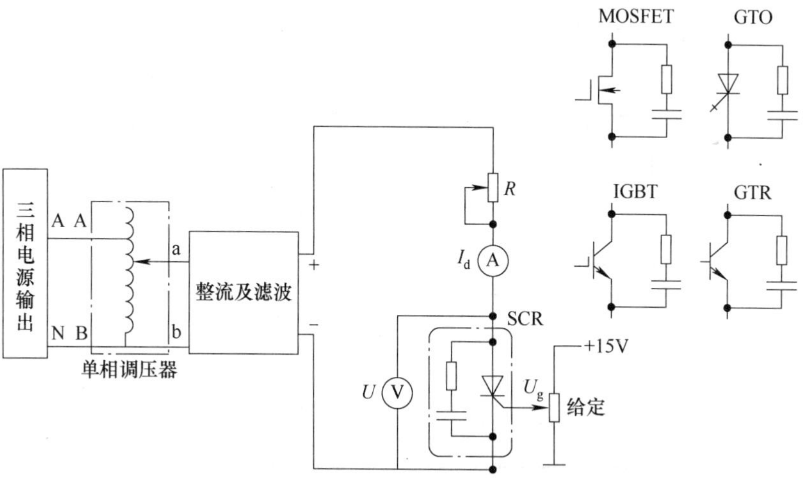

图 1-55　新器件特性项目原理图

（2）项目测试所需挂件及附件（见表 1-6）

表 1-6　项目测试所需挂件及附件

序　号	型　号	备　注
1	电源控制屏	该控制屏包含“三相电源输出”、“励磁电源”等几个模块
2	DL08 给定及项目器件	该挂件包含“二极管”以及“开关”
3	DL09 新器件特性项目	
4	DL11 单相调压与可调负载	
5	万用表	自备

（3）项目测试内容

1）SCR 特性。

2）GTO 特性。

3）MOSFET 特性。

4）GTR 特性。

5）IGBT 特性。

（4）项目测试方法

1）按图接线，首先将 SCR 接入主电路，在项目开始时，将 DL08 上的给定电位器 RP_1 沿逆时针旋到底，S_1 拨到“正给定”侧，S_2 拨到“给定”侧，单相调压器逆时针调到底，DL11 上的可调电阻调到阻值为最大的位置；打开 DL08 的电源开关，按下控制屏上的“启动”按钮，然后缓慢调节调压器，同时监视电压表的读数，当直流电压升到 60V 时，停止调节单相调压器（在以后的其他项目中，均不用调节）；调节给定电位器 RP_1，逐步增加给定电压，监视电压表、电流表的读数，当电压表指示接近零（表示管子完全导通），停止调节，记录给定电压 U_g 调节过程中回路电流 I_d 以及器件的管压降 U_v。

2）按下控制屏的“停止”按钮，将晶闸管换成 GTO，重复上述步骤，并记录数据。

表 1-7　SCR 测试

U_g	0V	1V	2V	3V	5V
I_d					
U_v					
灯泡状态					

表 1-8　GTO 测试

U_g	0V	1V	2V	3V	5V
I_d					
U_v					
灯泡状态					

3）按下控制屏的“停止”按钮，换成 MOSFET，重复上述步骤，并记录数据。

4）按下控制屏的“停止”按钮，换成 GTR，重复上述步骤，并记录数据。

表 1-9　MOSFET 测试

U_g	0V	1V	2V	3V	5V
I_d					
U_v					
灯泡状态					

表 1-10　GTR 测试

U_g	0V	1V	2V	3V	5V
I_d					
U_v					
灯泡状态					

5）按下控制屏的“停止”按钮，换成 IGBT，重复上述步骤，并记录数据。

表 1-11　IGBT 测试

U_g	0V	1V	2V	3V	5V
I_d					
U_v					
灯泡状态					

（5）注意事项

1）为避免功率器件在项目过程中功率击穿，应保证管子的功率损耗（即功率器件的管压降与器件流过的电流乘积）小于 8W。

2）为使 GTR 特性项目更典型，其电流控制在 0.4A 以下。

3）在本项目中，完成的是关于器件的伏安特性的项目，老师可以根据自己的实际需要调整项目，如可增加测量器件的导通时间等项目。

1.2.4 相关习题

1. 填空题

1）典型的全控型器件主要有__________、__________、__________和__________四种。

2）某半导体器件的型号为 KP50-7，其中 KP 表示该器件的名称为____________，50 表示__________，7 表示_________。

3）GTO 的门极控制增益 β 的表示式：____________________。

4）电力 MOSFET 的基本特性有____________、____________和____________三种。

2. 选择题

1）功率晶体管（GTR）从高电压小电流向低电压大电流跃变的现象称为（ ）。

A. 一次击穿 B. 二次击穿 C. 临界饱和 D. 反向截止

2）电力场效应晶体管（电力 MOSFET）是理想的（ ）控制器件。

A. 电压 B. 电流 C. 电阻 D. 功率

3）在电力电子装置中，电力晶体管一般工作在（ ）状态。

A. 放大 B. 截止 C. 饱和 D. 开关

4）电力晶体管在使用时，要防止（ ）。

A. 二次击穿 B. 静电击穿 C. 时间久而失效 D. 工作在开关状态

5）电力场效应晶体管（电力 MOSFET）适合于在（ ）条件下工作。

A. 直流 B. 低频 C. 中频 D. 高频

6）电力场效应晶体管（电力 MOSFET）（ ）现象。

A. 有二次击穿 B. 无二次击穿 C. 防止二次击穿 D. 无静电击穿

7）用万用表 $R\times1k\Omega$ 档测量 GTO 阳极与门极间电阻时，若其正、反向电阻都很小，说明两极之间（ ）。

A. 开路 B. 短路 C. 接线错误 D. 测量方法错误

8）具有自关断能力的电力半导体器件称为（ ）。

A. 全控型器件 B. 半控型器件 C. 不控型器件 D. 触发型器件

9）IGBT 的 3 个引出电极分别是（ ）。

A. 阳极、阴极、门极 B. 阳极、阴极、栅极

C. 栅极、漏极、源极 D. 发射极、栅极、集电极

3. 问答题

1）请画出 GTO 的符号并说明导通和关断原理。与普通晶闸管相比较有何不同？

2）请画出电力场效应晶体管的符号并说明其结构特点、工作原理，以及如何解决高电压大电流问题的？

3）试说明电力场效应晶体管与普通小功率的场效应晶体管的区别在哪里？

1.3 全控型器件驱动电路的分析及实践

电力电子器件的驱动电路是电力电子主电路与控制电路之间的接口，是电力电子装置的重要环节，对整个装置的性能有很大的影响。采用性能良好的驱动电路，可使电力电子器件

工作在较理想的开关状态，缩短开关时间，减小开关损耗，对装置的运行效率、可靠性和安全性都有重要的意义。另外，对电力电子器件或整个装置的一些保护措施也往往就近设在驱动电路中，或者通过驱动电路来实现，这使得驱动电路的设计更为重要。

1.3.1 任务引入

驱动电路的基本任务就是将信息（电子电路传来的信号）按照其控制目标的要求，转换为加在电力电子器件控制端和公共端之间，并使其导通或关断的信号。对半控型器件只需提供导通控制信号。对全控型器件则既要提供导通控制信号，又要提供关断控制信号，以保证器件按要求可靠导通或关断。

1.3.2 理论知识

按照驱动电路加在电力电子器件控制端和公共端之间信号的性质，可以将电力电子器件分为电流驱动型和电压驱动型两类。前面介绍的四种典型的全控型器件中 GTO 和 GTR 属于电流驱动型器件，MOSFET 和 IGBT 则属于电压驱动型器件。

在驱动电路中，还要提供控制电路与主电路之间的电气隔离环节。一般采用光隔离或磁隔离。光隔离一般采用由发光二极管和光敏晶体管组成的光耦合器。其类型有普通、高速和高传输比三种，内部电路和基本接法如图 1-56 所示。普通型光耦合器的输出特性和晶体管相似，只是其电流传输比 I_C/I_D 比晶体管的电流放大倍数 β 小得多，一般只有 0.1～0.3。高传输比光耦合器的 I_C/I_D 要大得多。普通型光耦合器的响应时间约为 10μs 左右。高速光耦合器的光敏二极管流过的是反向电流，其响应时间小于 1.5μs。磁隔离的器件通常是脉冲变压器。当脉冲较宽时，为避免铁心饱和，常采用高频调制和解调的方法。

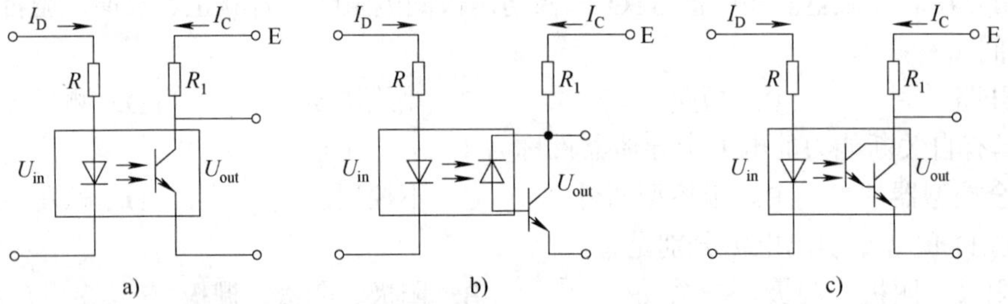

图 1-56 光耦合器类型及基本接法

a）普通型 b）高速型 c）高传输比型

下面将分别介绍四种典型全控型器件的驱动电路的构成及工作原理。

1. GTO 的驱动

GTO 的触发导通过程与普通晶闸管相似，关断则完全不同，门极控制技术关键在于关断。影响关断的因素主要有：被关断的阳极电流、负载阻抗的性质、工作频率、缓冲电路、关断控制信号波形及温度等。阳极电流越大关断越困难，电感性负载难以关断，工作频率高也难以关断，结温越高越难关断，关断信号波形要符合特殊的要求。

GTO 的门极控制电路包括导通电路、关断电路和反偏电路，如图 1-57 所示。

（1）导通控制

导通控制要求门极电流脉冲的前沿陡、幅度高、宽度大及后沿缓。这是因为组成整体器件的各 GTO 元具有特殊的分散性，如果门极正向电流上升沿不陡，就会引起先导通的 GTO 元的电流密度过大。门极电流脉冲上升沿陡峭，可以使所有的 GTO 元几乎同时导通，电流分布趋于均匀。如果门极正向电压脉冲的幅度和宽度不足，可能会使部分 GTO 元尚未达到擎住电流时，门极脉冲已经结束，致使部分导电的 GTO 元承担全部的阳极电流而过热损坏。后沿则应尽量缓，后沿过陡会产生振荡。

（2）关断控制

GTO 的关断控制是靠门极驱动电路从门极抽出 P_2 基区的存储电荷，门极负电压越大，关断的越快。门极负电压一般要达到或接近门-阴极间雪崩击穿电压值，并要求保持较长时间，以保证 GTO 可靠关断。有时甚至在 GTO 下一次导通之前，门极负电压都不衰减到零，以防止 GTO 间误导通。门极关断电流脉冲的幅度取 1/5 ~ 1/3 阳极电流值，关断脉冲电流的陡度需达 50 A/μs 。门极关断负脉冲宽度约为 100μs，且强负脉冲宽度应有 30μs，即保证使 GTO 可靠关断。图 1-58 所示为推荐的较理想的门极控制信号波形。

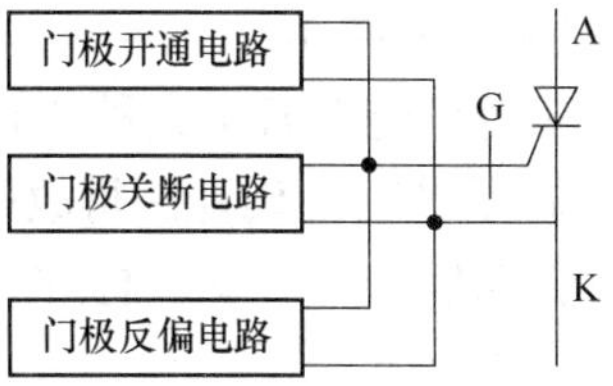

图 1-57　门极控制电路结构示意图

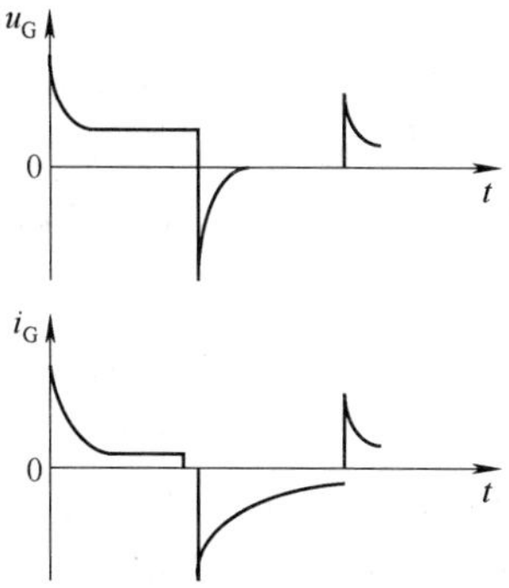

图 1-58　较理想的门极控制信号波形

（3）GTO 的门极驱动电路

GTO 的门极控制电路包括导通电路、关断电路和反偏电路。门极控制驱动电路按输出是否通过脉冲变压器或光耦合器件，分为直接驱动和间接驱动两种形式。直接驱动指门极驱动电路直接和间接晶闸管门极相连，优点是输出电流脉冲的前沿陡度好，易于消除寄生振荡；缺点是驱动电路中的半导体开关器件必须直接承担 GTO 的门极电流，故开关器件的电流较大、功耗大、效率低。此外，直接驱动电路与 GTO 主电路具有同样的电位，对控制系统来说不太安全。

间接驱动是驱动电路通过脉冲变压器与 GTO 门极相连，其优点是：GTO 主电路与门极控制电路之间有脉冲变压器或光耦合器件实现电气隔离，控制系统较为安全；脉冲变压器变换阻抗的作用，可使驱动电路的脉冲功率放大器件的电流大幅度减小。缺点是：输出变压器的漏感使输出电流脉冲前沿陡度受到限制，输出变压器的寄生电感和电容易产生寄生振荡，影响 GTO 的正确导通和关断。此外，隔离器件本身的响应速度将影响驱动信号的快速性。

图 1-59 所示是一个典型的直接驱动耦合式 GTO 驱动电路，该电路的电源由高频电源经二极管整流后提供，二极管 VD_1 和电容 C_1 提供+5V 电压，VD_2 、VD_3 和 C_2 、C_3 构成倍压整流电路提供+15V 电压，VD_4 和电容 C_4 提供−15V 电压。场效应晶体管 V_1 导通时，输出正强脉冲；V_2 导通时输出正脉冲平顶部分；V_2 关断而 V_3 导通时输出负脉冲；V_3 关断后电阻 R_3 和

R_4 提供门极负偏压。

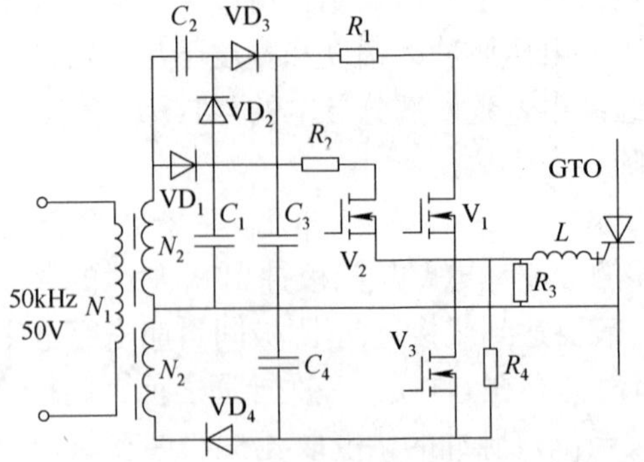

图 1-59　典型的直接驱动耦合式 GTO 驱动电路

2. GTR 的驱动电路

（1）对 GTR 驱动电路的要求

使 GTR 导通的基极驱动电流应使其处于准饱和导通状态，使之不进入放大区和深饱和区。关断 GTR 时，施加一定的负基极电流有利于减小关断时间和关断损耗，关断后同样应在基-射极之间施加一定幅值（6V 左右）的负偏压。GTR 驱动电流的前沿上升时间应小于 1μs，以保证它能快速导通和关断。理想的 GTR 基极驱动电流波形如图 1-60 所示。

GTR 的热容量小，过载能力低，过载或短路产生的功耗可能在若干微秒的时间内使结温超过最大允许值而导致器件损坏。为此 GTR 的驱动电路既要及时准确地测得故障状态，又要快速自动实现保护，在故障状态下迅速地自动切除基极驱动信号，避免 GTR 损坏。

（2）GTR 的基极驱动电路

图 1-61 所示为抗饱和恒流驱动电路，它属直接驱动方式亦称贝克钳位电路，它使 GTR 始终工作于准饱和状态，有利于提高器件的开关速度。因此，它成为了一种被广泛应用的基本电路。

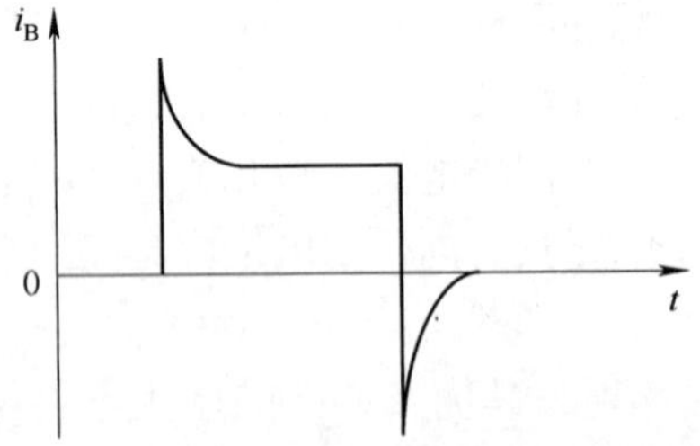

图 1-60　理想的 GTR 基极驱动电流波形

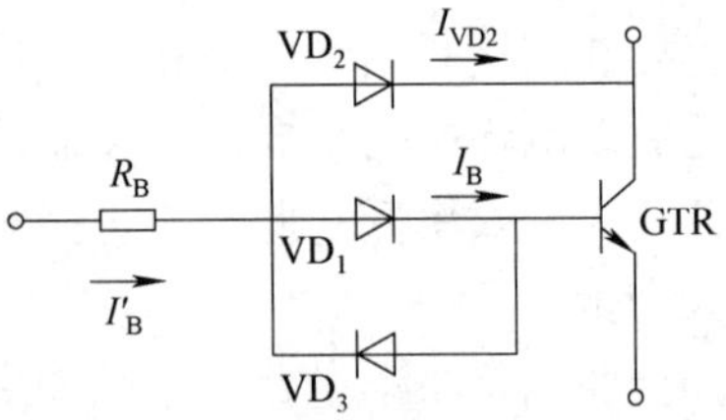

图 1-61　抗饱和恒流驱动电路

图中，VD_1、VD_2 为抗饱和二极管，VD_3 为反向基极电流提供回路。在轻载情况下，弧饱和深度加剧使 U_{CE} 减小，A 点电位高于集电极电位，二极管 VD_2 导通，将 I'_B 分流，使流过二极管 VD_1 的基极电流 I_B 减小，从而减小了 GTR 的饱和深度。抗饱和基极驱动电路使 GTR 在不同的集电极电流情况下，集电结处于零偏或轻微正向偏置的准饱和状态，以缩短存储时间。在不同负载情况下以及在使用分散性较大的 GTR 时，存储时间趋向一致。应当注意的是 VD_2 为钳位二极管，它必须是快速恢复二极管，该二极管的耐压也必须和 GTR 的耐压相当。因电路工作于准饱和状态，其正向压降增加，也增大了导通损耗。

（3）电力 MOSFET 驱动电路

电力 MOSFET 是电压控制型器件，与 GTR 及 GTO 等电流控制型器件不同，门极为栅极，输入阻抗高，属纯容性，只需对输入电容充放电，驱动功率相对较小，电路简单。

1）电力 MOSFET 对栅极驱动电路的要求

① 触发脉冲要具有足够快的上升和下降速度，即脉冲前后沿要求陡峭。

② 导通时以低电阻对栅极电容充电，关断时为栅极电荷提供低电阻放电回路，以提高电力 MOSFET 的开关速度。

③ 为了使电力 MOSFET 可靠触发导通，触发脉冲电压应高于管子的开启电压；为了防止误导通，在其截止时应提供负的栅源电压。

④ 电力 MOSFET 开关时所需的驱动电流为栅极电容的充放电电流。电力 MOSFET 的极间电容越大，在开关驱动中所需的驱动电流也越大。

通常电力 MOSFET 的栅极电压最大额定值为±20V，若超出此值，栅极会被击穿。另外，由于器件工作于高频开关状态，栅极输入容抗小，为使开关波形具有足够的上升和下降陡度且提高开关速度，仍需要足够大的驱动电流，这一点要特别注意。

2）驱动电路实例　电力 MOSFET 的栅极驱动电路有多种形式，按驱动电路与栅极的连接方式不同可分为直接驱动和隔离驱动。

① 直接驱动电路：电力 MOSFET 的输入阻抗极高，一般小功率的 TTL 集成电路和 CMOS 电路就足以驱动电力 MOSFET。图 1-62 所示是用 TTL 器件驱动的栅控电路。因 TTL 集成电路的输出高电平一般为 3.5V，而电力 MOSFET 的开启电压通常是 2～6V，所以在驱动电路中采用集电极开路的 TTL，通过上拉电阻接到+10～+15V 电源，如图 1-62a 中电阻 R，以提高输出驱动电平的幅值。但这种驱动电路在驱动电力 MOSFET 导通时，因 R 值较大，器件的导通时间较长。

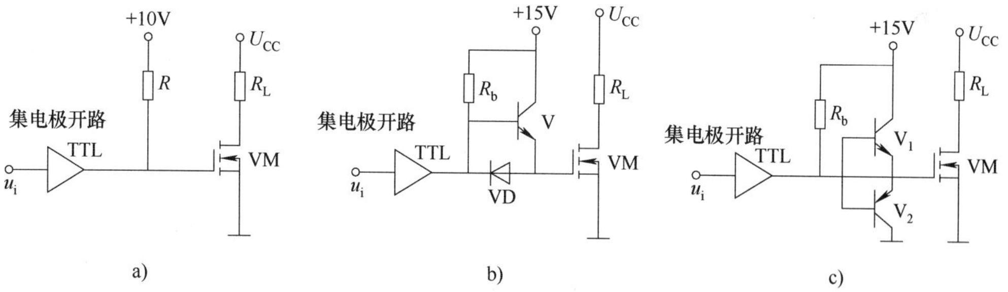

图 1-62　用 TTL 器件驱动的栅控电路

图 1-62b 为改进的快速导通驱动电路。它不但能降低 TTL 器件的功耗，还能保证较高的导通速度。当 TTL 输出为低电平时，电力 MOSFET 的输入电容经二极管 VD 接地，器件处于关断状态。当 TTL 输出为高电平时，电力 MOSFET 的栅极经驱动管 V 向输入电容充电。由于 V 具有放大作用，所以充电能力提高，使导通速度加快。

图 1-62c 是推挽式驱动电路，由于 V_1 和 V_2 为互补工作方式，所以导通和关断信号均得以放大，增加了驱动功率，提高了开关速度。这种工作方式更适合大功率 MOSFET 的驱动。

② 隔离驱动电路：隔离式栅极驱动电路根据隔离元件的不同可分为电磁隔离和光电隔离两种。

a. 光电隔离式驱动电路

图 1-63 所示是光电隔离式驱动电路。当光耦合器 B 导通时，V_3 随之导通并向 V_1 提供基极电流，于是 V_1 导通使 V_2 截止，电力 MOSFET 的栅极由 U_{CC1} 经电阻 R_5 充电使其导通。当光耦合器截止时，V_3 随之截止并使 V_1 基流切断，于是 V_1 截止。电源 U_{CC1} 经电阻 R_3、二极管 VD_3 和电容 C 加速网络向 V_2 提供基极电流，使 V_2 导通并由此将电力 MOSFET 的栅极接地，迫使 MOS-FET 关断。

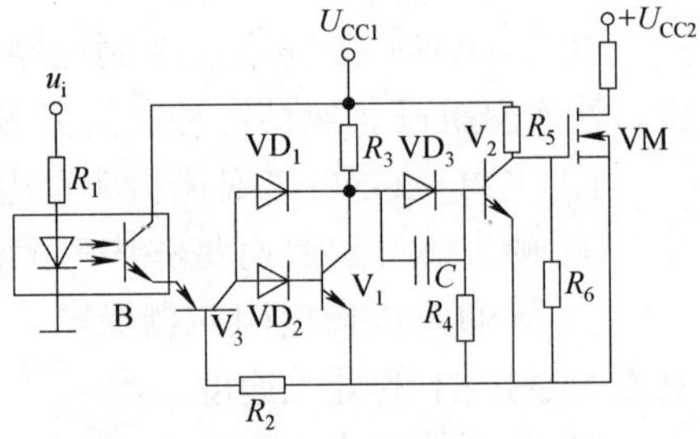

图 1-63 光电隔离式驱动电路

由于该电路采用了光耦合器的射极输出、V_1 的贝克钳位和 V_2 基极的加速网络这三项措施，从而弥补了光电管响应速度慢的缺点，大大提高了开关速度。

b. 电磁隔离式驱动电路

图 1-64 所示为电磁隔离式栅极驱动电路。图 1-64a 中 VD_1 为续流二极管，并联在脉冲变压器一次侧，限制驱动晶体管的过电压，R_1 的作用是限制栅极电流，R_2 用来防止栅极开路，R_L 为负载电阻。若给电阻 R_1 并联一个二极管 VD_2，就成为图 1-64b，当输入端有正脉冲时，变压器二次侧产生的正脉冲通过 VD_2 直接驱动电力 MOSFET，从而达到提高导通速度的目的。

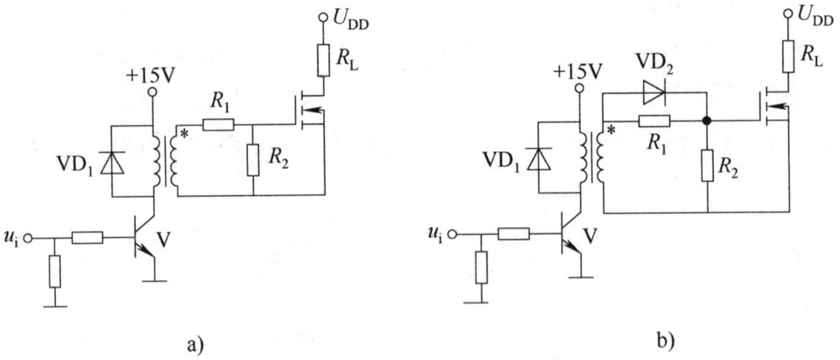

图 1-64 电磁隔离式栅极驱动电路

a）简单电路 b）实用电路

电力 MOSFET 由于具有极高的输入阻抗，因此在静电较强的场合难以泄放电荷，容易引起静电击穿。静电击穿有两种形式：一是电压型，即栅极的薄氧化层发生击穿形成针孔，使栅极和源极短路，或者使栅极和漏极短路；二是功率型，即金属化薄膜铝条被熔断，造成栅极开路或者是源极开路。

防止静电击穿应注意：

1）器件应存放在抗静电包装袋、导电材料袋或金属容器中，不能存放在塑料袋中。

2）取用电力 MOSFET 时，工作人员必须通过腕带良好接地，且应拿在管壳部分而不是引线部分。

3）接入电路时，工作台应接地，焊接的烙铁也必须良好接地或断电焊接。

4）测试器件时，测量仪器和工作台都要良好接地。器件 3 个电极没有全部接入测试仪器前，不得施加电压。改换测试范围时，电压和电流要先恢复到零。

3. IGBT 的驱动电路

IGBT 是以 GTR 为主导元件、MOSFET 为驱动元件的复合结构，所以用于电力 MOSFET 的栅极驱动电路原则上也适合于 IGBT。

（1）IGBT 对驱动电路的要求

根据 IGBT 的特性，其对驱动电路的要求如下：

1）提供适当的正、反向输出电压，使 IGBT 能可靠地导通和关断。当正偏压（$+U_{CE}$）增大时，IGBT 通态压降和导通损耗均下降，但若 U_{CE} 过大，则负载短路时其 I_C 随 U_{GE} 增大而增大，对其安全不利，一般 $+U_{CE}$ 选+12～+15V 为最佳；负偏电压（$-U_{CE}$）可防止由于关断时浪涌电流过大而使 IGBT 误导通，但其受 G、E 间最大反向耐压限制，一般取−10～−5V。

2）IGBT 的开关时间应综合考虑。快速导通和关断有利于提高工作频率，减小开关损耗。但在大电感负载下，IGBT 的开关时间不宜过短，原因在于高速导通和关断会产生很高的尖峰电压，极有可能造成 IGBT 自身或其他元件击穿。

3）IGBT 导通后，驱动电路应提供足够的电压、电流幅值，使 IGBT 在正常工作及过载情况下不致退出饱和而损坏。

4）IGBT 驱动电路中的电阻 R_G（见图 1-65）对工作性能有较大的影响。R_G 较大，有利于抑制 IGBT 的电流上升率 Ldi_c/dt 及电压上升率 du/dt，但会增加 IGBT 的开关时间和开关损耗；R_G 较小，会引起 Ldi_c/dt 增大，使 IGBT 误导通或损坏。R_G 的选择原则是应在开关损耗不太大的情况下，选略大的。R_G 的具体数值还与驱动电路的结构及 IGBT 的容量有关，一般在几欧～几十欧，小容量的 IGBT 其 R_G 值较大。

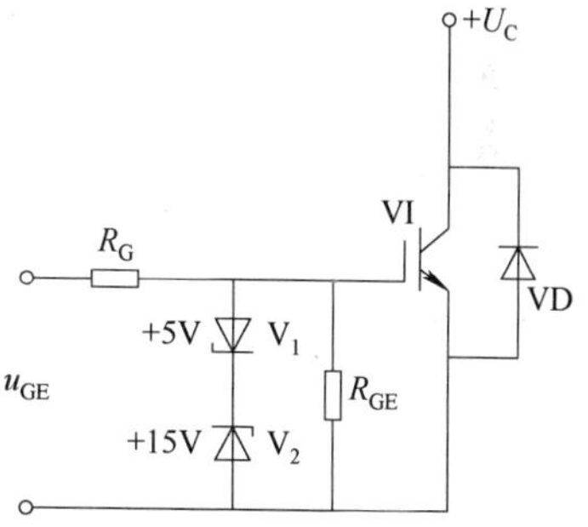

图 1-65 栅射电阻与反串稳压管的并接电路

5）驱动电路应具有较强的抗干扰能力及对 IGBT 的保护功能。IGBT 为压控型器件，当集-射极加高压时很容易受外界干扰，使栅射电压超过 $U_{GE(th)}$ 引起器件误导通。为了提高抗干扰能力，除驱动 IGBT 的触发引线应尽量短且应采用双绞线或屏蔽线外，在栅-射极间务必并接栅-射电阻 R_G，如图 1-65 所示，一般取 R_{GE}=（1000～5000）R_G，R_G 应并在栅-射极最近处。V_1、V_2 是为防止驱动电路出现高压尖峰而并联的两只稳压管，稳压值应与正偏栅压与负偏栅压大小相同而方向相反。信号控制电路与驱动电路之间应采用抗干扰能力强、传输时间短的高速光耦合器件加以隔离。

（2）栅极驱动电路对 IGBT 的影响

1）正向驱动电压 $+U$ 增加时，IGBT 输出级晶体管的导通压降和导通损耗值将下降，但并不是说 $+U$ 值越高越好。

2）IGBT 在关断过程中，栅-射极施加的反偏压有利于 IGBT 的快速关断。

3）栅极驱动电路最好有对 IGBT 的完整保护能力。

4）为防止造成同一个系统多个 IGBT 中某个的误导通，要求栅极配线走向应与主电流线尽可能远，且不要将多个 IGBT 的栅极驱动线捆扎在一起。

（3）IGBT 驱动电路实例

1）阻尼滤波门极驱动电路　为了消除可能的振荡现象，IGBT 的栅-射极间接上 RC 网络组成阻尼滤波器且连线采用双绞线。图 1-66 所示是阻尼滤波门极驱动电路。

2）光耦合器门极驱动电路　驱动电路的输出级采用互补电路的形式以降低驱动源的内阻，同时加速 IGBT 的关断过程。图 1-67 所示是光耦合器门极驱动电路。

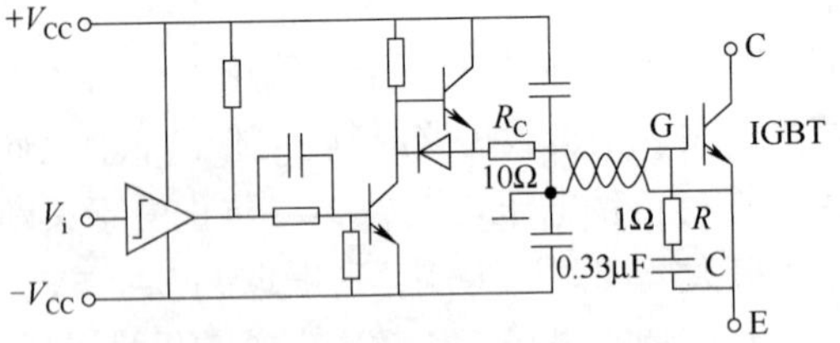

图 1-66　阻尼滤波门极驱动电路

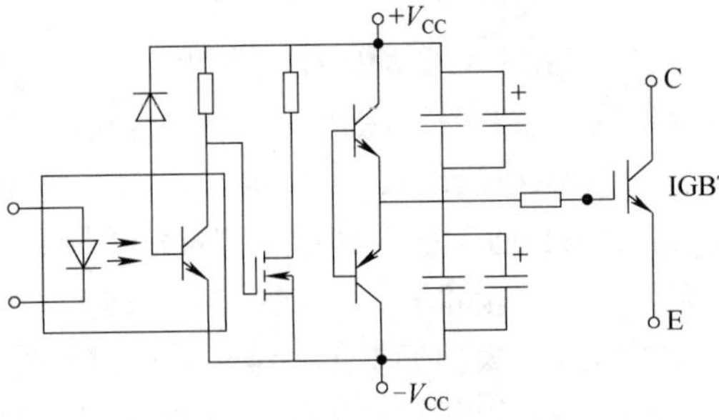

图 1-67　光耦合器门极驱动电路

3）脉冲变压器直接驱动 IGBT 的电路　由于是电磁隔离方式，驱动极不需要专门直流电源，简化了电源结构。图 1-68 所示是脉冲变压器直接驱动 IGBT 电路。

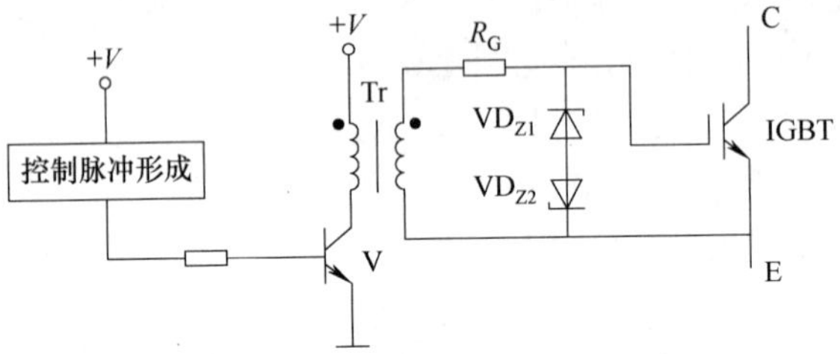

图 1-68　脉冲变压器直接驱动 IGBT 电路

1.3.3　技能训练

1. 知识准备

（1）EXB841 IGBT 厚膜驱动电路

EXB 系列厚膜驱动集成电路是日本富士公司生产的 IGBT 驱动器，在国内电力电子行业使用量较大。EXB 系列有 840、841、850 和 851 四个品种，其中，EXB850/851 为标准型（最大 10kHz 运行），EXB840/841 为高速型（最大 40kHz 运行）。EXB840 / 850 可驱动 150 A / 600 V 或 75 A / 1200 V 以下的 IGBT 模块，EXB841 / 851 可驱动 400 A / 600 V 或 300 A / 1200 V 以下的 IGBT 模块。

结构及原理

它们采用了标准化设计，引脚排列、外形尺寸完全一样。EXB 系列为单列直插 15 脚厚膜集成电路，其引脚排列如图 1-69a 所示，各引脚名称、功能和用法见表 1-12。图 1-69b 为内部结构框图。图 1-70 为 EXB841 的内部电路原理图，该电路由放大部分、过电流保护部分及 5 V 基准电压等几部分组成，放大部分由光耦合器（TLP550），V_2，V_4，V_5，和 R_1，C_1，R_2，R_9 组成，其中光耦起隔离作用，V_2 是中间级，V_4 和 V_5 组成推挽输出。过电流保护部分由 V_1、V_3、VD_1、VS_1 和 C_2、R_3、R_4、R_5、R_6、C_3、R_7、R_8、C_4 等组成，它们实现过电流检测和延时保护功能。EXB841 的 6 脚通过快速二极管 VD_2 接至 IGBT 的集电极，它是通过检测电压 U_{CE} 的高低来判断是否发生短路。5 V 电压基准部分由 R_{10}、VS_2 和 C_5 组成，既为驱动 IGBT 提供−5V 反偏压，同时也为光耦提供负电源。

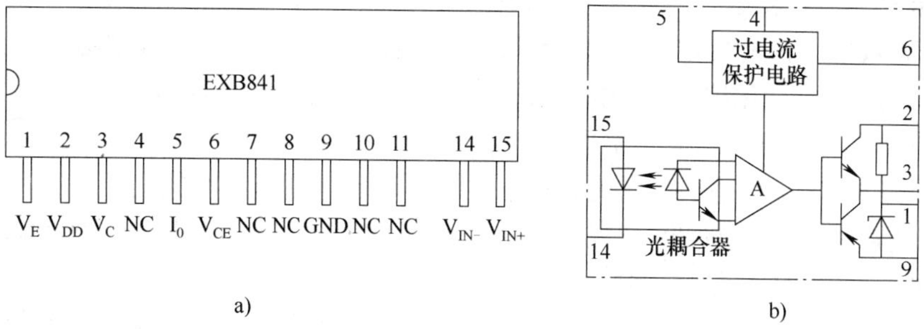

图 1-69　EXB 系列驱动器引脚排列及内部结构框图
a）引脚图　b）内部结构

表 1-12　EXB 系列驱动器的引脚名称、功能和用法

引脚号	符号	名　称	功能或用法
1	V_E	驱动脉冲输出相对地端	使用中，接被驱动的 IGBT 发射极
2	V_{DD}	输出功率放大级电源连接端	使用中，接用户提供的+20V 电源
3	V_C	驱动脉冲输出端	接被驱动的 IGBT 的栅极
4,7,8,10,11	NC	空端	使用中，悬空
5	I_0	过电流保护动作信号输出端	接用户外接报警光耦合器一次侧二极管的阴极
6	V_{CE}	过电流保护取样信号连接端	通过一个快恢复二极管接被驱动的 IGBT 的集电极
9	GND	驱动输出级电源地端	接+20V 电源地端，该地应与引脚 14 与 15 脉冲的参考地端电位隔离
14	V_{IN-}	驱动信号输入连接负端	接用户脉冲形成部分的地（或脉冲形成部分的输出端）
15	V_{IN+}	驱动信号输入连接正端	通过一个电阻接用户脉冲形成部分的脉冲输出端(或脉冲形成部分的正电源)

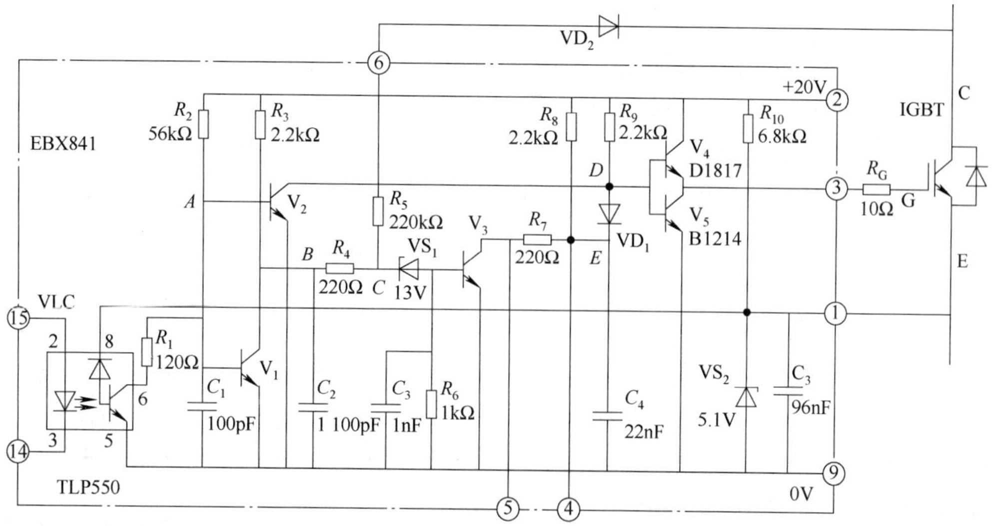

图 1-70　EXB841 的内部电路原理图

工作原理：输入信号由内部光耦隔离，经 A 放大互补输出，最大延迟时间≤1μs。驱动电路外加+20V 单电源供电，由内部电阻和稳压管分成+15V 和−5V 分别作正、负栅极电源。用负栅压能有效地防止关断时因 du_{CE}/dt 太大而引起的掣住现象。依据 IGBT 的管压降随 I_C 增加而增加的特性，采用集电极电压识别法：正常情况下，IGBT 导通时，U_{GE} 为高电位，导通压降 U_{CE} 很低；关断时，U_{GE} 为低电位，而 U_{CE} 为主回路高电压。若 U_{GE} 为高电位，U_{CE} 又为高电位，则说明主电路处于过电流状态。过电流时，切断 IGBT 集电极电流不能采用正常开关时的快速切断，因过快切断造成 di_c/dt 过大，主电路杂散电感引起的瞬态尖峰电压会超过反向偏置安全工作区。为此，常采用在允许短路时间内慢速切断的方法。。

EXB 系列模块采用高速光耦合器隔离，射极输出，并有短路保护及慢速关断功能。采用单电源工作，供电比较简单，全部内置过电流保护电路，过电流保护后在封锁自身输出的同时，给出专门的故障信号输出。内置高速光耦实现输入、输出的隔离，隔离电压可达 2500V。图 1-71 所示为 EXB 系列驱动器的典型应用电路，该图在使用时应注意：

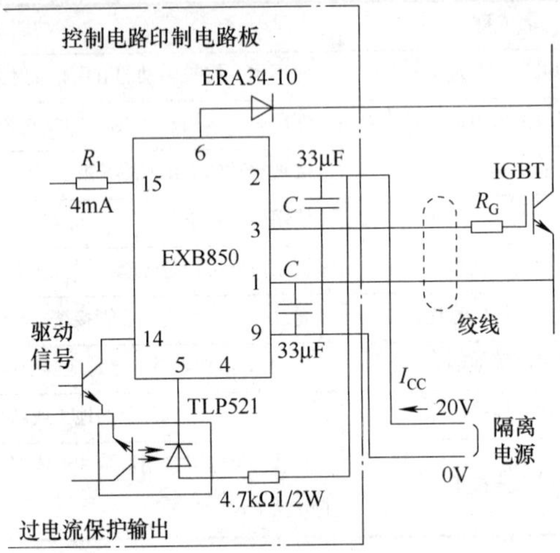

图 1-71 EXB 系列驱动器的典型应用线路

1）被驱动的 IGBT 栅-射极接线应采用绞线，长度必须小于 1 m。

2）电容 C 的选取：对 EXB840／850 为 33μF，对 EXB841／851 为 47μF。

3）电阻 R_1 的选取：应满足 EXB840／841：$I_{in}=10mA$；EXB850/851：$I_{in}=4mA$ 的要求。

4）栅极串联电阻 R_G 的选取：见表 1-13。

表 1-13 EXB 系列驱动器推荐的栅极电阻

型号		EXB840/850							EXB841/851			
I_C/A	600V	10	15	30	50	75	100	150	200	300	400	—
	1200V	—	8	15	25	—	50	75	100	150	200	300
R_G/Ω		250	150	82	50	33	25	15	12	8.2	5	3.3

（2）IR2110 两路输出 MOSFET 或 IGBT 驱动器集成电路

IR2110 是美国国际整流器（IR）公司应用无闩锁 CMOS 技术制作的 MOSFET 和 IGBT 专用驱动集成电路，可使 MOSFET 和 IGBT 的驱动电路设计大为简化。加之它可实现对

MOSFET 和 IGBT 的最优驱动，又具有快速完整的保护功能，因而可极大地提高控制系统的可靠性，并极大地缩小控制板的尺寸。

结构及工作原理

IR2110 采用标准双列直插式 14 脚、16 脚等多种封装形式，图 1-72a 示出了 DIP-14 和 DIP-16 封装的引脚排列，各引脚名称、功能和用法见表 1-14。图 1-72b 为内部结构框图，该电路由 3 个独立的施密特触发器，两个 RS 触发器，两个 V_{DD}/V_{CC} 电平转换器，一个脉冲放大环节，一个脉冲滤波环节，一个高压电平转换网络及两个或非门，6 个 MOSFET，一个具有反相输出的与非门，一个反向器和一个逻辑网络构成的逻辑信号输入级，及两个独立的高、低输出通道组成。

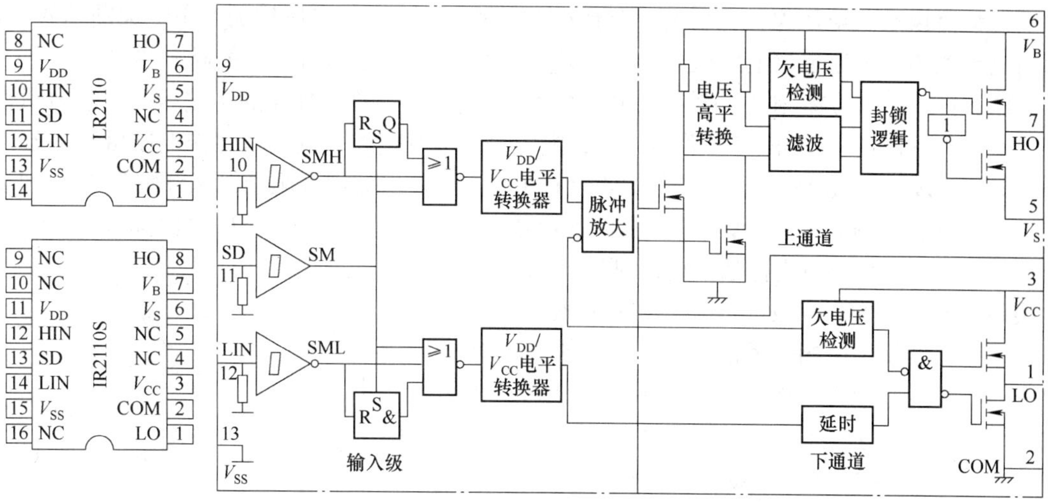

a)　　b)

图 1-72　IR2110 引脚排列及内部结构框图

表 1-14　IR2110 的引脚名称、功能和用法

引脚号	符号	名　称	功能或用法
1 7	LO HO	低端通道输出 高端通道输出	使用中，分别通过电阻接主电路中同桥臂下、上通道 MOSFET 的栅极。为防干扰通常在 1-2 脚与 7-5 脚间并接 10 kΩ 电阻
2 5	COM V_S	下通道输出参考地端 上通道输出参考地端	使用中，与 13 脚相连，接主电路桥臂中下通道 MOSFET 的 S 极 使用中，与主电路上通道 MOSFET 的 S 极相连
3 6	V_{CC} V_B	低端固定电源电压端 高端浮置电源电压端	应用中，直接接输出级电源正极，并通过一较高品质的电容接 2 脚，6 脚通过高反压快恢复二极管接输出级电源，要求 $-0.5V \leq V_{CC} \leq +20V$
9 13	V_{DD} V_{SS}	输入级工作电源端 芯片工作参考地端	使用中，为防干扰通过一高性能去耦网络接地。可与 3 脚用同一电源，也可分开用两个独立电源 使用中，与供电电源地端相连，所有去耦电容负端应接该端，同时与 2 脚相连
10 12	HIN LIN	上桥臂驱动脉冲信号输入端 下桥臂驱动脉冲信号输入端	使用中，接脉冲形成部分的对应两路输出，信号范围为 $V_{SS}-0.5V \sim V_{CC}+0.5V$
11	SD	保护信号输入端	应用中，接故障保护电路输出，电压范围同上。当 V_{11}=H 时，输出信号恒为低电平（被封锁）
4，8，14	NC	空脚	使用中，悬空

IR2110 的工作原理：

三个输入信号均接有施密特触发器，其滞后电平为 0.1 V_{DD}，电路的作用是提高抗干扰能力和接收缓升输入信号。当输入 SD 为低电平时，在对应输入端上升沿时刻，两路通道均有输出，HO 和 LO 与 HIN 和 LIN 同相对应；当输入 SD 为高电平时，则两路信号均被封锁。电平转换电路将逻辑信号转换成输出驱动，同时也具有良好的抗干扰性能，该电路的逻辑地电位 Ks 和功率电路地电位 COM 间设有±5V 的偏移量，这样使逻辑电路不会受到输出驱动开关动作而产生耦合干扰的影响。下通道延时网络可实现两通道的传输延时。驱动器两通道输出级均由两只峰值电流为 2 A 以上，内阻为 3 Ω 以下的 N 沟道 FET 组成，输出栅极驱动电源（V_{CC} 与 COM 间）为 10 ~ 20V，对 1000 pF 容性负载的导通时间为 25ns。

驱动器设有欠电压保护，对 V_{CC} 低于欠压值时，下通道欠电压检测产生一关断信号，将两路输出关闭；上通道欠电压检测单元在 V_B 低于欠电压给定值时，仅关断上端输出。

IR2110 采用 HVIC 和无闩锁抗干扰 COMS 工艺制作，具有独立的高端和低端输出通道；逻辑输入与标准的 COMS 输出兼容；浮置电源采用自举电路，其高端工作电压可达 500V，$du/dt = \pm 50V/ns$，在 15 V 下的静态功耗仅有 1.6mW；输出的栅极驱动电压范围为 10 ~ 20 V，逻辑电源电压范围为 5 ~ 15 V，逻辑电源地电压偏移范围为-5 ~ +5 V。IR2110 采用 CMOS 施密特触发输入，两路具有滞后欠电压锁定，两通道间的延时误差不超过±10ns。IR2110 通常适用于驱动单管斩波和单相半桥、全桥、三相全桥逆变器，或其他电路结构中的两个相串联或其他方式连接的高压 N 沟道电力 MOSFET 或者 IGBT，其下通道可直接驱动逆变器中的低端电力 MOSFET 或 IGBT，上通道则用来驱动高端电力 MOSFET 或 IGBT。IR2110 的典型应用电路如图 1-73 所示。图中自举电容 C 的容量与开关频率、占空比和栅极充电电流有关，可按下式计算：

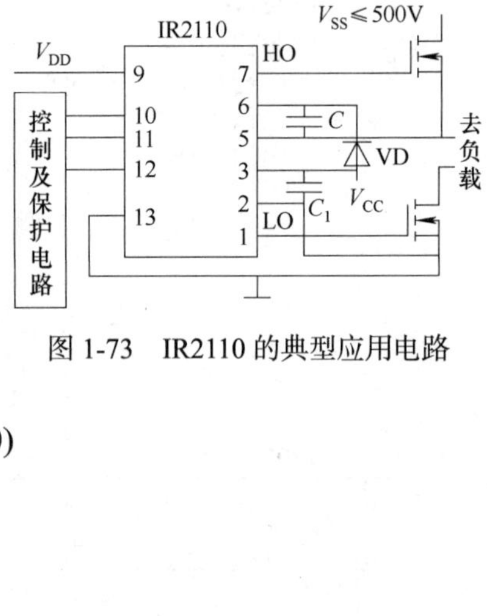

图 1-73 IR2110 的典型应用电路

$$C \geqslant 2I_{QBS}t_{on}/(U_{CC} - 1.5 - 10)$$

式中 I_{QBS}——高边通道的静态电流；

t_{on}——高边通道器件的导通时间；

U_{CC}——逻辑部分的电源电压。

自举电容耐压不允许低于欠电压封锁临界值。当 $f \geqslant 5kHz$ 时，通常选 $C = 0.1\mu F$。充电二极管 VD 应选 1A/600 V 的超快恢复二极管。另外，还需在 V_{CC} 与 COM，V_{DD} 与 V_{SS} 间连接两个旁路电容。建议 V_{CC} 与地间用 0.1μF 陶瓷电容与 1μF 钽电容并联。V_{DD} 与 COM 间只用一个 0.1μF 的陶瓷电容即可。

2. 实践操作-全控型器件的驱动电路测试

（1）实验原理

自关断器件的实验接线及原理图如图 1-74 所示，图中直流电源可由控制屏上的励磁电压提供，或由控制屏上三相电源中的两相经整流滤波后输出。接线时，应从直流电源的正极出发，经过限流电阻、自关断器件及保护电路、直流电流表，再回到直流电源的负端，构成实验主电路。

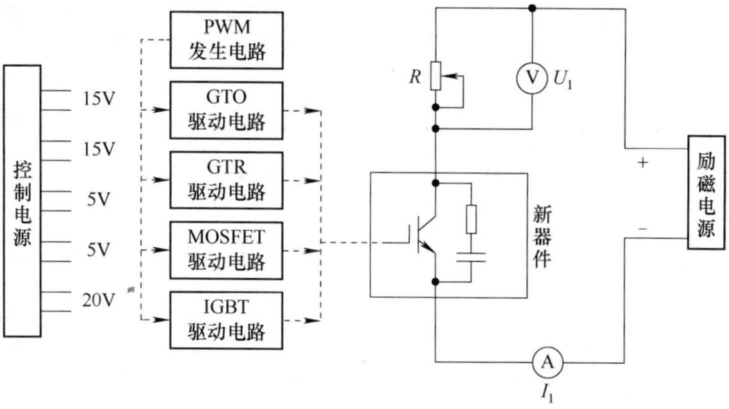

图 1-74　自关断器件的实验接线及原理图

（2）测试所需挂件及附件

序号	型　号	备　注
1	电源控制屏	该控制屏包含“三相电源输出”，“励磁电源”等几个模块
2	DL08 给定及实验器件	
3	DL09 新器件特性实验	
4	DL13 功率器件驱动电路实验箱	
5	双踪示波器	自备

（3）项目测试内容及方法

1）GTR 的驱动与保护电路测试　在本实验中，把 DL13 实验挂箱中的频率选择开关拨至“低频档”，然后调节频率按钮，使 PWM 波输出频率在“1kHz”左右。

在主电路中，直流电源由控制屏上的励磁电源输出，负载电阻 R 用 DL08 上的白炽灯负载，直流电压、电流表均在控制屏上。

驱动与保护电路接线时，要注意控制电源及接地的正确连接。对于 GTR 器件，采用±5V 电源驱动。接线时，PWM 波形的输出端接 GTR 驱动模块的输入端，±5V 电源分别接 GTR 电源的输入端。

测试时应先检查驱动电路的工作情况。在未接通主电路的情况下，接通驱动模块的电源，此时可在驱动模块的输出端观察到相应的波形，调节 PWM 波形发生器的频率及占空比，观测 PWM 波形的变化规律。

在驱动电路正常工作后，将占空比调小，然后合上主电路电源开关，再调节占空比，用示波器观测、记录不同占空比时基极的驱动电压、GTR 管压降及负载上的波形。

测定并记录不同占空比α时负载的电压平均值 U_a 于表 1-15 中。

2）GTO 的驱动与保护电路测试　将 DL13 实验挂箱上的频率选择开关拨至“低频档”，调节频率电位器，使方波的输出频率在“1kHz”左右，然后再按实验原理图接好驱动与保护电路。其基本的实验方法与 GTR 的驱动与保护电路及斩波调速实验相同，完成表 1-16 内容。

表 1-15 GTR 驱动与保护测试

α						
U_a						

表 1-16 GTO 驱动与保护测试

α						
U_a						

3）MOSFET 的驱动与保护电路测试 将 DL13 实验挂箱上的频率选择开关拨至“高频档”，调节频率电位器，使方波的输出频率在“5～10kHz”范围内，然后再按实验原理图接好驱动与保护电路的实验电路。其基本的实验方法与 GTR 的驱动与保护电路实验一致，完成表 1-17 内容。

4）IGBT 的驱动与保护电路测试 在本实验中，DL13 实验挂箱中的频率选择开关拨至“高频档”，调节频率电位器，使方波的输出频率在“5～10kHz”范围内，然后再按实验原理图接好驱动与保护电路的实验电路。其基本的实验方法与 GTR 的驱动与保护电路实验一致，完成表 1-18 内容。

表 1-17 MOSFET 驱动与保护测试

α						
U_a						

表 1-18 IGBT 驱动与保护测试

α						
U_a						

（4）注意事项

1）连接驱动电路时必须注意各器件不同的接地方式。

2）不同的自关断器件需接不同的控制电压，接线时应注意正确选择。

3）实验开始前，必须先加上自关断器件的控制电压，然后再加主回路的电源；实验结束时，必须先切断主回路电源，然后再切断控制电源。

（5）测试后的要求

1）整理并画出不同自关断器件的基极（或门极）驱动电压、驱动电流、元件管压降的波形。

2）画出 U_a=f（α）的曲线。

3）讨论并分析项目中出现的问题。

1.3.4 相关习题

1. 填空题

1）驱动电路的基本任务是______________________________。

2）电力电子器件的驱动电路分为________________和________________。

3）在驱动电路中采用的隔离环节一般是________________和________________。

4）磁隔离的器件通常是________________，当脉冲较宽时，为避免铁心饱和，常采用________________和________________的方法。

2. 选择题

1）对于功率晶体管的基极驱动电路，驱动电流的后沿应是一个较大的负电流，以利于功率晶体管的（ ）。

A. 导通 B. 寿命 C. 关断 D. 饱和

2）驱动电路是电力电子器件主电路与（ ）电路之间的接口。

A. 缓冲电路 B. 保护电路 C. 控制电路 D. 滤波电路

3）功率晶体管的驱动电路一般有两种类型，即恒流驱动和（ ）。

A. 变流驱动 B. 变压驱动 C. 比例驱动 D. 补偿驱动

3. 简答题

1）说明 GTO 门极控制电路基本结构，关断控制受到哪些电路参数的影响？

2）电力 MOSFET 对栅极驱动电路有哪些要求？

1.4 电力电子器件保护及缓冲电路的分析与实践

在电力电子电路中，为确保变流电路正常工作除了适当选择电力电子器件参数、设计良好的驱动电路外，还要采用必要的保护措施，即过电压保护、过电流保护、$\mathrm{d}u/\mathrm{d}t$ 及 $\mathrm{d}i/\mathrm{d}t$ 的限制。而在电路中设置缓冲电路的目的在于降低浪涌电压、减少器件的开关损耗、避免器件二次击穿、抑制电磁干扰、减小 $\mathrm{d}u/\mathrm{d}t$ 、$\mathrm{d}i/\mathrm{d}t$ 的影响以及提高电路的可靠性。

1.4.1 任务引入

在电力电子电路中对变流电路所做的保护主要是两种：一种是过电压保护；一种是过电流保护。而要设计好保护电路首先就要对对电路造成影响的过电压和过电流的形成原因及来源有一个正确的认识。

1.4.2 理论知识

1. 过电压保护

（1）过电压产生的原因及分类

过电压产生的原因主要是供给的电功率或系统的储能发生了激烈的变化，使得系统能量来不及转换，或者系统中原来积聚的电磁能量不能及时消散而造成的。

过电压主要表现为两种类型：一是开关的开、闭引起的冲击电压（也称为操作过电压）；二是雷击或其他的外来冲击过电压。电力电子装置中可能发生的过电压分为外因过电压和内因过电压两类。外因过电压主要来自雷击和系统中的操作过程等外部原因，包括：

1）由分闸、合闸等开关操作引起的过电压，电网侧的操作过电压会由供电变压器电磁感应耦合，或由变压器绕组之间存在的分布电容静电感应耦合过来。

2）雷击过电压，由雷击引起的过电压。

内因过电压主要来自电力电子装置内部器件的开关过程，包括：

1）换相过电压 由于晶闸管或者与全控型器件反并联的续流二极管在换相结束后不能立刻恢复阻断能力，因而有较大的反向电流流过，使残存的载流子恢复，而当其恢复了阻断能力时，反向电流急剧减小，这样的电流突变会因电路电感而在晶闸管阴阳极之间或与续流二极管反并联的全控型器件两端产生过电压。其值与换相结束后的反向电压有关，反向电压越高，则过电压值越大，可达到工作电压峰值的 5 ~ 6 倍。其表现为图 1-75 所示的尖峰过电压波形。

2）关断过电压 全控型器件在较高频率下工作，当器件关断时，因正向电流的迅速降低而由电路电感在器件两端感应出的过电压。

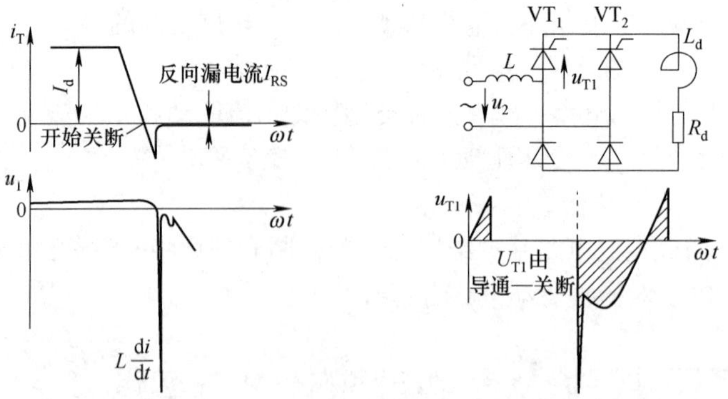

图 1-75　电力电子器件换相（关断）时尖峰过电压波形

（2）过电压保护

过电压保护的基本原则是：根据电路中过电压产生的不同部位，加入不同的附加电路，当达到一定过电压值时，自动开通附加电路，使过电压通过附加电路形成通路，消耗过电压储存的电磁能量，从而使过电压的能量不会加到主开关器件上，保护了电力电子器件。保护电路形式很多，也很复杂。过电压保护方法的原理图如图 1-76 所示。

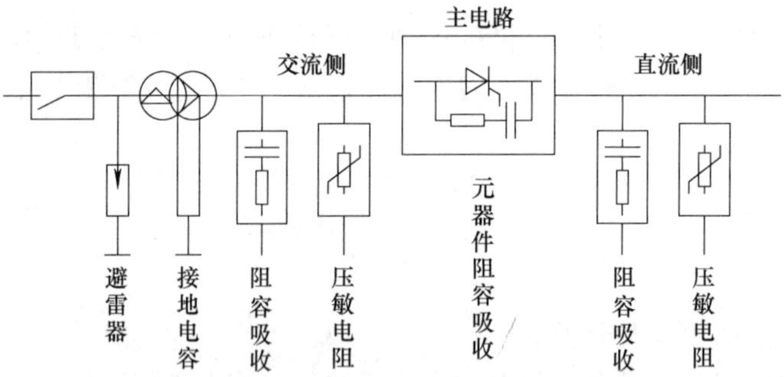

图 1-76　过电压保护方法的原理图

1）操作过电压的保护　针对形成过电压的不同原因，可以采取不同的抑制方法，如减少过电压源，使过电压幅值衰减；抑制过电压能量上升的速率，延缓已产生的能量消散速度，并增加其消散的途径；采用电子电路进行保护，最常用的是在网路中接入吸收能量的元件，称吸收回路或缓冲回路。

图 1-77 所示的阻容元件是用于吸收晶闸管关断时的过电压，图中 L 为回路漏感，电容 C 起主要的吸收尖峰过电压能量的作用，为了防止 LC 串联谐振时在电容两端产生更高的谐振电压，在电容回路中串入阻尼电阻 R。

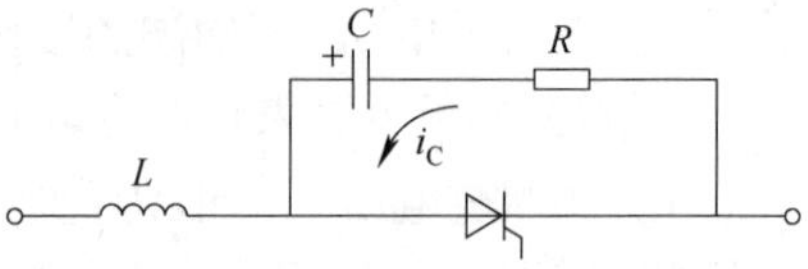

图 1-77　吸收关断过电压的电路

抑制过电压的 RC 吸收回路在交流侧的几种不同接法如图 1-78 所示。将电容并联在回路中，当电路中出现尖峰电压时，电容两端电压不能突变的特性可以有效地抑制电路中的过电压。与电容串联的电阻能消耗掉部分过电压能量，同时抑制电路中的电感与电容产生振荡。RC 阻容保护电路可以设置在变换器装置的交流侧、直流侧，也可将 RC 保护电路直接并在主电路的元件上，有效地抑制元件关断时的关断过电压。

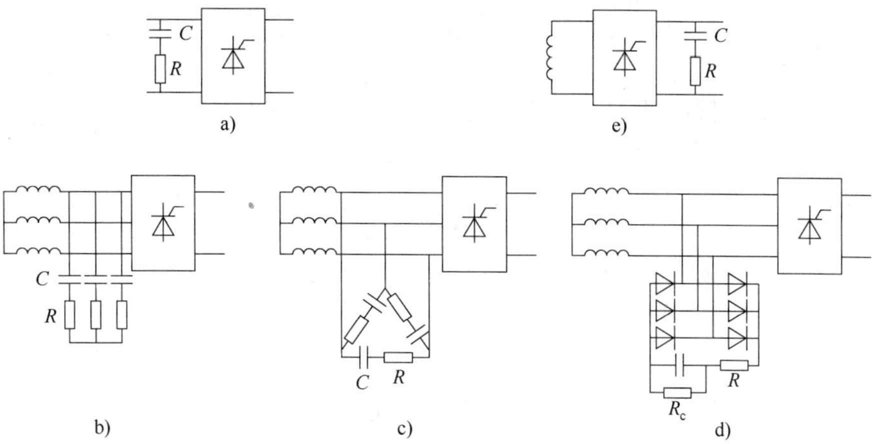

图 1-78　几种 RC 阻容保护电路的接法

a）单相连接（交流侧）　b）三相星形联结　c）三相三角形联结　d）三相整流连接　e）单相连接（直流侧）

电容 C 的交流耐压≥$1.5U_C$，U_C 为正常工作时阻容两端交流电压有效值。电阻 R 的功率 P_R 的计算可根据以下经验公式估算：

$$P_R \geqslant (3-4)I_C^2R \tag{1-29}$$

$$I_C = 2\pi f_C U_C \times 10^{-6} \tag{1-30}$$

式中　U_C——正常工作时阻容两端交流电压有效值；

　　　I_C——正常工作时阻容两端交流电流有效值。

对图 1-78b 所示的三相电路，变压器二次绕组和阻容保护电路均采用Y联结的方法，它的 R、C 计算公式可直接引用单相时的计算式。图 1-78c 所示的三相电路，变压器二次侧为Y联结，而阻容保护电路为△联结。对此，可首先按式（6-1）和式（6-2）计算出Y联结时的阻容值 R、C，然后进行Y、△联结变换，求得△联结时相应的阻容值，即

$$R_{\triangle}=3R_{Y} \tag{1-31}$$

$$C_{\triangle}=\frac{1}{3}C_{Y} \tag{1-32}$$

对于大容量的变换器，三相阻容保护装置可采用图 1-78d 所示的三相整流式阻容保护电路。虽然多用了一个三相整流桥，但只需一个电容，而且由于只承受直流电压，故可采用体积小、容量大的电解电容。再者还可以避免变换器中的电力电子器件导通瞬间因保护电路的电容放电电流所引起的过大的 di/dt。RC 的作用是吸收电容上的过电压能量。如图 1-78e 所示，阻容保护接在交流装置的直流侧，可以抑制因熔断器或直流快速断路器断开时造成的直流侧过电压。

2）浪涌（雷击）过电压的保护　阻容吸收电路的时间常数是固定的，有时对雷击或从电网串入的时间短、峰值高、能量大的过电压来不及放电，抑制过电压的效果较差。需要在变流装置的进、出线端并接压敏电阻等非线性元件。

压敏电阻是以氧化锌为基体的金属氧化物非线性电阻，电极之间填充有氧化铋等晶粒界层。在正常电压作用下晶粒界层呈高阻态，仅有小于 100μA 的漏电流；过电压时引起电子雪崩，晶粒界层迅速变成低阻抗，使电流迅速增大，其泄漏能量抑制过电压，起到保护晶闸管的作用。压敏电阻具有如图 1-79 所示的伏安特性及以下主要参数：

① 标称电压U_{1mA}，指压敏电阻流过1mA直流电流时，压敏电阻两端的电压值。

② 通流容量，是用前沿8μs，脉宽20μs的波形冲击电流，每隔5min冲击一次，共冲击10次，标称电压变化在−10%以内的最大冲击电流值（kA）来表示。

③ 残压比U_Y / U_{1mA}。放电电流达到规定值I_Y时的电压U_Y与标称电压U_{1mA}之比。

压敏电阻的标称电压选择可按下式考虑取系列值，即

$$U_{1mA}=1.3\sqrt{2}U \tag{1-33}$$

式中 U——压敏电阻两端正常工作时承受的电压有效值（V）。

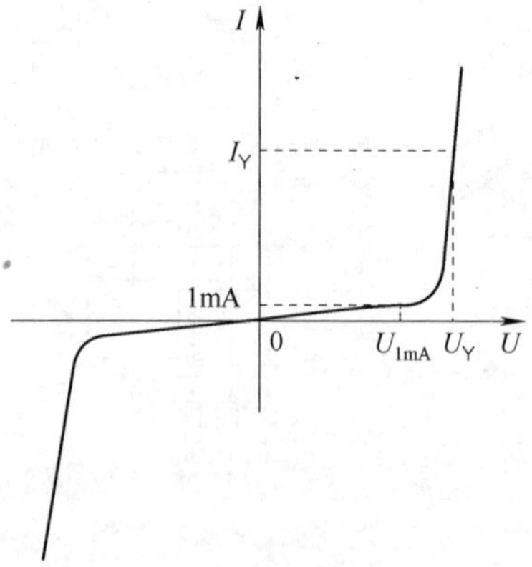

图1-79 压敏电阻的伏安特性

压敏电阻的通流容量选择原则是：允许通过的最大电流应大于泄放过电压时流过压敏电阻的实际浪涌电流峰值。

图1-80所示为压敏电阻的接法。实用中还可将压敏电阻与桥臂电力电子器件并联、三相交流输入侧三角形联结及并联于整流输出端作为直流侧过电压保护。压敏电阻通流容量大，残压低，抑制过电压能力强，平时漏电流小，放电后不会有续流，元件的标称电压数值范围宽，便于用户选择，伏安特性对称，对于交、直流或正、负浪涌电压均有较好的吸收效果，因此用途广泛。

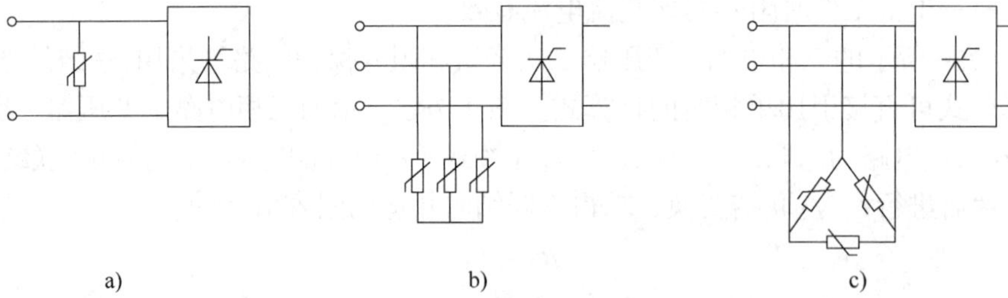

图1-80 压敏电阻的接法

a）单相连接 b）三相星形联结 c）三相三角形联结

图1-81所示为过电压保护措施及配置位置，各电力电子装置可视具体情况只采用其中的几种。其中RC_3和RC_5为抑制内因过电压的措施，其功能已属于缓冲电路的范畴。

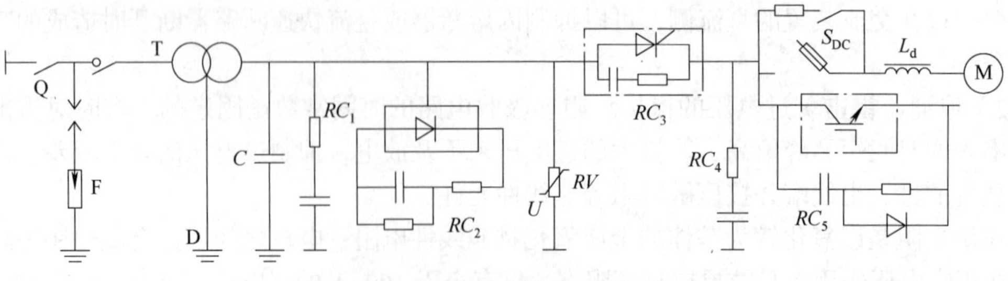

图1-81 过电压抑制措施及配置位置

F—避雷针 D—变压器静电屏蔽层 C—静电感应过电压抑制电容 RC_1—阀侧浪涌过电压抑制 RC_2—阀侧反向阻断式浪涌过电压抑制 RV—压敏电阻过电压抑制 RC_3—阀器件换相过电压抑制 RC_4—直流侧抑制 RC_5—阀器件关断过电压抑制

在抑制外因过电压的措施中，采用 *RC* 过电压抑制电路是最为常见的，*RC* 过电压抑制电路可接于供电变压器的两侧，或电力电子电路的直流侧。对大容量的电力电子装置，可采用图 1-81 所示的反向阻断式 *RC* 电路。有关保护电路的参数计算可参考相关的工程手册。

2. 过电流保护

（1）引起过电流的原因

当电力电子变换器内部某一器件击穿或短路、触发电路或控制电路发生故障、出现过载、直流侧短路、可逆传动系统产生环流或逆变失败，以及交流电源电压过高或过低、缺相等，均可引起变换器内元件的电流超过正常工作电流，即出现过电流。由于电力电子器件的电流过载能力比一般电气设备差得多，因此，必须对变换器进行适当的过电流保护。变换器的过电流一般主要分为两类：过载过电流和短路过电流。

（2）过电流保护的方法

对于电力电子电路进行过电流保护采用较多的方法就是在其输入侧或者输出侧接保护器件。图 1-82 所示是比较典型的过电流抑制措施及配置位置示意图。

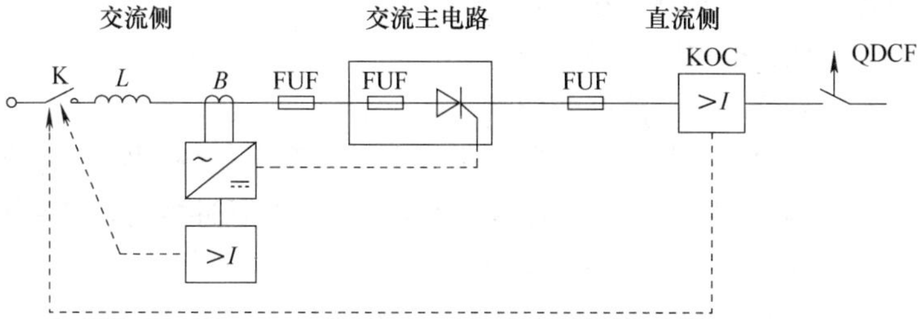

图 1-82　过电流抑制措施及配置位置示意图

1）交流进线电抗器（图中的 *L*），或采用漏抗大的整流变压器，利用电抗限制短路电流，但正常工作时有较大的交流压降。

2）电流检测装置（图中的 *B*）。过电流时发出信号，过电流信号一方面可以封锁触发电路，使变换器的故障电流迅速下降至零，从而有效抑制电流；另一方面控制过电流继电器，使交流接触器触点跳开，切断电源。但过电流继电器和交流接触器动作都需一定时间（100 ~ 200ms），故只有电流不大的情况这种保护才能奏效。

3）直流快速断路器（图中的 QDCF）。对于大、中容量变换器，快速熔断器的价格高且更换不方便。为避免过电流时烧断快速熔断器，采用动作时间只有 2ms 的直流快速断路器，它可先于快速熔断器动作而保护电力电子器件。

4）快速熔断器（图中的 FUF）。快速熔断器是防止变换器过电流损坏的最后一道防线。在晶闸管变换器中，快速熔断器是应用最普遍的过电流保护措施，可用于交流侧、直流侧和装置主电路中，其在电路中的接法如图 1-83 所示。其中交流侧接快速熔断器能对晶闸管元件短路及直流侧短路起保护作用，但要求正常工作时，快速熔断器电流定额要大于晶闸管的电流定额，这样对元件的短路故障所起的保护作用较差。直流侧接快速熔断器只对负载短路起保护作用，对元件无保护作用。只有晶闸管直接串接快速熔断器才对元件的保护作用最好，因为它们流过同一个电流，因而被广泛使用。

与晶闸管串联的快速熔断器的选用原则：

① 快速熔断器的额定电压应大于电路正常工作电压有效值。

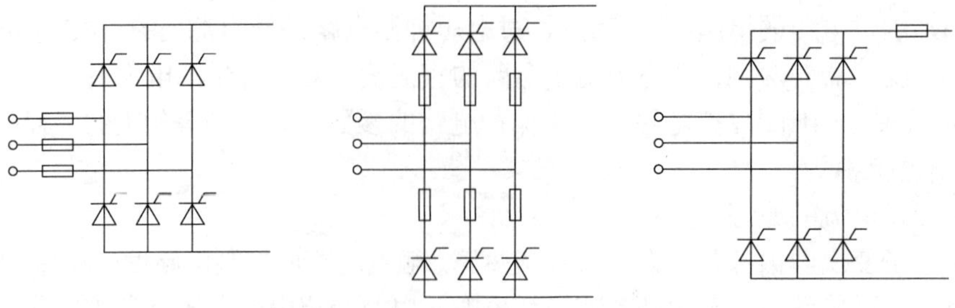

a) b) c)

图 1-83 快速熔断器在电路中的接法

a）串于交流侧 b）串于桥臂中 c）串于直流侧

② 快速熔断器熔体的额定电流 I_{KR} 是指电流有效值，晶闸管额定电流是指通态电流平均值。选用时要求：

$$1.57I_{T(AV)} \geqslant I_{KR} \geqslant I_T \tag{1-34}$$

式中 $I_{T(AV)}$——晶闸管通态电流平均值；

I_{KR}——快速熔断器的熔体额定电流；

I_T——流过晶闸管的电流有效值。

③ 熔断器（安装熔体的外壳）的额定电流应大于或等于熔体额定电流值。

值得指出的是，一般装置中多采用过电流信号控制触发脉冲的方法抑制过电流，再配合采用快速熔断器，使快速熔断器作为过电流保护的最后措施。

5）电子电路控制的过电流保护。如图 1-84 所示电路，它可在过电流时实现对触发脉冲移相控制，也可在过电流时切断主电路电源，达到保护目的。其过程是：通过电流互感器 T 检测主电路的电流大小。一旦出现过电流，电流反馈电压 U_{fi} 增大，稳压管 VS_1 被击穿，晶体管 V_1 导通。一方面由于 V_1 导通，集电极变为低电位，VS_2 截止输出高电平去控制触发电路，使触发脉冲迅速往 α 增大的方向移动，使主电路输出电压迅速下降，负载电流也迅速减小，达到限制电流的目的。另一方面，由于 V_1 导通使灵敏继电器 KA 得电并自锁，断开主电路接触器 KM，切断交流电源，实现过电流保护。调节电位器 R_{RP}，可调节被限制的电流大小。HL 为过电流指示灯，过电流故障排除后，按下 SB 按钮，使保护电路恢复等待状态。

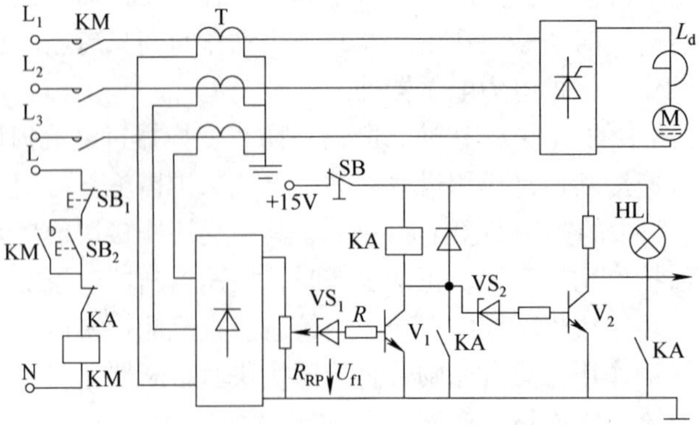

图 1-84 电子电路控制的过电流保护电路

在大容量的电力变流系统中，通常将电子过电流保护装置、快速熔断器及其他继电保护措施同时使用。一般情况下，总是让电子过电流保护装置等先起保护作用，而快速熔断器作为最后一道保护，以尽量避免直接烧断快速熔断器。

除了上述所讨论的过电压和过电流保护措施之外，通常还在交流侧或者整流电路的每个桥臂中，串入空心电感或套入磁环（电感量为 20～30μH）用于限制电压变化率 $\mathrm{d}u/\mathrm{d}t$、电流变化率 $\mathrm{d}i/\mathrm{d}t$。对一些重要的且易发生短路的设备，或者工作频率较高、很难用快速熔断器保护的全控型器件，需要采用电子电路进行过电流保护。除了对电动机起动的冲击电流等变化较慢的过电流，可以利用控制系统本身调节器对电流的限制作用之外，需设置专门的过电流保护电子电路，检测到过电流之后直接调节触发或驱动电路，或者关断被保护器件。

3. 电力电子器件的缓冲电路

缓冲电路也称为吸收电路，它是指在电力电子器件电极上附加的电路，通常由电阻、电容、电感及二极管组成，如图 1-85b 所示。设置缓冲电路的目的在于降低浪涌电压、减少器件的开关损耗、避免器件二次击穿、抑制电磁干扰、减小 $\mathrm{d}u/\mathrm{d}t$、$\mathrm{d}i/\mathrm{d}t$ 的影响以及提高电路的可靠性。由于电力电子器件的可靠性与它在电路中承受的各种应力（电的、热的）有关，所承受的应力越低工作可靠性越高。电力电子器件在导通时流过很大的电流，阻断时承受很高的电压，在开关转换的瞬间，电路中各种储能元件的能量释放还将导致器件经受很大的冲击，有可能造成器件的损坏。因此，缓冲电路的设置在电力半导体器件应用技术中十分重要。

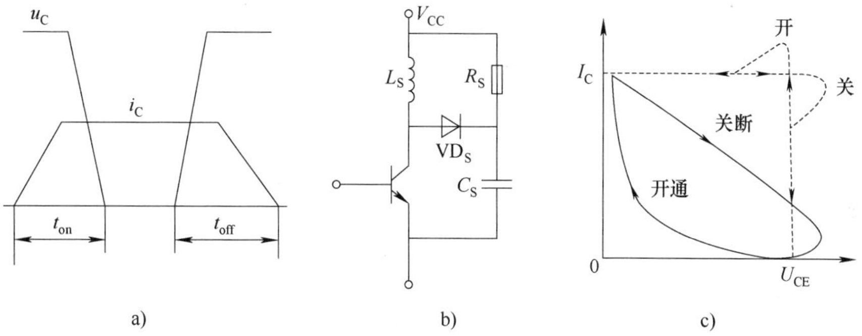

图 1-85 双极型功率晶体管的缓冲电路

a）开关波形 b）缓冲电路 c）负载开关轨迹线

图 1-85 所示为双极型功率晶体管（BJT）的缓冲电路。在图中假设元件参数选定后所对应开关周期 $T \geqslant L/R = \tau$，且器件导通时间 t_{on} 与关断时间 t_{off} 均小于 τ，在导通与关断过程的某一时刻，会出现集电极电压 u_C 和集电极电流 i_C 同时达最大值的情况，如图 1-85a 所示，这时瞬时开关损耗也最大。其开关过程的负载轨迹线如图 1-85c 的虚线所示，右上侧的曲线均超过了安全工作区界限。

为了避免同时出现电压和电流的最大值，应分别考虑导通缓冲与关断缓冲的设置，以减少器件的开关耗损。如图 1-85b 所示，L_s 用于限制导通时流过 BJT 的电流变化率 $\mathrm{d}i/\mathrm{d}t$ 及导通损耗；C_s 及 VD_s 用于限制电压变化率及关断损耗。这一过程实际是把开关损耗由器件本身转移到缓冲电路内，将明显地改变 BJT 的开关过程的负载轨迹线，如图 1-85c 中的实线所示，避免了集电极电压和电流同时出现最大值的情况。根据这些被转移的能量处理与消耗方法，引出了耗能式与馈能式两类缓冲电路。前者将开关损耗能量消耗在电阻上，这种电路简单，但效率低；后者将开关损耗能量以适当方式回馈给供电电源或者再提供用电负载，其效率高，但电路复杂。

（1）耗能式缓冲电路

1）关断缓冲电路　图 1-86a 为典型的耗能式关断缓冲电路。当 BJT 关断时，负载电流经二极管 VD_s 给电容器 C_s 充电，根据电容两端电压不能突变的原理，BJT 集电极与发射极两端的电压上升率 du/dt 受到限制，电容越大，du/dt 越小。由于集电极电压被电容电压牵制，因此，不会再出现集电极电压与集电极电流同时为最大的情况，因而也不会出现最大瞬时尖峰功耗。图 1-86b、c 分别为不接缓冲电容和接有缓冲电容情况下集电极电流和电压波形。由图可见，在没有缓冲电容时，集电极电压上升时间极短，可以忽略，其关断过程只考虑集电极电流的变化，在关断初期将会出现极大的瞬时关断损耗；当缓冲电容加入后，情况发生变化，集电极电压缓慢上升。如果缓冲电容较大则 τ 较大，当集电极电流下降到零以后，集电极电压才逐渐上升至电源电压，如图 1-86c 虚线所示；若缓冲电容较小，则 τ 较小，集电极电压上升较快。两种情况的瞬时关断损耗是不同的，缓冲电容越大瞬时关断损耗越小。

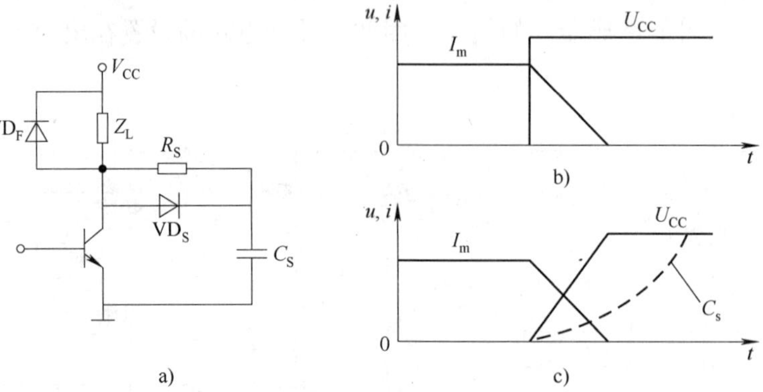

图 1-86　BJT 耗能式缓冲电路及波形

a）关断缓冲电路　b）无缓冲电容　c）有缓冲电容

加入缓冲电容后，BJT 的功率损耗确实下降了，但缓冲电路的功耗增加，因为在 BJT 关断之后，缓冲电容 C_s 的端电压将充至电源电压 U_{CC}，并存储 $C_sU_{CC}^2/2$ 的能量；当下一次 BJT 导通时，电容 C_s 将经电阻 R_s 和 BJT 放电，电容 C_s 上储存的能量基本上消耗在电阻 R_s 上，故称为耗能式关断缓冲电路。图中 VD_F 为负载 Z_L 提供续流通路。

2）导通缓冲电路　导通时的关键因素是 di/dt，稳态电流值越大，导通时间越短，则 di/dt 影响越严重。为了限制 di/dt 的大小，常采用串联电感的方法进行缓冲，典型的导通缓冲电路及相应的 GTR 电流、电压导通波形如图 1-87 所示。导通缓冲电路由电感 L_s、二极管 VD_s 与 GTR 集电极串联组成，如图 1-87a 所示。GTR 导通过程中，在集电极电压下降期间，电感 L_s 限制了电流的上升率 di/dt；当 GTR 关断时，存储在电感 L_s 中的能量 $L_sI_m^2/2$ 通过二极管 VD_s 的续流作用而消耗在 VD_s 和电感本身的电阻上。

图 1-87b 表示无缓冲电路时的电流、电压导通波形。在导通的瞬间集电极电流达最大稳

态值 I_m，而集电极电压则以线性速度下降，故在导通瞬间出现较大的导通尖峰功耗。图 1-87c 为加入缓冲电路后的情况，其集电极电流 i_C 的上升时间变长。电感量越大，上升速度越慢，即电流上升率 di/dt 越小，如图 1-87c 中的虚线所示，当集电极电压已降为零时，集电极电流仍然较小，对应的导通损耗也就较小。电流上升时间常数 $\tau \approx L_s / R_s$。

3）复合缓冲电路　在实际应用中，总是将关断缓冲电路与导通缓冲电路结合在一起，称为复合缓冲电路，如图 1-88 所示。在 GTR 导通时，缓冲电容经 C_s、R_s、L_s 回路放电，减少了 GTR 承受的电流上升率 di/dt，电感 L_s 还可限制续流二极管 VD_F 的反向恢复电流。

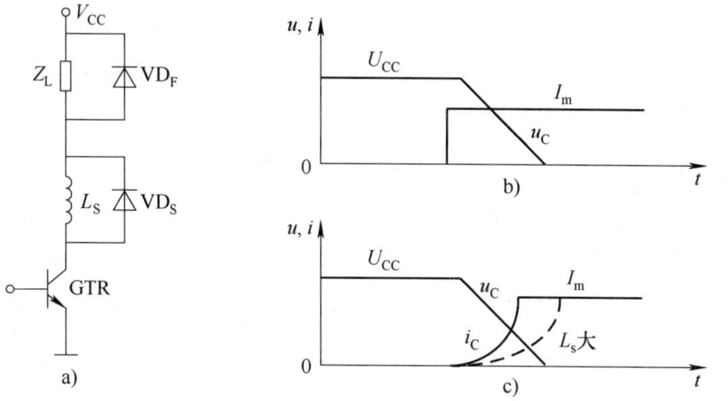

图 1-87　GTR 导通缓冲电路及波形

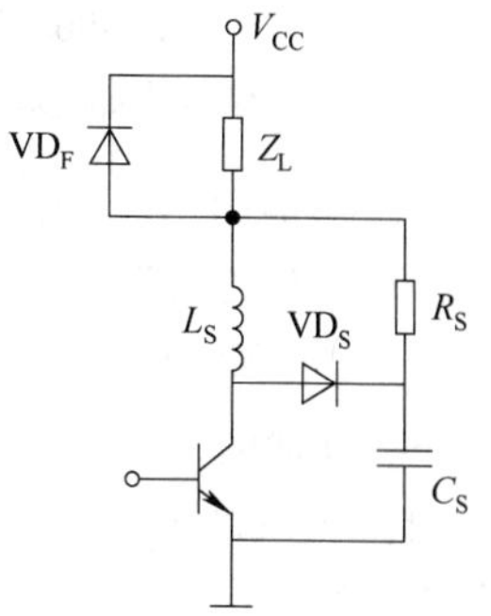

图 1-88　复合缓冲电路

（2）馈能式缓冲电路

将储能元件中的储能通过适当的方式回馈给负载或电源，可以提高装置的效率。在馈能过程中，由于采用的元件不同，又可分为无源和有源两种方式。

1）馈能式关断缓冲电路如图 1-89 所示。

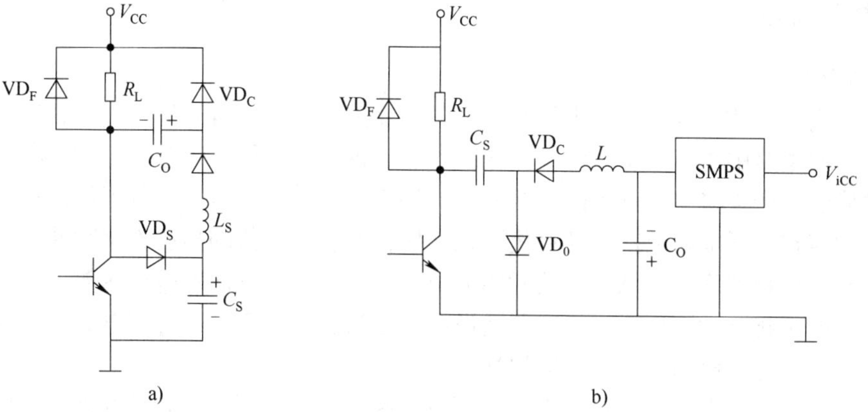

图 1-89　馈能式关断缓冲电路

a）无源馈能式关断缓冲电路　b）有源馈能式关断缓冲电路

2）馈能式导通缓冲电路如图 1-90 所示。

3）馈能式复合缓冲电路如图 1-91 所示。在馈能过程中，将储能元件 L_s、C_s 中的能量送给负载，这种电路也称为无源馈能式缓冲电路。

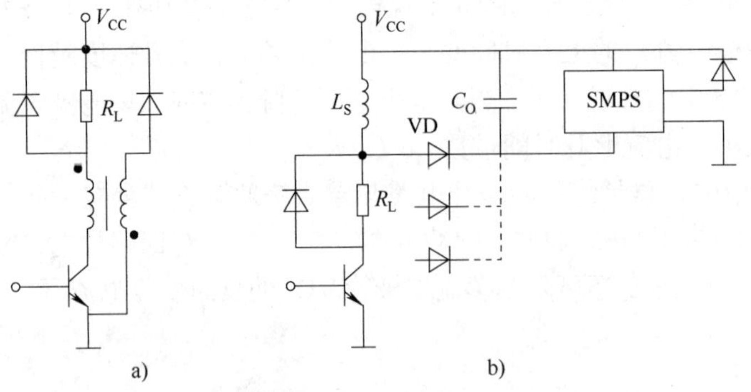

图 1-90　馈能式导通缓冲电路

a）无源馈能式导通缓冲电路　b）有源馈能式导通缓冲电路

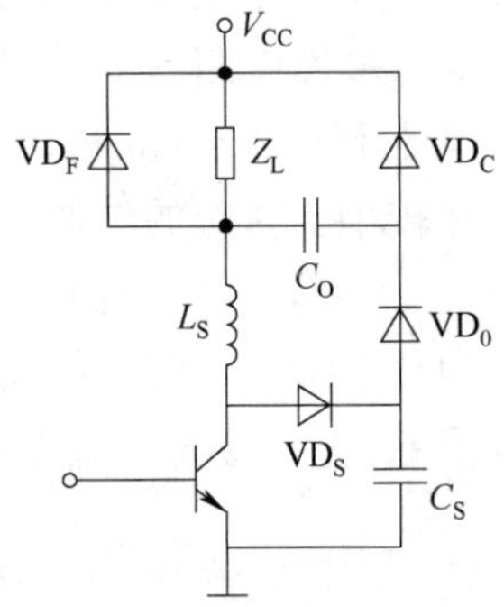

图 1-91　馈能式复合缓冲电路

在图 1-91 中，能量的回馈主要由 C_O 和 VD_C 来实现，C_O 称为转移电容，VD_C 称为回馈二极管。L_s 主要起导通缓冲作用，限制 GTR 导通时的电流变化率 di/dt，并在 L_s 中存储部分能量。C_s 主要起关断缓冲作用，在 GTR 关断时，缓冲电容器 C_s 充电至电源电压 U_{CC}，在 GTR 下一次导通时，负载电流从续流二极管 VD_F 转移至 GTR；同时电容 C_s 上的电压转移至电容 C_O 上。当 GTR 再次关断时，电容 C_s 再次充电，而电容 C_O 和电感 L_s 并联运行向负载放电，将储存的能量馈送给负载。当电容 C_O 放电时，电感 L_s 上的电压也逐渐减小为零，在这段时间内负载电流经续流二极管 VD_F 导通。

由于能量的回馈是由无源器件 C_O 和 VD_C 来实现的，所以这种电路叫作无源馈能式关断缓冲电路。

对于晶闸管而言，在实际应用中一般只承受换相过电压，没有关断过电压问题，关断时也没有较大的 du/dt，因此一般采用 RC 吸收电路即可。

1.4.3　技能训练

1．知识准备

由于电力半导体器件承受过电流和过电压的能力较差，短时间的过电流和过电压就会把器件损坏。而电路中总有电感元件（如变压器、电抗器、引线电感等）存在，故不可避免的会在器件换流时产生瞬态电压 Ldi/dt。另外，还有雷电入侵、合闸、分闸所造成的过电压等因素，它们将在电子电路上产生几百伏～几千伏，乃至上万伏的高压干扰脉冲。这类电压一般宽度很窄，但幅值很大，脉冲持续时间从 0.1μs 至几毫秒，而能量可达数千瓦。这种高幅值、高能量的干扰脉冲电压对电子仪器及设备很容易造成危害，轻者使电力电子设备不能正常工作，重者会导致电力电子设备的损坏。

为了保证成套装置运行的可靠性，必须对这些尖峰过电压进行有效的抑制。抑制过电压的方法主要有：用非线性元件限制过电压的幅值，用电阻消耗和用储能元件吸收产生过电压的能量。

目前广泛采用半导体元器件来限制干扰脉冲，如压敏电阻、稳压管及具有肖特基势垒的脉冲二极管等。压敏电阻具有显著的非线性伏安特性，但存在老化现象和密封性能差的缺点。稳压管及脉冲二极管由于其反向击穿电压低，耗散功率小，使其应用场合受到一定的限制。

这里主要介绍三种新型的瞬态过电压保护器件：瞬态电压抑制器，双向瞬态过电压保护器和 DSA、DSS 防过电压保护器。

（1）瞬态电压抑制器

1）结构与伏安特性　瞬态电压抑制器（Transient Voltage Suppressor，TVS）是一种硅 PN 结器件，它能吸收很高的瞬态电压，从而避免过高的瞬态电压对电压敏感器件造成的损坏。该系列器件的电压为 5 ~ 400 V，误差为 5% ~ 10%（美 PROTEK 公司）。TVS 的响应时间为 1×10^{-12} s，可将其两极间的高阻抗变为低阻抗，使两极间的电压钳位于一个预定值，吸收高达数千瓦的浪涌，有效地保护电子电路中的精密元器件免受各种浪涌脉电压的冲击。此外，TVS 还可串联或并联，以提高峰值功率。因此，TVS 具有响应速度快、瞬态功率大、漏电流低、击穿电压偏差小、钳位电压较易控制、没有损坏极限、体积小等优点，目前已广泛应用于家用电器、电子仪表、通信设备、电源、计算机系统等各个领域的电力电子设备中。

TVS 的电路符号及伏安特性如图 1-92a 所示。图 1-92b 是 TVS 的电流时间和电压时间曲线。图 1-92c 为几种 TVS 的外形图。

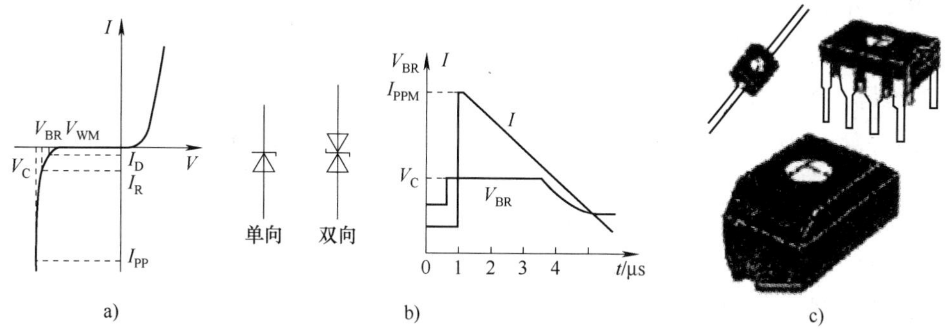

图 1-92　TVS 的伏安特性曲线、电路符号、$I-t$，$U-t$ 曲线和外形图

2）工作原理　TVS 抑制浪涌脉冲电压，保护电子元器件的工作原理是 PN 结雪崩击穿特性。其过程是：在瞬态峰值脉冲电流作用下，流过 TVS 的电流，由反向漏电流 I_D 上升到 I_R 时，两极间电压也由额定反向关断电压 V_{WM} 上升到击穿电压 V_{BR}，TVS 被击穿。随着峰值脉冲电流的增大，流过 TVS 的电流达到峰值脉冲电流 I_{PP}，但两极间电压被钳位于 V_C 之下。其后，随着脉冲电流指数衰减，TVS 极间电压也逐渐下降，最后恢复到起始状态。

3）主要参数

① 额定反向关断电压 V_{WM}：TVS 的最大连续工作的直流或脉冲电压。

② 最大反向漏电流 I_D：VTS 施加 V_{WM}，处于反向关断状态时流过的最大反向漏电流。

③ 最小击穿电压 V_{BR} 和击穿电流：V_{BR} 是 TVS 的最小雪崩电压，流过 TVS 的反向电流 $I_R=1\text{mA}$ 时，两极间所加的反向电压。按 TVS 的 V_{BR} 与标准值的离散程度，可分为±5% V_{BR} 和±10% V_{BR} 两种。对前者：$V_{WM}=0.85\%\ V_{BR}$；对后者：$V_{WM}=0.81\%\ V_{BR}$。

④ 最大钳位电压 V_C 和最大峰值脉冲电流 I_{PPM}：持续时间为 20 μs 的脉冲峰值电流 I_{PPM} 流过 TVS 时，极间呈现的最大峰值电压 V_C。V_C 和 I_{PPM} 反映了 TVS 抑制浪涌电流的能力。

一般$V_C=(1.2\sim1.4)V_{BR}$。

⑤ 最大峰值脉冲功耗P_{PPM}：TVS 所能承受的最大峰值脉冲功率，规定脉冲重复频率的持续时间与间歇时间之比为 0.01%。P_{PPM}越大，V_C越低，承受浪涌电流的能力越大。

⑥ 钳位时间t_C：电压从零到V_{BR}的时间。单极性 TVS：$t_C<10^{-12}$s；双极性 TVS：$t_C<10^{-9}$s。

4）TVS 的分类

① 按极性分：有单极性和双极性。

② 按用途分：有通用型器件和专用器件（如电话机保护器、同轴电缆保护器、数据线保护器、各种交流电压保护器等）。

③ 按吸收功率分：有 500W、600W、1500W、5000W、15000W。

④ 按封装形式分：可分为轴向引线、双列直插、TVS 组件和大功率 TVS 模块。

5）TVS 选用应遵循的主要规则

① TVS 的最大反向电压V_{wm}应大于被保护电路的工作电压。

② TVS 的最大钳位电压V_C应小于被保护对象的最大损坏极限电压，以保证 TVS 将浪涌脉冲电压钳位在被保护对象的安全工作电压范围内。

③ TVS 的最大峰值脉冲电流I_{PPM}应大于可能出现的瞬态浪涌电流。

④ TVS 的最大峰值脉冲功耗P_{PPM}应大于被保护电路中可能出现的最大峰值脉冲功率。值得注意的是，P_{PPM}与脉冲宽度t_w和环境介质温度T_A有关，在$t_w=0.1\sim10$ms 范围内，P_{PPM}近似正比于$1/t_w$；在T_A=40～100℃时，P_{PPM}随T_A的升高约正比减少 2.4%。

⑤ 根据不同的用途，合理选择 TVS 的极性及封装形式。抑制交流电路中的浪涌干扰脉冲时，应选用双极性 TVS。在直流电路中应选用单极性 TVS。如用于多线路保护时，应选用 TVS 组合阵列。

6）TVS 典型应用电路　图 1-93 所示为 TVS 的几种应用电路，其中图 1-93a 为 TVS 对电源的保护，图 1-93b 是 TVS 对 MOSFET 的保护，图 1-93c 是 TVS 对通信终端的保护。

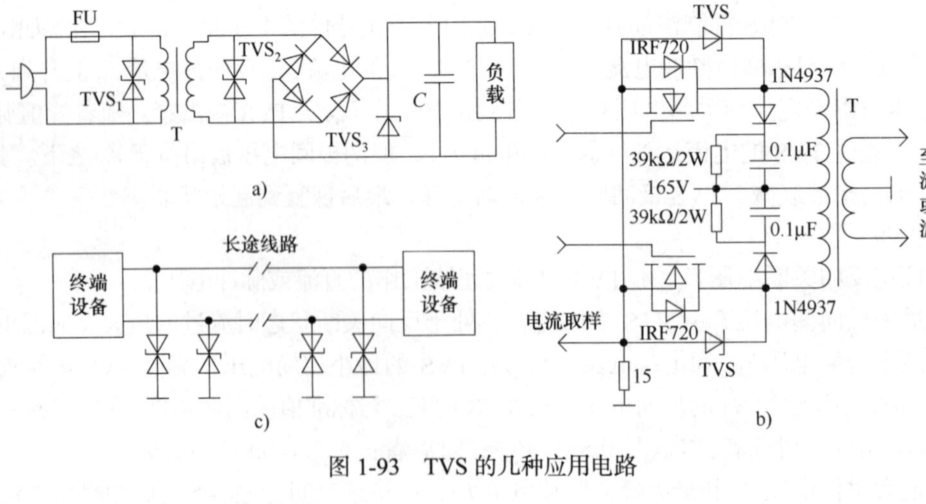

图 1-93　TVS 的几种应用电路

（2）双向瞬态过电压保护器

1）工作原理　美国 TECCOR 公司生产的双向瞬态过电压保护器（SIDACtor），实质上是一种硅双向开关的延伸产品，是一种带负阻或正阻特性的新型浪涌吸收器。其工作原理是：只要施加于 SIDACtor 上的瞬态过电压超过其击穿点，SIDACtor 就会通过一个负阻或正阻区导通，其导通电压仅 3 ~ 4 V（峰值）。在电流下降到最小维持电流之前，SIDACtor 将继续维持导通。而当施加于 SIDACtor 两端的电压低于其击穿电压值时，则呈高阻阻断状态。

SIDACtor 的响应速度和齐纳二极管、TVS 一样快，比气体放电管、碳化硅避雷器、氧化锌压敏电阻器（MOV）的响应速度更快。但 SIDACtor 在击穿后呈现低阻抗，其峰值导通电压不大于 4V，要比 TVS 和 MOV 的导通电压低得多。另外，由于采用表面玻璃钝化工艺和电绝缘封装，使得 SIDACtor 具有相当高的可靠性。

2）主要特性及参数

① SIDACtor 的伏安特性如图 1-94 所示，其中图 1-94a 为带负阻特性的伏安特性曲线，图 1-94b 为带正开关斜率的伏安特性曲线，图 1-94c 为电路符号。两种 SIDACtor 的主要区别是：当电压升到 V_{BO}（$I_{BO}=10\mu A$）时，曲线出现拐点，负阻型 SIDACtor 器件进入负阻区，电流陡然增大，电压急剧降低；而正开关斜率型器件，先进入上升速率很大的正阻区，当电压上升到 $V_{BO(MAX)}$ 之后，SIDACtor 又跃变到低阻导通状态。

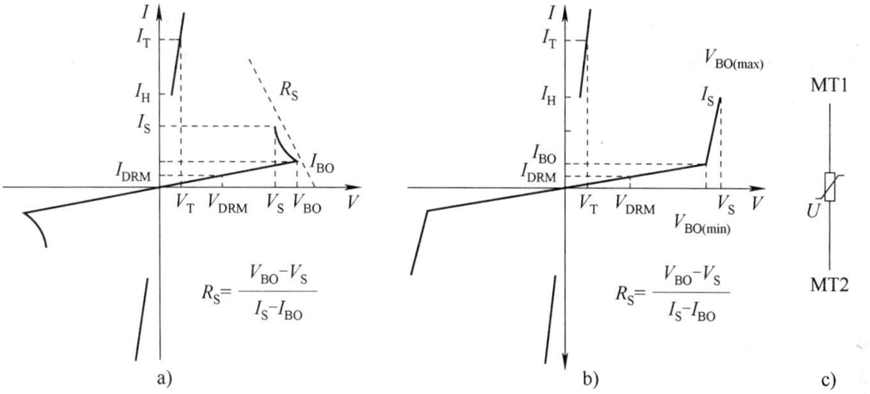

图 1-94　SIDACtor 的伏安特性曲线及电路符号

② SIDACtor 的浪涌吸收特性如图 1-95 所示，其中图 1-95a 为对保护元件施加的一个 2000V 的脉冲原始曲线（1.2×50μs），图 1-95b，图 1-95c 为两种不同型号的 SIDACtor 的浪涌吸收特性曲线，图 1-95d，图 1-95e 分别为氧化锌压敏电阻（MOV）和齐纳二极管或 TVS 的浪涌吸收特性曲线。比较浪涌吸收特性可见，当电压超过其击穿电压值后，MOV、齐纳二极管或 TVS 两端的电压被钳位在击穿电压电平上，MOV 的瞬变吸收特性还出现一个小的过冲，而 SIDACtor 具有优异的浪涌吸收特性，只要一达到其击穿电压，立即呈现低阻导通状态，两端电压降趋于零。

③ 主要参数：

阻塞电压（V_{DRM}）范围：20 ~ 240 V（全系列）；

击穿电压（V_{BO}）范围：27 ~ 540 V（全系列）；

浪涌电流（I_{PP}）通量范围：50 ~ 100 A（10×1000μs）；

保持电流（I_H）：50 ~ 200 mA；

峰值导通电压 V_{TM}：3 ~ 4 V。

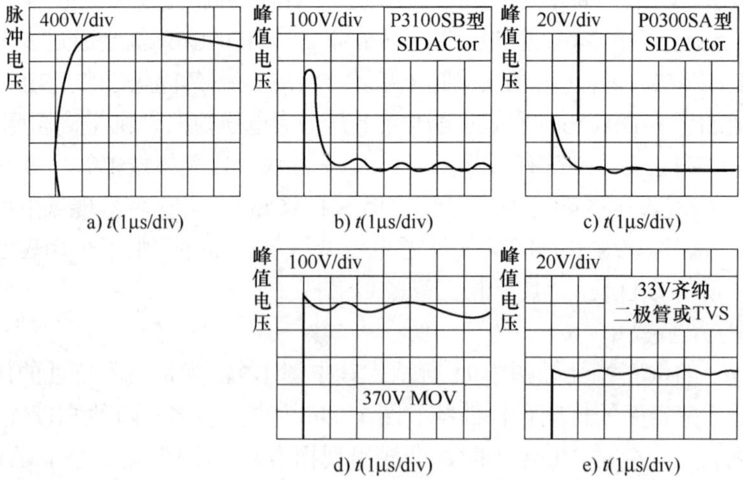

图 1-95　不同瞬态过电压保护元件的浪涌吸收特性

3）应用方法　SIDACtor 主要用于电信设备、计算机和仪器仪表等电子设备的瞬态过电压保护，对电路中引入的雷电、电焊机等瞬变高电压尖峰，具有非常理想的浪涌吸收效果。根据国际安全标准，保护方案分为金属性保护（线间保护）和纵向性保护（线到地间保护）两类，如图 1-96 所示。

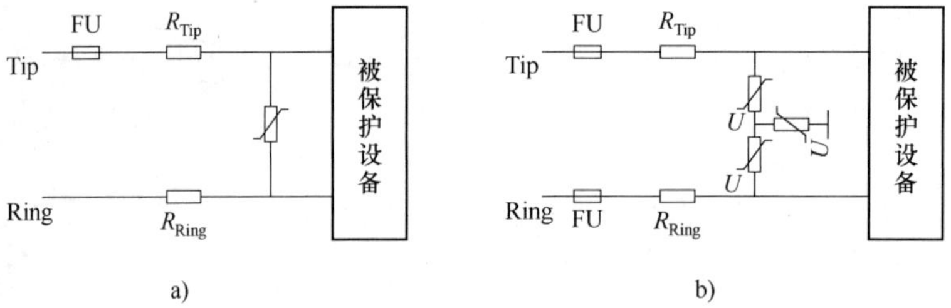

图 1-96　SIDACtor 的保护方案

a）线间保护　b）线到地保护

用 SIDACtor 作瞬态过电压保护器件时，其击穿电压 V_{BO} 应保证不低于电路最高峰值电压，同时还应正确选择保护电路中的限流电阻 R_{Tip} 和 R_{Ring}，以及熔丝，以保证万无一失。

R_{Tip} 和 R_{Ring} 的选取，可按下述方法进行计算。

① 线间保护方案：

回路总电阻为
$$\sum R = R_S + R_{Tip} + R_{Ring} = R_S + 2R_{Tip}$$

其中，R_S——源阻抗，$R_{Tip} = R_{Ring}$。

峰值浪涌电流为
$$I_{peak} = V_{peak} / \sum R$$

故
$$R_{Tip} = R_{Ring} = \frac{1}{2}(\sum R - R_S) = \frac{1}{2}(\frac{V_{peak}}{I_{peak}} - R_S)$$

② 线到地间保护方案：

回路总电阻是 Tip 线（Ring 线）到地间的阻抗，即

$$\sum R = R_S + R_{Tip} = R_S + R_{Ring}$$

峰值浪涌电流为

$$I_{peak} = V_{peak} / \sum R$$

故

$$R_{Tip} = R_{Ring} = \sum R - R_S = \frac{V_{peak}}{I_{peak}} - R_S$$

1.4.4 相关习题

1. 填空题

1）电力电子器件的保护分为__________和__________两类。

2）过电压主要表现为__________和__________两种类型。

3）电力电子器件的缓冲电路有__________和__________两种。

4）耗能式缓冲电路有__________、__________和__________三种。

5）在晶闸管的并联使用中要采取的均流措施是__________和__________两种。

6）为了利于功率晶体管的关断，驱动电流后沿应是__________。

7）抑制过电压的方法之一是用__________吸收可能产生过电压的能量，并用电阻将其消耗。

2. 判断题

（ ）1）在电力电子器件电极上设置缓冲电路的目的是为了提高电路的可靠性。

（ ）2）晶闸管串联使用时，必须注意均流问题。

（ ）3）为防止“关断过电压”损坏晶闸管，可在管子两端并接压敏电阻。

（ ）4）雷击过电压可以用 *RC* 吸收回路来抑制。

（ ）5）硒堆发生过电压击穿后就不能再使用了。

（ ）6）为防止过电流，只需在晶闸管电路中接入快速熔断器即可。

（ ）7）快速熔断器必须与其他过电流保护措施同时使用。

3. 选择题

1）晶闸管两端并联一个 *RC* 电路的作用是（ ）。

A. 分流　B. 降压　C. 过电压保护　D. 过电流保护

2）压敏电阻在晶闸管整流电路中主要是用来（ ）。

A. 分流　B. 降压　C. 过电压保护　D. 过电流保护

3）变压器一次侧接入压敏电阻的目的是为了防止（ ）损坏晶闸管。

A. 关断过电压　B. 交流侧操作过电压　C. 不变

4）晶闸管变流装置的功率因数比较（ ）。

A. 高　B. 低　C. 好

5）晶闸管变流器接直流电动机的拖动系统中，当电动机在轻载状况下，电枢电流较小时，变流器输出电流是（ ）的。

A. 连续　B. 断续　C. 不变

6）可以用过电流继电器作为过电流保护的电力电子器件是（ ）。

A. 功率晶体管（GTR）　B. IGBT

C. 功率 MOSFET　D. 晶闸管

小　　结

本讲内容分为 4 个学习任务，分别是：学习任务 1—电力二极管和晶闸管分析与实践，介绍了电力二极管与晶闸管的基本结构、工作原理、主要特性和主要参数以及电力二极管和晶闸管的器件检测与导通测试；学习任务 2—典型全控型电力电子器件分析与实践，介绍了 GTO、GTR、电力 MOSFET 和 IGBT 的基本结构、工作原理以及全控型器件的特性测试方法；学习任务 3—全控型器件驱动电路分析与实践，介绍了几种典型驱动电路结构与工作原理，重点介绍了驱动电路的设计；学习任务 4—电力电子器件保护及缓冲电路分析与实践，介绍了电力电子器件过电压与过电流保护的方法与应用电路，另外还介绍了电力电子器件缓冲电路的构成。下面分别对这 4 个学习任务进行小结。

1. 电力二极管和晶闸管分析与实践

在本学习任务中重点介绍了电力二极管与晶闸管的结构、工作原理、伏安特性与主要参数，同时介绍了电力二极管与普通晶闸管的器件检测方法与特性测试要求。电力二极管与普通二极管结构相似，也是由 PN 结组成，加正向电压导通，加反向电压截止，是一个不可控的单向导通器件。普通晶闸管内部为 PNPN 四层结构，向外引出阳极（A）、阴极（K）和门极（G）3 个电极。它的导通条件是：对晶闸管的阳极和阴极两端加正向电压，同时在它的门极和阴极两端也加适当的正向电压。它的关断条件是：使流过晶闸管的阳极电流小于维持电流。晶闸管的工作原理可用两个互补连接的等效晶体管电路来分析，当门极注入一定电流时，会形成一个强烈的增强式正反馈过程，使管子迅速饱和导通。管子导通时，内部等效电路中的任一只管子的集电极电流即为另一只管子的基极电流，拆除门极电压、电流不会影响管子的导通状态，即门极失去控制作用。熟悉晶闸管的阳极和门极伏安特性和主要参数，对正确使用和选择器件有着重要的意义。选择晶闸管的额定电压应为器件在电路中可能承受的最大瞬时值电压的 2 ~ 3 倍。

双向晶闸管内部结构可看作两只普通晶闸管反并联，引出的 3 个端子为主极 T_1 、T_2 和门极（G）。它具有正、反向对称的伏安特性，主要参数有断态重复峰值电压 U_{DRM} 和额定通态电流 I_T 。因双向晶闸管正、反向都能触发导通，所以额定通态电流为有效值。双向晶闸管有四种触发方式：I_+ 、I_- 、$Ⅲ_+$ 、$Ⅲ_-$ ，其中以 I_+ 触发灵敏度最高，$Ⅲ_+$ 最低，使用时一般采用 I_+ 、$Ⅲ_-$ 接法。

2. 典型全控型电力电子器件分析与实践

本学习任务主要介绍几种典型的电力电子器件，它们具有共同的特点就是控制信号既可以控制其导通，也可以控制其关断，故称它们为全控型电力电子器件。由于与半控型器件相比，可以由控制信号控制其关断，因此又称为自关断器件。在内容上则重点介绍介绍了 GTO、GTR、MOSFET 和 IGBT 四种全控型电力电子器件的基本结构、工作原理、基本特性及主要参数等内容，同时还介绍了典型全控型器件的特性测试方法。

3. 全控型器件驱动电路分析与实践

本学习任务以常用的 GTO、GTR、电力 MOSFET、IGBT、全控型电力电子器件为例，按电流控制型和电压控制型两种类型器件，介绍了各自对驱动电路的基本要求以及各驱动电路的自身特点。相应的驱动电路形式多样，在本学习任务中仅对典型又常用的电路，特别是常用的集成驱动芯片作了一些介绍。

4. 电力电子器件保护及缓冲电路分析与实践

保护与缓冲措施在半控型及全控型电力电子电路中都被广泛采用，器件的工作频率不同，选用的外接元件参数也不同。在普通晶闸管的应用中，也有导通和关断缓冲电路，SCR 导通时，为防止 di/dt 过量而烧坏器件，有时在 SCR 主电路中串入一个电感以便限制 di/dt 的过量，所串电感及其配件组成了所谓导通缓冲电路，由于该电感与开关元件串联使用，所以也称串联缓冲电路；SCR 关断时，为了抑制瞬时过电压和防止因 du/dt 过量而引起 SCR 的误触发，可在 SCR 两端并联一个 RC 网络，构成关断缓冲电路。由于该 RC 网络与开关元件并联使用，所以也称作并联缓冲电路。

GTR、GTO 等自关断器件的工作频率比 SCR 要高得多，因此，导通与关断损耗是影响开关器件正常运行的重要因素。尤其是 GTR 在动态开关过程中易产生二次击穿的现象，这种现象又与开关损耗直接相关，所以减少自关断器件的开关损耗是正确使用器件的必备措施。缓冲电路的主要作用也正是如此。此外，对 GTO 来说，关断缓冲电路还起着抑制 du/dt 、防止误触发的作用。GTR 和电力 MOSFET 使用缓冲电路抑制 di/dt 和 du/dt ，主要是为改善器件的开关轨迹，进而减少开关损耗。

思考题与习题

1）说明晶闸管型号规格 KP100-8E 代表的意义。

2）晶闸管导通的条件是什么？导通后流过晶闸管的电流由什么决定？晶闸管的关断条件是什么？如何实现？晶闸管导通与关断时其两端电压各为多少？

3）型号为 KP100-3，维持电流 $I_H = 4mA$ 的晶闸管，使用在图 1-97 所示电路中是否合理？为什么？（不考虑电压电流裕量）

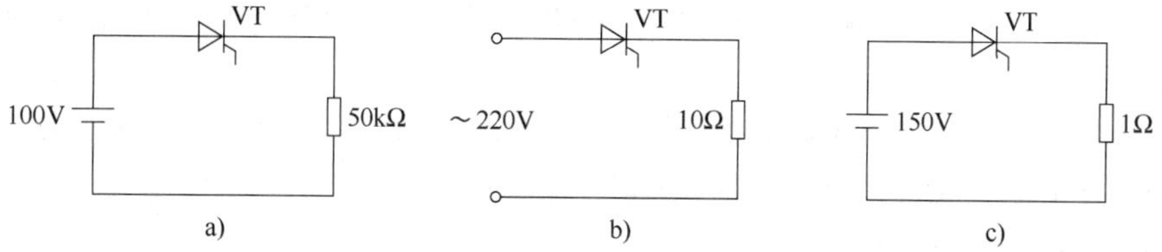

图 1-97　题 3

4）在图 1-98 中阴影部分表示流过晶闸管的电流波形，设最大值均为 I_M ，试计算各图中电流平均值、有效值。

5）画出图 1-99 所示电路的负载电阻 R_d 上的电压波形。

6）在图 1-100 所示电路中， $E = 50V$ ， $R = 0.5\Omega$ ， $L = 0.5H$ ，晶闸管擎住电流为 15mA。要使晶闸管导通，门极触发电流脉冲宽度至少应为多少？

7）额定电流为 10A 的晶闸管能否承受长期通过 15A 的直流负载电流而不过热？

8）单相正弦交流电源电压有效值为 220V，晶闸管和负载电阻串联连接。试计算晶闸管实际承受的最大正、反向电压。若考虑晶闸管的安全裕量，其额定电压应如何选择？

9）双向晶闸管额定电流参数是如何定义的？额定电流为 100A 的双向晶闸管若用普通晶闸管反并联代替，普通晶闸管的额定电流应选多大？

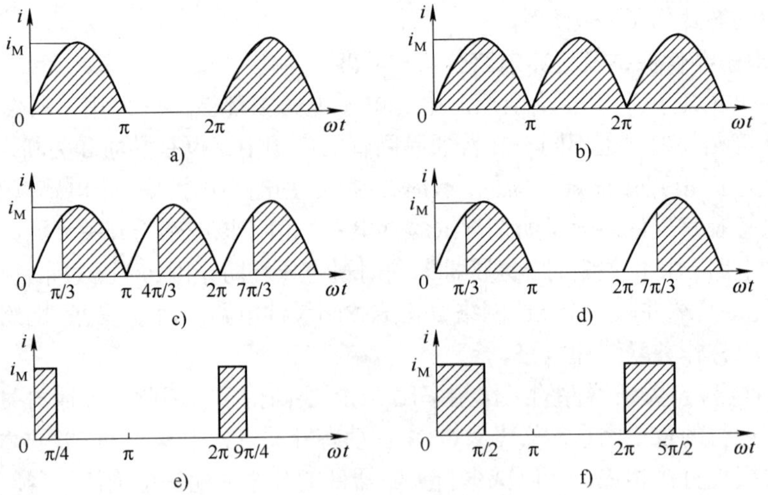

图 1-98 题 4

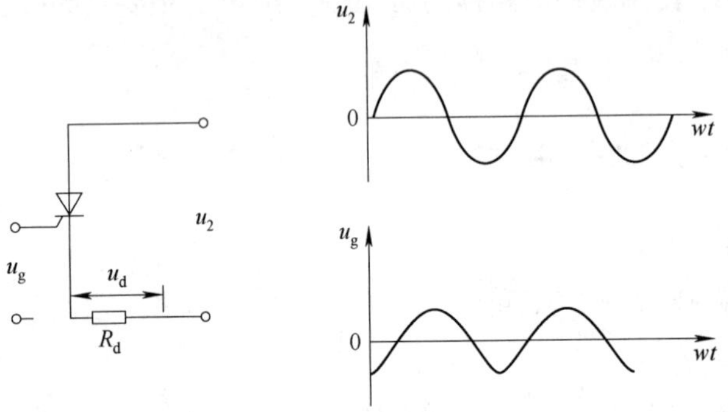

图 1-99 题 5

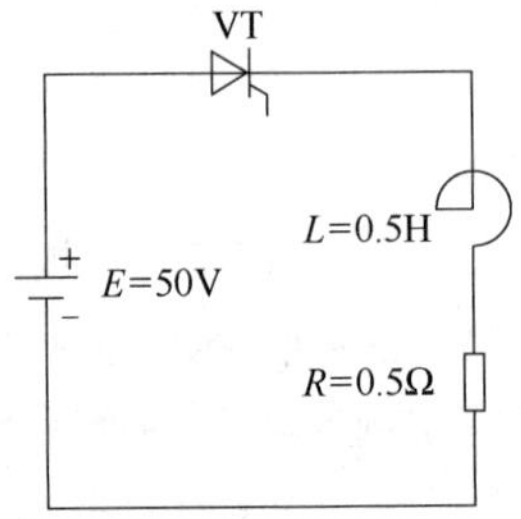

图 1-100 题 6

10）温度升高时，晶闸管的触发电流、正反向漏电流、维持电流以及正向转折电压和反向击穿电压各有什么变化?

11）GTO 和普通晶闸管同为 PNPN 结构，为什么 GTO 能够自动关断，而普通晶闸管不能?

12）如何防止电力 MOSFET 因静电感应引起的损坏?

13）请描述 GTR 的二次击穿特性。

14）为什么 GTR 在开关瞬变过程中容易被击穿? 可采取什么措施防止?

15）GTR 的反偏安全工作区很大，如何应用?

16）IGBT 有何突出优点?

17）SIT 的结构特点和工作原理是什么?

18）IGBT、GTR、GTO 和电力 MOSFET 的驱动电路各有什么特点?

19）GTR 对驱动电路的要求是什么?

20）驱动电路的隔离有什么作用? 常用的驱动电路隔离方法有哪两种?

21）导致晶闸管过电压、过电流的原因各有哪些? 应分别采取什么样的保护措施?

22）电力 MOSFET 元件运行时应采取什么保护措施?

23）不用过电压、过电流保护，选用较高电压等级和较大电流等级的晶闸管行不行?

24）GTR 缓冲电路的作用是什么? 有哪些缓冲电路形式?

第2讲　常见触发电路的分析与实践

【导读】

本项目主要讲述了几种常用的晶闸管触发电路的结构、原理以及应用方法，分别是单结晶体管触发电路、同步电压为锯齿波的触发电路、正弦波触发电路以及数字集成触发电路。其中重点介绍了单结晶体管触发电路和锯齿波触发电路，通过这些介绍让学生掌握触发电路的构成原理及使用要求。

应知

※ 了解单结晶体管的结构、电气符号和等效电路，熟悉单结晶体管的主要参数和伏安特性

※ 熟悉同步电压为锯齿波的触发电路的结构与工作原理，掌握电路形成触发脉冲的过程和相关要求

※ 熟悉正弦波触发电路的基本结构与工作原理，掌握正弦波触发电路的触发机理

※ 了解集成触发电路和数字触发电路的类型与基本结构，熟悉集成触发电路的构成机制

※ 熟悉触发电路与主电路同步的基本要求，掌握同步实现的方法

☆ 学会用万用表对单结晶体管进行简单判别，掌握单结晶体管引脚极性和质量状态的检测方法

☆ 能根据正弦波触发电路实验要求进行电路状态与触发信号检测，掌握用示波器观察电路输出波形并完成相关数据测试

☆ 能利用相关仪器设备开展对同步电压为锯齿波的触发电路的触发信号的测试，并能实现对测试结果的正确判断

☆ 熟悉 KC04 和 KC41 等集成触发器的工作原理，能够根据实验要求完成多路输出触发信号的构建

应会

2.1 单结晶体管触发电路的分析与实践

2.1.1 任务导入

根据晶闸管的导通条件知道，当晶闸管承受正向阳极电压时必须在门极和阴极之间加适当的正向电压晶闸管才能正向导通。这种控制晶闸管导通的电路称为触发电路，对于触发电路通常有如下要求：

1）触发信号常采用脉冲形式 晶闸管在触发导通后门极就失去控制作用，虽然触发信号可以是交流、直流或脉冲形式，但为了减小门极损耗，触发信号常采用脉冲形式。

2）触发脉冲应有足够的功率 触发脉冲的电压和电流应大于晶闸管的门极触发电压和门极触发电流，既具有足够的触发功率。当然触发信号也不能超过门极的极限参数，以防止晶闸管门极损坏。

3）触发脉冲能满足主电路移相范围的要求 为了实现变流电路输出的电压连续可调，触发脉冲应能在一定的范围进行移相。例如，单相全控桥电阻负载要求触发脉冲移相范围为180°，而三相全控桥电感性负载（不接续流管时）要求触发脉冲移相范围是90°。

4）触发脉冲要具有一定的宽度，前沿要陡 这是因为同系列晶闸管的触发电压不尽相同，如果触发脉冲不陡，就会造成晶闸管不能被同时触发导通，使整流输出电压波形不对称。触发脉冲的宽度一般应保证晶闸管阳极电流在脉冲消失前能达到擎住电流，使晶闸管保持通态，这是最小的允许宽度。常见的触发脉冲电压波形如图 2-1 所示。

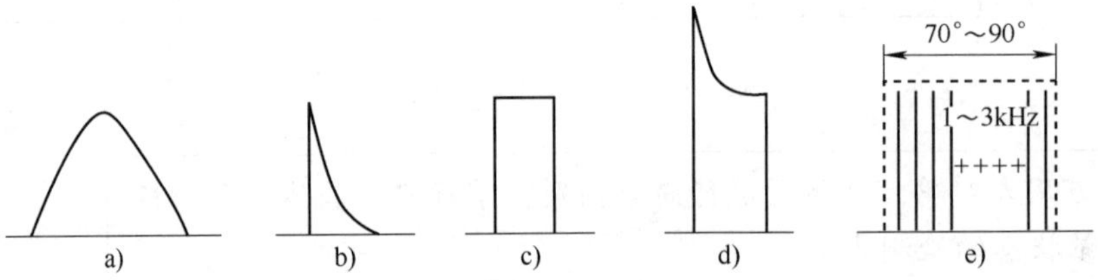

图 2-1 常见的触发脉冲电压波形

a）正弦波 b）尖脉冲 c）方脉冲 d）强触发脉冲 e）脉冲列

5）触发脉冲与晶闸管阳极电压必须同步 为了使晶闸管在每一周波都能重复在相同的相位上触发，触发脉冲与主回路电源电压必须保持某种固定的相位关系，即同步。

触发电路按控制方式可分为相控式、斩控式触发电路；按控制信号性质可分为模拟式、数字式触发电路；按同步电压形成可分为正弦波同步、锯齿波同步触发电路；按组成触发电路的核心器件可分为单结晶体管、晶体管和集成块触发电路。

已知要使晶闸管导通，除了加上正向阳极电压外，还必须在门极和阴极之间加上适当的正向触发电压与电流。为门极提供触发电压与电流的电路称为触发电路。对晶闸管触发电路来说，首先触发信号应该具有足够的触发功率（触发电压和触发电流），以保证晶闸管可靠导通；其次触发脉冲应有一定的宽度，脉冲的前沿要陡峭；最后触发脉冲必须与主电路晶闸管的阳极电压同步并能根据电路要求在一定的移相范围内移相。

2.1.2 理论知识

图 2-2 所示为单结晶体管触发电路，其方式采用单结晶体管同步触发电路，其中单结晶体管的型号为 BT33，其结构、等效电路、图形符号和外形引脚排列如图 2-2 所示。

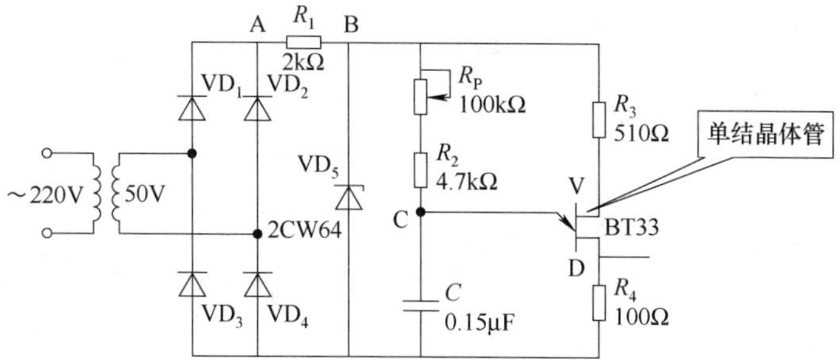

图 2-2 单结晶体管触发电路

1. 单结晶体管的结构

单结晶体管的结构如图 2-3a 所示，图中 e 为发射极，b_1 为第一基极，b_2 为第二基极。由图可见，在一块高电阻率的 N 型硅片上引出两个基极 b_1 和 b_2，两个基极之间的电阻就是硅片本身的电阻，一般为 2 ~ 12kΩ。在两个基极之间靠近 b_1 的地方用合金法或扩散法掺入 P 型杂质并引出电极，成为发射极 e。它是一种特殊的半导体器件，有 3 个电极，只有一个 PN 结，因此称为“单结晶体管”，又因为管子有两个基极，所以又称为“双极二极管”。

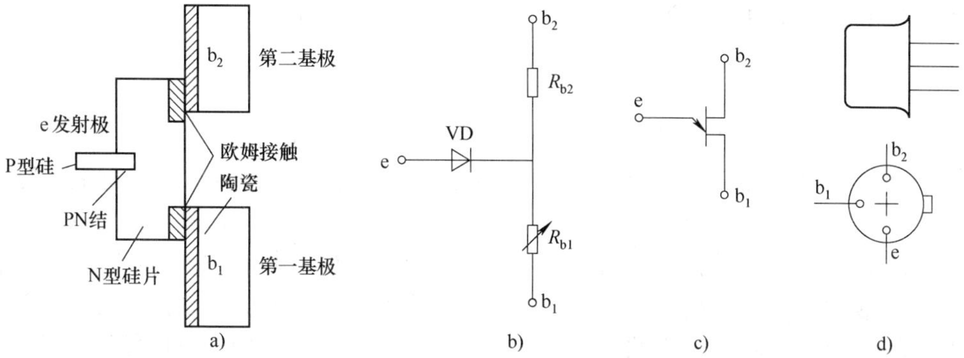

图 2-3 单结晶体管

a）结构 b）等效电路 c）图形符号 d）外形引脚排列

单结晶体管的等效电路如图 2-3b 所示，两个基极之间的电阻 $R_{bb}=R_{b1}+R_{b2}$，在正常工作时，R_{b1} 是随发射极电流大小而变化的，相当于一个可变电阻。PN 结可等效为二极管 VD，它的正向导通压降常为 0.7V。单结晶体管的图形符号如图 2-3c 所示。触发电路常用的国产单结晶体管的型号主要有 BT31、BT33、BT35，其外形与引脚排列如图 2-3d 所示。其实物图及引脚如图 2-4 所示。

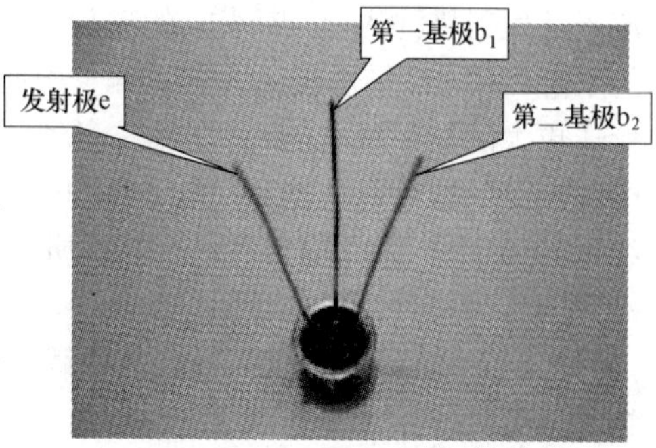

图 2-4 单结晶体管实物图及引脚

2. 单结晶体管的伏安特性及主要参数

(1)单结晶体管的伏安特性

当两基极 b_1 和 b_2 间加某一固定直流电压 U_{bb} 时，发射极电流 I_e 与发射极正向电压 U_e 之间的关系曲线称为单结晶体管的伏安特性 $I_e=f(U_e)$，其试验电路及特性如图 2-5 所示。

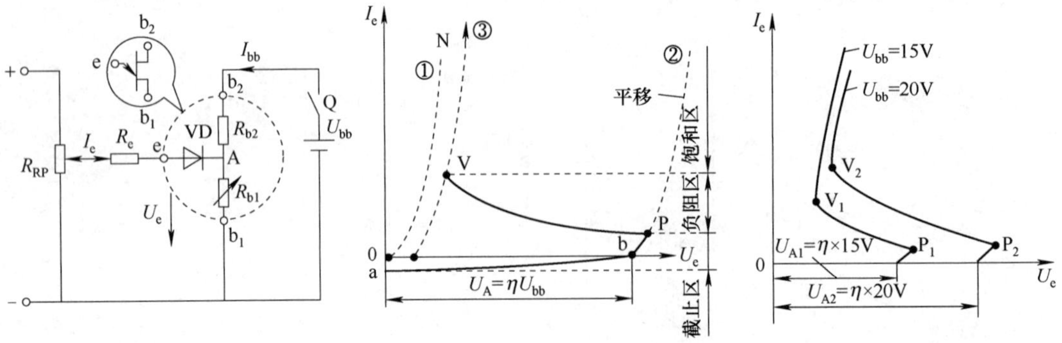

图 2-5 单结晶体管的试验电路及伏安特性

a)单结晶体管实验电路 b)单结晶体管伏安特性 c)特性曲线族

当开关 Q 断开，I_{bb} 为零，加发射极电压 U_e 时，得到如图 2-5b①所示伏安特性曲线，该曲线与二极管伏安特性曲线相似。

1)截止区—aP 段 当开关 Q 闭合，电压 U_{bb} 通过单结晶体管等效电路中的 R_{b1} 和 R_{b2} 分压，得 A 点电位 U_A，可表示为

$$U_A=\frac{R_{b1}U_{bb}}{R_{b1}+R_{b2}}=\eta U_{bb}$$

式中 η——分压比，是单结晶体管的主要参数，η 一般为 0.3 ~ 0.9。

当 U_e 从零逐渐增加，但 $U_e<U_A$ 时，单结晶体管的 PN 结反向偏置，只有很小的反向漏电流。当 U_e 增加到与 U_A 相等时，$I_e=0$，即如图 2-5b 所示特性曲线与横坐标交点 b 处。进一步增加 U_e，PN 结开始正偏，出现正向漏电流，直到当发射结电位 U_e 增加到高出 ηU_{bb} 一个 PN 结正向压降 U_D 时，即 $U_e=U_P=\eta U_{bb}+U_D$ 时，等效二极管 VD 才导通，此时单结晶体管由截止状态进入到导通状态，并将该转折点称为峰点 P。P 点所对应的电压称为峰点电压 U_p，所对应的电流称为峰点电流 I_P。

2)负阻区—PV 段 当 $U_e>U_p$ 时，等效二极管 VD 导通，I_e 增大，这时大量的空穴载流子从发射极注入 A 点到 b_1 的硅片，使 R_{b1} 迅速减小，导致 U_A 下降，因而 U_e 也下降。U_A 的下降，使 PN 结承受更大的正偏，引起更多的空穴载流子注入硅片中，使 R_{b1} 进一步减小，形成更大的发射极电流 I_e，这是一个强烈的增强式正反馈过程。当 I_e 增大到一定程度，硅片中载流子的浓度趋于饱和，R_{b1} 已减小至最小值，A 点的分压 U_A 最小，因而 U_e 也最小，得曲线上的 V 点。V 点称为谷点，谷点所对应的电压和电流称为谷点电压 U_v 和谷点电流 I_v。这一区间称为特性曲线的负阻区。

3)饱和区—VN 段 当硅片中载流子饱和后，欲使 I_e 继续增大，必须增大电压 U_e，单结晶体管处于饱和导通状态。

改变 U_{bb}，等效电路中的 U_A 和特性曲线中 U_p 也随之改变，从而可获得一族单结晶体管

伏安特性曲线，如图 2-5c 所示。

（2）单结晶体管的主要参数

单结晶体管的主要参数有基极间电阻 R_{bb}、分压比 η、峰点电流 I_P、谷点电压 U_V、谷点电流 I_V 及耗散功率等。国产单结晶体管的型号主要有 BT31、BT33、BT35 等，其中 B 表示半导体，T 表示特种管，第一个数字 3 表示有 3 个电极，第二个数字 3（或 5）表示耗散功率 300mW（500 mW）。单结晶体管的主要参数有如下几个：

1）基极间电阻 R_{bb}　发射极开路时，基极 b_1、b_2 之间的电阻，一般为 2 ~ 10kΩ，其数值随温度上升而增大。

2）分压比 η　由管子内部结构决定的常数，一般为 0.3 ~ 0.85。

3）e-b_1 间反向电压 U_c　b_1、b_2 开路，在额定反向电压下，基极 b_1 与发射极 e 之间的反向耐压。

4）反向电流 I_{eo}　b_1 开路，在额定反向电压下，e-b_2 间的反向电流。

5）发射极饱和压降 U_{eo}　在最大发射极额定电流时，e-b_1 间的压降。

6）峰点电流 I_p　单结晶体管刚开始导通时，发射极电压为峰点电压时的发射极电流。

用万用表来判别单结晶体管的好坏比较容易，可选择 R×1kΩ 档进行测量，若某个电极与另外两个电极的正向电阻小于反向电阻，则该电极为发射极 e，接着测量另外两个电极的正、反向电阻值应该相等。

3. 单结晶体管张弛振荡电路

利用单结晶体管的负阻特性和电容的充放电，可以组成单结晶体管张弛振荡电路。单结晶体管张弛振荡电路和波形图如图 2-6 所示。

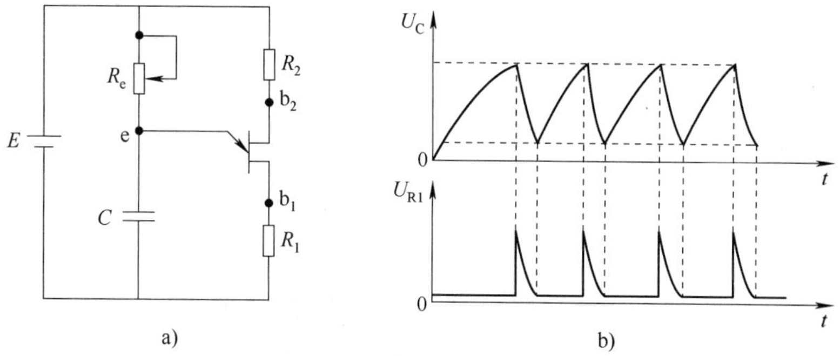

图 2-6　单结晶体管张弛振荡电路和波形图

a）电路图　b）波形图

设电容的初始电压为零。电源接通后，E 通过电阻 R_e 对电容 C 充电，充电时间常数为 R_eC。当电容电压达到单结晶体管的峰点电压 U_P 时，单结晶体管进入负阻区，并很快饱和导通，电容 C 通过 e-b_1 结向电阻 R_1 放电，在 R_1 上产生脉冲电压 U_{R1}。在放电过程中，U_C 按指数曲线下降到谷点电压 U_V，单结晶体管由导通迅速转变为截止，R_1 上的脉冲电压终止。此后 C 又开始下一次充电，重复上述过程。由于放电时间常数（R_1+R_{b1}）C 远远小于充电时间常数 R_eC，故在电容两端得到的是锯齿波电压，在电阻 R_1 上得到的是尖脉冲电压。

应注意的是，R_e 的值太大或太小时，电路不能产生振荡。R_e 太大时，充电电流在 R_e 上的压降太大，电容 C 上的充电电压始终达不到峰点电压 U_P，单结晶体管不能进入负阻区，一直处于截止状态，电路无法振荡；当 R_e 太小时，单结晶体管导通后的 I_e 将一直大于 I_V，单结晶体管关断不了。因此满足电路振荡的 R_e 的取值范围为

$$\frac{E-U_P}{I_P} \geqslant R_e \geqslant \frac{E-U_V}{I_V}$$

为了防止 R_e 取值过小电路不能振荡，一般取一固定电阻 R 与另一可调电阻 R_e 串联，以调整到满足振荡条件的合适频率。若忽略电容 C 放电时间，电路的自激振荡频率近似为

$$f=\frac{1}{T}=\frac{1}{R_e C \ln\frac{1}{1-\eta}}$$

4. 具有同步环节的单结晶体管触发电路

上述单结晶体管张弛振荡电路输出的尖脉冲可以用来触发晶闸管，但不能直接用做触发电路，还必须解决触发脉冲与主电路的同步问题。

图 2-7a 所示为具有同步环节的晶体管触发电路，是由同步电路和脉冲移相与形成两部分组成的。

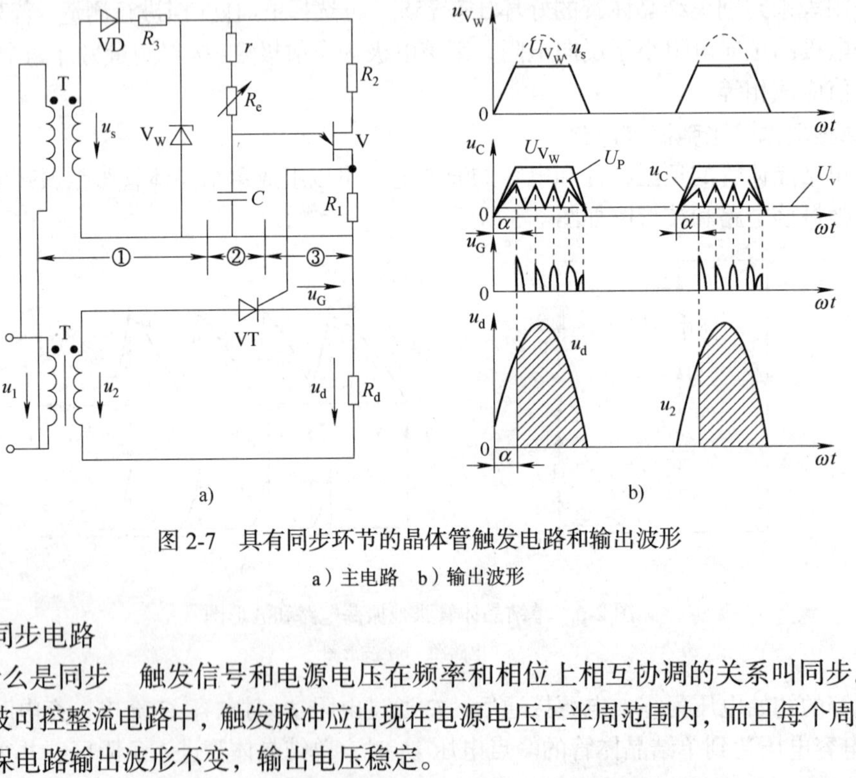

图 2-7 具有同步环节的晶体管触发电路和输出波形

a）主电路 b）输出波形

（1）同步电路

1）什么是同步 触发信号和电源电压在频率和相位上相互协调的关系叫同步。例如，在单相半波可控整流电路中，触发脉冲应出现在电源电压正半周范围内，而且每个周期的 α 角相同，确保电路输出波形不变，输出电压稳定。

2）同步电路组成 同步电路由同步变压器 T、VD、电阻 R_3 及稳压管 V_W 组成。同步变压器一次侧与晶闸管整流电路接在同一相电源上，交流电压经同步变压器降压、单相桥式整流后再经过稳压管稳压削波形成一梯形波电压，作为触发电路的供电电压。梯形波电压零点与晶闸管阳极电压过零点一致，从而实现触发电路与整流主电路的同步。

（2）具有同步环节的晶体管触发电路

图 2-7a 是加了同步环节的单结晶体管触发电路，主电路为单相半波整流电路。要求图中

VT 在每个周期内以同样的触发延迟角 α 被触发导通，即触发脉冲必须在电源电压每次过零后滞后 α 角出现。为了使触发脉冲与电源电压的相位配合需要同步，我们采用一个同步变压器，它的一次侧接主电路电源，二次侧经二极管半波整流、稳压削波后得梯形波，作为触发电路电源，也作为同步信号。当主电路电压过零时，触发电路的同步电压也过零，单结晶体管的 U_{bb} 电压也降为零，使电容 C 放电到零，保证了下一个周期电容 C 从零开始充电，起到了同步作用。从图 2-7b 可以看出，每个周期中电容 C 的充放电不止一次，晶闸管由第一个脉冲触发导通，后面的脉冲不起作用。改变 R_e 的大小，可改变电容充电速度，也就改变了第一个脉冲出现的角度，达到了调节 α 角的目的。

2.1.3 技能训练

1. 知识准备

图 2-8 所示是具有同步环节的单结晶体管触发电路。

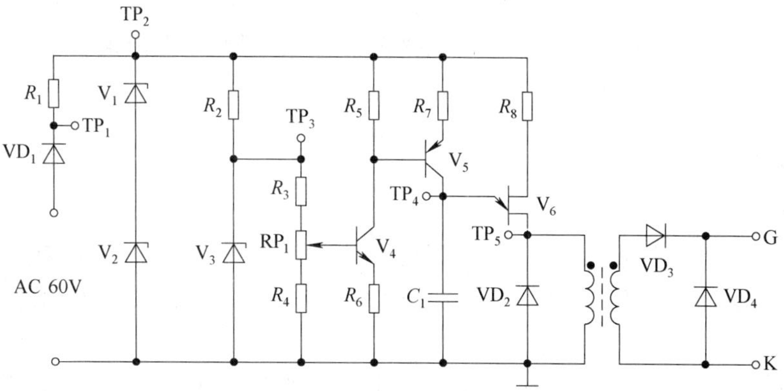

图 2-8 具有同步环节的单结晶体管触发电路

2. 实践操作

（1）所需设备及仪器

序　号	型　号	备　注
1	DJK01 电源控制屏	该控制屏包含“三相电源输出”等几个模块
2	DJK03 晶闸管触发电路	该挂件包含“单结晶体管触发电路”等模块
3	双踪示波器	自备

（2）操作步骤

1）单结晶体管触发电路的观测　将 DJK01 电源控制屏的电源选择开关打到“直流调速”侧，使输出线电压为 200V（不能打到“交流调速”侧工作，因为 DJK03 的正常工作电源电压为 220V±10%，而“交流调速”侧输出的线电压为 240V。如果输入电压超出其标准工作范围，挂件的使用寿命将减少，甚至会导致挂件的损坏。在“DZSZ-1 型电机及自动控制实验装置”上使用时，通过操作控制屏左侧的自耦调压器，将输出的线电压调到 220V 左右，然后才能将电源接入挂件），用两根导线将 200V 交流电压接到 DJK03 的“外接 220V”端，按下“启动”按钮，打开 DJK03 电源开关，这时挂件中所有的触发电路都开始工作，用双踪示波器观察单结晶体管触发电路，经半波整流后“1”点的波形，经稳压管削波得到“2”点的波形，调节移相电位器 RP_1，观察“4”点锯齿波的周期变化及“5”点的触发脉冲波形，最后观测输出的“G、K”触发电压波形。其能否在 30° ~170° 范围内移相？

2）单结晶体管触发电路各点波形的记录（作出数据记录表格） 当 α = 30°、60°、90°、120° 时，将单结晶体管触发电路的各观测点波形描绘下来。

（3）任务实施过程中的注意事项

双踪示波器有两个探头，可同时观测两路信号，但这两探头的地线都与示波器的外壳相连，所以两个探头的地线不能同时接在同一电路的不同电位的两个点上，否则这两点会通过示波器外壳发生电气短路。为此，为了保证测量的顺利进行，可将其中一根探头的地线取下或外包绝缘，只使用其中一路的地线，这样从根本上解决了这个问题。当需要同时观察两个信号时，必须在被测电路上找到这两个信号的公共点，将探头的地线接于此处，探头各接至被测信号，只有这样才能在示波器上同时观察到两个信号，而不发生意外。

（4）任务要求

1）整理并画出不同 α 时刻各观测点的波形。

2）画出 α=60° 时，单结晶体管触发电路各点输出的波形及其幅值。

3）讨论并分析任务实施中出现的问题。

2.1.4 相关习题

1. 填空题

1）单结晶体管又称为________，利用它伏安特性的________，可作成张弛振荡器。

2）单结晶体管的内部一共有_______个 PN 结，外部一共有 3 个电极，它们分别是______极、________极和__________极。

3）当单结晶体管的发射极电压高于_____电压时就导通，低于__________电压时就截止。

2. 判断题

（ ）1）在电路中接入单结晶体管时，若把 b_1、b_2 接反了，就会烧坏管子。

（ ）2）单结晶体管组成的触发电路也可以用在双向晶闸管电路中。

（ ）3）单结晶体管组成的触发电路输出的脉冲比较窄。

（ ）4）单结晶体管组成的触发电路不能很好地满足电感性或反电动势负载的要求。

3. 简答题

1）单结晶体管自激振荡电路是根据单结晶体管的什么特性而工作的？振荡频率的高低与什么因素有关？

2）什么叫同步？

3）单结晶体管触发电路中，削波稳压管两端并接一只大电容，可控整流电路还能正常工作吗？为什么？

4）有些晶闸管触发导通后，触发脉冲结束时它又关断是什么原因？

2.2 正弦波与锯齿波触发电路的分析与实践

晶闸管的电流容量越大，要求的触发功率就越大。对于大中电流容量的晶闸管，为了保证其触发脉冲具有足够的功率，往往采用由晶体管组成的触发电路。

2.2.1　任务导入

晶体管触发电路按同步电压的形式不同，分为正弦波和锯齿波两种。同步电压为锯齿波的触发电路，不受电网波动和波形畸变的影响，移相范围宽，应用广泛。

2.2.2　理论知识

1. 同步电压为锯齿波的触发电路

同步电压为锯齿波的触发电路可以分为 5 个基本环节：①同步环节；②锯齿波形成及脉冲移相环节；③脉冲形成、放大和输出环节；④双脉冲形成环节；⑤强触发环节。图 2-9 所示是同步电压为锯齿波的触发电路。

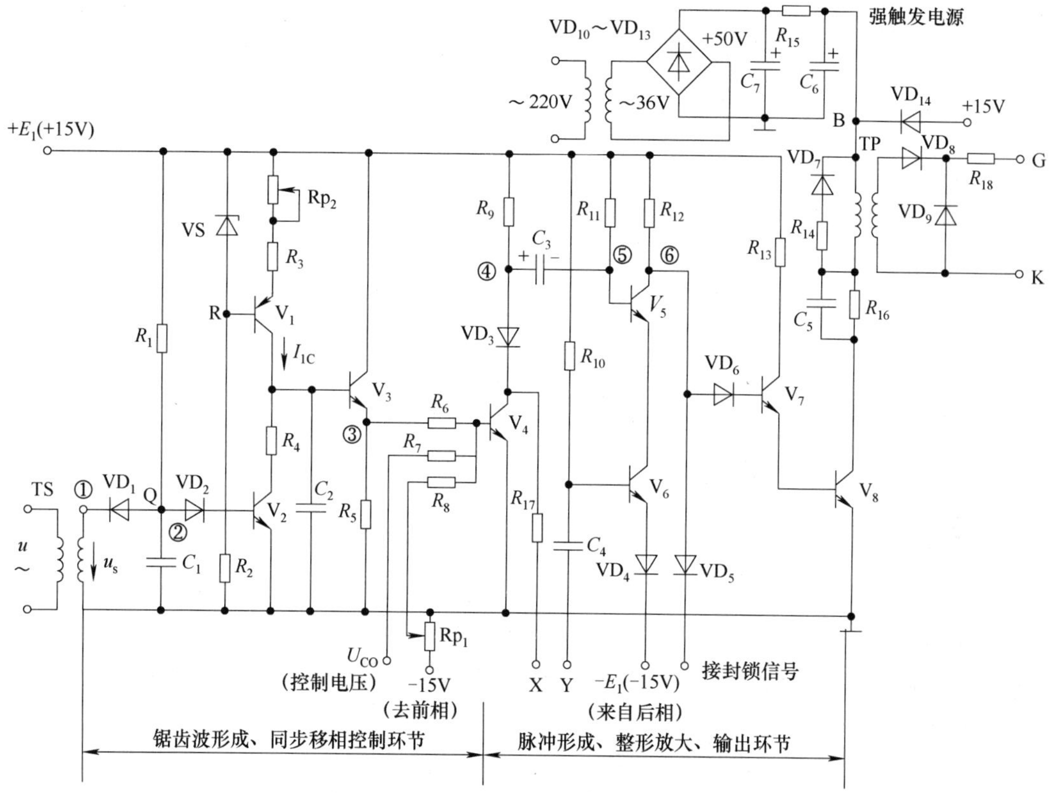

图 2-9　同步电压为锯齿波的触发电路

（1）同步环节

同步环节是由同步变压器 TS、VD_1、VD_2、C_1、R_1 和晶体管 V_2 组成。同步变压器和整流变压器接在同一电源上，用同步变压器的二次电压来控制 V_2 的通断，这就保证了触发脉冲与主电路电源同步。同步环节如图 2-10 所示。

与主电路同步是指要求锯齿波的频率与主电路电源的频率相同且相位关系确定。锯齿波是由开关管 V_2 控制的，也就是由 V_2 的基极电位决定的。同步电压 u_s 经二极管 VD_1 加在 V_2 的基极上。当电压波形在负半周的下降段时，因 Q 点为零电位，R 点为负电位，VD_1 导通，电容 C_1 被迅速充电。Q 点电位与 R 点相近，故在这一阶段 V_2 基极为反向偏置，V_2 截止。在负半周的上升段，$+E_1$电源通过R_1给电容C_1充电，其上升速度比u_s波形慢，故VD_1截止，u_Q为电容反向充电波形。当Q点电位达1.4V时，V_2导通，Q点电位被钳位在1.4V。直到TS二次电压的下一个负半周到来，VD_1重新导通，C_1放电后又被充电，V_2截止。如此循环往复，在一个正弦波周期内，包括截止与导通两个状态，对应锯齿波波形恰好是一个周期，与主电路电源频率和相位完全同步，达到同步的目的。可以看出锯齿波的宽度是由充电时间常数R_1C_1决定的。

（2）锯齿波的形成和脉冲移相环节

锯齿波电压形成电路由V_1、V_2、V_3和C_2等元件组成，其中V_1、VS、Rp_2和R_3为一恒流源电路，如图2-11所示。

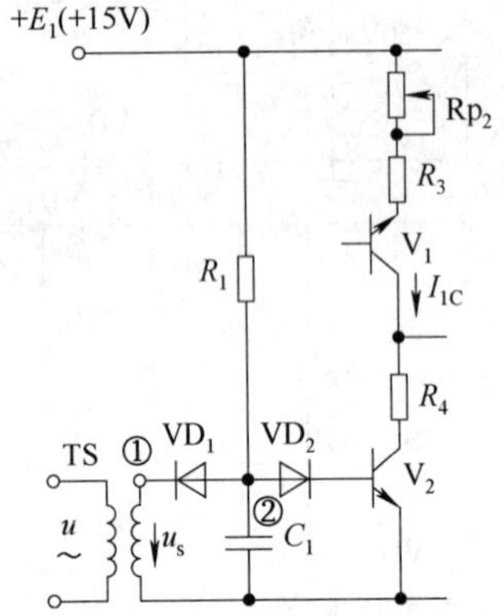

图2-10　同步环节

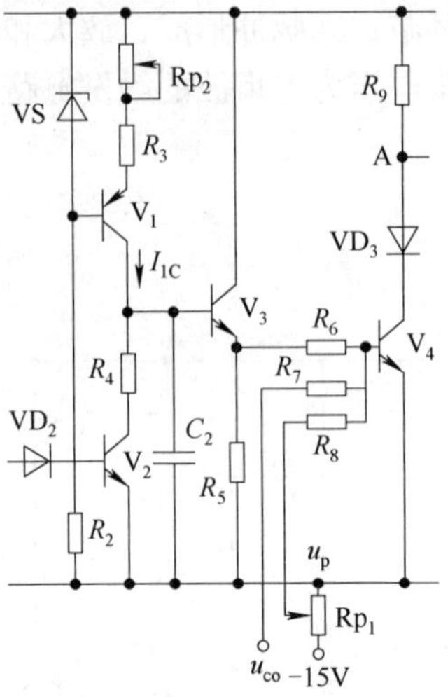

图2-11　锯齿波形成及脉冲移相电路

当V_2截止时，恒流源电流I_{1C}对电容C_2充电，所以C_2两端的电压u_c为

$$u_c=\frac{1}{C_2}\int I_{1C}\mathrm{d}t=\frac{I_{1C}t}{C_2} \tag{2-1}$$

u_c按线性增长，即u_{b3}按线性增长。调节电位器Rp_2可以改变C_2的恒定充电电流I_{1C}。

当V_2导通时，因R_4很小所以C_2迅速放电，使得u_{b3}电位迅速降到零伏附近。当V_2周期性地导通和关断时，u_{b3}便形成一锯齿波，射极跟随器V_3的作用是减小控制回路电流对锯齿波电压u_{b3}的影响。

V_4基极电位由锯齿波电压、控制电压U_{CO}、直流偏移电压U_P三者叠加所定，它们分别通过电阻R_6、R_7、R_8与V_4基极连接。根据叠加原理，分析V_4基极电位时，可看成锯齿波电压u_h、控制电压U_{CO}（正值）和偏移电压U_P（负值）三者单独叠加，三者单独作用时的等效电路如图2-12所示。

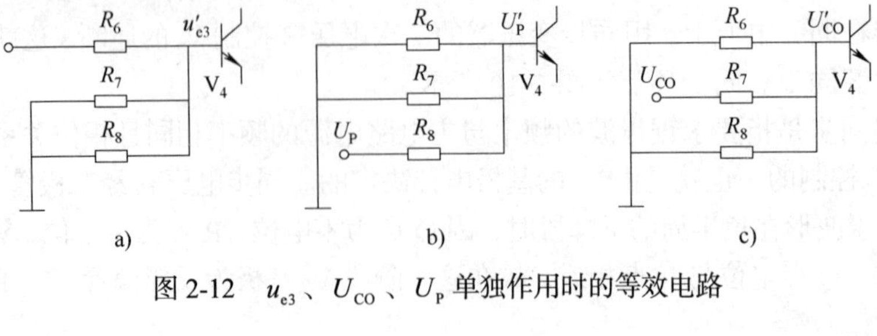

图2-12　u_{e3}、U_{CO}、U_P单独作用时的等效电路

先设u_h为锯齿波电压u_{e3}单独作用在基极时的电压，当V_4基极b_4断开时，只考虑锯齿波电压u_{e3}作用时的等效电路如图 2-12a 所示，b_4的电压值为

$$u_h = u_{e3}\frac{R_7 // R_8}{R_6 + (R_7 // R_8)} \tag{2-2}$$

可见，u_{e3}'仍为锯齿波，但斜率比u_{e3}低。

同理，只考虑直流偏移电压U_P作用时的等效电路如图 2-12b 所示，其数值为

$$U_P' = U_P\frac{R_6 // R_7}{R_8 + (R_6 // R_7)} \tag{2-3}$$

可见，U_P'仍为一条与U_P平行的直线，但绝对值比U_P小。

只考虑控制电压U_{CO}单独作用在V_4基极时的电压U_{CO}'为

$$U_{CO}' = U_{CO}\frac{R_6 // R_8}{R_7 + (R_6 // R_8)} \tag{2-4}$$

U_{CO}'仍为一条与U_{CO}平行的直线，但绝对值比U_{CO}小。

所以V_4的基极电压可表示为

$$u_{b4} = u_h + (U_{CO}' - U_P') \tag{2-5}$$

式中（$U_{CO}' - U_P'$）为负值，u_h是随时间变化的正向锯齿波电压。当三者合成电压u_{b4}为负时，V_4截止。合成电压u_{b4}由负过零变正时，V_4由截止转为饱和导通，u_{b4}被钳位到 0.7V。

同步信号为锯齿波的触发电路的工作波形如图 2-13 所示。电路工作时，往往将负偏移电压U_P调整到某值固定，改变控制电压U_{CO}，就可以改变u_{b4}的波形与时间横坐标的交点，也就改变了V_4转为导通的时间，即改变了触发脉冲产生的时刻，达到移相的目的。设置负偏移电压U_P的目的是为了使U_{CO}为正，实现从小到大单极性调节。通常设置U_{CO}=0 时α角的最大值作为触发脉冲的初始位置，随着U_{CO}的调大α角减小。

（3）脉冲形成、放大和输出环节

脉冲形成环节常由晶体管V_4、V_5、V_6组成；放大和输出环节由V_7、V_8组成；同步移相电压加在晶体管V_4的基极，触发脉冲由脉冲变压器二次侧输出。

当V_4的基极电位u_{b4}< 0.7V 时，V_4截止时，V_5、V_6分别经R_{10}、R_{11}提供足够的基极电流使之饱和导通，因此⑥点电位为−13.7V（二极管正向压降按 0.7V，晶体管饱和压降按 0.3V 计算），V_7、V_8处于截止，脉冲变压器无电流流过，二次侧无触发脉冲输出。此时电容C_3充电，充电回路由电源+15V 端经R_9→C_3→V_5发射结→V_6→VD_4→电源−15V 端，C_3充电电压为 28.3V，极性为左正右负。

当u_{b4}≈0.7V 时，V_4导通，④点电位由+15V 迅速降低至 1V 左右，由于电容C_3两端电压不能突变，使V_5的基极电位⑤点跟着突降到−27.3V，导致V_5截止，它的集电极电压升至 2.1V，于是V_7、V_8导通，脉冲变压器输出脉冲。与此同时，电容C_3由 15V 经R_{11}、VD_3、V_4放电后又反向充电，使⑤点电位逐渐升高，当⑤点电位升到−13.3V 时，V_5发射结正偏又转为导通，使⑥点电位从 2.1V 又降为−13.7V，迫使V_7、V_8截止，输出脉冲结束。由上分析可知，输出脉冲产生的时刻是V_4开始导通的瞬时，也是V_5转为截止的瞬时。V_5截止的持续时间即为输出脉冲的宽度，所以脉冲宽度由C_3反向充电的时间常数（$\tau_3 \approx C_3R_{11}$）来决定，输出窄脉冲时，脉宽通常为 1ms（即 18°）。R_{13}、R_{16}分别为V_7、V_8的限流电阻，VD_6

是为了提高 V_7、V_8 的导通阈值，增强抗干扰能力，电容 C_5 用于改善输出脉冲的前沿陡度，VD_7 是为了防止 V_7、V_8 截止时脉冲变压器一次侧的感应电动势与电源电压叠加造成 V_8 的击穿，脉冲变压器二次侧所接的 VD_8、VD_9 是为了保证输出脉冲只能正向加在晶闸管的门极和阴极两端。

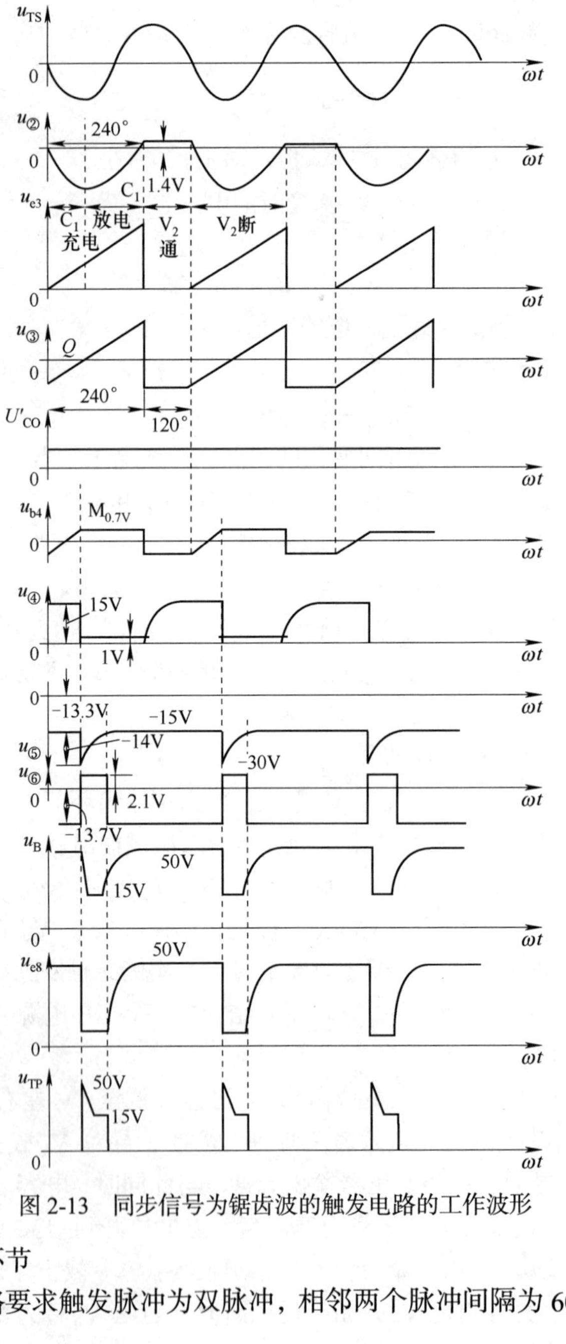

图 2-13　同步信号为锯齿波的触发电路的工作波形

（4）双脉冲形成环节

三相全控桥式电路要求触发脉冲为双脉冲，相邻两个脉冲间隔为 60°，该电路可以实现双脉冲输出。

图 2-9 中，V_5、V_6 两个晶体管构成“或门”电路，当 V_5、V_6 都导通时，V_7、V_8 都截止，

没有脉冲输出。但只要 V_5、V_6 中有一个截止，就会使 V_7、V_8 导通，脉冲就可以输出。V_5 基极端由本相同步移相环节送来的负脉冲信号使其截止，导致 V_8 导通，送出第一个窄脉冲，接着由滞后 60° 的后相触发电路在产生其本相脉冲的同时，由 V_4 的集电极经 R_{17} 的 X 端送到本相的 Y 端，经电容 C_4 微分产生负脉冲送到 V_6 基极，使 V_6 截止，于是本相的 V_6 又导通一次，输出滞后 60° 的第二个窄脉冲。VD_4、R_{17} 的作用是为了防止双脉冲信号的相互干扰。

对于三相全控桥电路，电源三相 U、V、W 为正相序时，6 只晶闸管的触发顺序为 $VT_1 \to VT_2 \to VT_3 \to VT_4 \to VT_5 \to VT_6$，彼此间隔 60°。为了得到双脉冲，6 块触发板的 X、Y 可按图 2-14 所示方式连接，即后相的 X 端与前相的 Y 端相连。

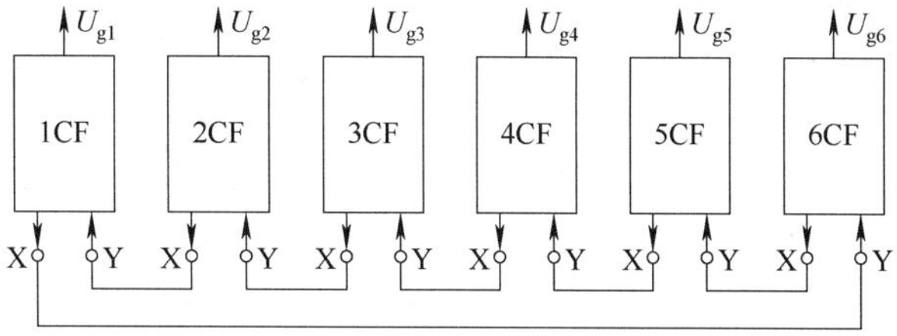

图 2-14 触发电路实现双脉冲连接的示意图

应当注意的是，使用这种触发电路的晶闸管装置，三相电源的相序是确定的。在安装使用时，应该先测定电源的相序，进行正确的连接。如果电源的相序接反了，装置将不能正常工作。

（5）强触发及脉冲封锁环节

在晶闸管串、并联使用或全控桥式电路中，为了保证被触发的晶闸管同时导通，可采用输出幅值高、前沿陡的强脉冲触发电路。

图 2-9 所示的右上角的那部分电路即为强触发环节。变压器二次侧 36V 电压经桥式整流、电容电阻 π 形滤波，得近似 50V 的直流电压。当 V_8 导通时，C_6 经过脉冲变压器、R_{16}（C_5）、V_8 迅速放电。由于放电回路电阻较小，电容 C_6 两端电压衰减很快，B 点电位迅速下降。当 B 点电位稍低于 15V 时，二极管 VD_{10} 由截止变为导通。这时虽然 50V 电源电压较高，但它向 V_8 提供较大电流时，在 R_{15} 上的电阻压降较大，使 R_{15} 的左端不可能超过 15V，因此 B 点电位被钳制在 15V。当 V_8 由导通变为截止时，50V 电源又通过 R_{15} 向 C_6 充电，使 N 点电位再次升到 50V，为下一次强触发做了准备。

电路中的脉冲封锁信号为零电位或负电位，是通过 VD_5 加到 V_5 集电极的。当封锁信号接入时，晶体管 V_7、V_8 就不能导通，触发脉冲无法输出。进行脉冲封锁，一般用于事故情况或者是无环流的可逆系统。二极管 VD_5 的作用是防止封锁信号接地时，经 V_5、V_6 和 VD_4 到−15V 之间产生大电流通路。

由上述分析可见，同步电压为锯齿波的触发电路抗干扰能力强，不受电网电压波动与波形畸变的直接影响，移相范围宽。缺点是整流装置的输出电压 U_d 与控制电压 U_c 之间不成线性关系，且电路较复杂。

2. 正弦波触发电路

正弦波同步移相触发电路由同步移相、脉冲放大等环节组成，其原理如图 2-15 所示。

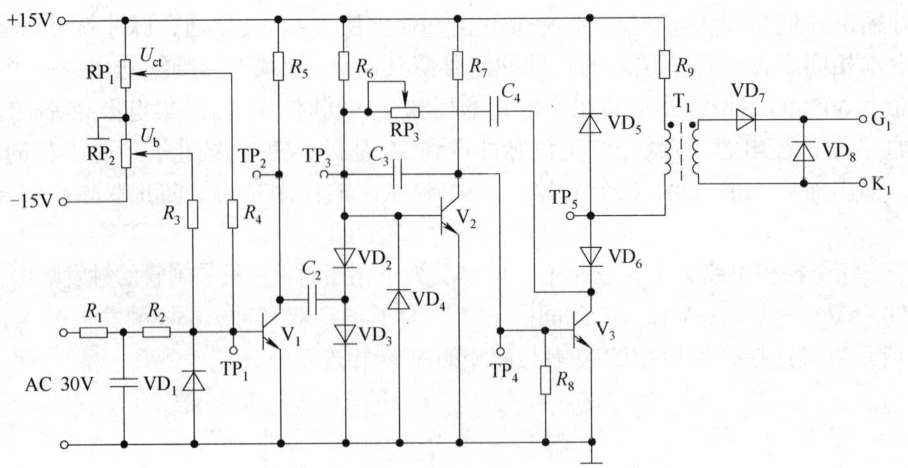

图 2-15　正弦波同步移相触发电路原理图

正弦波同步移相触发电路的各点电压波形如图 2-16 所示。

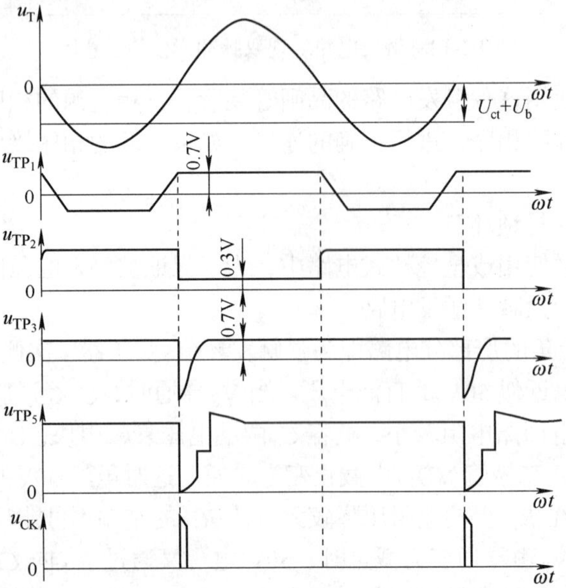

图 2-16　正弦波同步移相触发电路的各点电压波形

同步信号由同步变压器二次侧提供。晶体管 V_1 左边部分为同步移相环节，在 V_1 的基极综合了同步信号电压 u_T、偏移电压 U_b 及控制电压 U_{ct}（RP_1 电位器调节 U_{ct}，RP_2 调节 U_b）。调节 RP_1 及 RP_2 均可改变 V_1 的翻转时刻，从而控制触发角的位置。脉冲形成整形环节是一分立元件的集基耦合单稳态脉冲电路，V_2 的集电极耦合到 V_3 的基极，V_3 的集电极通过 C_4、RP_3 耦合到 V_2 的基极。

当 V_1 未导通时，R_6 供给 V_2 足够的基极电流使之饱和导通，V_3 截止。电源电压通过 R_9、T_1、VD_6、V_2 对 C_4 充电至 15V 左右，极性为左负右正。

当 V_1 导通的时候，V_1 的集电极从高电位翻转为低电位，V_2 截止，V_3 导通，脉冲变压器输出脉冲。由于设置了 C_4、RP_3 阻容正反馈电路，使 V_3 加速导通，提高了输出脉冲的前沿陡度。同时 V_3 导通经正反馈耦合，V_2 的基极保持低电压，V_2 维持截止状态，电容通过 RP_3、V_3 放电到零，再反向充电，当 V_2 的基极升到 0.7V 后，V_2 从截止变为导通，V_3 从导通变为截止。V_2 的基极电位上升 0.7V 的时间由其充放电时间常数决定，改变 RP_3 的阻值就改变了其时间常数，也就改变了输出脉冲的宽度。

2.2.3 技能训练

1. 知识准备

（1）正弦波移相触发电路原理

正弦波同步移相触发电路由同步移相、脉冲放大等环节组成，其原理如图 2-17 所示。同步信号由同步变压器二次侧提供。晶体管 V_1 左边部分为同步移相环节，在 V_1 的基极综合了同步信号电压 U_T、偏移电压 U_b 及控制电压 U_{ct}（RP_1 电位器调节 U_{ct}，RP_2 调节 U_b）。调节 RP_1 及 RP_2 均可改变 V_1 的翻转时刻，从而控制触发角的位置。脉冲形成整形环节是一分立元件的集基耦合单稳态脉冲电路，V_2 的集电极耦合到 V_3 的基极，V_3 的集电极通过 C_4、RP_3 耦合到 V_2 的基极。

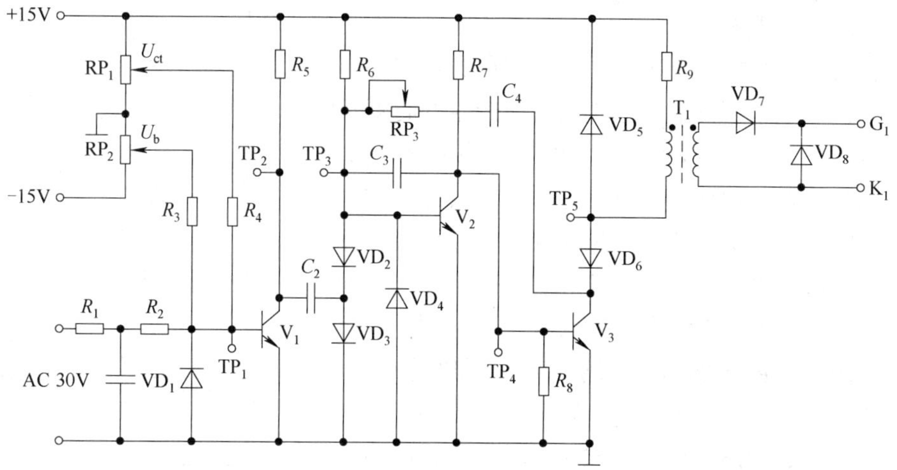

图 2-17 正弦波同步移相触发电路原理图

当 V_1 未导通时，R_6 供给 V_2 足够的基极电流使之饱和导通，V_3 截止。电源电压通过 R_9、T_1、VD_6、V_2 对 C_4 充电至 15V 左右，极性为左负右正。

当 V_1 导通的时候，V_1 的集电极从高电位翻转为低电位，V_2 截止，V_3 导通，脉冲变压器输出脉冲。由于设置了 C_4、RP_3 阻容正反馈电路，使 V_3 加速导通，提高了输出脉冲的前沿陡度。同时 V_3 导通经正反馈耦合，V_2 的基极保持低电压。

V_2 维持截止状态，电容通过 RP_3、V_3 放电到零，再反向充电，当 V_2 的基极升到 0.7V 后，V_2 从截止变为导通，V_3 从导通变为截止。V_2 的基极电位上升 0.7V 的时间由其充放电时间常数所决定，改变 RP_3 的阻值就改变了其时间常数，也就改变了输出脉冲的宽度。

电位器 RP_1、RP_2、RP_3 均已安装在面板上，同步变压器二次侧已在内部接好，所有的测试信号都在面板上引出。

（2）锯齿波触发电路原理

锯齿波同步移相触发电路Ⅰ、Ⅱ由同步检测、锯齿波形成、移相控制、脉冲形成、脉冲放大等环节组成，其原理图如图 2-18 所示。

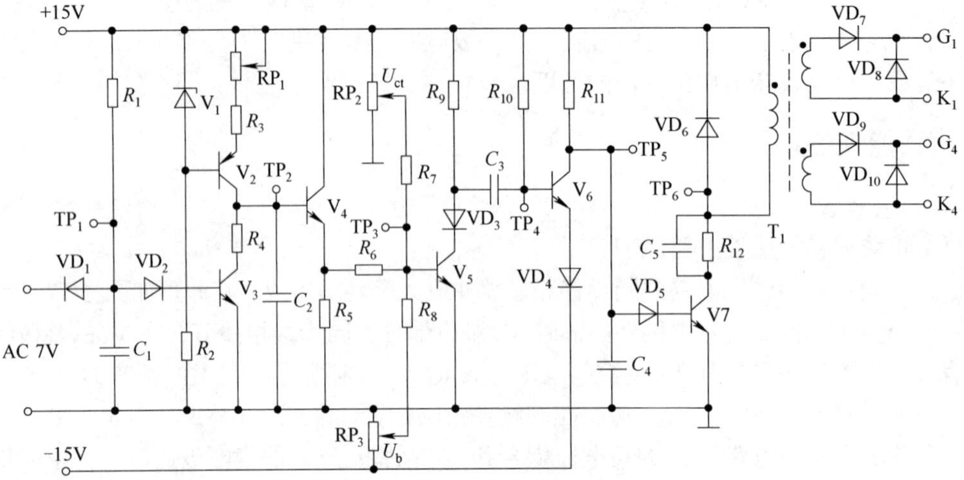

图 2-18　锯齿波同步触发电路原理图

移相触发电路 I 原理图

由 V_3、VD_1、VD_2、C_1 等元器件组成同步检测环节，其作用是利用同步电压 U_T 来控制锯齿波产生的时刻及锯齿波的宽度。由 V_1、V_2 等器件组成的恒流源电路，当 V_3 截止时，恒流源对 C_2 充电形成锯齿波；当 V_3 导通时，电容 C_2 通过 R_4、V_3 放电。调节电位器 RP_1 可以调节恒流源的电流大小，从而改变锯齿波的斜率。控制电压 U_{ct}、偏移电压 U_b 和锯齿波电压在 V_5 基极综合叠加，从而构成移相控制环节，RP_2、RP_3 分别调节控制电压 U_{ct} 和偏移电压 U_b 的大小。V_6、V_7 构成脉冲形成放大环节，C_5 为强触发电容改善脉冲的前沿，由脉冲变压器输出触发脉冲，电路 I 的各点电压波形如图 2-19 所示。

本装置有两路锯齿波同步移相触发电路（Ⅰ和Ⅱ），在电路上完全一样，只是锯齿波触发电路 II 输出的触发脉冲相位与 I 恰好互差 180°，供单相整流及逆变实验用。

电位器 RP_1、RP_2、RP_3 均已安装在挂箱的面板上，同步变压器二次侧已在挂箱内部接好，所有的测试信号都在面板上引出。

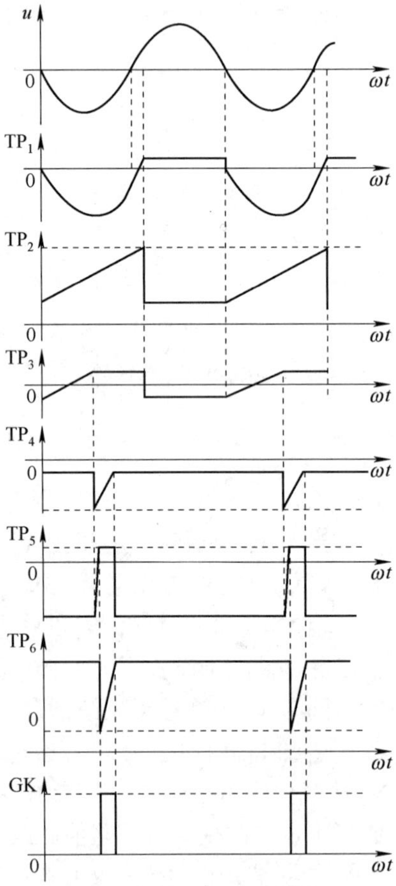

图 2-19　锯齿波同步移相触发电路 I 各点电压波形（α=90°）

2. 实践操作

（1）正弦波同步移相触发电路测试

1）所需设备及仪器

2）接线及原理图

正弦波移相触发电路接线及原理图如图 2-20 所示。

序　号	型　号	备　注
1	DJK01 电源控制屏	该控制屏包含“三相电源输出”等几个模块
2	DJK03 晶闸管触发电路	该挂件包含“正弦波同步移相触发电路”等模块
3	双踪示波器	自备

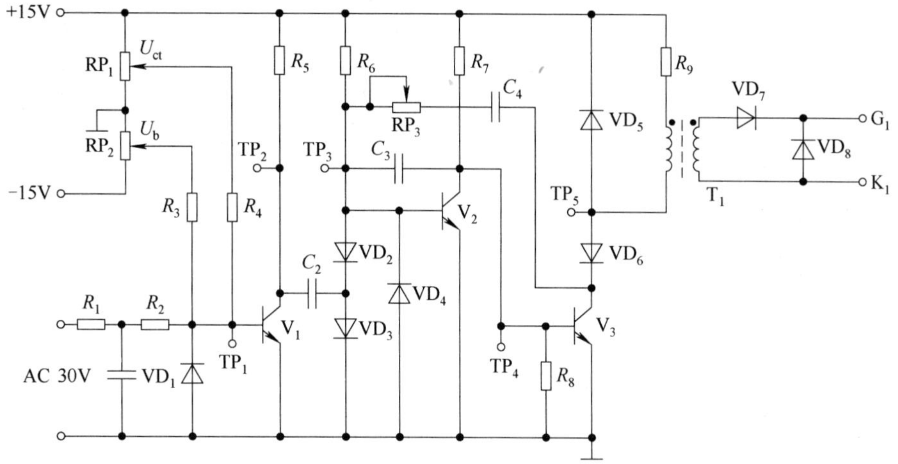

图 2-20　正弦波移相触发电路及接线

3）操作步骤

① 将 DJK01 电源控制屏的电源选择开关打到“直流调速”侧，使输出线电压为 200V（原因同上），用两根导线将 200V 交流电压接到 DJK03 的“外接 220V”端，按下“启动”按钮，打开 DJK03 电源开关，这时挂件中所有的触发电路都开始工作，用双踪示波器观察正弦波触发电路各观察点的电压波形。

② 确定脉冲的初始相位。当 $U_{ct}=0$ 时（将 RP_1 电位器顺时针旋到底），调节 U_b（调 RP_2），使 U_1 波形与图 2-21 中的 u_1 波形相同，这时正好有脉冲输出，此时的 α 接近于 180°。

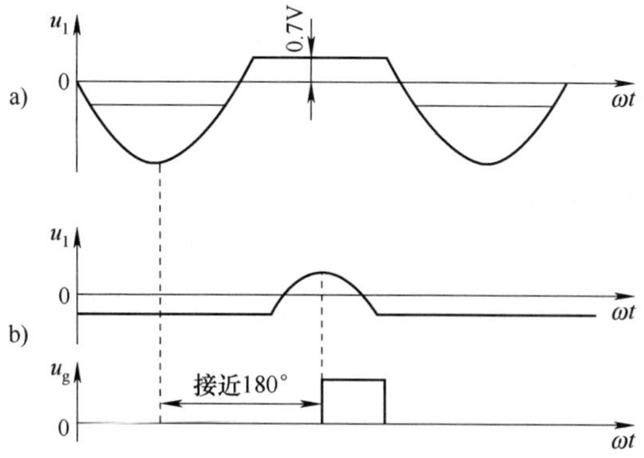

图 2-21　初始脉冲相位的确定

数据记录表见表 2-1。

③ 保持 RP_2 电位器不变，逆时针旋转 RP_1（即逐渐增大 U_{ct}），用示波器观察同步电压信号及输出脉冲“5”点的波形，注意 U_{ct} 增加时脉冲的移动情况，并估计移相范围。

④ 调节 U_{ct}（调 RP_1），使 α=60°，观察并记录面板上观察点“1”～“5”及输出脉冲“G_1”、“K_1”的电压波形及其幅值。调节 RP_3，观测“5”点脉冲宽度的变化。

表 2-1　数据记录表

<table>
<tr><th colspan="2">各测试点的位置</th><th>当 U_{ct}=0 时，调节 U_b（调 RP_2）$\alpha=0°$</th><th>保持 RP_2 电位器不变，逆时针旋转 RP_1（即逐渐增大 U_{ct}）</th><th>调节 U_{ct}（调 RP_1）当 $\alpha=60°$ 时</th></tr>
<tr><td rowspan="2">TP_1</td><td>电压</td><td></td><td rowspan="8">不填</td><td></td></tr>
<tr><td>波形</td><td></td><td></td></tr>
<tr><td rowspan="2">TP_2</td><td>电压</td><td></td><td></td></tr>
<tr><td>波形</td><td></td><td></td></tr>
<tr><td rowspan="2">TP_3</td><td>电压</td><td></td><td></td></tr>
<tr><td>波形</td><td></td><td></td></tr>
<tr><td rowspan="2">TP_4</td><td>电压</td><td></td><td></td></tr>
<tr><td>波形</td><td></td><td></td></tr>
<tr><td rowspan="3">TP_5</td><td>电压</td><td></td><td></td><td></td></tr>
<tr><td>波形</td><td></td><td></td><td></td></tr>
<tr><td>移相范围</td><td></td><td></td><td></td></tr>
</table>

4）任务实施过程中的注意事项　由于脉冲“G”、“K”输出端有电容影响，故观察输出脉冲电压波形时，需将输出端“G”和“K”分别接到晶闸管的门极和阴极（也可用约 100Ω 左右阻值的电阻接到“G”、“K”两端，来模拟晶闸管门极与阴极的阻值），否则无法观察到正确的脉冲波形。

5）任务要求

① 画出 α=60° 时，观察点“1”～“5”及输出脉冲电压的波形。

② 指出 U_{ct} 增加时，α 应如何变化？移相范围大约等于多少度？指出同步电压的哪一段为脉冲移相范围。

③ 分析 RP_3 对输出脉冲宽度的影响。

（2）锯齿波同步移相触发电路测试

1）所需设备及仪器

序　号	型　号	备　注
1	DJK01 电源控制屏	该控制屏包含“三相电源输出”等几个模块
2	DJK03 晶闸管触发电路	该挂件包含“锯齿波同步移相触发电路”等模块
3	双踪示波器	自备

2）接线及原理图

同步电压为锯齿波的触发电路如图 2-22 所示。

3）操作步骤

① 将 DJK01 电源控制屏的电源选择开关打到“直流调速”侧，使输出线电压为 200V（原

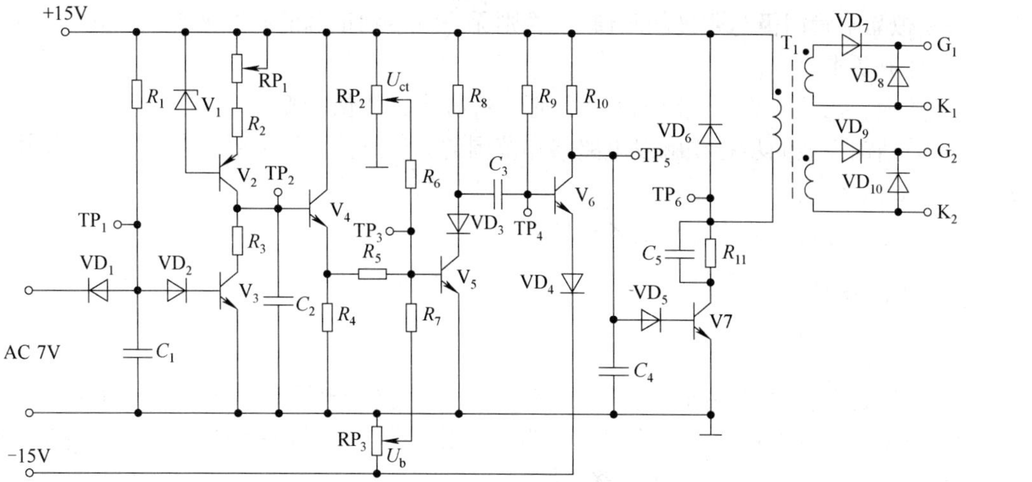

图 2-22　同步电压为锯齿波触发电路

因同上），用两根导线将 200V 交流电压接到 DJK03 的"外接 220V"端，按下"启动"按钮，打开 DJK03 电源开关，这时挂件中所有的触发电路都开始工作，用双踪示波器观察锯齿波同步触发电路各观察孔的电压波形。

a. 同时观察同步电压和"1"点的电压波形，了解"1"点波形形成的原因。

b. 观察"1"、"2"点的电压波形，了解锯齿波宽度和"1"点电压波形的关系。

c. 调节电位器 RP$_1$，观测"2"点锯齿波斜率的变化。

d. 观察"3"～"6"点电压波形和输出电压的波形，记下各波形的幅值与宽度，并比较"3"点电压 U_3 和"6"点电压 U_6 的对应关系。

② 调节触发脉冲的移相范围。将控制电压 U_{ct} 调至零（将电位器 RP$_2$ 顺时针旋到底），用示波器观察同步电压信号和"6"点 U_6 的波形，调节偏移电压 U_b（即调 RP$_3$ 电位器），使 α=170°，其波形如图 2-23 所示。

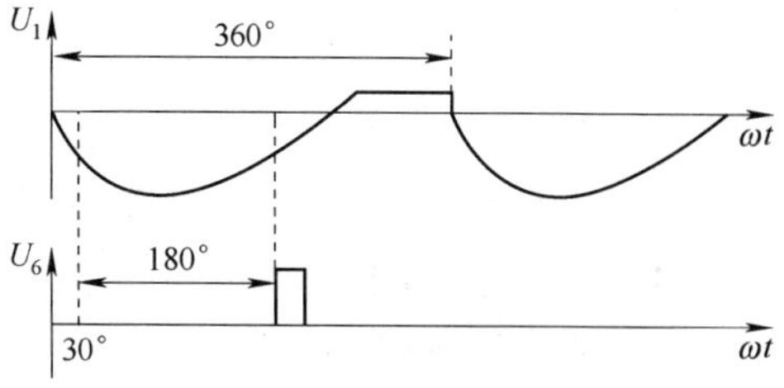

图 2-23　锯齿波同步移相触发电路波形

③ 调节 U_{ct}（即电位器 RP$_2$）使 α=60°，观察并记录 U_1～U_6 及输出"G、K"脉冲电压的波形，标出其幅值与宽度，并记录在表 2-2 中（可在示波器上直接读出，读数时应将示波器的"V/DIV"和"t/DIV"微调旋钮旋到校准位置）。

表 2-2　数据记录表

各测试点	U_1	U_2	U_3	U_4	U_5	U_6
幅值/V						
宽度/ms						
波形						

4）任务实施过程中的注意事项

由于脉冲"G"、"K"输出端有电容影响，故观察输出脉冲电压波形时，需将输出端"G"和"K"分别接到晶闸管的门极和阴极（也可用约 100Ω 左右阻值的电阻接到"G"、"K"两端，来模拟晶闸管门极与阴极的阻值），否则无法观察到正确的脉冲波形。

5）任务要求

① 整理、描绘实验中记录的各点波形，并标出其幅值和宽度。

② 总结锯齿波同步移相触发电路移相范围的调试方法，如果要求在 $U_{ct}=0$ 的条件下，使 $\alpha=90°$，如何调整？

③ 讨论、分析实验中出现的各种现象。

2.2.4 相关习题

1. 填空题

1）晶体管触发电路的同步电压一般有________同步电压和_________电压。

2）正弦波触发电路的同步移相一般都是采用________与一个或几个______的叠加，利用改变_________的大小，来实现移相控制。

2. 判断题

（　　）1）采用正弦波移相触发电路的可控整流电路工作稳定性较差。

（　　）2）正弦波移相触发电路不会受电网电压的影响。

（　　）3）晶闸管触发电路与主电路的同步，主要是通过同步变压器的不同接线方式来实现的。

3. 选择题

1）锯齿波为同步信号的触发电路中，若控制电压保持不变，同步信号的周期也不变，则改变同步电压的（　　），即能实现移相。

A. 幅值　　B. 后沿　　C. 斜率　　D. 前沿

2）用集成触发电路 KC04 触发三相全控桥，若 KC04 的引脚 1 接至 V_{13} 的门极，则引脚 15 接至（　　）。

A. V_{12}　　B. V_{15}　　C. V_{14}　　D. V_{16}

3）为防止晶闸管误触发，应使干扰信号不超过（　　）。

A. 安全区　　B. 不触发区　　C. 可靠触发区　　D. 可触发区

4）三相桥式全控整流电路的同步相控触发电路，有两种控制方式是（　　）。

A. 垂直控制和横向控制　　B. 180° 控制和 120° 控制

C. 时间比控制和瞬时值控制　　D. 单极性控制和双极性控制

4. 简答题

1）同步电压为锯齿波的触发电路中，控制电压、偏移电压、同步电压的作用各是什么？各采用什么电压？如果缺少其中一个电压的作用，触发电路的工作状态会怎样？

2）锯齿波的触发电路有什么优点？

小　　结

晶闸管的导通控制信号由触发电路提供，触发电路的类型按组成器件分为单结晶体管触发电路、晶体管触发电路、集成触发电路和计算机数字触发电路等。单结晶体管触发电路结构简单，调节方便，输出脉冲前沿陡，抗干扰能力强，对于控制精度要求不高的小功率系统，可采用单结晶体管触发电路来控制；对于大容量晶闸管一般采用晶体管或集成电路组成的触发电路，集成触发电路有多种类型。计算机数字触发电路常用于控制精度要求比较高的复杂系统中。各类触发电路都有共同的特点，一般由同步环节、移相环节、脉冲形成环节和功率放大输出环节组成。

思考题与习题

1）图 2-24 为单结晶体管分压比测量电路。测量时先按下常开按钮 SB，调节 50kΩ 电位器，使微安表指为 100μA，然后松开按钮 SB，再读取微安表的指针数值，该数值除以 100，即可得到单结晶体管的分压比。试说明测量原理。

2）图 2-25 为采用单结晶体管触发的单相半波可控整流电路，试画出 $\alpha = 90°$ 时，图中①～③及 R_d 两端的波形。

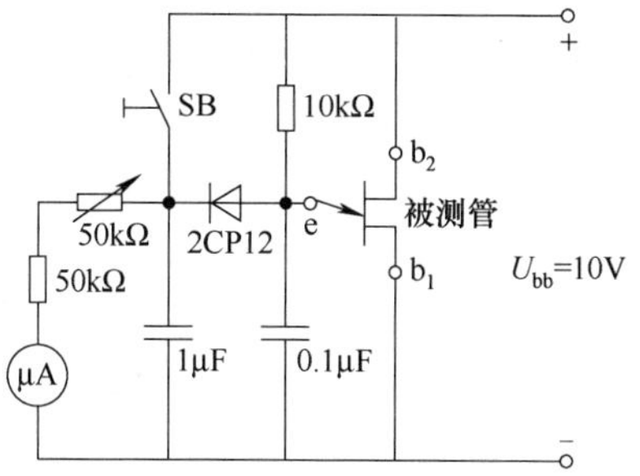

图 2-24　题 1

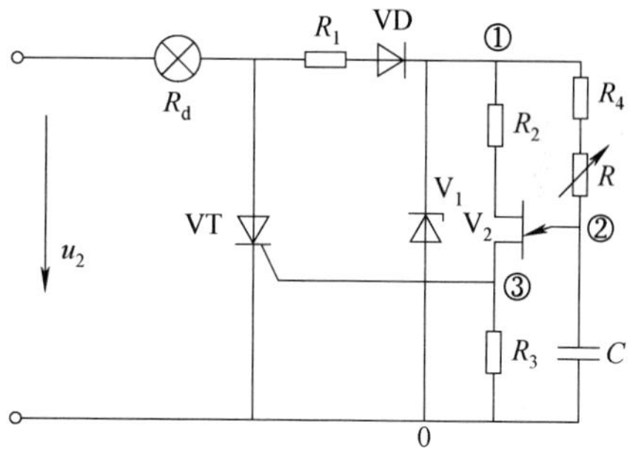

图 2-25　题 2

3）锯齿波触发电路有什么优点？锯齿波的底宽是由什么元器件参数决定的？输出脉宽是如何调整的？双窄脉冲与单宽脉冲相比有什么优点？

第 3 讲 可控整流电路的分析与实践

【导读】

本项目讨论晶闸管在可控整流电路中的几种典型应用以及它们的工作原理，研究不同性质负载下整流电路的电压和电流波形，找出有关电量之间的基本数量关系，从而掌握各种整流电路的特点和应用范围，以便根据直流用电设备的要求正确设计和选择可控整流电路及其元器件参数，准确无误地调试和使用晶闸管变流装置。

应知

※ 了解单相半波可控整流电路基本结构与工作原理，熟悉不同负载条件下电路电压、电流输出特性及其相关电量参数计算

※ 熟悉单相桥式可控整流电路结构与工作原理，掌握电阻性负载和电感性负载时电路各电量输出特性及数据计算，同时掌握单相桥式半控整流电路特性

※ 熟悉三相半波可控整流电路结构与工作原理，掌握电路在不同触发角时电压、电流输出波形特点，同时也要掌握三相半波电路在不同负载下各个电量参数特性

※ 熟悉三相桥式全控整流电路结构与工作原理，掌握在不同负载与不同触发角时电路的输出特性

※ 了解变压器漏抗对整流电路的影响，掌握消除漏抗影响的方法

☆ 能独立完成单相半波可控整流电路的元器件选型与相关参数计算，会根据测试要求完成各电量测试

☆ 能独立完成单相桥式可控整流电路构建，利用示波器和万用表实现对电路在不同负载条件下电压、电流波形的测试与数据记录

☆ 根据三相半波与三相桥式全控整流电路的结构与工作原理，自行构建相关电路，利用测试设备完成对电路各项特性的测试

应会

3.1　单相半波可控整流电路的分析与实践

3.1.1　任务导入

可控整流电路（Rectifier）是电力电子电路中出现最早的一种，它的作用是将交流电能变为直流电能供给直流用电设备。整流电路的应用十分广泛，例如直流电动机，电镀、电解电源，同步发电机励磁，通信系统电源等。

可控整流电路可从各种角度进行分类，主要分类方法有：按组成的器件可分为不可控、半控、全控三种；按电路结构可分为桥式电路和零式电路；按交流输入相数分为单相电路和多相电路；按变压器二次电流的方向是单向或双向，又分为单拍电路和双拍电路。

可控整流器的交流侧接有工频交流电源，输出的直流电压平均值 U_d 可以从正的最大值到负的最大值连续可控，但可控整流器的直流电流 I_d 的方向不能改变。其中，第一象限上 U_d 与 I_d 均为正值，处于整流运行状态，能量从交流侧输向直流侧，此时电路称作整流器；在第四象限内 I_d 仍为正，U_d 变负，处于逆变运行状态，能量是从直流侧输向交流侧，此时电路称作逆变器。

图 3-1 所示是工频可控整流器及其工作象限范围。

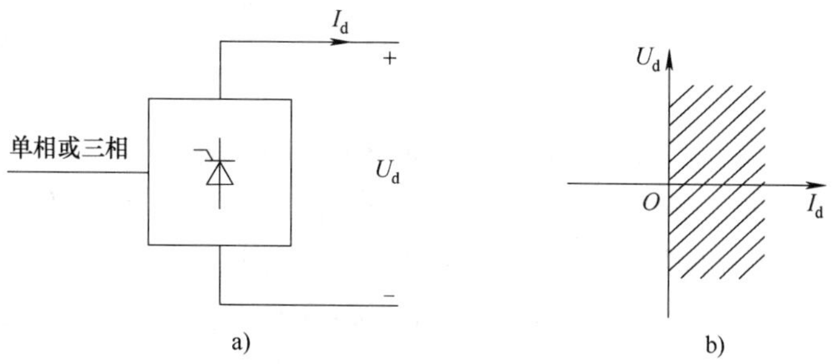

图 3-1　工频可控整流器及其工作象限范围

a）工频可控整流器　b）整流器工作象限范围

学习整流电路的工作原理时，要根据电路中的开关器件通、断状态及交流电源电压波形和负载的性质，分析其输出直流电压、电路中各元器件的电压和电流波形。在重点掌握各种整流电路中波形分析方法的基础上，得到整流输出电压与移相控制角之间的关系。

整流电路可分为相位控制（简称相控）整流电路和斩波控制（简称斩控）整流电路，本项目讲述的主要是相控整流电路。

用晶闸管组成的可控整流电路有多种形式，电路负载有电阻、电感及反电动势等。负载不同，电路形式不同，可控整流电路的工作情况也不一样。

3.1.2　理论知识

1. 单相半波可控整流电路

（1）电阻性负载

1）工作原理　在实际应用中，某些负载基本上是电阻性的，如电阻加热炉、电解和电镀等。电阻性负载的特点是电压与电流成正比，波形相同并且同相位，电流可以突变。

首先假设以下几点：①开关元件是理想的，即开关元件（晶闸管）导通时，通态压降为零，关断时电阻为无穷大；②变压器是理想的，即变压器漏抗为零，绕组的电阻为零，励磁电流为零。

图 3-2 所示是单相半波可控整流电路（电阻性负载）及波形

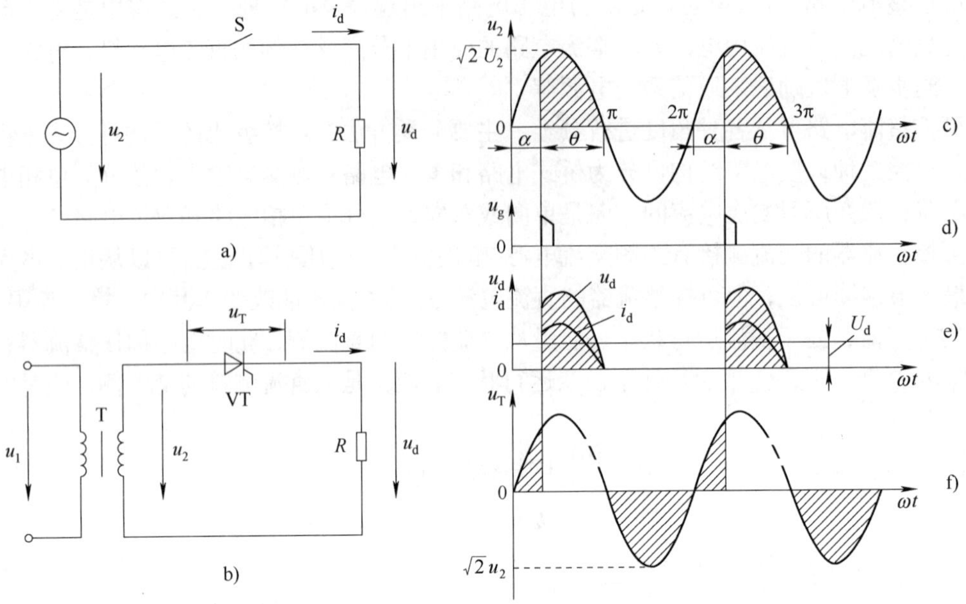

图 3-2 单相半波可控整流电路（电阻性负载）及波形

在图 3-2b 中变压器 T 起变换电压和隔离的作用，在电源电压正半波，晶闸管承受正向电压，在 $\omega t=\alpha$ 处触发晶闸管，晶闸管开始导通；负载上的电压等于变压器输出电压 u_2。在 $\omega t=\pi$ 时刻，电源电压过零，晶闸管电流小于维持电流而关断，负载电流为零。

在电源电压负半波，$u_{AK}<0$，晶闸管承受反向电压而处于关断状态，负载电流为零，负载上没有输出电压，直到电源电压 u_2 的下一周期，直流输出电压 u_d 和负载电流 i_d 的波形相位相同。通过改变触发角 α 的大小，直流输出电压 u_d 的波形发生变化，负载上的输出电压平均值发生变化，显然 $\alpha=180°$ 时，$u_d=0$。由于晶闸管只在电源电压正半波内导通，输出电压 u_d 为极性不变但瞬时值变化的脉动直流，故称“半波”整流。

① 触发角（α）与导通角（θ）：触发角（α）也称触发延迟角或控制角，是指晶闸管从承受正向电压开始到导通时止之间的电角度，触发角也叫移相角。

导通角（θ）是指晶闸管在一周期内处于通态的电角度，如图 3-2c 所示。

② 移相与移相范围：移相是指改变触发脉冲 u_g 出现的时刻，即改变触发角（α）的大小。

移相范围是指触发脉冲 u_g 的移动范围，它决定了输出电压的变化范围。单相半波可控整流器电阻性负载时的移相范围是 0～180°，对应的导通角（θ）的可变范围是 0～π，两者关系为 $\alpha+\theta=\pi$。从图 3-2c 所示波形可知，改变触发角（α），输出整流电压 u_d 的波形和直流输出电压平均值 U_d 的大小也随之改变，α 减小，U_d 就增大，反之 U_d 就较小。

2）基本数量关系

① 直流输出电压平均值 U_d 与输出电流平均值 I_d

根据平均值定义，u_d 的波形的直流输出电压平均值 U_d 为

$$\begin{aligned} U_d &= \frac{1}{2\pi}\int_{\alpha}^{\pi}\sqrt{2}U_2\sin\omega t\mathrm{d}(\omega t) = \frac{\sqrt{2}U_2}{2\pi}\left[-\cos\omega t\right]_{\alpha}^{\pi} \\ &= \frac{\sqrt{2}U_2}{2\pi}(1+\cos\omega t) = 0.45U_2\frac{1+\cos\alpha}{2} \end{aligned} \quad (3\text{-}1)$$

$$\frac{U_d}{U_2} = 0.45\frac{1+\cos\alpha}{2} \quad (3\text{-}2)$$

输出直流电流平均值 I_d：

$$I_d = \frac{U_d}{R} = 0.45\frac{U_2}{R}\frac{1+\cos\alpha}{2} \quad (3\text{-}3)$$

② 输出电压有效值 U 与输出电流有效值 I

在计算选择变压器容量、晶闸管额定电流、熔断器以及负载电阻的有功功率等参量时均须按有效值计算。负载电压有效值 U 为

$$\begin{aligned} U &= \sqrt{\frac{1}{2\pi}\int_{\alpha}^{\pi}(\sqrt{2}U_2\sin\omega t)^2\mathrm{d}(\omega t)} = \sqrt{\frac{U_2^2}{\pi}\left[\frac{\omega t}{2}-\frac{1}{4}\sin 2\omega t\right]_{\alpha}^{\pi}} \\ &= U_2\sqrt{\frac{\pi-\alpha}{2\pi}+\frac{\sin 2\alpha}{4\pi}} \end{aligned} \quad (3\text{-}4)$$

输出电流有效值 I 为

$$I = \frac{U}{R} = \frac{U_2}{R}\sqrt{\frac{1}{4\pi}\sin 2\alpha+\frac{\pi-\alpha}{2\pi}} \quad (3\text{-}5)$$

③ 晶闸管电流有效值 I_T 和变压器二次侧电流有效值 I_2

单相半波可控整流器中，负载、晶闸管和变压器二次侧流过相同的电流，故其有效值相等，即：

$$I = I_T = I_2 = \frac{U_2}{R}\sqrt{\frac{1}{4\pi}\sin 2\alpha+\frac{\pi-\alpha}{2\pi}} \quad (3\text{-}6)$$

④ 晶闸管两端可能承受的最大正反向电压 U_{TM}

从图 3-2f 中可以看出，晶闸管可能承受的正反向峰值电压为

$$U_{TM} = \sqrt{2}U_2 \quad (3\text{-}7)$$

⑤ 功率因数 $\cos\varphi$

整流器功率因数是变压器二次侧有功功率与视在功率的比值

$$\cos\varphi = \frac{P}{S} = \frac{UI}{U_2 I} = \sqrt{\frac{1}{4\pi}\sin 2\alpha+\frac{\pi-\alpha}{2\pi}} \quad (3\text{-}8)$$

式中 P——变压器二次侧有功功率，$P=UI=I_2R$；

S——变压器二次侧视在功率，$S=U_2I_2$。

从式（3-8）中可以看出，$\cos\varphi$ 是 α 的函数，$\alpha=0$ 时 $\cos\varphi$ 最大为 0.707。可见单相半波可控整流电路中，即使是电阻性负载，由于存在谐波电流，变压器最大利用率也仅有 70%。α 越大，$\cos\varphi$ 越小，说明设备利用率就越差。

【例 3-1】如图 3-3 所示为单相半波可控整流电路（电阻性负载），电源电压 U_2 为 220V，

要求的直流输出电压为 50 V，直流输出平均电流为 20A。

试计算：

1）晶闸管的控制角。

2）输出电流有效值。

3）电路功率因数。

4）晶闸管的额定电压和额定电流。

5）晶闸管承受的最高电压。

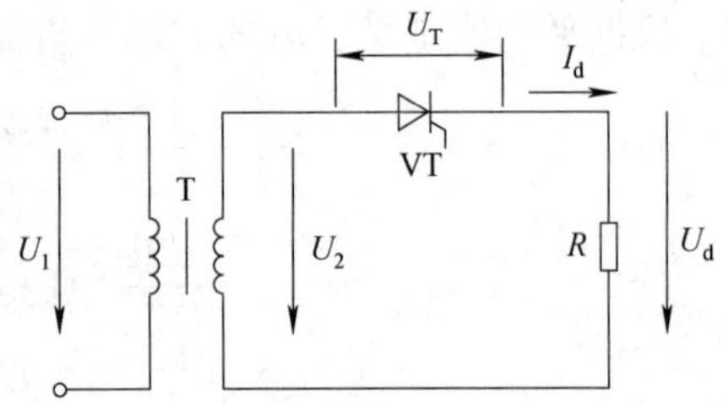

图 3-3 单相半波可控整流电路（电阻性负载）

解： 1）由式（3-1）可知：

$$\cos\alpha = \frac{2U_d}{0.45U_2} - 1 = \frac{2\times 50}{0.45\times 220} - 1 \approx 0$$

则 $\alpha = 90^\circ$

2）由式（3-5）可知：

$$R = \frac{U_d}{I_d} = \frac{50}{20} = 2.5\Omega$$

当 $\alpha = 90^\circ$ 时，输出电流有效值

$$I = \frac{U}{R} = \frac{U_2}{R}\sqrt{\frac{1}{4\pi}\sin 2\alpha + \frac{\pi-\alpha}{2\pi}} = 44.4\text{ A}$$

3）由式（3-8）可知：

$$\cos\varphi = \frac{P}{S} = \frac{UI}{U_2 I} = \frac{44.4\times\frac{50}{20}}{220} = 0.505$$

4）晶闸管电流有效值 I_T 与输出电流有效值相等，即：

$$I_T = I$$

则

$$I_{T(AV)} = (1.5\sim 2)\frac{I_T}{1.57}$$

取 2 倍的安全裕量，晶闸管的额定电流为

$$I_{T(AV)} = 56.6\text{ A}$$

5）晶闸管承受的最高电压：

$$U_m = \sqrt{2}U_2 = \sqrt{2}\times 220 = 311\text{V}$$

考虑（2 ~ 3）倍安全裕量，晶闸管的额定电压为

$$U_{TN} = (2\sim 3)U_m = (2\sim 3)\times 311 = 622\sim 933\text{ V}$$

根据计算结果可以选取满足要求的晶闸管 KP60-7C。

【例 3-2】 单相半波可控整流电路电压、电流及 $\cos\varphi$ 与触发延迟角的关系图如图 3-4 所示。要求输出的直流平均电压为 50 ~ 92V 连续可调，最大输出直流平均值电流为 30A，由交流电网 220V 供电，试求：

1）触发延迟角 α 应有的可调范围。

2）最大功率因数。

3）选择晶闸管型号规格（取 2 倍的安全裕量）。

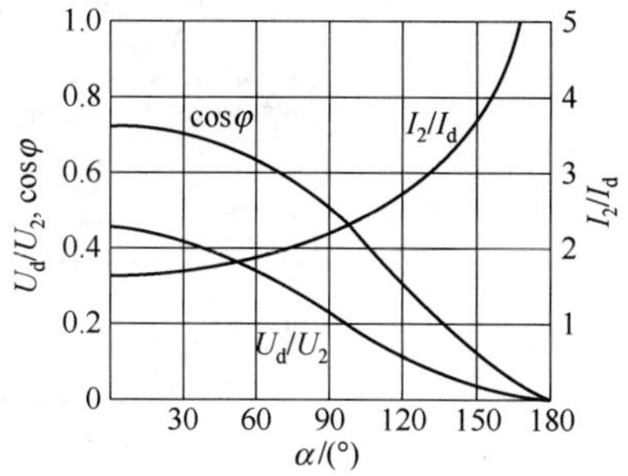

图 3-4　单相半波可控整流电路电压、电流及 $\cos\varphi$ 与触发延迟角的关系图

解： 1）由式（3-1）可得：

当 U_d=50V 时，

$$\cos\alpha = \frac{2\times 50}{0.45\times 220} - 1 \approx 0$$

$$\alpha = 90°$$

或由图 3-4 的 U_d/U_2 曲线查得，当 U_d/U_2=50/220 时，$\alpha \approx 90°$。

当 U_d=92V 时

$$\cos\alpha = \frac{2\times 92}{0.45\times 220} - 1 \approx 0.87$$

所以

$$\alpha = 30°$$

2）$\alpha = 30°$ 时，输出直流电压平均值最大为 92V，这时负载消耗的有功功率也最大，由式（3-8）可求得

$$\cos\varphi = \sqrt{\frac{\sin(2\times 30°)}{4\pi} + \frac{\pi - \pi/6}{2\pi}} \approx 0.693$$

$$P = I^2 R_d = (50^2 \times 92/30)\mathrm{W} \approx 7667\mathrm{W}$$

3）选择晶闸管，当 $\alpha = 30°$ 时，流过的电流有效值为最大，由曲线查得 $I_2/I_d \approx 1.66$，由式（3-8）可得

$$I = 1.66\times I_d = 1.66\times 30\mathrm{A} \approx 50\mathrm{A}$$

额定电流为

$$I_{VT(AV)} = 2\times\frac{I_{VTM}}{1.57} = 2\times\frac{50}{1.57}\mathrm{A} = 64\mathrm{A}$$

晶闸管的额定电压为

$$U_{VTn} = 2U_{VTM} = 2\times\sqrt{2}\times 220\mathrm{V} = 624\mathrm{V}$$

故取额定电流为 100A、额定电压为 700V 的晶闸管，型号为 KP100—7C。

（2）电感性负载（Inductance Load）

工业应用中如直流电动机的励磁线圈、滑差电动机电磁离合器励磁线圈以及输出串接平波电抗器的负载等，均属于电感性负载。为了便于分析，通常将其等效为电阻与电感串联，如图 3-5a 所示。

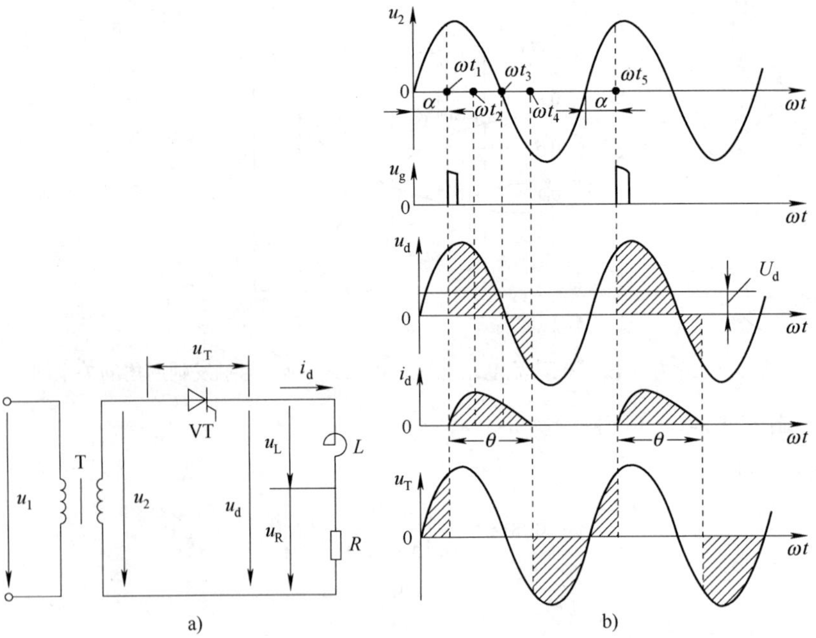

图 3-5 电感性负载无续流二极管电路及波形

1）无续流二极管

① 工作原理：电感线圈是储能元件，当电流 i_d 流过线圈时，该线圈就储存磁场能量，i_d 愈大，线圈储存的磁场能量也愈大。随着 i_d 逐渐减小，电感线圈就要将所储存的磁场能量释放出来。电感本身是不消耗能量的。当流过 L 中的电流变化时，要产生自感电动势，其大小为

$$e_L = -L_d \frac{di}{dt} \tag{3-9}$$

它将阻碍电流的变化。其方向总是与阻碍电流的变化方向相同。

在 $0 \sim \omega t_1$ 区间，u_2 虽为正，但晶闸管无触发脉冲不导通，负载上的电压 u_d、电流 i_d 均为零。晶闸管承受着电源电压 u_2，其波形如图 3-5b 所示。

当 $\omega t = \omega t_1 = \alpha$ 时，晶闸管被触发导通，电源电压 u_2 突然加在负载上，由于电感性负载电流不能突变，电路需经一段过渡过程，此时电路电压瞬时值方程如下

$$u_2 = L_d \frac{di_d}{dt} + i_d R_d = u_L + u_R \tag{3-10}$$

在 $\omega t_1 < \omega t \leqslant \omega t_2$ 区间，晶闸管被触发导通后，由于 L_d 的作用，电流 i_d 只能从零开始上升。到 ωt_2 时，i_d 已上升到最大值，$di_d/dt = 0$。这期间电源 u_2 不仅要向负载 R_d 供给有功功率，而且还要向电感线圈 L_d 供给磁场能量的无功功率。

在 $\omega t_2 < \omega t \leqslant \omega t_3$ 区间，由于 u_2 继续在减小，i_d 也逐渐减小，在电感线圈 L_d 的作用下，i_d 的减小总是要滞后于 u_2 的减小。这期间 L_d 两端产生的电动势 e_L 反向。负载 R_d 所消耗的能量，除由电源电压 u_2 供给外，还有一部分是由电感线圈 L_d 所释放的能量供给。

在 $\omega t_3 < \omega t < \omega t_4$ 区间，u_2 过零开始变负，对晶闸管是反向电压，但是另一方面由于 i_d 的减小，在 L_d 两端所产生的电动势 e_L 极性对晶闸管是正向电压，故只要 e_L 略大于 u_2，晶闸管仍然承受着正向电压而继续导通，直到 i_d 减小到零，才被关断。在这区间 L_d 不断释放出磁场

能量，除部分继续向负载 R_d 提供消耗能量外，其余就回馈给交流电网 u_2。

当 $\omega t=\omega t_4$ 时，$i_d=0$，即 L_d 的磁场能量已释放完毕，晶闸管被关断。此后，直到下一周期触发脉冲到来时，晶闸管再次被触发导通，周而复始。

由图 3-5b 可见，电感 L_d 的存在使负载电压 u_d 波形出现负值，其结果使负载直流电压平均值 U_d 减小。电感越大，u_d 波形的负值部分占的比例越大，使负载上直流电压 U_d 越小。当电感 L 很大时（一般 $X_L\geqslant 10R_d$ 时，就认为是大电感），负载上得到的电压 u_d 波形是正、负面积接近相等，直流电压平均值 U_d 几乎为零。因此，单相半波可控整流电路用于大电感负载时，不管如何调节控制角 α，U_d 值总是很小，平均电流 $I_d=U_d/R_d$ 也很小，没有实用价值。如果不采取措施，电路的输出就达不到应有的直流平均电压和电流的要求。

② 数量关系：直流输出电压平均值 U_d 为

$$U_d=\frac{1}{2\pi}\int_{\alpha}^{\alpha+\theta}\sqrt{2}U_2\sin\omega t\mathrm{d}(\omega t)$$

从 U_d 的波形可以看出，由于电感负载的存在，电源电压由正到负过零点也不会关断，输出电压出现了负波形，输出电压和电流的平均值减小；当大电感负载时输出电压正负面积趋于相等，输出电压平均值趋于零，则 i_d 也很小。所以，实际的大电感电路中，常常在负载两端并联一个续流二极管。

2）接续流二极管时　为了使 u_2 过零变负时能及时地关断晶闸管，使 u_d 波形不出现负值，又能给电感线圈 L_d 提供续流的旁路，可以在整流电路输出端并联一只二极管 VD，如图 3-6a 所示。由于该二极管是为电感性负载在晶闸管关断时提供续流回路，故此二极管称为续流二极管，简称续流管。

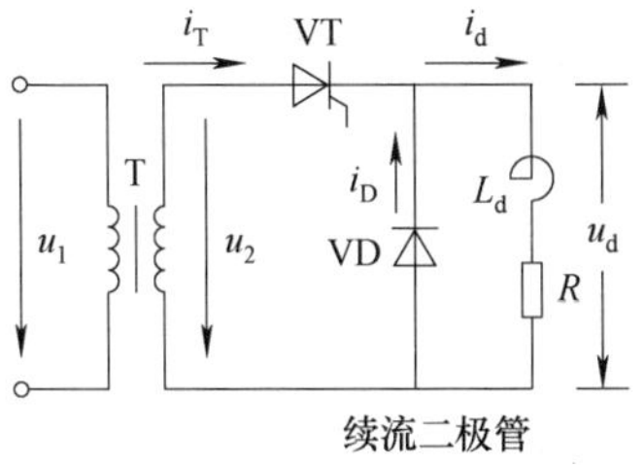

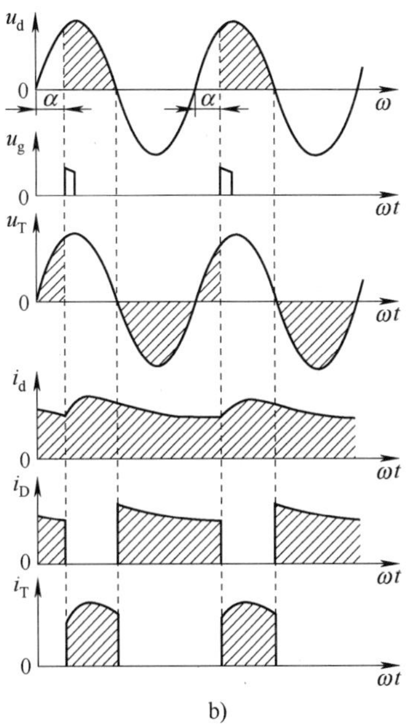

图 3-6　电感性负载有续流二极管电路及波形

在接有续流二极管的电感性负载单相半波可控整流电路中，当 u_2 过零变负时，此时续流二极管承受正向电压而导通，晶闸管因承受反向电压而关断，i_d 就通过续流二极管而继续流动。续流期间的 u_d 波形为续流二极管的压降，可忽略不计。所以负载电压 u_d 波形与电阻负载时相同。但是 i_d 的波形则大不相同，因为对于大电感而言，流过负载的电流 i_d 不但连续而且基本上是波动很小的直线，电感越大，i_d 波形越接近于一条水平线，其平均电流 $I_d=U_d/R_d$，如图 3-6b 所示。

负载电流 I_d 由晶闸管和续流二极管分担：晶闸管导通期间，负载电流从晶闸管流过；晶闸管关断，续流二极管导通，就从续流二极管流过。可见流过晶闸管电流 i_{VT} 与续流二极管电流 i_{VD} 的波形均为方波，方波电流的平均值和有效值分别为

$$I_{dVT}=\frac{1}{2\pi}\int_{\alpha}^{\pi}i_T d(\omega t)=\frac{\pi-\alpha}{2\pi}I_d \tag{3-11}$$

$$I_{VT}=\sqrt{\frac{1}{2\pi}\int_{\alpha}^{\pi}i_T{}^2 d(\omega t)}=\sqrt{\frac{\pi-\alpha}{2\pi}}I_d \tag{3-12}$$

$$I_{dVD}=\frac{1}{2\pi}\int_{\pi}^{2\pi+\alpha}i_D d(\omega t)=\frac{\pi+\alpha}{2\pi}I_d \tag{3-13}$$

$$I_{VD}=\sqrt{\frac{1}{2\pi}\int_{\pi}^{2\pi+\alpha}i_D{}^2 d(\omega t)}=\sqrt{\frac{\pi+\alpha}{2\pi}}I_d \tag{3-14}$$

上式中，$I_d=\dfrac{U_d}{R_d}$，而 $U_d=0.45U_2\dfrac{1+\cos\alpha}{2}$。

晶闸管和续流二极管可能承受的最大正、反向电压为 $\sqrt{2}\,U_2$，移相范围与阻性负载相同，即为 0 ~ π。

由于电感性负载中的电流不能突变，当晶闸管被触发导通后，阳极电流上升较缓慢，故要求触发脉冲应该足够宽（> 20°），以免阳极电流尚未升到晶闸管擎住电流时，触发脉冲已消失，晶闸管无法导通。

【例 3-3】图 3-7 所示是中、小型发电机采用的单相半波自励稳压可控整流电路，当发电机满负载运行时，相电压为 220V，要求的励磁电压为 40V。已知：励磁线圈的电阻为 2Ω，电感量为 0.1H。试求：晶闸管及续流二极管的电流平均值和有效值各是多少？晶闸管及续流二极管可能承受的最大电压各是多少？并选择晶闸管与续流二极管的型号。

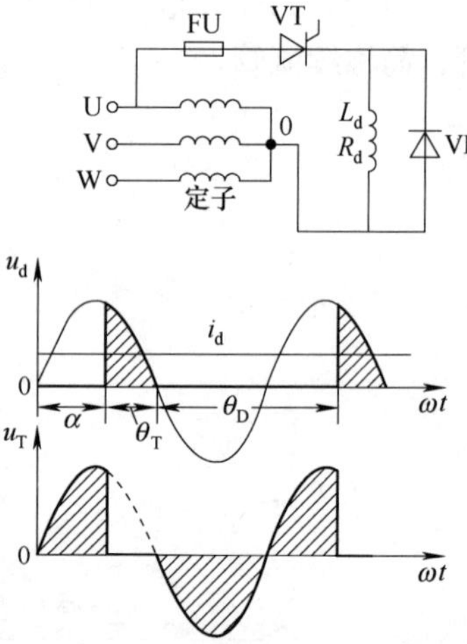

图 3-7　中、小型发电机采用的单相半波自励稳压可控整流电路及波形

解：

先求触发角 α

$$U_d=0.45\frac{1+\cos\alpha}{2}U_2$$

$$\cos\alpha=\frac{2}{0.45}\times\frac{40}{220}-1=-0.192$$

得　$$\alpha\approx101^\circ$$

则　$$\theta_T=\pi-\alpha=180^\circ-101^\circ=79^\circ$$

$$\theta_D=\pi+\alpha=180^\circ+101^\circ=281^\circ$$

由于 $\omega L_d = 2\pi f L_d = 2\times3.14\times50\times0.1\Omega = 31.4\Omega$，所以为大电感负载，各量分别计算如下：

$$I_{dT} = \frac{180^\circ - \alpha}{360^\circ}\times I_d = \frac{180^\circ - 100^\circ}{360^\circ}\times 20A = 4.4A$$

$$I_d = \frac{U_d}{R_d} = \frac{40}{2}A = 20A$$

$$I_T = \sqrt{\frac{180^\circ - \alpha}{360^\circ}}\times I_d = \sqrt{\frac{180^\circ - 100^\circ}{360^\circ}}\times 20A = 9.4A$$

$$I_{dD} = \frac{180^\circ + \alpha}{360^\circ}\times I_d = \frac{180^\circ + 100^\circ}{360^\circ}\times 20A = 15.6A$$

$$I_D = \sqrt{\frac{180^\circ + \alpha}{360^\circ}}\times I_d = \sqrt{\frac{180^\circ + 100^\circ}{360^\circ}}\times 20A = 17.6A$$

$$U_{TM} = \sqrt{2}U_2 = 1.42\times 220V = 312V$$

根据以上计算选择晶闸管和续流二极管型号

$$U_{Tn} = (2\sim3)U_{TM} = (2\sim3)\times312V = 624\sim936V$$

$$I_{T(AV)} = (1.5\sim2)\frac{I_T}{1.57} = (1.5\sim2)\frac{9.4}{1.57}A = 9\sim12A$$

取 $U_{Tn} = 700V$，$I_{T(AV)} = 10A$；选晶闸管型号为 KP10-7。

$$U_{Tn} = (2\sim3)U_{DM} = (2\sim3)\times312V = 624\sim936V$$

$$I_{D(AV)} = (1.5\sim2)\frac{I_D}{1.57} = (1.5\sim2)\frac{17.6}{1.57}A = 16.8\sim22A$$

取 $U_{dn} = 700V$，$I_{D(AV)} = 20A$；选续流二极管型号为 ZP20-7。

3.1.3 技能训练

1. 知识准备

首先熟悉单结晶体管触发电路的工作原理及电路。将 DL05 挂件上的单结晶体管触发电路的输出端“G”和“L”接到 DL03 挂件面板上的反桥中的任意一个晶闸管的门极和阴极，并将相应的触发脉冲的钮子开关关闭（防止误触发），图 3-8 中的 R 负载用变频器三组灯泡，将两个接成并联形式。二极管 VD_1 和开关 S_1 均在 DL08 挂件上，电抗器 L_d 在 DL03 面板上，有 100mH、200mH、700mH 三档可供选择，本项目中选用 700mH。直流电压表及直流电流表从 DL03 挂件上得到。

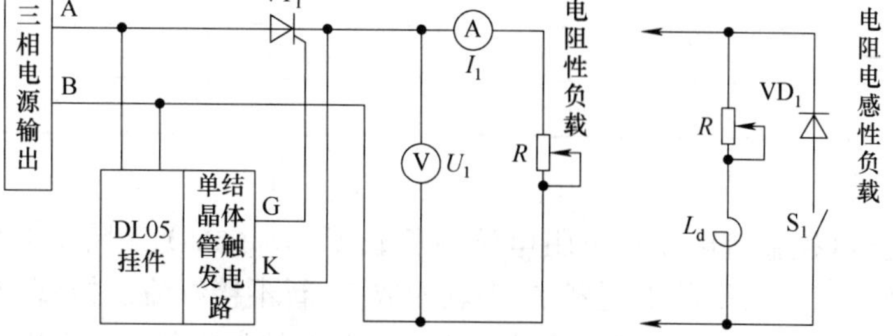

图 3-8　单相半波可控整流电路

2．实践操作

（1）项目实施所需挂件及附件

序　号	型　号	备　注
1	电源控制屏	该控制屏包含"三相电源输出"、"励磁电源"等几个模块
2	DL03 晶闸管主电路	该挂件包含"晶闸管"以及"电感"等几个模块
3	DL05 晶闸管触发电路	该挂件包含"单结晶体管触发电路"模块
4	DL08 给定及项目器件	该挂件包含"二极管"以及"开关"等几个模块
5	变频控制器	灯泡
6	双踪示波器	自备
7	万用表	自备

（2）项目内容

1）单结晶体管触发电路的调试。

2）单相半波整流电路带电阻性负载时 $U_d/U_2=f(\alpha)$ 特性的测定。

3）单相半波整流电路带电阻电感性负载时续流二极管作用的观察。

（3）项目测试方法及内容

1）单结晶体管触发电路的调试　将电源控制屏的电源选择开关打开，使输出相电压为220V（不能打到接"线电压"工作，因为DL05的正常工作电源电压为220V±10%，而"线电压"侧输出的线电压为380V）。如果输入电压超出其标准工作范围，挂件的使用寿命将减少，甚至会导致挂件的损坏。用两根导线将220V交流电压接到DL05的"外接220V"端，按下"启动"按钮，打开DL05电源开关，用双踪示波器观察单结晶体管触发电路中整流输出的梯形波电压、锯齿波电压及单结晶体管触发电路输出电压等波形。调节移相电位器 RP_1，观察锯齿波的周期变化及输出脉冲波形的移相范围能否在30°～170°范围内移动。

2）单相半波可控整流电路接电阻性负载　触发电路调试正常后，按电路接线。将电阻器调在最大阻值位置，按下"开启"观察 α=30°、60°、90°、120°、150°时 U_d、U_{VT} 的波形，并测量直流输出电压 U_d 和电源电压 U_2，记录于表3-1中。

表3-1　电阻性负载数据记录

α	30°	60°	90°	120°	150°
U_2	100V				
U_d（记录值）					
U_d/U_2					
U_d（计算值）					

$$U_d=0.45U_2(1+\cos\alpha)/2$$

3）单相半波可控整流电路接电阻电感性负载（$U_2=50V$）　将负载电阻 R 改成电阻电感性负载（由电阻器与平波电抗器 L_d 串联而成）。暂不接续流二极管 VD_1，在不同阻抗角（阻抗角 $\phi=tg^{-1}(\omega L/R)$，保持电感量不变，改变 R 的电阻值，注意电流不要超过1A），观察并记录 $\alpha=30°$、60°、90°、120°时的直流输出电压值 U_d 及 U_{VT} 的波形，记录于

表 3-2 中。

接入续流二极管 VD_1，重复上述项目，观察续流二极管的作用，以及 U_{VD_1} 波形的变化，完成表 3-3 的内容。

表 3-2　电感性负载数据记录

α	30°	60°	90°	120°	150°
U_2					
U_d（记录值）					
U_d/U_2					
U_d（计算值）					

表 3-3　接续流二极管电感性负载数据记录

α	30°	60°	90°	120°	150°
U_2					
U_d（记录值）					
U_d/U_2					
U_d（计算值）					

计算公式：$U_d = 0.45U_2（1 + \cos\alpha）/2$

（4）注意事项

1）在本项目中触发电路选用的是单结晶体管触发电路，同样也可以用锯齿波同步移相触发电路来完成项目。

2）在项目中，触发脉冲是从外部接入 DL03 面板上晶闸管的门极和阴极，此时，应将所用晶闸管对应的正桥触发脉冲或反桥触发脉冲的开关拨向“断”的位置，避免误触发。

3）为避免晶闸管意外损坏，项目时要注意以下几点：

①在主电路未接通时，首先要调试触发电路，只有触发电路工作正常后，才可以接通主电路。

②在接通主电路前，必须先将控制电压 U_{ct} 调到零，且将负载电阻调到最大阻值处；接通主电路后，才可逐渐加大控制电压 U_{ct}，避免过电流。

（5）思考题

1）单结晶体管触发电路的振荡频率与电路中电容 C_1 的数值有什么关系？

2）单相半波可控整流电路接电感性负载时会出现什么现象？如何解决？

（6）复习要求

1）阅读电力电子技术教材中有关单结晶体管的内容，弄清单结晶体管触发电路的工作原理。

2）复习单相半波可控整流电路的有关内容，掌握单相半波可控整流电路接电阻性负载和电阻电感性负载时的工作波形。

3）掌握单相半波可控整流电路接不同负载时 U_d、I_d 的计算方法。

3.1.4　相关习题

1. 填空题

1）单相半波可控整流电路，当电感性负载接续流二极管时，控制角的移相范围为________。

2）按负载的性质不同，晶闸管可控整流电路的负载分为________性负载，________性负载和________负载三大类。

3）当增大晶闸管可控整流的控制角 α，负载上得到的直流电压平均值会________。

4）当晶闸管可控整流的负载为大电感负载时，负载两端的直流电压平均值会_________，解决的办法就是在负载的两端_________接_______个__________。

5）把晶闸管承受正压起到触发导通之间的电角度称为_______________。

2. 判断题

（　　）1）单向半控桥可控整流电路中，两只晶闸管采用的是“共阳”接法。

（　　）2）对低电压大电流的负载供电，应该用带平衡电抗器的双反星形可控整流装置。

（　　）3）增大晶闸管整流装置的控制角α，输出直流电压的平均值会增大。

（　　）4）在可控整流电路中电阻性负载与电感性负载对输出电流波形几乎一样。

3. 选择题

1）晶闸管可控整流电路中的控制角α减小，则输出的电压平均值会（　　）。

A. 不变　　B. 增大　　C. 减小

2）单相半波可控整流电路输出最大直流电压的平均值等于整流前交流电压的（　　）倍。

A. 1　　B. 0.5　　C. 0.45　　D. 0.9

3）单相桥式可控整流电路输出最大直流电压的平均值等于整流前交流电压的（　　）倍。

A. 1　　B. 0.5　　C. 0.45　　D. 0.9

4）为了让晶闸管可控整流电感性负载电路正常工作，应在电路中接入（　　）。

A. 晶体管　　B. 续流二极管　　C. 熔丝

4. 简答题

1）在可控整流电路中电阻性负载的特点是什么？电感性负载的特点又是什么？

2）单相半波可控整流电路中，试分析下面三种情况晶闸管两端U_{VT}与负载两端U_d的电压波形。①晶闸管门极不加触发脉冲；②晶闸管内部短路；③晶闸管内部断开。

3.2 单相桥式可控整流电路的分析与实践

3.2.1 任务导入

单相半波可控整流电路，虽具有电路简单、投资小及调试方便等优点，但其电源电压仅半周工作，整流输出直流电压脉动大，设备利用率不高等缺点，使其一般仅适用于对整流指标要求低、容量小的可控整流装置。为了使交流电源电压u_2的另一半周期也能向负载输出同方向的直流电压，同时减少输出电压u_d波形波动，又能提高输出直流电压平均值，常采用单相桥式整流电路。

3.2.2 理论知识

1. 单相桥式全控整流电路

（1）电阻性负载

如图3-9a所示为电阻负载的单相桥式全控整流电路，电路由四只晶闸管VT_1、VT_4、VT_2、VT_3、电源变压器T及负载电阻R组成。变压器二次电压u_2接在桥臂的中点a、b端。

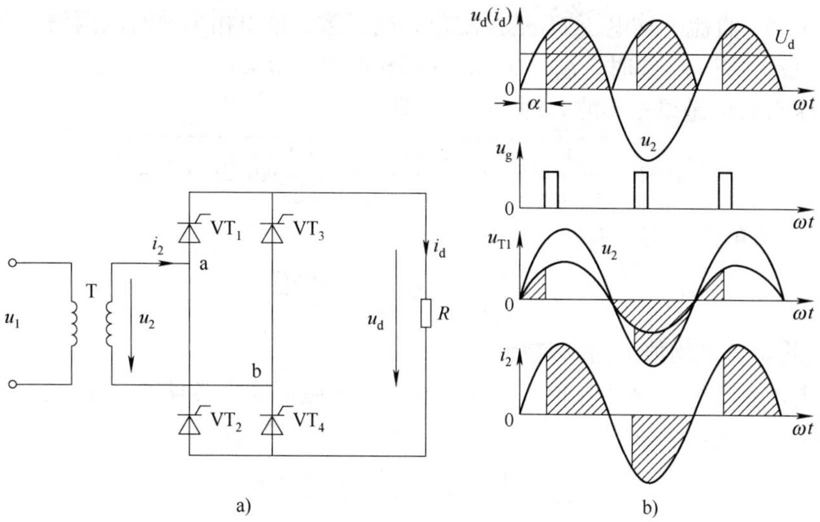

图 3-9　电阻负载的单相桥式全控整流电路及波形

a）电路　b）波形

当变压器二次电压 u_2 为正半周时，a 端电位高于 b 端电位，两个晶闸管 VT_1 与 VT_4 同时承受正向电压，如果此时门极无触发信号则两晶闸管均处于正向阻断状态。忽略晶闸管的正向漏电流，电源电压 u_2 将全部加在 VT_1 与 VT_4 上。当 $\omega t=\alpha$ 时，给 VT_1、VT_4 同时加触发脉冲，两只晶闸管立即被触发导通，电源电压 u_2 将通过 VT_1、VT_4 加在负载 R 上，负载电流 i_d 从电源 a 端经 VT_1、电阻 R、VT_4 回到电源的 b 端。在 u_2 正半周期，VT_2、VT_3 均承受反向电压而处于阻断状态。由于设晶闸管导通时管压降为零，则负载 R 两端的整流电压 u_d 与电源电压 u_2 正半周的波形相同。当电源电压 u_2 降到零时，电流 i_d 也降为零，VT_1 和 VT_4 关断。

在 u_2 负半周，b 端电位高于 a 端电位，VT_2、VT_3 承受正向电压，当 $\omega t=\pi+\alpha$ 时，同时给 VT_2、VT_3 加触发脉冲使其导通，电流从 b 端经 VT_2、电阻 R、VT_3 回到电源的 a 端，在负载 R 两端获得与电源电压 u_2 正半周相同波形的整流电压和电流，这期间 VT_1、VT_4 均承受反向电压而处于阻断状态。在 u_2 过零重新变正时，VT_2、VT_3 关断，u_d、i_d 又降为零。此后，VT_1、VT_4 又承受正向电压，并在相应时刻 $\omega t=2\pi+\alpha$ 时被触发导通。如此循环工作，输出整流电压 u_d、电流 i_d 及晶闸管两端电压 u_T 的波形如图 3-9b 所示。

由以上电路工作原理可知，在交流电源电压 u_2 的正、负半周里，VT_1、VT_4 和 VT_2、VT_3 两组晶闸管轮流被触发导通，将交流电转变成脉动的直流电。改变 α 的大小，负载电压 u_d、负载电流 i_d 的波形及整流输出直流电压平均值均相应改变。晶闸管 VT_1 两端承受的电压 u_{T1} 的波形如图 3-9b 所示，晶闸管在导通段管压降为零（即 $\omega t=\alpha\sim\pi$ 期间），故其波形是与横轴重合的直线段，晶闸管承受的最高反向电压为 $-\sqrt{2}U_2$。假定两晶闸管漏电阻相等，当晶闸管都处在未被触发导通期间，每个元器件承受的电压等于 $\pm\sqrt{2}U_2/2$，如图 3-9b 中 u_T 波形的 $0\sim\alpha$ 区间。

基本数量关系如下：

1）输出直流电压平均值 U_d 及有效值 U：

$$U_d=\frac{1}{\pi}\int_{\alpha}^{\pi}\sqrt{2}U_2\sin\omega t\mathrm{d}(\omega t)=\frac{\sqrt{2}}{\pi}U_2(1+\cos\alpha)=0.9U_2\frac{1+\cos\alpha}{2} \tag{3-15}$$

由上式可知，直流平均电压 U_d 是控制角 α 的函数，是单相半波时的两倍。当 $\alpha=0°$ 时，$U_d=0.9U_2$ 为最大值；$\alpha=\pi$ 时，$U_d=0$，故 α 移相范围为 0 ~ π。

输出电压有效值是单相半波时的 $\sqrt{2}$ 倍，即：

$$U=\sqrt{2}U_2\sqrt{\frac{1}{4\pi}\sin 2\alpha+\frac{\pi-\alpha}{2\pi}}=U_2\sqrt{\frac{1}{2\pi}\sin 2\alpha+\frac{\pi-\alpha}{\pi}} \tag{3-16}$$

2）输出直流电流平均值 I_d：

$$I_d=\frac{U_d}{R}=0.9\frac{U_2}{R}\frac{1+\cos\alpha}{2} \tag{3-17}$$

3）晶闸管电流平均值 I_{dT} 和有效值 I_T：

晶闸管电流由于两对晶闸管轮流导通，在一个正弦周期内各导通 180°，故流过各晶闸管上的电流平均值 I_{dT} 为

$$I_{dT}=\frac{1}{2}I_d=0.45\frac{U_2}{R}\frac{1+\cos\alpha}{2} \tag{3-18}$$

流过晶闸管的电流有效值为

$$I_T=\frac{1}{\sqrt{2}}I=\frac{1}{\sqrt{2}}\frac{U_2}{R_d}\sqrt{\frac{\sin 2\alpha}{2\pi}+\frac{\pi-\alpha}{\pi}}$$

4）功率因数 $\cos\varphi$：

$$\cos\varphi=\frac{P}{S}=\frac{UI}{U_2I}=\sqrt{\frac{1}{2\pi}\sin 2\alpha+\frac{\pi-\alpha}{\pi}} \tag{3-19}$$

电路要求的移相范围为 0 ~ π，与单相半波相同。而触发脉冲间隔为 π，不同于单相半波。

【例 3-4】 某电阻负载 $R=50\Omega$，要求输出电压在 0 ~ 600V 范围内可调，试分别用单相半波和单相全波两种方式供电，计算；

1）晶闸管额定电压、电流值。

2）负载电阻上消耗的最大功率。

解： 1）单相半波，当 $\alpha=0°$ 时：

$$U_2=\frac{U_d}{0.45}=\frac{600}{0.45}=1333\text{ V}$$

流过晶闸管电流有效值为

$$I_{VT}=1.57\times I_d=18.8\text{A}$$

晶闸管承受的最大反向电压为

$$U_{RM}\geqslant 2\sqrt{2}\,U_2=1885\text{V}$$

晶闸管的额定电流至少应：

$$I_{VT(AV)}\geqslant\frac{I_{VT}}{1.57}=12\text{A}$$

电阻消耗功率为

$$P_R=I_T^2R=17.7\text{kW}$$

2）单相全波，当 $\alpha=0°$ 时：

$$U_2=\frac{U_d}{0.9}=667\text{ V}，\quad I_d=\frac{600}{50}=12\text{ A}$$

负载电流有效值为

$$I = 1.11 I_d = 13.3\ \text{A}$$

晶闸管承受的最大反向电压为

$$U_{RM} \geqslant 2\sqrt{2}\, U_2 = 1885\text{V}$$

晶闸管承受的额定电流为

$$I_{VT(AV)} \geqslant I_{dVT} = \frac{1}{2} I_d = 6\text{A}$$

所以，晶闸管的额定电压至少应大于 2000V，晶闸管的额定电流至少大于 6A。

电阻消耗的功率：

$$P_R = I_T^2 R = (13.3)^2 \times 50 = 8.8\text{kW}$$

（2）大电感负载

1）不接续流二极管　图 3-10 所示是单相全控桥带阻感负载不接续流二极管时的电路与输出电压、电流波形。

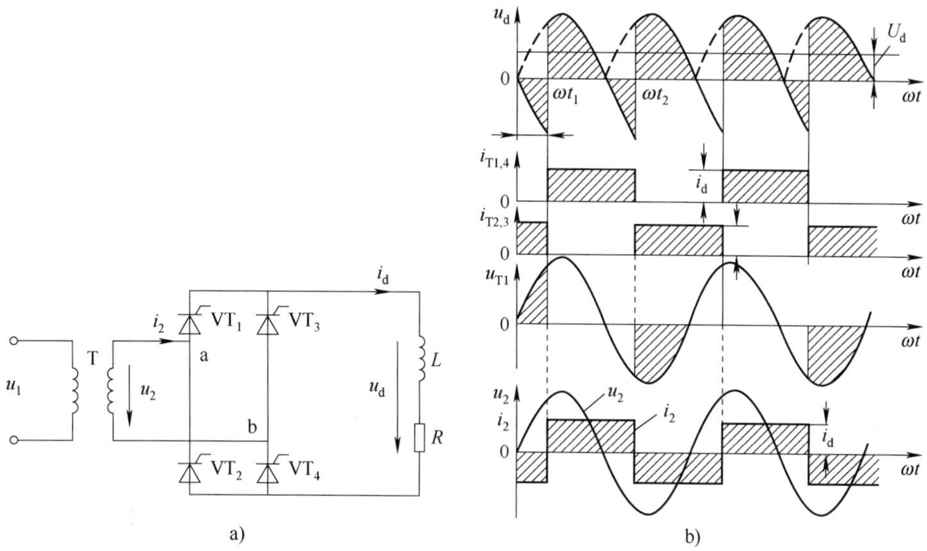

图 3-10　单相全控桥带阻感负载不接续流二极管时的电路与输出电压、电流波形

a）电路　b）波形

在单相半波可控整流带大电感负载电路中，如果不并接续流二极管，无论如何调节控制角 α，而输出整流电压 u_d 波形的正负面积几乎相等，负载直流平均电压 U_d 均接近于零。单相全控桥式整流带大电感负载的电路的情况截然不同，如图 3-10b 所示，在 $0 \leqslant \alpha < 90°$ 范围内，虽然 u_d 波形也会出现负面积，但正面积总是大于负面积。当 $\alpha = 0$ 时，u_d 波形不出现负面积，为单相不可控桥式整流电路输出电压波形，其平均值为 $0.9U_2$。在这区间输出电压平均值 U_d 与控制角 α 的关系为

$$U_d = \frac{1}{\pi}\int_{\alpha}^{\pi+\alpha} \sqrt{2} U_2 \sin\omega t \mathrm{d}(\omega t) = \frac{2\sqrt{2}}{\pi} U_2 \cos\alpha = 0.9 U_2 \cos\alpha \qquad (3\text{-}20)$$

输出电流 i_d 为脉动很小的直流，其算式为

$$i_d \approx I_d = U_d / R_d \qquad (3\text{-}21)$$

晶闸管的电流平均值、有效值以及管子可能承受的最大电压分别为

$$I_{dT} = \frac{1}{2} I_d \qquad I_T = \sqrt{\frac{1}{2}} I_d \qquad U_{TM} = \pm\sqrt{2} U_2$$

当 $\alpha = 90°$ 时，晶闸管被触发导通，一直要持续到下半周接近于 90° 时才被关断，负载两端 u_d 波形的正负面积几乎相等，平均电压 U_d 接近于零，其输出电流波形是一条幅度很小的脉动直流波。在 $\alpha > 90°$ 时，出现的 u_d 波形和单相半波大电感负载相似，无论如何调节 α，u_d 波形正负面积都相等，且波形断续，此时输出电压平均值为零。可见，不接续流管时，α 的有效移相范围只能是 0 ~ 90°。

2）接入续流二极管　为了扩大移相范围，不让 u_d 波形出现负值以及使输出电流更加平稳，可在负载两端并接续流二极管，其电路及电压电流波形如图 3-11 所示。

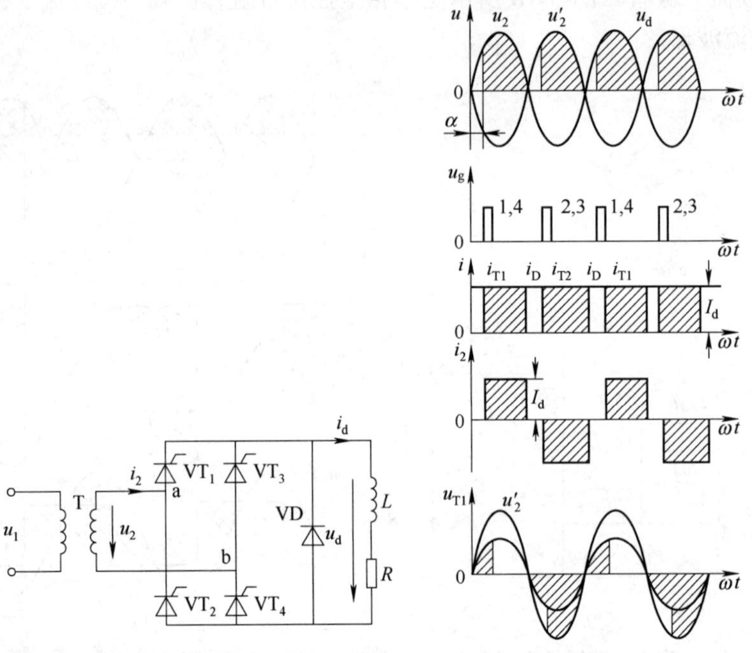

a)　　　　　　　　　　　　b)

图 3-11　接续流二极管时阻感负载电路及电压、电流波形

a）电路　b）电压、电流波形

接续流二极管 VD 后，α 的移相范围可扩大到 0 ~ 180°。α 在这区间内变化，只要电感量足够大，输出电流 i_d 就可保持连续且平稳。在电源电压 u_2 过零变负时，续流二极管承受正向电压而导通，晶闸管承受反向电压被关断。这样 u_d 波形与电阻性负载相同。负载电流 i_d 是由晶闸管 VT_1 和 VT_4、VT_2 和 VT_3、续流二极管相继轮流导通而形成的。u_T 波形与电阻性负载时相同。所以，单相全控桥大电感负载接续流二极管的电路各电量计算式为

$$U_d = 0.9U_2 \frac{1+\cos\alpha}{2} \qquad I_d = \frac{U_d}{R} = 0.9\frac{U_2}{R}\frac{1+\cos\alpha}{2}$$

$$I_{dT} = \frac{\pi-\alpha}{2\pi} I_d \qquad I_T = \sqrt{\frac{\pi-\alpha}{2\pi}} I_d$$

$$I_{dD}=\frac{\alpha}{\pi}I_d \qquad I_D=\sqrt{\frac{\alpha}{\pi}}I_d$$

$$U_{TM}=U_{DM}=\sqrt{2}U_2$$

单相桥式全控整流电路具有输出电压脉动小、电压平均值大、整流变压器没有直流磁化及利用率高等优点，但使用的晶闸管器件较多，工作时要求桥臂两管同时导通，脉冲变压器二次侧要求有 3～4 个绕组，绕组间要承受 u_2 耐压，绝缘要求较高。单相全控桥式整流电路较适合于在逆变电路中应用。

【**例 3-5**】单相桥式全控整流电路，$U_2=100$V，负载中 $R=2\Omega$，L 值极大，当 $\alpha=30°$ 时，要求：

1）作出 u_d、i_d 和 i_2 的波形；

2）求整流输出平均电压 U_d、电流 I_d、变压器二次侧电流有效值 I_2；

3）考虑安全裕量，确定晶闸管的额定电压和额定电流。

解： 1）u_d、i_d 和 i_2 的波形如图 3-12 所示。

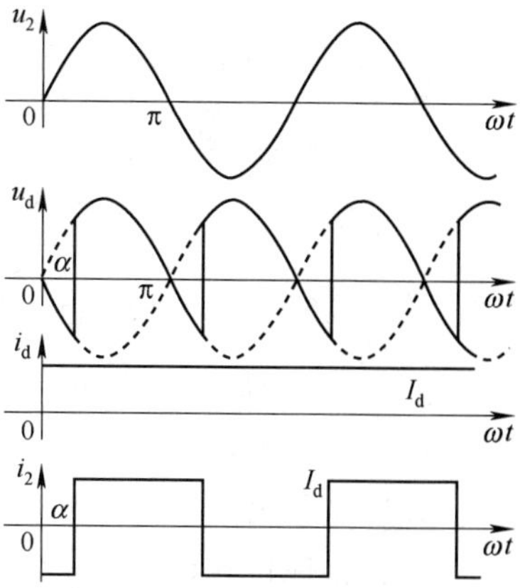

图 3-12　u_d、i_d 和 i_2 的波形

2）输出平均电压 U_d、电流 I_d、变压器二次侧电流有效值 I_2 分别为

$$U_d=0.9U_2\cos\alpha=0.9\times100\times\cos30°=77.97\text{ V}$$
$$I_d=U_d/R=77.79/2=38.99\text{ A}$$
$$I_2=I_d=38.99\text{ A}$$

3）晶闸管承受的最大反向电压为

$$U_m=\sqrt{2}U_2=141.1\text{ V}$$

考虑安全裕量，晶闸管的额定电压为

$$U_N=(2\sim3)\times141.4=283\sim424\text{ V}$$

具体数值可按晶闸管产品系列参数选取。

流过晶闸管的额定电流为

$$I_N=(1.5\sim2)\times27.57/1.57=26\sim35\text{ A}$$

具体数值可按晶闸管产品系列参数选取。

（3）反电动势负载

1）反电动势电阻负载的情况　在负载回路无电感时，反电动势电阻负载的特点是：当整流电压的瞬时值 u_d 小于反电动势 E 时，晶闸管承受反压而关断，这使得晶闸管导通角减小，晶闸管导通时，$u_d=u_2$，

$$i_d=\frac{u_d-E}{R}$$

晶闸管关断时，$u_d=E$，与电阻负载相比晶闸管提前了电角度 δ 停止导电，δ 称作停止导电角。

$$\delta=\arcsin\frac{E}{\sqrt{2}U_2}$$

若 $\alpha<\delta$ 时，触发脉冲到来时，晶闸管承受负电压，不可能导通。为了使晶闸管可靠导通，

要求触发脉冲有足够的宽度，保证当晶闸管开始承受正电压时，触发脉冲仍然存在。这样，相当于触发角被推迟，即 $\alpha=\delta$。单相全控桥电路和工作波形（反电动势无负载）如图 3-13 所示。

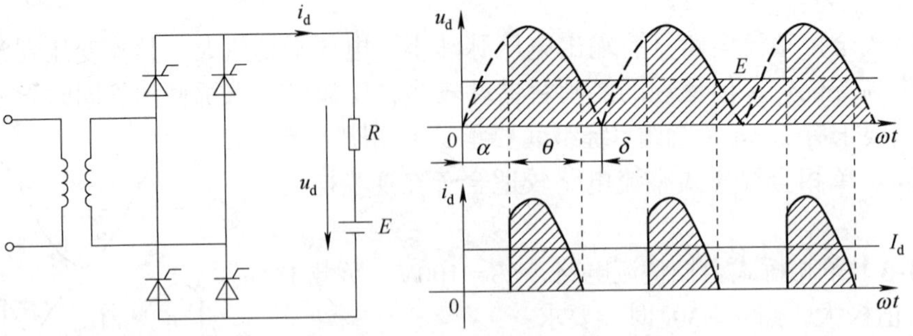

图 3-13 单相全控桥电路和工作波形（反电动势无负载）

2）反电动势电感性负载的情况 若负载为直流电动机，此时负载性质为反电动势电感性负载，电感不够大，输出电流波形仍然断续，在负载回路串接平波电抗器可以减小电流脉动；如果电感足够大，电流就能连续，在这种条件下其工作情况与电感性负载相同。

单相全控桥式整流器主要适用于 4kW 左右的应用场合，与单相半波可控整流器相比，整流电压脉动减小，每周期脉动两次，变压器二次侧流过正反两个方向的电流，不存在直流磁化，利用率高。

2. 单相桥式半控整流电路

将单相全控桥电路中一对晶闸管换成两个整流二极管，就构成了单相桥式半控整流电路，如图 3-14a 所示。它与单相全控桥相比，较为经济，触发装置也相应简单些，在中小容量的可控整流装置中得到了广泛应用。

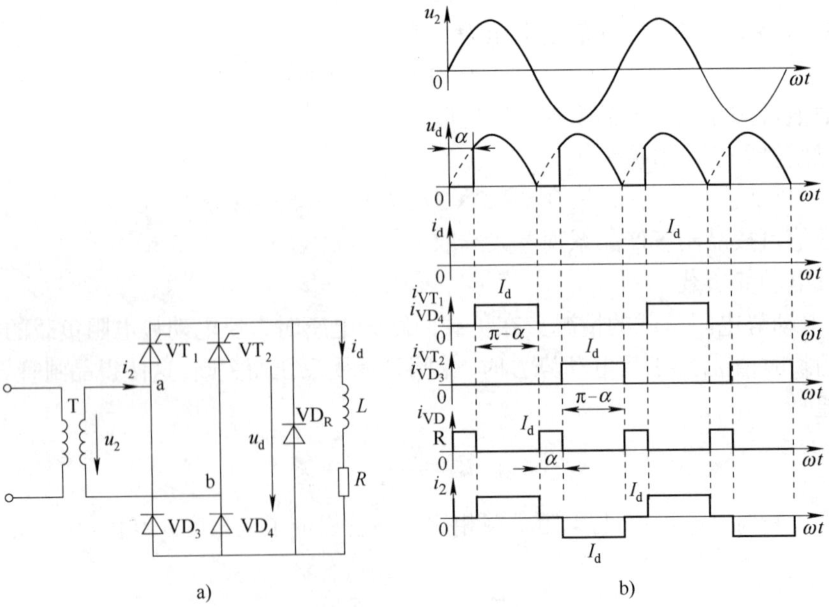

图 3-14 单相桥式半控整流阻感负载时有续流二极管的电路及波形

a）电路 b）波形

单相桥式半控整流电路的工作特点是：晶闸管需触发才导通；整流二极管则自然换相导通。在接电阻性负载时，其工作情况与单相全控桥电路相同，输出电压、电流的波形及元器件参数的计算公式也都一样。下面着重分析接电感性负载的工作情况。

（1）电路的工作原理

假设负载中电感量足够大，负载电流 i_d 连续，其波形近似为一直线。在 u_2 的正半周，触发角 α 处给晶闸管 VT_1 加触发脉冲，则 VT_1 和 VD_4 导通，电流从电源 u_2 的 a 端经 VT_1、负载、VD_4 回到电源 b 端，负载两端整流电压 $u_d = u_2$，当 u_2 过零变负时，电感上的感应电动势将使 VT_1 承受正向电压继续保持导通，而此时由于 b 端电位较 a 端高，二极管 VD_3 承受正向电压而导通，VD_4 受反偏截止，电流从 VD_4 转换至 VD_3，负载电流 i_d 经 VD_3、VT_1 构成回路而继续导通，不经过变压器自然续流。在续流期间，忽略 VT_1 和 VD_3 的管压降，负载上的整流电压 $u_d = 0$；当 $\omega t = \pi + \alpha$ 时，触发 VT_2 使其导通，VT_1 承受反向电压而关断，电流从电源 b 端经 VT_2、负载、VD_3 回到电源 a 端，负载上得到相同的整流电压 u_d。同样，当 u_2 过 2π 变正时，VD_4 自然换相导通，VD_3 截止，VT_2 和 VD_4 自然续流。如此循环工作，电源电压 u_2 的过零点 0、π、2π……就是整流二极管的自然换相点，也就是该电路中触发延迟角 α 的起点。

整流输出电压 U_d、负载电流 i_d 及各元器件流过的电流波形如图 3-14b 所示。α 的移相范围为 $0 \sim \pi$，晶闸管导通角 $\theta = \pi - \alpha$。

由于电路波形与全控桥大电感负载接续流二极管电路相似，所以计算式也相同，输出直流电压、电流平均值分别为

$$U_d = 0.9U_2 \frac{1+\cos\alpha}{2} \qquad I_d = \frac{U_d}{R}$$

晶闸管中流过的电流平均值、有效值及可能承受的最高电压分别为

$$I_{dT} = \frac{\pi - \alpha}{2\pi} I_d \qquad I_T = \sqrt{\frac{\pi - \alpha}{2\pi}} I_d \qquad U_{TM} = \sqrt{2} U_2$$

流过续流二极管的电流平均值、有效值及可能承受的最高电压分别为

$$I_{dD} = \frac{\alpha}{\pi} I_d \qquad I_D = \sqrt{\frac{\alpha}{\pi}} I_d \qquad U_{DM} = \sqrt{2} U_2$$

（2）续流二极管的作用

从上述工作原理可知，共阴极连接的晶闸管 VT_1、VT_2 被触发后才导通；VD_1、VD_2 自然换相导通，改变触发延迟角 α 即可改变整流输出电压平均值 U_d 的大小。电路似乎可以不必接续流二极管就能正常工作。但实际运行中，该电路在接大电感负载的情况下，若突然触发脉冲丢失或增大 α 至 180°，在无续流二极管时，可能出现一个晶闸管持续导通而两个二极管轮流导通的失控现象，结果使 u_d 成为正弦半波，即半周期 u_d 为正弦，另外半周期 u_d 为零，其平均值保持恒定，电路失去控制。

为了防止失控现象发生，在负载回路两端并接一续流二极管 VD_R。续流二极管的作用是取代晶闸管和桥臂中整流二极管的续流作用。在 u_2 的正半周，VD_4 导通，VD_R 承受反向电压截止，从 u_2 过零变负时，在电感的感应电动势作用下，使 VD_R 承受正偏而导通，负载电流 i_d 经感性负载及续流二极管 VD_R 构成通路，电感释放能量，晶闸管 VT_1 将随 u_2 过零而恢复阻断，防止了失控现象发生。接续流二极管后，输出整流电压 u_d 的波形与不接续流二极管时相同，但流过晶闸管和整流二极管的波形则因两者导通角不同而不一样。

桥式整流电路与单相半波整流电路相比，桥式整流把电源电压的负半波也利用了起来，使输出电压在一个电源周期中由原来的只有一个脉波变成了有两个脉波，改善了波形，提高了输出。

【例 3-6】某电感性负载采用带续流二极管的单相半控桥电路供电，如图 3-14a 所示。已知：电感线圈的内阻 $R_d=5\Omega$，输入交流电压 $U_2=220V$，控制角 $\alpha=60°$ 。试求晶闸管与续流二极管的电流平均值及有效值，并选择整流电路中的电力电子器件。

解：首先求整流输出电压平均值

$$U_d=0.9U_2\frac{1+\cos\alpha}{2}=0.9\times220\times\frac{1+\cos60^\circ}{2}V=149V$$

求负载电流平均值

$$I_d=\frac{U_d}{R}=\frac{149}{5}A=30A$$

流过晶闸管与整流二极管的电流平均值及有效值

$$I_{dT}=\frac{\pi-\alpha}{2\pi}I_d=\frac{180^\circ-60^\circ}{360^\circ}\times30A=10A$$

$$I_T=\sqrt{\frac{\pi-\alpha}{2\pi}}I_d=\sqrt{\frac{180^\circ-60^\circ}{360^\circ}}\times30A=17.3A$$

流过续流二极管的电流平均值及有效值

$$I_{dD}=\frac{\alpha}{\pi}I_d=\frac{60^\circ}{180^\circ}\times30A=10A$$

$$I_D=\sqrt{\frac{\alpha}{\pi}}I_d=\sqrt{\frac{60^\circ}{180^\circ}}\times30A=17.3A$$

确定晶闸管定额

$$U_{Tn}=（2\sim3）U_{TM}=（2\sim3）\times\sqrt{2}\times220V=622\sim933V$$

$$I_{T(AV)}=（1.5\sim2）\times\frac{I_T}{1.57}=（1.5\sim2）\times\frac{17.3}{1.57}A=16.5\sim22A$$

取系列标称值 $I_{T(AV)}=20$ A；$U_{Tn}=700$ V。

选择晶闸管型号为 KP20-7。

整流管及续流二极管型号为 KZ20-7。

3.2.3 技能训练

1. 单相桥式半控整流电路测试

（1）知识准备

本项目电路如图 3-15 所示，两组锯齿波同步移相触发电路均在 DL05 挂件上，它们由同一个同步变压器保持与输入的电压同步，触发信号加到共阴极的两个晶闸管（锯齿波触发脉冲 G_1，K_1 加到 VT_1 的门极和阴极，锯齿波触发脉冲 G_3，K_3 加到 VT_3 门极和阴极），图中的 R 用直流电动机，二极管 VD_1、VD_2、VD_3 及开关 S_1 均在 DL08 挂件上，电抗器 L_d 在 DL03 面板上，有 100mH、200mH、700mH 三档可供选择，本项目用 700mH，直流电压表、电流表从 DL03 挂件获得。

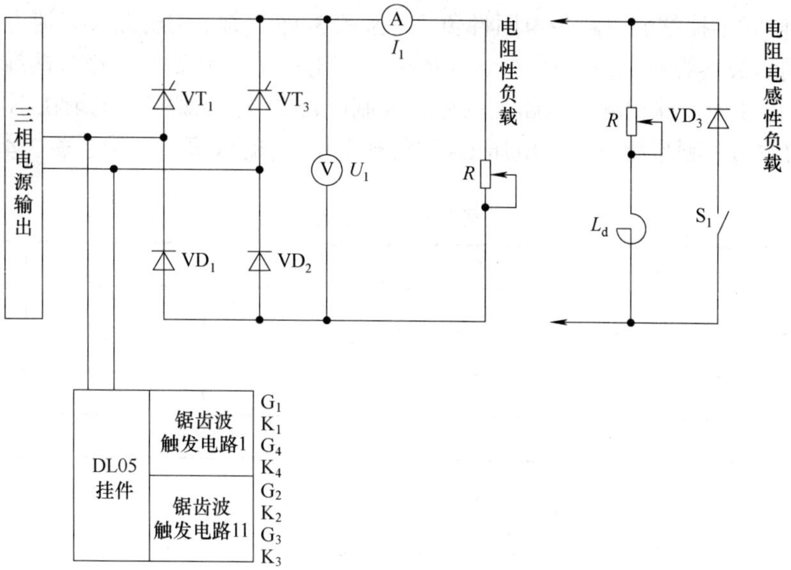

图 3-15　单相桥式半控整流电路

（2）实践操作

1）项目所需挂件及附件

序　号	型　号	备　注
1	电源控制屏	该控制屏包含“三相电源输出”、“励磁电源”等几个模块
2	DL03 晶闸管主电路	该挂件包含“晶闸管”以及“电感”等几个模块
3	DL05 晶闸管触发电路	该挂件包含“锯齿波同步触发电路”模块
4	DL08 给定及项目器件	该挂件包含“二极管”以及“开关”等几个模块
5	变频控制器	“灯泡”
6	双踪示波器	自备
7	万用表	自备

2）项目测试内容

① 锯齿波同步触发电路的调试。

② 单相桥式半控整流电路带电阻性负载。

③ 单相桥式半控整流电路带电阻电感性负载。

④ 单相桥式半控整流电路带反电动势负载（选做）。

3）项目方法

① 将电源控制屏的电源选择开关打开，使输出相电压为 220V。不能打到接“线电压”工作，因为 DL05 的正常工作电源电压为 220V±10%，而“线电压”侧输出的线电压为 380V。如果输入电压超出其标准工作范围，挂件的使用寿命将减短，甚至会导致挂件损坏。用两根导线将 220V 交流电压接到 DL05 的“外接 220V”端，按下“启动”按钮，打开 DL05 电源开关，用双踪示波器观察“锯齿波同步触发电路”各观察孔的波形。

② 锯齿波同步移相触发电路调试：其调试方法与项目三相同。令 U_{ct}=0 时（RP_2 电位器顺时针转到底），$\alpha=170°$ 。

③ 单相桥式半控整流电路带电阻性负载：按图 3-15 接线，主电路接直流电机，按下“启动”按钮，用示波器观察负载电压 U_d、晶闸管两端电压 U_{VT} 和整流二极管两端电压 U_{VD1} 的波形，调节锯齿波同步移相触发电路上的移相控制电位器 RP_2，观察并记录在不同 α 角时 U_d、U_{VT}、U_{VD1} 的波形，测量相应电源电压 U_2 和负载电压 U_d 的数值，记录于表 3-4 中。

表 3-4 数据记录

α	30°	60°	90°	120°	150°
U_2					
U_d（记录值）					
U_d/U_2					
U_d（计算值）					

计算公式：$U_d = 0.9U_2（1+\cos\alpha）/2$

④ 单相桥式半控整流电路带电阻电感性负载：

a. 断开主电路后，将负载换成将平波电抗器 L_d（700mH）与电阻 R 串联。

b. 不接续流二极管 VD_3，接通主电路，用示波器观察不同控制角 α 时 U_d、U_{VT}、U_{VD1}、I_d 的波形，并测定相应的 U_2、U_d 数值，记录于表 3-5 中。

c.在 $\alpha = 60°$ 时，移去触发脉冲（将锯齿波同步触发电路上的“G_3”或“L_3”拔掉），观察并记录移去脉冲前、后 U_d、U_{VT1}、U_{VT3}、U_{VD1}、U_{VD2}、I_d 的波形。

d.接上续流二极管 VD_3，接通主电路，观察不同控制角 α 时 U_d、U_{VD3}、I_d 的波形，并测定相应的 U_2、U_d 数值，记录于表 3-6 中。

表 3-5 数据记录

α	30°	60°	90°
U_2			
U_d（记录值）			
U_d/U_2			
U_d（计算值）			

表 3-6 数据记录

α	30°	60°	90°
U_2			
U_d（记录值）			
U_d/U_2			
U_d（计算值）			

e. 在接有续流二极管 VD_3 及 $\alpha = 60°$ 时，移去触发脉冲（将锯齿波同步触发电路上的“G_3”或“L_3”拔掉），观察并记录移去脉冲前、后 U_d、U_{VT1}、U_{VT3}、U_{VD2}、U_{VD1} 和 I_d 的波形。

⑤ 单相桥式半控整流电路带反电动势负载（选做）

要完成此项目还应加一台直流电动机。

a. 断开主电路，将负载改为直流电动机，不接平波电抗器 L_d，调节锯齿波同步触发电路上的 RP_2 使 U_d 由零逐渐上升，用示波器观察并记录不同 α 时输出电压 U_d 和电动机电枢两端电压 U_a 的波形。

b. 接上平波电抗器，重复上述项目。

4）注意事项

① 在本项目中，触发脉冲是从外部接入 DL03 面板上晶闸管的门极和阴极，此时，应将所用晶闸管对应的正桥触发脉冲或反桥触发脉冲的开关拨向“断”的位置，并将 U_{lf} 及 U_{lr} 悬

空，避免误触发。

② 带直流电动机做项目时，要避免电枢电压超过其额定值，转速也不要超过 1.2 倍的额定值，以免发生意外，影响电动机功能。

③ 带直流电动机做项目时，必须要先加励磁电源，然后加电枢电压，停机时要先将电枢电压降到零后，再关闭励磁电源。

5）思考题

① 单相桥式半控整流电路在什么情况下会发生失控现象？

② 在加续流二极管前后，单相桥式半控整流电路中晶闸管两端的电压波形如何？

3.2.4　相关习题

1．填空题

1）单相全控桥式整流大电感负载电路中，晶闸管的导通角 θ 的变化范围是__________。

2）工作于反电动势负载的晶闸管在每一个周期中的导通角_______、电流波形不连续、呈________状、电流的平均值________。要求管子的额定电流值要________些。

3）在反电动势负载时，只有___________的瞬时值大于负载的反电动势，整流桥路中的晶闸管才能随受正压而触发导通。

4）触发脉冲可采取宽脉冲触发与双窄脉冲触发两种方法，目前采用较多的是_______触发方法。

2．判断题

（　　）1）在可控整流电路中电阻性负载与电感性负载的输出电流波形几乎一样。

（　　）2）在电感性负载中续流二极管的作用是为电感释能提供通路。

（　　）3）在单相半控桥式整流电路中引起失控现象的原因是整流输出端没有带续流二极管。

（　　）4）在半控桥整流电路中，大电感负载不加续流二极管，电路出故障时可能会出现失控现象。

3．选择题

1）单相桥式可控整流电路输出最大直流电压的平均值等于整流前交流电压的（　　）倍。

A．1　　B．0.5　　C．0.45　　D．0.9

2）为了让晶闸管可控整流电感性负载电路正常工作，应在电路中接入（　　）。

A．晶体管　　B．续流二极管　　C．熔丝

3）晶闸管可控整流电路中直流端的蓄电池或直流电动机应该属于（　　）负载。

A．电阻性　　B．电感性　　C．反电动势

4）直流电动机由晶闸管供电与由直流发电机供电相比较，其机械特性（　　）。

A．一样　　B．要硬一些　　C．要软一些

5）普通的单相半控桥可控整流装置中一共用了（　　）晶闸管。

A．一只　　B．二只　　C．三只　　D．四只

6）单相全控桥大电感负载电路中，晶闸管可能承受的最大正向电压为（　　）。

A．$\frac{\sqrt{2}}{2}U_2$　　B．$\sqrt{2}U_2$　　C．$2\sqrt{2}U_2$　　D．$\sqrt{6}U_2$

7）单相全控桥电阻性负载电路中，晶闸管可能承受的最大正向电压为（　　）。

A. $\sqrt{2}U_2$　　B. $2\sqrt{2}U_2$　　C. $\frac{1}{2}\sqrt{2}U_2$　　D. $\sqrt{6}U_2$

8）单相全控桥式整流大电感负载电路中，控制角 α 的移相范围是（　　）。

A. 0°～90°　　B. 0°～180°　　C. 90°～180°　　D. 180°～360°

9）单相全控桥反电动势负载电路中，当控制角 α 大于不导电角 δ 时，晶闸管的导通角 θ=（　　）。

A. $\pi-\alpha$　　B. $\pi+\alpha$　　C. $\pi-\delta-\alpha$　　D. $\pi+\delta-\alpha$

10）在单相桥式半控整流电路中，电阻性负载，流过每个晶闸管的有效电流 I_T 为(　　)。

A. I　　B. $0.5I$　　C. $1/\sqrt{2}I$　　D. $\sqrt{2}I$

4. 简答题

1）单相桥式全控整流和单相桥半控整流特性有哪些区别?

2）单相桥式全控整流有反电动势负载时，输出电压波形如何确定?

3）单相桥式全控整流电路，对直流电动机供电，主回路中平波电抗器的电感量足够大，要求电动机在额定转速下调速，调速范围是1:10，是恒转矩调速。试问：调速范围与晶闸管容量有关系吗？调速范围与要求移相范围的关系又如何?

4）单相桥式全控整流电路和单相桥式半控整流电路接大电感负载，负载两端并接续流二极管的作用是否相同？两者的作用分别是什么?

3.3 三相半波可控整流电路的分析与实践

3.3.1 任务导入

单相可控整流电路元器件少，电路简单，调整方便，但输出电压的脉动较大，当所带的负载较重时，会因单相供电而引起三相电网不平衡，故只适用于小容量（4kW 以下）的设备中。当容量较大（超过 4kW）、输出电压脉动要求较小、对控制的快速性有要求时，则多采用三相可控整流电路。

3.3.2 理论知识

三相可控整流电路的形式有三相半波、三相全控桥、三相半控桥、双反星形电路及适合于较大功率应用的 12 相整流电路等。多相可控整流电路形式多样，最基本的是三相半波可控整流电路。其他类型可视为三相半波电路以不同方式串联或并联而成。下面将重点分析三相半波可控整流电路。

1. 电阻性负载

由于三相整流在自然换流点之前晶闸管承受反压，因此自然换流点是晶闸管控制角 α 的起算点（$\alpha=0$）。由于自然换流点距相电压波形原点为 30°，所以触发脉冲距对应相电压的原点为 30°+α。

三相半波可控整流电路如图 3-16a 所示。为了得到零线，整流变压器二次绕组接成星形。为了给三次谐波电流提供通路，减少谐波对电网的影响，变压器一次绕组接成三角形。T 为三相整流变压器，晶闸管 VT_1、VT_2、VT_3 分别与变压器的 U、V、W 三相相连，三只晶闸管的阴极接在一起经负载电阻 R 与变压器的中线相连，它们组成共阴极接法电路。

整流变压器的二次侧相电压有效值为 U_2，三相电压波形如图 3-16b 所示，表达式分别为

$$u_U = \sqrt{2}U_2 \sin\omega t$$

$$u_V = \sqrt{2}U_2 \sin(\omega t - \frac{2\pi}{3})$$

$$u_W = \sqrt{2}U_2 \sin(\omega t + \frac{2\pi}{3})$$

电源电压是不断变化的，三相中哪一相所接的晶闸管可被触发导通呢？依据晶闸管的单向导电原则，取决于三只晶闸管各自所接的 u_U、u_V、u_W 中哪一相电压瞬时值最高，则该相所接晶闸管可被触发导通，而另外两管则承受反向电压而阻断。

（1）原理分析

1）触发延迟角 $\alpha = 0°$　当 α=0° 时，晶闸管 VT_1、VT_2、VT_3 相当于三个整流二极管，有如图 3-16d 所示的负载电压波形：$\omega t_1 \sim \omega t_2$ 期间，u_U 瞬时值最高，U 相所接的晶闸管 VT_1 可被触发导通，输出电压 $u_d = u_U$，V 相和 W 相所接 VT_2、VT_3 承受反向线电压而阻断；$\omega t_2 \sim \omega t_3$ 期间，u_V 瞬时值最高，VT_2 可被触发导通，输出电压 $u_d = u_V$，V_{T1}、V_{T3} 承受反向线电压而阻断；在 $\omega t_3 \sim \omega t_4$ 期间，u_W 瞬时值最高，VT_3 导通，输出电压 u_d=u_W，VT_1、VT_2 承受反向线电压而阻断；依次循环，每管导通 120°，三相电源轮流向负载供电，负载电压输出电压 u_d 为三相电源电压正半周包络线。脉动频率为 3×50Hz=150Hz。

ωt_1、ωt_2、ωt_3 时刻所对应的三个点，称为自然换相点，分别是三只晶闸管轮换导通的起始点。自然换相点也是各相所接晶闸管可能被触发导通的最早时刻，在此之前由于晶闸管承受反向电压，不可能导通，因此把自然换相点作为计算触发延迟角 α 的起点，即该点 α=0°，对应于 ωt=30°。

当 α=0° 时，晶闸管 VT_1 上的电压波形如图 3-16f 所示，在 $\omega t_1 \sim \omega t_2$ 期间导通，管压降为零；$\omega t_2 \sim \omega t_3$ 期间由于 VT_2 导通，VT_1 承受反相线电压 u_{UV}；$\omega t_3 \sim \omega t_4$ 期间，VT_3 导通，VT_1 承受反向线电压 u_{UW}。依此类推 120° 和 240°，可画出晶闸管 VT_2、VT_3 的电压的波形。

2）触发延迟角 $\alpha \leqslant 30°$　$\alpha \leqslant 30°$ 时（如 α=18°）的波形如图 3-17 所示，触发脉冲 U_{g1} 在自然换流点后移 18° 出现，前相 VT_3 继续导通到 U_{g1} 出现时才换流为 VT_1 导通，VT_3 受反压关断。同样 VT_2、VT_3 均后移 18° 换流。脉冲出现时刻即为换流时刻，在 $\alpha \leqslant 30°$ 时 u_d 和 i_d 波形保持连续，VT_1 两端电压如图 3-17d 所示。

图 3-18 所示为触发脉冲后移到 α=30° 时的波形。假设电路已在工作，W 相所接的晶闸管 VT_3 导通，经过自然换相点“1”时，由于 U 相所接晶闸管 VT_1 的触发脉冲尚未送到，故无法导通。于是 VT_3 仍承受 u_W 正向电压继续导通，直到过 U 向自然换相“1”点 30° 时，VT_1 被触发导通，输出直流电压波形由 u_W 换成为 u_U。VT_1 导通时 VT_3 承受反向电压 u_{UW} 而被强迫关断，负载电流 i_d 从 W 相换到 U 相。依此类推，其他两相也依次轮流导通关断。负载电流 i_d 波形与 u_d 波形相似，而流过晶闸管 VT_1 的电流 i_{T1} 波形是 i_d 波形的 1/3 区间，如图 3-18d 所示。α=30° 时，VT_1 两端的电压 u_{T1} 波形如图 3-18e 所示，它可分成三部分：VT_1 本身导通，u_{T1}=0；VT_2 导通时，VT_1 将承受线电压 u_{UV}；VT_3 导通时，VT_1 将承受线电压 u_{UW}。其他两相晶闸管两端所承受的电压与 u_{T1} 相同，但相位相差 120°。

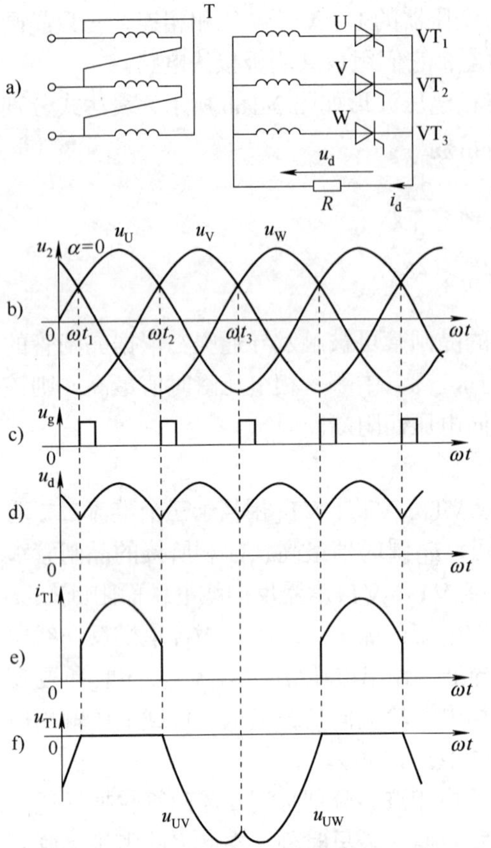

图 3-16 三相半波可控整流电路共阴极接法电阻负载时的电路及 α=0° 时的波形

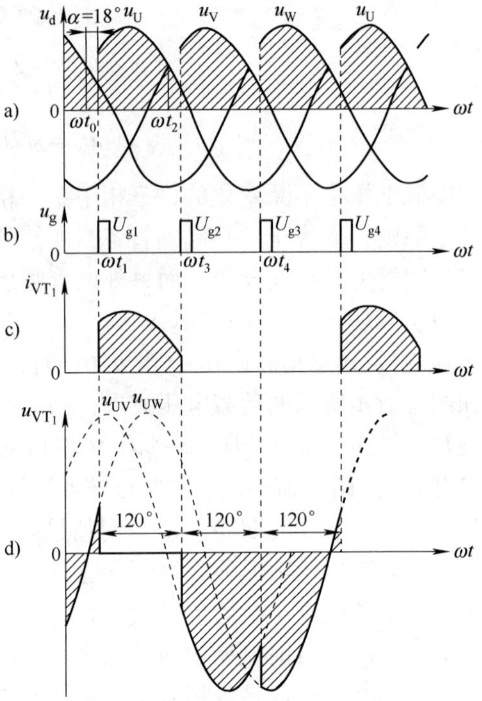

图 3-17 三相半波可控整流电路电阻负载 α=18° 时的波形

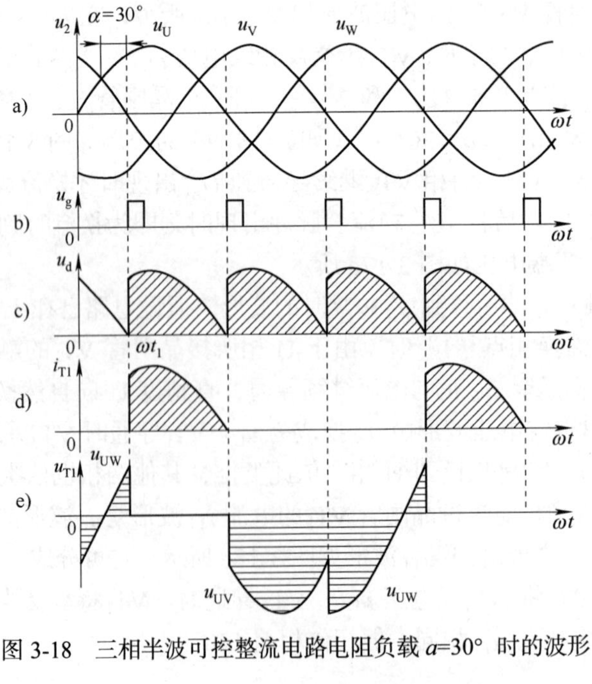

图 3-18 三相半波可控整流电路电阻负载 α=30° 时的波形

3）触发延迟角 $\alpha>30°$　当 $30°<\alpha\leqslant150°$ 时，u_d 波形出现断续。图 3-19 所示为当触发脉冲后移到 $\alpha=60°$ 时的波形，其输出电压 u_d 波形及负载电流 i_d 波形均已断续，三只晶闸管都在本相电源电压过零时自行关断。晶闸管的导通角显然小于 120°，仅为 $\theta_T=90°$（$\theta_T=150°-\alpha$）。VT_1 两端电压在器件本身导通时，$u_{T1}=0$；相邻器件导通时，要承受电源线电压，即 $u_{T1}=u_{UV}$ 与 $u_{T1}=u_{UW}$；当三只晶闸管均不导通时，VT_1 承受本身 U 相电源电压，即 $u_{T1}=u_U$。显然，当触发脉冲后移到 $\alpha=150°$ 时，由于晶闸管已不再承受正向电压而无法导通，$U_d=0V$。所以三相半波可控整流电路带电阻性负载时，其触发延迟角 α 的可调范围为 0°～150°。

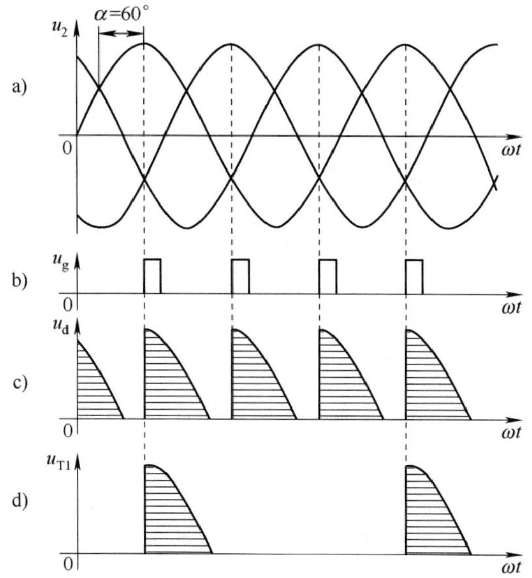

图 3-19　三相半波可控整流电路电阻负载 $\alpha=60°$ 时的波形

当触发脉冲出现在自然换流点之前且脉宽很窄时，会造成脉冲出现时管子还未受正压，待管子受正压时脉冲已消失的现象，出现输出电压为断续、各相间隔轮流导通的缺相波形，这是不允许的。为此在实际装置中最小控制角 α_{min} 必须有相应的限制措施。

（2）数量关系

根据电路工作原理，u_d 波形在 $0°\leqslant\alpha\leqslant30°$ 区间是连续的，而 $30°\leqslant\alpha\leqslant150°$ 区间是断续的。故求它的直流平均电压要分别计算：

1）$0°\leqslant\alpha\leqslant30°$，负载电流连续，有：

$$U_d=\frac{1}{\frac{2\pi}{3}}\int_{\frac{\pi}{6}+\alpha}^{\frac{5\pi}{6}+\alpha}\sqrt{2}U_2\sin\omega t\,d(\omega t)=\frac{3\sqrt{6}}{2\pi}U_2\cos\alpha=1.17U_2\cos\alpha \tag{3-22}$$

当 $\alpha=0$ 时，U_d 最大，为 $1.17U_2$。

2）$30°\leqslant\alpha\leqslant150°$ 时，负载电流断续，晶闸管导通角减小，此时有：

$$\begin{aligned}U_d&=\frac{1}{\frac{2\pi}{3}}\int_{\frac{\pi}{6}+\alpha}^{\pi}\sqrt{2}U_2\sin\omega t\,d(\omega t)=\frac{3\sqrt{2}}{2\pi}U_2\left[1+\cos(\frac{\pi}{6}+\alpha)\right]\\&=0.675\left[1+\cos(\frac{\pi}{6}+\alpha)\right]\end{aligned} \tag{3-23}$$

由于 i_d 波形与 u_d 波形相似，数值上相差 R_d 倍，即负载电流平均值为

$$I_d = \frac{U_d}{R} \tag{3-24}$$

晶闸管承受的最大反向电压，由图 3-18e 不难看出为变压器二次线电压峰值，即

$$U_{TM} = \sqrt{2} \times \sqrt{3}U_2 = \sqrt{6}U_2 = 2.45U_2 \tag{3-25}$$

由于晶闸管阴极与零点间的电压即为整流输出电压 u_d，其最小值为零，而晶闸管阳极与零点间的最高电压等于变压器二次相电压的峰值，因此晶闸管阳极与阴极间的最大电压等于变压器二次相电压的峰值，即

$$U_{FM} = \sqrt{2}U_2$$

2. 大电感负载

（1）不接续流二极管

大电感负载的三相半波可控整流电路如图 3-20a 所示。由于负载是大电感，所以只要输出电压平均值 U_d 不为零，晶闸管导通角均为 120°，与触发延迟角 α 无关。其电流波形近似为方波，如图 3-20c、d、e 所示。

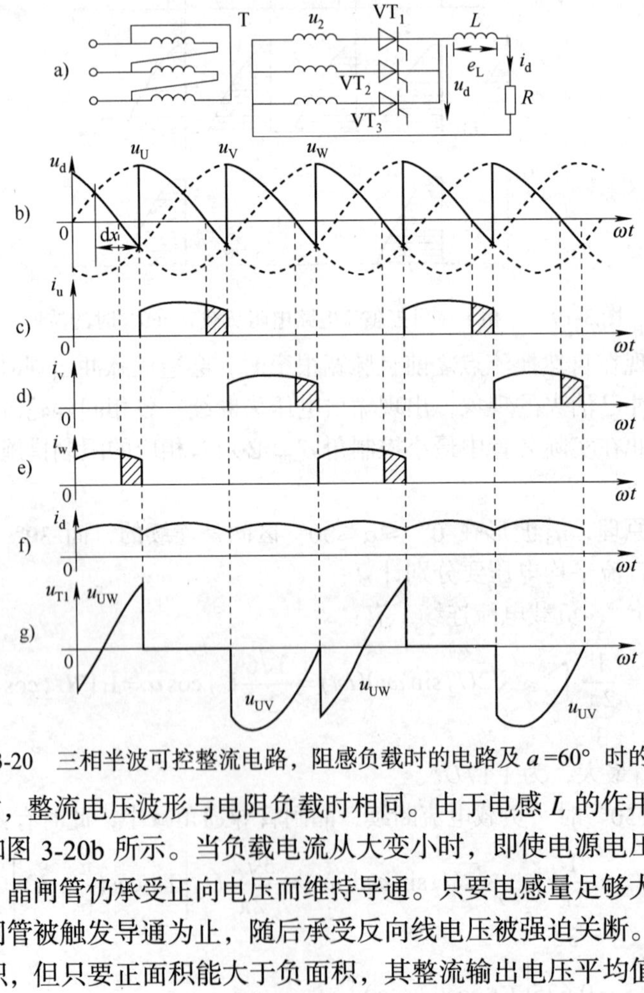

图 3-20 三相半波可控整流电路，阻感负载时的电路及 α =60° 时的波形

当 $\alpha \leqslant 30°$ 时，整流电压波形与电阻负载时相同。由于电感 L 的作用，当 $\alpha > 30°$ 后 u_d 波形出现负值，如图 3-20b 所示。当负载电流从大变小时，即使电源电压过零变负，在感应电动势的作用下，晶闸管仍承受正向电压而维持导通。只要电感量足够大，晶闸管导通就能维持到下一相晶闸管被触发导通为止，随后承受反向线电压被强迫关断。尽管 $\alpha > 30°$ 后，u_d 波形出现负面积，但只要正面积能大于负面积，其整流输出电压平均值总是大于零，电流 i_d 可连续平稳。

显然，当触发脉冲后移到 $\alpha \geqslant 90°$ 后，u_d 波形的正负面积相等，其输出电压平均值 U_d 为零。所以大电感负载不连续流二极管时，其有效的移相范围只能为 $\alpha=0 \sim 90°$ 。晶闸管两端电压波形与电阻性负载分析方法相同。

输出电压平均值 U_d 为

$$U_d = \frac{3}{2\pi}\int_{\frac{\pi}{6}+\alpha}^{\frac{5\pi}{6}+\alpha}\sqrt{2}U_2\sin\omega t\mathrm{d}(\omega t) = 1.17U_2\cos\alpha \tag{3-26}$$

由上式可以看出，大电感负载的 U_d 计算公式与电阻性负载在 $0 \leqslant \alpha \leqslant 30°$ 时的 U_d 公式相同。在 $\alpha > 30°$ 以后，大电感负载的 U_d 波形出现负值，在同一 α 角时的 U_d 值将比电阻负载时小。

负载电流平均值为

$$I_d = U_d / R_d$$

流过晶闸管的电流平均值 I_{dT}、有效值 I_T 以及承受的最高电压 U_{TM} 分别为

$$I_{dT} = \frac{1}{3}I_d$$

$$I_T = \sqrt{\frac{1}{3}}I_D = 0.577I_d$$

$$U_{TM} = \sqrt{6}U_2$$

（2）大电感负载接续流二极管

为了扩大移相范围并使负载电流 i_d 平稳，可在电感负极两端并接续流二极管 VD，如图 3-21a 所示。由于续流二极管的作用，u_d 波形已不出现负值，与电阻性负载 u_d 波形相同。

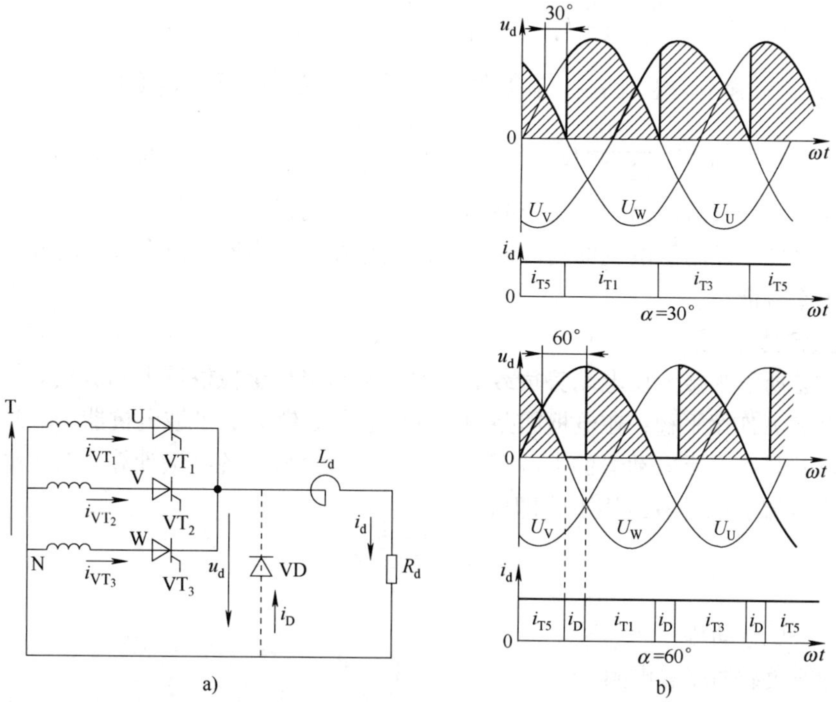

图 3-21 三相半波可控整流电路阻感负载时并接续流二极管的电路及输出波形

a）接续流二极管的电路 b）大电感负载接续流二极管后的波形

图 3-21b 为接入续流二极管后，α 分别为 30° 和 60° 时的电压、电流波形。在 0° ≤α≤30° 区间，电源电压均为正值，u_d 波形连续，续流二极管不起作用；当在 30° ≤α≤150° 区间，电源电压出现过零变负时，续流二极管及时导通为负载电流提供续流回路，晶闸管承受反向电源相电压而关断。这样 u_d 波形断续但不出现负值。续流二极管 VD 起作用时，晶闸管与续流二极管的导通角分别为

$$\theta_T = 150° - \alpha$$

$$\theta_D = 3(\alpha - 30°)$$

这样，三相半波大电感接续流二极管电路的各电路的各电量计算公式分别为

1）负载电压平均值 U_d 和电流平均值 I_d

① 0° ≤α≤30° 时，$U_d = 1.17U_2\cos\alpha$

② 30° ≤α≤150° 时，

$$U_d = 3\times 0.45U_2\left[1+\cos(\frac{\pi}{6}+\alpha)\right]\times\frac{1}{2} = 0.675U_2\left[1+\cos(\frac{\pi}{6}+\alpha)\right]$$

负载电流 $I_d = U_d / R_d$

2）晶闸管电流平均值 I_{dT}、有效值 I_T 及晶闸管承受的最高电压值 U_{TM} 为

① 当 0° ≤α≤30° 时，

$$I_{dT} = \frac{1}{3}I_d \qquad I_T = \sqrt{\frac{1}{3}}I_d \qquad U_{TM} = \sqrt{6}U_2$$

② 当 30° ≤α≤150° 时，

$$I_{dT} = \frac{150° - \alpha}{360°}I_d \qquad I_T = \sqrt{\frac{150° - \alpha}{360°}}I_d \qquad U_{TM} = \sqrt{6}U_2$$

3）续流二极管平均电流 I_{dD}、有效值 I_D 及承受的最高电压 U_{DM}（30° ≤α≤150° ）为

$$I_{dD} = \frac{\alpha - 30°}{120°}I_d \qquad I_D = \sqrt{\frac{\alpha - 30°}{120°}}I_d \qquad U_{DM} = \sqrt{6}U_2$$

三相半波可控整流电路用了三只晶闸管，与单相电路比较，其输出电压脉动小，输出功率大。不足之处是晶闸管电流即变压器二次侧电流在一个周期内只有 1/3 时间有电流流过，变压器利用率较低。

3. 反电动势负载

图 3-22a 所示为接入反电动势负载的情况，它与单相全控桥反电动势负载情况相似，为了使电枢电流 i_d 连续平稳，在电枢回路中串入电感量足够大的平波电抗器 L_d。这样三相半波电路所带负载是含有反电动势的大电感负载，其波形分析、各电量计算式与大电感负载时相同，仅负载电流 I_d 的计算改用下式即可

$$I_d = \frac{U_d - E}{R_d} \tag{3-27}$$

式中 E——反电动势；

R_d——负载回路总电阻。

为了扩大移相范围，并使 i_d 波形更加平稳，也可在负载两端并联续流二极管 VD。其波形分析和计算方法与接续流二极管的三相半波大电感负载相同。

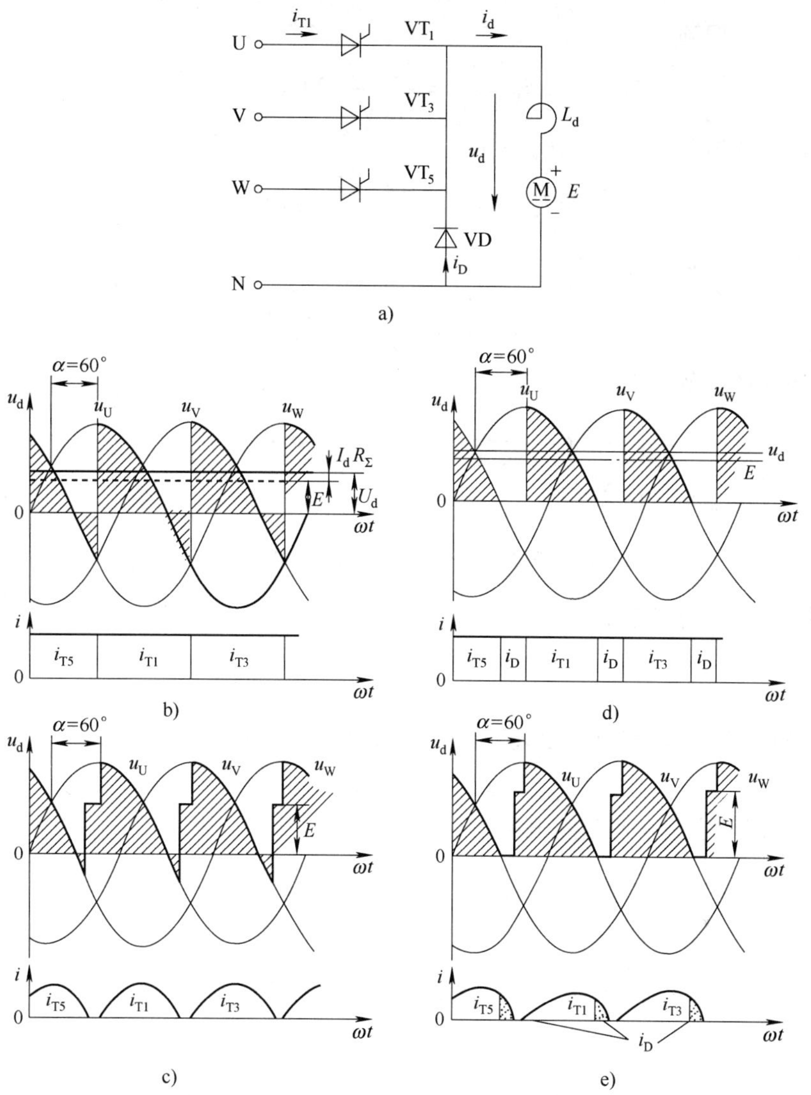

图 3-22　三相半波可控整流电路接反电动势负载电路

为了保证直流电动机在最小电枢电流下仍维持 i_d 波形连续平稳，串入的平波电抗器 L_d 的电感量要足够，否则 L_d 储存的能量将不足以维持 i_d 波形连续，特别是在直流电动机空载电流很小时，i_d 波形断续，u_d 波形为带有反电动势阶梯的正弦波形，如图 3-22c 所示。此时，输出电压平均值 U_d 明显增大，直流电动机转速升高，使电动机的机械特性变差，影响电动机的正常工作，实际应用中务必引起注意。

【例 3-7】三相半波可控整流电路向大电感负载供电，已知 U_2=220V、R=11.7Ω。计算 $\alpha=60°$ 时，负载电流 i_d，晶闸管电流 i_{V1}，变压器二次侧电流 i_2 的平均值、有效值和晶闸管上最大可能正向阻断电压值。改为电阻负载，重复上述计算。

解：（1）大电感负载

整流输出平均电压为

$$U_d = 1.17U_2\cos\alpha = 1.17\times220\times0.5 = 128.7\,\text{V}$$

负载电流平均值为

$$I_d = \frac{U_d}{R} = \frac{128.7}{11.7} \approx 11\text{A}$$

负载电流有效值为

$$I \approx I_d = \frac{U_d}{R} = \frac{128.7}{11.7} \approx 11\text{A}$$

晶闸管电流的平均值 I_{dVT} 为

$$I_{dVT} = \frac{1}{3}I_d = \frac{1}{3}\times 11 = 3.7\text{A}$$

晶闸管电流的有效值 I_{VT} 为

$$I_{VT} = \frac{1}{\sqrt{3}}I_d = \frac{1}{\sqrt{3}}\times 11 = 6.35\text{A}$$

变压器二次电流平均值为

$$I_{2d} = I_{dVT} = \frac{1}{3}I_d = \frac{1}{3}\times 11 = 3.7\text{A}$$

变压器二次电流有效值为

$$I_2 = I_{VT} = \frac{1}{\sqrt{3}}I_d = \frac{1}{\sqrt{3}}\times 11 = 6.35\text{A}$$

三相半波可控整流电路可能出现的最大正向阻断电压为

$$U_{FM} = \sqrt{6}U_2 = \sqrt{6}\times 220 \approx 538.9\text{V}$$

当 $\alpha = 60^\circ$ 时的实际正向阻断电压为

$$U_F = \sqrt{6}U_2 \sin 60^\circ = \sqrt{6}\times 220\times\frac{\sqrt{3}}{2} \approx 466.8\text{V}$$

（2）电阻性负载

由于 $\alpha > 30^\circ$ 时，u_d 波形连续，每相晶闸管导电期间为 α 至本相的正变负过零点，故有整流输出电压平均值为

$$U_d = \frac{3}{2\pi}\int_{\frac{\pi}{6}+\alpha}^{\pi}\sqrt{2}U_2\sin\omega t\,\mathrm{d}(\omega t) = \frac{3\sqrt{2}}{2\pi}U_2\left[1+\cos\left(\frac{\pi}{6}+\alpha\right)\right]$$

$$\approx 0.675U_2\left[1+\cos\left(\frac{\pi}{6}+\alpha\right)\right] = 148.6\text{V}$$

负载电流平均值为

$$I_d = \frac{U_d}{R} = \frac{148.6}{11.7} \approx 12.7\text{A}$$

负载电流有效值为

$$I = \sqrt{\frac{3}{2\pi}\int_{\frac{\pi}{6}+\alpha}^{\pi}\left(\frac{\sqrt{2}U_2\sin\omega t}{R}\right)^2\mathrm{d}(\omega t)} = \frac{U_2}{R}\sqrt{\frac{3}{2\pi}\left[\frac{5\pi}{6}-\alpha+\frac{1}{2}\sin\left(\frac{2\pi}{3}+2\alpha\right)\right]} \approx 16.3\text{A}$$

晶闸管电流的平均值 I_{dVT} 为

$$I_{dVT} = \frac{1}{3}I_d = \frac{1}{3}\times 12.7 = 4.2\text{A}$$

晶闸管电流的有效值 I_{VT} 为

$$I_{VT}=\sqrt{\frac{1}{2\pi}\int_{\frac{\pi}{6}+\alpha}^{\pi}\left(\frac{\sqrt{2}U_2\sin\omega t}{R}\right)^2\mathrm{d}(\omega t)}=\frac{U_2}{R}\sqrt{\frac{1}{2\pi}\left[\frac{5\pi}{6}-\alpha+\frac{1}{2}\sin(\frac{2\pi}{3}+2\alpha)\right]}$$

$$=\frac{1}{\sqrt{3}}I\approx 9.4\text{A}$$

变压器二次电流平均值为

$$I_{2d}=I_{dVT}=\frac{1}{3}I_d=\frac{1}{3}\times 12.7=4.2\ \text{A}$$

变压器二次电流有效值为

$$I_2=I_{VT}=\frac{1}{\sqrt{3}}I_d=\frac{1}{\sqrt{3}}\times 12.7=9.4\ \text{A}$$

由于 $\alpha>30°$，负载电流出现断续，所以电路可能出现的最大正向阻断电压为

$$U_{FM}=\sqrt{2}U_2=\sqrt{2}\times 220\approx 311\ \text{V}$$

【**例 3-8**】已知三相半波可控整流电路电感负载，L_d=0.2H，R_d=2Ω，U_2=220V。当 $\alpha=60°$ 时，要求：画出这两种情况的 u_d、u_{T1} 及 i_D 波形；计算不接续流二极管与接续流二极管两种情况下的负载电流平均值、流过晶闸管的电流平均值和有效值。

解：由于 $X_d=\omega L_d=(314\times 0.2)\Omega=62.8\Omega>>R_d=2\Omega$，所以电路属于大电感负载，$i_d$ 波形可视为平稳的直线。各相应波形如图 3-23 所示。

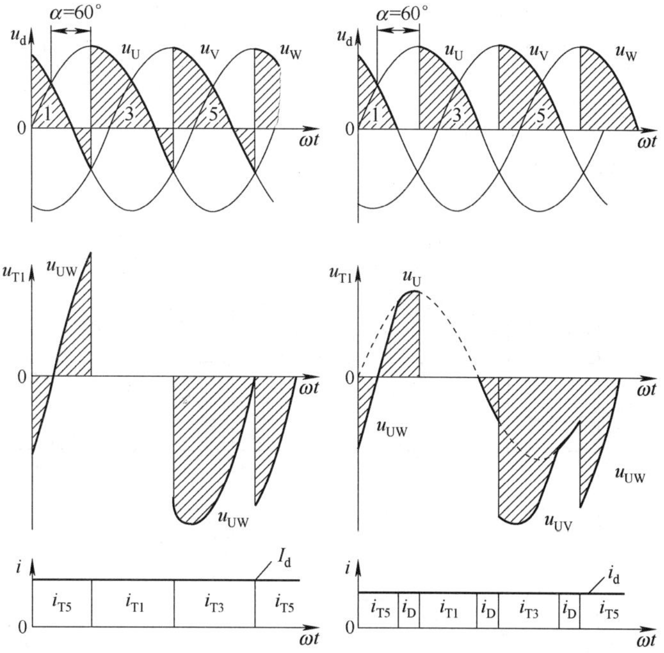

图 3-23 电压电流波形

a）不接续流二极管时 b）接续流二极管时

两种不同情况下的参量计算如下：

不接续流二极管时

$$U_d = 1.17U_2\cos\alpha = (1.17\times220\times\cos60^\circ)\text{V} = 117\text{V}$$

$$I_d = \frac{U_d}{R_d} = \frac{117}{2} = 58.5\text{A}$$

$$I_{dT} = \frac{1}{3}I_d = \frac{1}{3}\times58.5\text{A} = 19.5\text{A}$$

$$I_T = \sqrt{\frac{1}{3}}I_d = \sqrt{\frac{1}{3}}\times58.5\text{A} = 33.8\text{A}$$

接续流二极管时

$$U_d = 0.675U_2[1+\cos(30^\circ+\alpha)] = 0.675\times220[1+\cos(30^\circ+60^\circ)]\text{V} = 135\text{V}$$

$$I_d = \frac{U_d}{R_d} = \frac{135}{2} = 67.5\text{A}$$

$$I_{dT} = \frac{150^\circ-\alpha}{360^\circ}I_d = \frac{150^\circ-60^\circ}{360^\circ}\times67.5\text{A} = 16.9\text{A}$$

$$I_T = \sqrt{\frac{150^\circ-\alpha}{360^\circ}}I_d = \sqrt{\frac{150^\circ-60^\circ}{360^\circ}}\times67.5\text{A} = 33.8\text{A}$$

4．共阳极的三相半波可控整流电路

三相半波可控整流电路，除了上面介绍的共阴极接法外，还有一种是把三只晶闸管的阳极连接在一起，而三个阴极分别接到三相交流电源（如图 3-24a 所示），这种接法称为共阳极接法。由于三只晶闸管 VT_1、VT_2 和 VT_3 的阳极连接在一起，所以等电位，可把三只晶闸管的阳极固定在同一块大散热器上，散热效果好，安装也方便。但是，共阳极接法的一相触发电路输出脉冲变压器二次侧绕组就不能有公用线，这给调试和使用带来了不便。

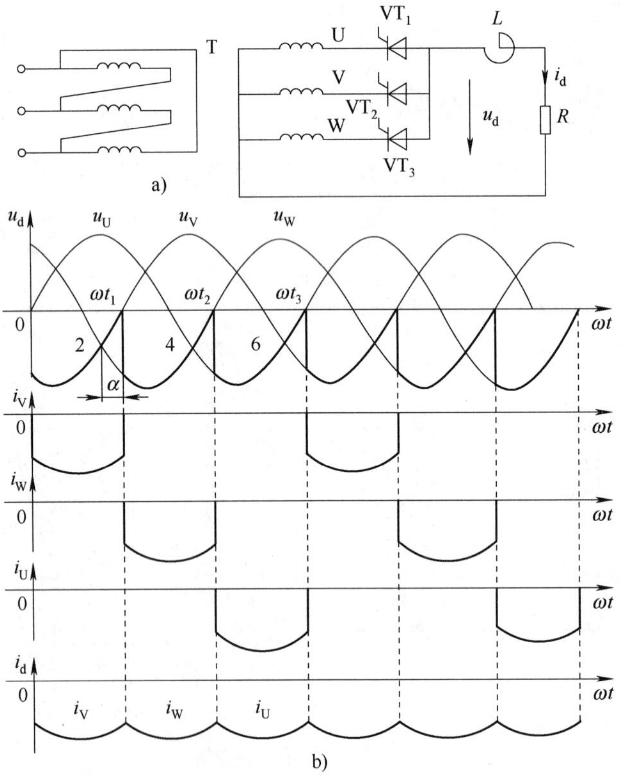

图 3-24　共阳极接法三相半波可控整流电路及波形

共阳极接法电路与共阴极接法电路一样，它们都是在晶闸管阳极电位高于阴极电位时才能被触发导通。由于共阳极接法，VT_1、VT_2和VT_3的阴极分别接在三相交流电源u_U、u_V及u_W上，因此只能在电源相电压负半周时工作。显然，共阳极接法的三只晶闸管VT_1、VT_2和VT_3的自然换相点分别为2、4及6。

图3-24b为$\alpha=30°$时共阳极接法的三相半波可控整流的电压与电流波形，在ωt_1时刻W相电压最负，VT_1可被触发导通，输出整流电压u_d为$-u_W$。到ωt_2、ωt_3时刻VT_2和VT_3分别被触发导通，负载电压u_d依次为$-u_U$、$-u_V$。由图可见，输出电压u_d波形与共阴极接法相同，仅是电压极性相反，共阴极接法时的u_d波形在横坐标的上方，而共阳极接法时在下方。所以大电感负载时共阳极三相半波可控整流输出平均电压为

$$U_d=-1.17U_2\cos\alpha=-U_{d0}\cos\alpha \tag{3-28}$$

式中负号表示变压器中线为U_d的正端，三个连接在一起的阳极为负端。同样，流过整流变压器二次侧绕组与中线电流方向均与共阴极接法相反，电路计算与共阴极接法相同。

3.3.3　技能训练

1. 知识准备

三相半波可控整流电路用了三只晶闸管，与单相电路比较，其输出电压脉动小，输出功率大。不足之处是晶闸管电流即变压器二次侧电流在一个周期内只有1/3时间有电流流过，变压器利用率较低。图3-25中晶闸管用DL03正桥组三个，电阻R用直流电机，L_d用DL03面板上的700mH，其三相触发信号由DL04内部提供，只需在其外加一个给定电压接到U_{ct}端即可。直流电压、电流表由DL03获得。

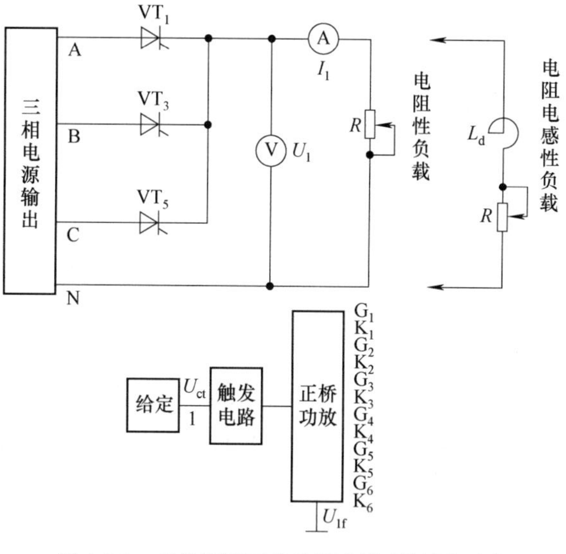

图3-25　三相半波可控整流电路项目原理图

2. 实践操作

（1）项目测试所需挂件及附件

序　号	型　号	备　注
1	TLDD-1电源控制屏	该控制屏包含“三相电源输出”、“励磁电源”等几个模块
2	DL03晶闸管主电路	

（续）

序号	型号	备注
3	DL04 三相晶闸管触发电路	该挂件包含"触发电路"、"正桥功放"、"反桥功放"等几个模块
4	DL08 给定及项目器件	该挂件包含"给定"以及"开关"等模块
5	直流电机	
6	双踪示波器	自备
7	万用表	自备

（2）项目测试内容

1）测试三相半波可控整流电路带电阻性负载。

2）测试三相半波可控整流电路带电阻电感性负载。

（3）项目测试方法

1）DL03 和 DL04 上的"触发电路"调试。

① 打开总电源开关，操作"电源控制屏"上的"三相电网电压指示"开关，观察输入的三相电网电压是否平衡。

② 用项目导线 DL21 的"三相同步信号输出"（三相同步变压器接 Y/Y）端和 DL04"三相同步信号输入"端相连，打开 DL04 电源开关，拨动 "触发脉冲指示"开关，使"窄"的发光管亮。

③ 观察 A、B、C 三相的锯齿波，并调节 A、B、C 三相锯齿波斜率调节电位器（在各观测孔左侧），使三相锯齿波斜率尽可能一致。

④ 将 DL08 上的"给定"输出 U_g 直接与 DL04 上的移相控制电压 U_{ct} 相接，将给定开关 S_2 拨到接地位置（即 $U_{ct}=0$），调节 DL04 上的偏移电压电位器，用双踪示波器观察 A 相同步电压信号和"双脉冲观察孔" VT_1 的输出波形，使 $\alpha=170°$。

⑤ 适当增加给定 U_g 的正电压输出，观测 DL04 上"脉冲观察孔"的波形，此时应观测到双窄脉冲。

⑥ 将 DL04 面板上的 U_{lf} 端接地，用 20 芯的扁平电缆，将 DL04 的"正桥触发脉冲输出"端和 DL03"正桥触发脉冲输入"端相连，并将 DL03"正桥触发脉冲"的六个开关拨至"通"，观察正桥 $VT_1 \sim VT_6$ 门极和阴极之间的触发脉冲是否正常。

2）三相半波可控整流电路带电阻性负载。

按图 3-25 接线，按下"启动"按钮，DL08 上的"给定"从零开始，慢慢增加移相电压，使 α 能在 30°～170° 范围内调节，用示波器观察并纪录 α=30°、60°、90°、120°、150° 时整流输出电压 U_d 和晶闸管两端电压 U_{VT} 的波形，并纪录相应的电源电压 U_2 及 U_d 的数值于表 3-7 中。

表 3-7 数据记录

α	30°	60°	90°	120°	150°
U_2					
U_d（记录值）					
U_d/U_2					
U_d（计算值）					

计算公式：$U_d=1.17U_2\cos\alpha$　　（0°～30°）

$U_d=0.675U_2\left[1+\cos\left(\alpha+\frac{\pi}{6}\right)\right]$　　（30°～150°）

3）三相半波整流带电阻电感性负载。

将 DL03 上 700mH 的电抗器与负载电阻 R 串联后接入主电路，观察不同移相角 α 时 U_d、I_d 的输出波形，并记录相应的电源电压 U_2 及 U_d、I_d 值，画出 $\alpha=90°$ 时的 U_d 及 I_d 波形图。

表 3-8　数据记录

α	30°	60°	90°	120°
U_2				
U_d（记录值）				
U_d/U_2				
U_d（计算值）				

（4）思考题

1）如何确定三相触发脉冲的相序，主电路输出的三相相序能任意改变吗？

2）根据所用晶闸管的定额，如何确定整流电路的最大输出电流？

3.3.4　相关习题

1. 填空题

1）三相半波可控整流电路，带大电感负载时的移相范围为__________。

2）采用晶闸管共阳极接法的缺点是：要求三个触发电路的输出线圈__________。

3）在三相半波可控整流电路中，电阻性负载，当控制角__________时，电流连续。

4）在三相半波可控整流电路中，电感性负载，当控制角__________时，输出电压波形出现负值，因而常加续流二极管。

2. 判断题

（　　）1）对于三相半波整流电路，电阻性负载，当 $\alpha=45°$，$U_2=100V$ 时，输出电压平均值约为 85V。

（　　）2）对于三相半波整流电路，电阻性负载，当 I_d 一定时，流过晶闸管的电流有效值 I_T 随控制角 α 的增加而增加。

（　　）3）三相半波整流电路的共阴极接法与共阳极接法，a、b 两相的自然换相点是同一点。

（　　）4）三相半波可控整流电路中，三只晶闸管之间的换相周期为 120°。

3. 选择题

1）对于三相半波可控整流电路，换相重叠角 γ 与哪几个参数有关（　　）。

A. α、负载电流 I_d 以及变压器漏抗 X_C　　B. α 以及负载电流 I_d

C. α 和 U_2　　D. α、U_2 以及变压器漏抗 X_C

2）三相半波可控整流电路的自然换相点是（　　）。

A. 交流相电压的过零点

B. 本相相电压与相邻相电压正半周的交点处

C. 比三相不控整流电路的自然换相点超前 30°

D. 比三相不控整流电路的自然换相点滞后 60°

3）可在第一和第四象限工作的变流电路是（　　）。

A. 三相半波可控变电流电路

B. 单相半控桥

C. 接有续流二极管的三相半控桥

D. 接有续流二极管的单相半波可控变流电路

4）在单相桥式半控整流电路中，电阻性负载，流过每个晶闸管的有效电流 I_T=（　　）。

A. I　　B. $0.5I$　　C. $(1/\sqrt{2}) * I$　　D. $\sqrt{2} * I$

5）三相半波可控整流电路，电阻性负载，当控制角 α 为（　　）时，整流输出电压与电流波形断续。

A. $0° < \alpha \leqslant 30°$　　B. $30° < \alpha \leqslant 150°$　　C. $60° < \alpha < 180°$　　D. $90° < \alpha < 180°$

6）三相半波可控整流电阻性负载电路的控制角 α 为何值时，输出电流波形会出现零点（注意是出现一个零点，而不是一段为零的区域）（　　）。

A. 15°　　B. 30°　　C. 45°　　D. 60°

4. 简答题

1）三相半波可控整流电路，三只晶闸管都不触发时，晶闸管两端电压波形 u_T 是怎么样的？

2）三相半波可控整流电路对直流电动机电枢供电，$\alpha = 60°$ 时，理想空载转速 $n_0 = 1000\text{r/min}$，问 $\alpha = 120°$ 时 n_0 是多少？

3）在电阻性负载三相半波可控整流电路中，如果窄脉冲出现过早，即在移到自然换相点之前，会出现什么现象？

3.4 三相全控桥式整流电路的分析与实践

3.4.1 任务导入

三相桥式全控整流电路输出电压脉动小，脉动频率高，基波频率为 300Hz，在负载要求相同的直流电压下，晶闸管承受的最大正反向电压将比三相半波减少一半，变压器的容量也比较小，同时三相电流平衡，无须中线。所以，三相桥式全控整流电路多用于直流电动机或要求实现有源逆变的负载。

3.4.2 理论知识

1. 三相桥式全控整流电路

图 3-26a 为三相桥式全控整流电路，它可看成是由一组共阴极接法和另一组共阳极接法的三相半波可控整流电路串联而成。共阴极组 VT_1、VT_3 和 VT_5 在正半周导电，流经变压器的电流为正向电流；共阳极组 VT_4、VT_6 和 VT_2 在负半周导电，流经变压器的电流为反向电流。变压器每相在正负半周都有电流流过，因此，变压器绕组中没有直流磁通势，同时也提高了变压器绕组的利用率。

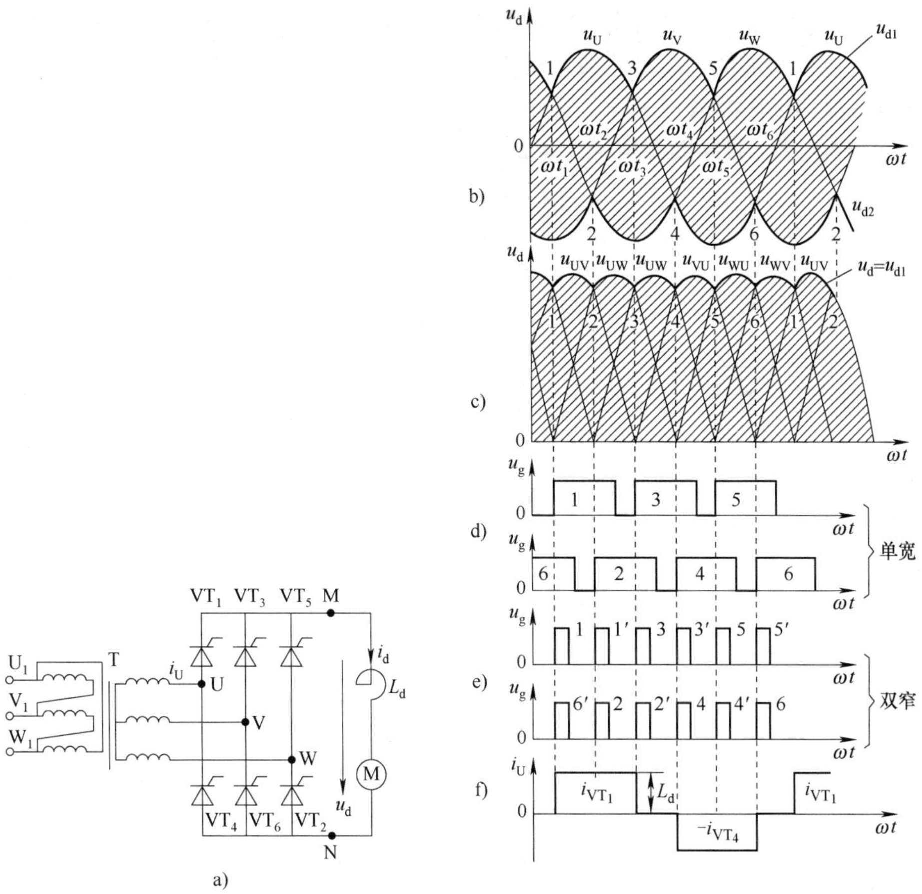

图 3-26　三相桥式全控整流电路及 α=0° 的波形图

为使负载电流连续平滑，有利于直流电动机换相及减小火花，以改善电动机的机械特性，一般要串入电感量足够大的平波电抗器 L_d，这样就等同于含有反电动势的大电感负载。

（1）工作原理

图 3-26b 为接续流二极管时三相桥式全控整流电路当 $\alpha = 0°$ 时的电压波形。触发电路先后向各自所控制的 6 只晶闸管的门极（对应自然换相点）送出触发脉冲，即在三相电源电压正半波的 1、3、5 点（正半波自然换相点）向共阴极组晶闸管 VT_1、VT_3、VT_5 输出触发脉冲；在三相电源电压负半波的 2、4、6 点（负半波自然换相点）向阳极组晶闸管 VT_2、VT_4、VT_6 输出触发脉冲。负载上所得到的整流输出电压 u_d 波形为三相电源相电压波形正负半周包络线，如图 3-26b 所示，或由三相电源线电压 u_{UV}、u_{UW}、u_{VW}、u_{VU}、u_{WU} 和 u_{WV} 的正半波所组成的包络线，如图 3-26c 所示。图中各线电压的交点处 1 ~ 6 就是三相桥式全控整流电路 6 只晶闸管 VT_1 ~ VT_6 的自然换相点，也就是晶闸管触发延迟角 α 的起始点。

在 ωt_1 ~ ωt_2 区间，U 相电位最高，V 相电位最低，此时共阴极组的 VT_1 和共阳极组 VT_6 同时被触发导通。电流由 U 相经 VT_1 流向负载，又经 VT_6 流入 V 相。假设共阴极组流过 U 相绕组的电流位正，那么共阳极组流过 U 相绕组的电流就应为负。在这期间 VT_1 和 VT_6 工作，所以输出电压为

$$u_d = u_U - u_V = u_{UV}$$

经 60° 后进入 $\omega t_2 \sim \omega t_3$ 区间，U 相电位仍然最高，所以 VT_1 继续导通，但 W 相晶闸管 VT_2 的阴极电位变为最低。在自然换相点 2 处，即 ωt_2 时刻，VT_2 被触发导通，VT_2 的导通使 VT_6 承受 u_{VU} 反向电压而被迫关断。这一区间负载电流仍然从 U 流出经 VT_1、负载、VT_2 而回到电源 W 相，这一区间的整流输出电压为

$$u_d = u_U - u_W = u_{UW}$$

又经过 60° 后，进入 $\omega t_3 \sim \omega t_4$ 区间，V 相电位为最高，在 VT_3 的自然换相点 3 处，即 ωt_3 时刻，VT_3 被触发导通。W 相晶闸管 VT_2 的阴极电位仍为最低，负载电流从 U 相换到从 V 相流出，经过 VT_3、负载、VT_2 回到电源 W 相。整流变压器 V、W 两相工作，输出电压为

$$u_d = u_V - u_W = u_{VW}$$

其他区间，依此类推，并遵循以下规律：

1）三相全控整流电路任一时刻必须有两只晶闸管同时导通，才能形成负载电流，其中一只在共阳极组，另一只在共阴极组。

2）整流输出电压 u_d 波形是由电源线电压 u_{UV}、u_{UW}、u_{VW}、u_{VU}、u_{WU} 和 u_{WV} 的轮流输出所组成的，各线电压正半波交点 1 ~ 6 分别是 $VT_1 \sim VT_6$ 的自然换相点。三相桥式全控整流电路晶闸管的导通顺序及输出电压关系如图 3-27 所示。

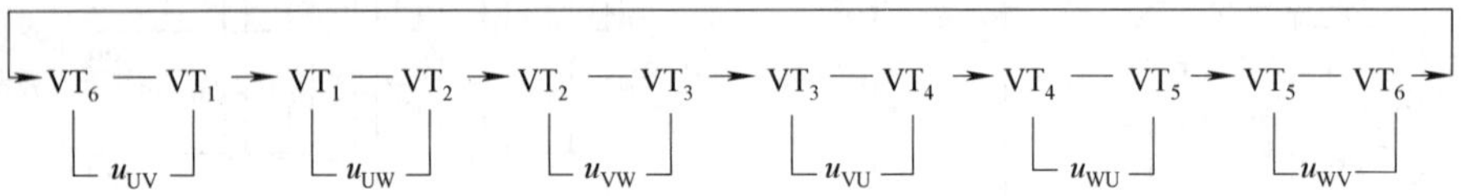

图 3-27　三相桥式全控整流电路晶闸管的导通顺序与输出电压关系图

3）6 只晶闸管中每管导通 120°，每间隔 60° 有一只晶闸管换流。

（2）对触发脉冲的要求

为了保证整流桥路在任何时刻共阴极组和共阳极组各有一只晶闸管同时导通，必须对应该导通的一对晶闸管同时给出触发脉冲，为此可用以下两种触发方式。

1）采用单宽脉冲触发　如图 3-26d 所示，使每一个触发脉冲的宽度大于 60° 而小于 120°（如 80° ~ 100°），在相隔 60° 要换相时，当后一个脉冲出现的时刻，而前一个脉冲还未消失，因此在任何换相点均能同时触发相邻两只晶闸管。例如，在触发 VT_3 时，由于 VT_2 的触发脉冲 u_{g2} 还未消失，故 VT_3 与 VT_2 同时被触发导通。

2）采用双窄脉冲触发　如图 3-26e 所示，在触发某一相晶闸管时，触发电路能同时给前一相晶闸管补发一个脉冲（称辅助脉冲）。例如：在送出 1 号脉冲触发 VT_1 的同时，对 VT_6 也送出 6′号辅助脉冲，这样 VT_1 与 VT_6 就能同时被触通；在送出 2 号脉冲触发 VT_2 的同时，对 VT_1 也送出 1′号辅助脉冲，这样 VT_1 与 VT_2 就能同时被触通。其余各管依次导通，保证在任一时刻有两管同时导通。双窄脉冲的触发电路虽然轿复杂，但它可以减少触发电路的输出功率，缩小脉冲变压器的铁心体积，故这种触发方式用得较多。

（3）不同触发延迟角时电路的电压电流波形

三相全控桥带有反电动势串大电感的负载，因属于大电感性质，所以只要输出整流电压平均值不为零，每只晶闸管的导通角都是 120°，与触发延迟角 α 大小无关。负载电流为连续平稳的一条水平线，流过晶闸管与变压器绕组的电流均为方波。

1）α=60° 时的波形　如图 3-28a 所示，电源线电压 u_{WV} 与 u_{UV} 相交点 1 为 VT_1 的自然换

相点，亦是 VT_1 的 α 起算点，过该点 60° 触发电路同时向 VT_1 与 VT_6 送出窄脉冲，于是 VT_1 与 VT_6 同时被触发导通，输出整流电压 u_d 为 u_{UV}。当 60° 电角度 u_{UV} 波形已降到零，但此时触发电路又立即同时触发 VT_2 与 VT_1 导通。VT_2 的导通，使 VT_6 承受反压而被关断，于是输出整流电压 u_d 变为 u_{UW} 波形，负载电流从 VT_6 换到 VT_2。其余依此类推。至于晶闸管两端电压波形的画法，与三相半波电路分析方法相同，即晶闸管本身导通时电压为零；同组相邻晶闸管导通时，就承受相应线电压波形的某一段。

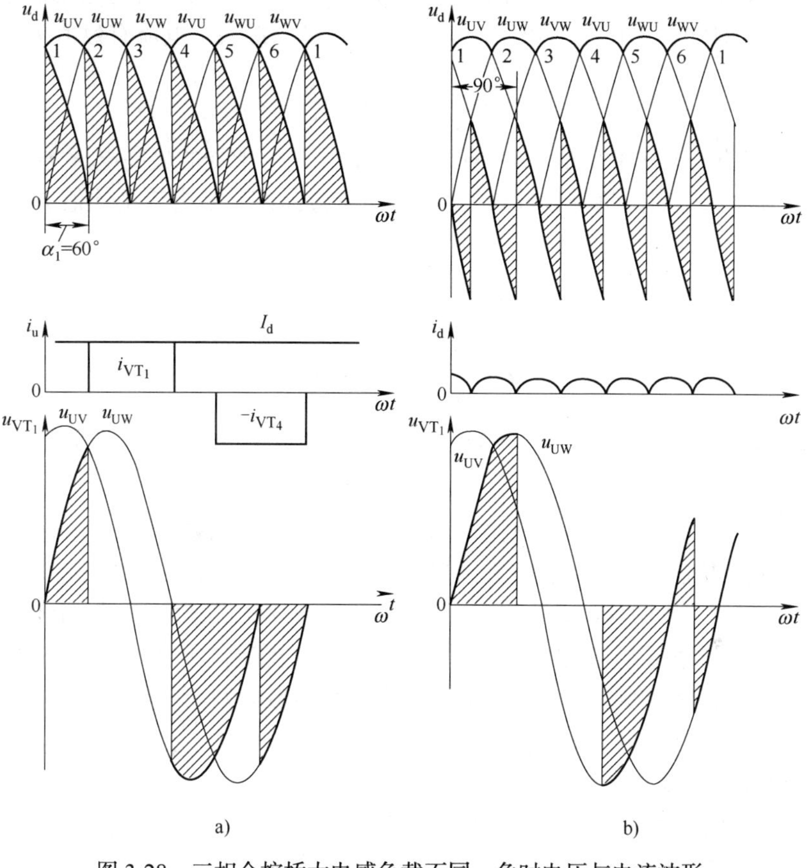

图 3-28　三相全控桥大电感负载不同 α 角时电压与电流波形

a）α=60°　b）α > 60°

2）α > 60° 时的波形　当 α > 60° 时波形出现了负面积，但由于大电感负载，只要输出电压波形 u_d 的平均值不为零，晶闸管的导通角总是能维持 120°。由此可见，当 α=90° 时，输出整流电压 u_d 波形正负面积相等，平均值为零，如图 3-28b 所示。所以，在三相桥式全控整流电路大电感负载时，移相范围只能为 0 ~ 90°。

（4）各电量的计算关系

1）整流输出电压平均值 U_d　对于大电感负载，在 0° ≤α≤90° 范围，负载电流连续，晶闸管导通角均为 120°，输出整流电压 u_d 波形连续，整流输出电压平均值 U_d 为

$$U_d = \frac{6}{2\pi}\int_{\frac{\pi}{3}+\alpha}^{\frac{2\pi}{3}+\alpha} \sqrt{6}U_2 \sin\omega t \mathrm{d}(\omega t) \approx 2.34U_2\cos\alpha \qquad (3\text{-}29)$$

式中 U_2——变压器二次侧绕组的相电压有效值。

2）负载电流平均值 I_d

$$I_d = \frac{U_d - E}{R_\Sigma}$$

式中 E——直流电动机电枢反电动势；

R_Σ——回路总电阻，它包括电枢绕组电阻、平波电抗器及整流变压器等效内阻等。

3）整流变压器二次侧绕组电流有效值 I_2 由于 i_2 波形是方波（见图 3-28a 中的 i_U 波形），而且一周内有 2/3 时间在工作，所以二次侧绕组（指星形接法）电流有效值 I_2 为

$$I_2 = \sqrt{\frac{2}{3}} I_d = 0.816 I_d \tag{3-30}$$

4）流过晶闸管的电流平均值 I_{dT}、有效值 I_T 和晶闸管承受的最高电压 U_{TM} 由于流过晶闸管的电流是方波，一周内每管仅导通 1/3，所以流过晶闸管的电流平均值 I_{dT}、有效值 I_T 分别为

$$I_{dT} = \frac{1}{3} I_d \approx 0.33 I_d \tag{3-31}$$

$$I_T = \sqrt{\frac{1}{3}} I_d \approx 0.577 I_d \tag{3-32}$$

晶闸管两端承受的最高电压与三相半波一样，为线电压的最大值，即

$$U_{TM} = \sqrt{6} U_2 \approx 2.45 U_2$$

综上所述，三相桥式全控整流电路输出电压脉动小，脉动频率高，基波频率为 300Hz，在负载要求相同的直流电压下，晶闸管承受的最大正反向电压将比三相半波减少一半，变压器的容量也比较小，同时三相电流平衡，无须中线，适用于要求大功率、高电压、可变直流电源的负载。但电路需用 6 只晶闸管，触发电路也比较复杂，所以一般只用于要求进行有源逆变的负载，或中大容量要求可逆调速的直流电动机负载。对于一般电阻性的负载，或不可逆直流调速系统等，可采用三相半控桥整流电路。

2. 三相桥式半控整流电路

在中等容量的整流装置或要求不可逆的电力拖动中，可采用比三相全控桥式整流电路更简单、经济的三相桥式半控整流电路。

图 3-29 所示为三相桥式半控整流电路的主电路，它由一个三相半波不控整流电路与一个三相半波可控整流电路串联而成，因此这种电路兼有可控与不可控两者的特点。共阳极组的整流二极管总是在自然换相点换流，使电流换到阴极电位更低的一相上去；而共阴极组的三个晶闸管则要触发后才能换到阳极电位更高的一相中去。输出整流电压 u_d 的波形是两组整流电压波形之和，改变可控组的控制角 α 可得到 $0 \sim 2.34U_2$ 的可调输出平均电压 U_d。

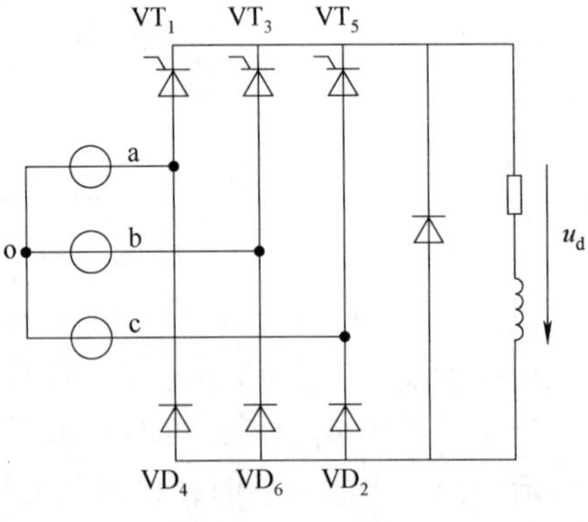

图 3-29 三相桥式半控整流电路的主电路

与全控电路相比，只是将共阳极组的三个晶闸管用整流二极管来替代。由于二极管的换相是靠电源电压的过零反向来完成，所以输出电压波形与全控电路有一定的区别。下面以电

感性负载为例分析电路的工作过程。

由于电路中只有 3 个晶闸管，一个电源周期中控制电路向主电路发 3 次触发脉冲，其间隔为 2π/3。脉冲发出的时刻为：VT_1，$\omega t=\pi/3+\alpha$；VT_3，$\omega t=\pi+\alpha$；VT_5，$\omega t=5\pi/3+\alpha$。如果 $\alpha<\pi/3$，VT_1 得到脉冲时 b 相电压低于 c 相电压（在波形图上反映为 $u_{ab}>u_{ac}$），由于三个二极管阳极接在一起，所以哪相电压最低哪相的二极管就优先导通，此时电路中 VT_1 和 VD_6 导通，$u_d=u_{ab}$。到 $\omega t=2\pi/3$，c 相电压低于 b 相电压，c 相的二极管 VD_2 优先导通，出现 VD_2 和 VD_6 换相，此后 VT_1 和 VD_2 导通，$u_d=u_{ac}$。到 $\omega t=\pi+\alpha$ 时刻触发 VT_3，电路中 VT_3 和 VD_2 导通，$u_d=u_{bc}$。到 $\omega t=4\pi/3$ 时 $u_a<u_b$，阴极接于 a 相的 VD_4 承受正压而导通，同时 VT_1 关断，VT_3、VD_4 导通使得 $u_d=u_{ba}$。此状态维持到 $\omega t=5\pi/+\alpha$ 触发 VT_5，电路转为 VD_4、VT_5 导通的状态，$u_d=u_{ca}$。从 $\omega t=2\pi$ 开始，由于 $u_b<u_a$，VD_6、VD_4 换相，电路中 VT_5、VD_6 导通，$u_d=u_{cb}$。直到 $\omega t=7\pi/3+\alpha$，进入下一个工作周期。三相桥式半控整流电路负载电压的波形图如图 3-30a 所示。

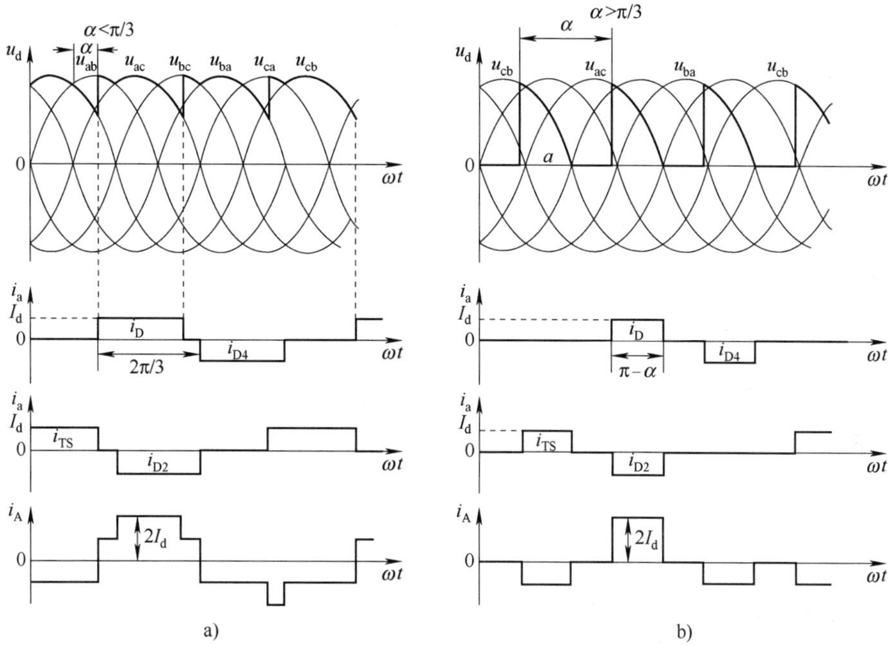

图 3-30　三相桥式半控整流电路负载电压的波形

a）小控制角　b）大控制角

根据图 3-30a 可看出，负载电压波形的周期为 2π/3，负载电压直流成分 U_d 与 α 的关系为

$$U_d=\frac{3}{2\pi}\left[\int_{\pi/3+\pi}^{2\pi/3}\sqrt{6}U\sin\omega t\mathrm{d}(\omega t)+\int_{2\pi/3}^{\pi+\alpha}\sqrt{6}U\sin(\omega t-\frac{\pi}{3})\mathrm{d}(\omega t)\right]=1.17U(1+\cos\alpha)$$

如果 $\alpha>\pi/3$，$\omega t=\pi/3+\alpha$ 触发 VT_1 时 ωt 已大于 2π/3，此时 c 相电压已低于 b 相电压，c 相的二极管 VD_2 优先导通，电路中不会出现 VT_1 和 VD_6 导通的过程，VT_1 被触发后即与 VD_2 同时导通，$u_d=u_{ac}$。这一状态一直维持到 $\omega t=4\pi/3$，此时 u_{ac} 的正半周结束，如果是电阻性负载，VT_1、VD_2 由于电源电压过零而关断；如果是电感性负载，电感的储能作用会使 VT_1 持续导通，但由于此时 a 相电压最低，使得阴极接在 a 相的二极管 VD_4 导通，VT_1 与 VD_4 串联

为负载电流提供通路。可见，无论是电感性负载还是纯电阻负载，这段时间负载电压均为0。与前面的分析类似，在 $\omega t=\pi+\alpha$ 触发 VT_3 时，a 相电源电压最低，电路中 VT_3、VD_4 导通，$u_d=u_{ba}$。此过程延迟到 $\omega t=2\pi$，u_{ba} 的正半周结束，又转为 $u_d=0$ 的状态（电阻负载时全部器件关断；电感性负载时 VT_3、VD_6 导通）。$\omega t=5\pi/+\alpha$ 触发 VT_5，电路中 VT_5、VD_6 导通，$u_d=u_{cb}$。到 $\omega t=8\pi/3$ 时负载电压再度为 0，一直持续到下一次触发 VT_1 进入下一个工作周期。$\alpha>\pi/3$ 时负载电压的波形如图 3-30b 所示。

由图 3-30，可得出 $\alpha>\pi/3$ 时负载电压直流成分与 α 的关系为

$$U_d=\frac{3}{2\pi}\int_{\pi/3+\alpha}^{4\pi/3}\sqrt{6}U\sin(\omega t-\frac{\pi}{3})d(\omega t)=1.17U(1+\cos\alpha) \tag{3-33}$$

比较上两式，虽然在 $\alpha<\pi/3$ 和 $\alpha>\pi/3$ 时负载电压波形差别很大，但 U_d 与 α 的关系式是相同的。

在三相半控整流电路接电感性负载时，如果触发脉冲丢失或其他原因造成的本应导通的晶闸管未能导通而导致本应关断的晶闸管无法关断，电路中也会出现失控现象，表现为一个晶闸管始终导通，三个二极管随电源电压的变化交替导通（失控现象的产生机理与单相半控桥类似）。这是一种非常有害的现象，可以通过接入续流二极管来加以防治。

3. 其他形式的大功率可控整流电路

（1）双反星形可控整流电路

在电解电镀等工业应用中，经常需要低电压大电流（例如几十伏，几千至几万安）的可调直流电源。如果采用三相桥式电路，整流器件的数量很多，还有两个管压降损耗，降低了效率。在这种情况下，可采用带平衡电抗器的双反星形可控整流电路。该电路可简称双反星形电路。

整流变压器的二次侧每相有两个匝数相同、极性相反的绕阻，分别接成两组三相半波电路。即 a、b、c 一组，a'、b'、c'一组。a 与 a'绕在同一相铁心上，“·”表示同名端。同样 b 与 b'，c 与 c'都绕在同一相铁心上，故得名双反星形电路。变压器二次侧两绕组的极性相反可消除铁心的直流磁化，设置电感量为 L_p 的平衡电抗器是为保证两组三相半波整流电路能同时导电，每组承担一半负载。因此，与三相桥式电路相比，在采用相同晶闸管的条件下，双反星形电路的输出电流可大一倍。

双反星形电路是两组三相半波电路的并联，所以整流电压平均值与三相半波整流电路的整流电压平均值相等，在不同控制角 α 时

$$U_d=1.17U_2\cos\alpha$$

在以上分析的基础上，将双反星形电路与三相桥式电路进行比较可得出以下结论：

1）三相桥式电路是两组三相半波电路串联，而双反星形电路是两组三相半波电路并联，且后者需用平衡电抗器。

2）当变压器二次电压有效值 U_2 相等时，双反星形电路的整流电压平均值 U_d 是三相桥式电路的 1/2，而整流电流平均值 I_d 是三相桥式电路的两倍。

3）在两种电路中，晶闸管的导通及触发脉冲的分配关系是一样的，整流电压 u_d 和整流电流 i_d 的波形形状一样。

（2）多重化整流电路

整流装置功率很大时，所产生的谐波、无功功率等对电网的干扰也随之加大，为减轻干

扰，可采用多重化整流电路。将几个整流电路多重联结可以减少交流侧输入电流谐波，而对晶闸管多重整流电路采用顺序控制的方法可提高功率因数。

整流电路的多重联结有并联多重联结和串联多重联结。图 3-31 给出了将两个三相全控桥式整流电路并联多重联结的 12 脉波整流电路，该电路中使用了平衡电抗器来平衡各组整流器的电流，其原理与双反星形电路中采用平衡电抗器是一样的。

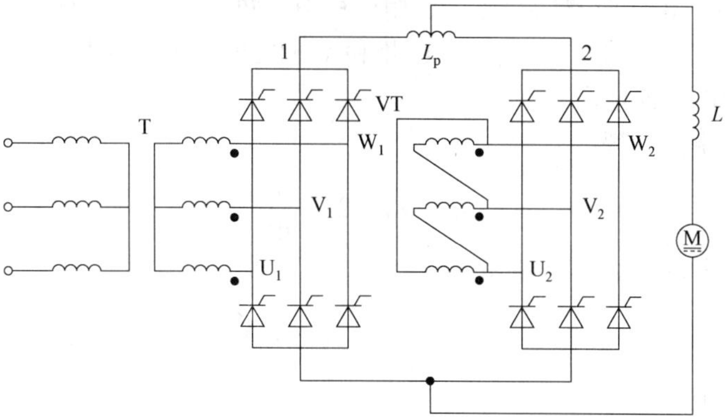

图 3-31 并联多重联结的 12 脉波整流电路

对于交流输入电流来说，采用并联多重联结和串联多重联结的效果是相同的，以下着重讲述串联多重联结的情况。采用多重联结不仅可以减少交流输入电流的谐波，同时也可减小直流输出电压中的谐波幅值并提高纹波频率。为了简化分析，下面均不考虑变压器漏抗引起的重叠角，并假设整流变压器各绕组的线电压之比为 1:1。

根据同样的道理，利用变压器二次绕阻接法的不同，互相错开 20°，可将三组桥构成串联三重联结。此时，对于整流变压器来说，采用星形、三角形组合无法移相 20°，需采用曲折接法。串联三重联结电路的整流电压 u_d 在每个电源周期内脉动 18 次，故此电路为 18 脉波整流电路。其交流侧输入电流中所含谐波更少，其次数为 $18k\pm1$ 次（k=1，2，3，…），整流电压 u_d 的脉动也更小。

输入位移因数和功率因数分别为

$$\cos\varphi_1 = \cos\alpha$$

$$\lambda = 0.9949\cos\alpha$$

若将整流变压器的二次绕组移相 15°，即可构成串联四重联结电路，此电路为 24 脉波整流电路。其交流侧输入电流谐波次数为 $24k\pm1$ 次（k=1，2，3，…）。

输入位移因数、功率因数分别为

$$\cos\varphi_1 = \cos\alpha$$

$$\lambda = 0.9971\cos\alpha$$

从以上论述可以看出，采用多重联结的方法并不能提高位移因数，但可以使输入电流谐波大幅减小，从而也可以在一定程度上提高功率因数。

4. 变压器漏抗对整流电路的影响

前面我们介绍的各种整流电路都是在理想工作状态下工作的，即假设：①变压器的漏抗、绕组电阻和励磁电流都可忽略；②晶闸管是理想的。但实际的交流供电电源总存在电源阻抗，如电源变压器的漏电抗、导线电阻以及为了限制短路电流而加上的交流进线电抗器等。由于电感电流不能突变，因此换相过程不能瞬时完成。

（1）换相过程与换相重叠角

以三相半波可控整流电路为例来讨论换相过程，假设三相漏抗相等，忽略交流侧的电阻，负载电感足够大，则负载电流连续且平直。以晶闸管从 U 相换到 V 相为例，VT_1 已导通。当 $\alpha=30°$ 时触发 VT_2，由于变压器漏抗的作用，VT_1 不立即关断，U 相电流 $i_u=I_d-i_k$ 逐渐减小到零；VT_2 导通，$i_v=0$ 逐渐增加到 I_d。换相过程中，两个晶闸管同时导通，在 u_{vu} 电压作用下产生短路电流 i_k，当 $i_u=0$，$i_v=I_d$ 时，U 相和 V 相之间完成了换相。

（2）换相期间的整流电压

换相回路电压平衡方程：

$$u_V - u_U = 2L_B\frac{di_k}{dt} \tag{3-34}$$

换相期间变压器漏感 L_B 两端的电压：

$$L_B\frac{di_k}{dt} = \frac{1}{2}(u_V - u_U) \tag{3-35}$$

换相期间输出电压：

$$u_d = u_U + L_B\frac{di_k}{dt} = u_V - L_B\frac{di_k}{dt} = \frac{1}{2}(u_V + u_U) \tag{3-36}$$

（3）换相压降

由波形可以看出，与不考虑变压器漏抗的情况比较，整流电压波形少了一块阴影部分，缺少部分为

$$\begin{aligned}\Delta u_d &= \frac{1}{2\pi/m}\int_\alpha^{\alpha+\gamma}(u_V - u_D)d(\omega t) = \frac{1}{2\pi/m}\int_\alpha^{\alpha+\gamma}L_B\frac{di_k}{dt} \\ &= \frac{m}{2\pi}\omega L_B I_d = \frac{m}{2\pi}X_B I_d\end{aligned} \tag{3-37}$$

式中　X_B——漏感为 L_B 的变压器每相折算到二次侧的漏电抗。

$$X_B = \omega L_B$$

单相双半波电路 $m=2$，三相半波 $m=3$，三相桥式电路 $m=6$。

这里需要特别说明的是对于单相全控桥，换相压降的计算上述通式不成立，因为单相全控桥虽然每周期换相 2 次（$m=2$），但换相过程中 i_k 是从 $-I_d$ 增加到 I_d，所以对式（3-35）中的 I_d 应该带入 $2I_d$，故对于单相全控桥有：

$$\Delta U_d = \frac{2X_B}{\pi}I_d$$

（4）换相重叠角 γ

由式（3-33）可得

$$\frac{di_k}{dt} = (u_V - u_U)/(2L_B) = \frac{\sqrt{6}U_2(\sin\omega t - \dfrac{5\pi}{6})}{2L_B} \tag{3-38}$$

对上式两边积分，可得

$$\cos\alpha - \cos(\alpha+\gamma) = \frac{X_B I_d}{\sqrt{2}u_2\sin\pi/m} \tag{3-39}$$

显然，当 α 一定时，X_B、I_d 增大，则 γ 增大，换流时间增大；X_B、I_d 一定时，γ 随 α 的增大而减小。

1）对于单相全控桥，与前面对换相压降的讨论一样，所以对于单相全控桥有 $m=2$，I_d 应该带入 $2I_d$，故有

$$\cos\alpha-\cos(\alpha+\gamma)=\frac{2X_BI_d}{\sqrt{2}U_2} \tag{3-40}$$

2）对于三相桥式电路，$m=6$，三相桥式电路等效为相电压为 $\sqrt{2}U_2$ 的六相半波整流电路

$$\cos\alpha-\cos(\alpha+\gamma)=\frac{\sqrt{2}I_dX_B}{U_2} \tag{3-41}$$

变压器漏感 L_B 的存在可以限制短路电流，限制电流变化率 di/dt。但是变压器漏感会引起电网波形畸变，出现电压缺口，使 du/dt 加大，影响其他负载；而且由于变压器漏感的存在会使功率因数降低，输出电压脉动增大，降低电压调整率。

3.4.3　技能训练

1. 知识准备

三相桥式全控整流电路项目原理图如图 3-32 所示。主电路由三相全控整流电路组成，触发电路为 DL04 中的集成触发电路，由 KCO4、KC4l、KC42 等集成芯片组成，可输出经高频调制后的双窄脉冲链。集成触发电路的原理可参考集成触发器的有关内容，三相桥式整流及逆变电路的工作原理可参见电力电子技术教材的有关内容。

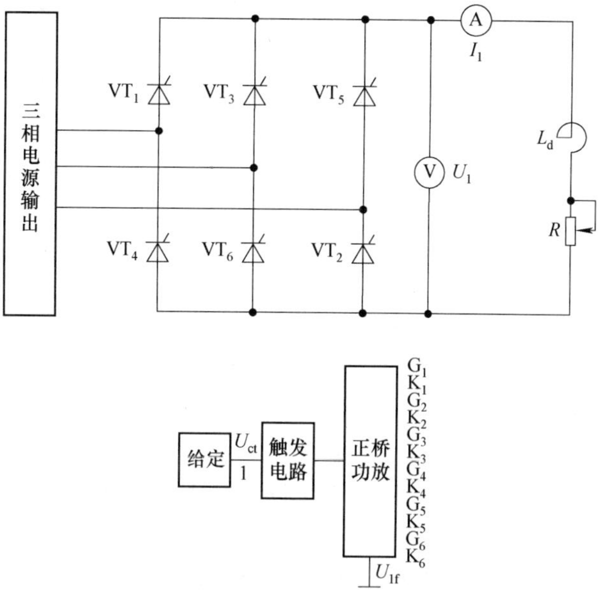

图 3-32　三相桥式全控整流电路项目原理图

图中的 R 用直流电机，电抗器 L_d 在 DL03 面板上，选用 700mH，直流电压、电流表由 DL03 获得。

2. 实践操作

（1）项目测试所需挂件及附件

序　号	型　号	备　注
1	DJK01 电源控制屏	该控制屏包含“三相电源输出”、“励磁电源”等几个模块
2	DJK02 三相变流桥路	该挂件包含“晶闸管”以及“电感”等几个模块
3	DJK06 给定、负载及吸收电路	该挂件包含“二极管”以及“开关”等几个模块
4	DJK10 变压器实验	该挂件包含“逆变变压器”以及“三相不控整流”
5	DK04 滑线变阻器	串联形式：0.65A，2kΩ 并联形式：1.3A，500Ω
6	双踪示波器	自备
7	万用表	自备

（2）操作步骤

1）DJK02 上“触发电路”的调试

① 打开 DJK01 总电源开关，操作“电源控制屏”上的“三相电网电压指示”开关，观察输入的三相电网电压是否平衡。

② 将 DJK01“电源控制屏”上“调速电源选择开关”拨至“直流调速”侧。

③ 打开 DJK02 电源开关，拨动“触发脉冲指示”开关，使“窄”发光管亮。

④ 观察 A、B、C 三相的锯齿波，并调节 A、B、C 三相锯齿波斜率调节电位器（在各观测孔左侧），使三相锯齿波斜率尽可能一致。

⑤ 将 DJK06 上的“给定”输出 U_g 直接与 DJK02 上的移相控制电压 U_{ct} 相连，将给定开关 S_2 拨到接地位置（即 U_{ct}=0 时），调节 DJK02 上的偏移电压电位器，用双踪示波器观察 A 相锯齿波和“双脉冲观察孔”VT_1 的输出波形，使 α=150°（见图 3-33）。

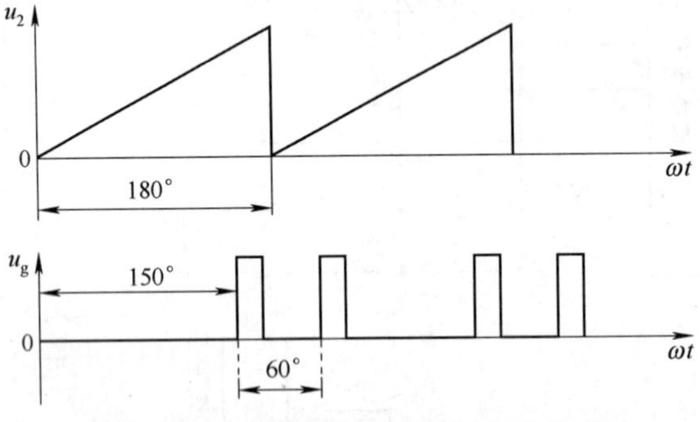

图 3-33　触发脉冲与锯齿波的相位关系

⑥ 适当增加给定 U_g 的正电压输出，观测 DJK02 上“触发脉冲观察孔”的波形，此时应观测到双窄脉冲。

⑦ 将 DJK02 面板上的 U_{lf} 端接地，将“正桥触发脉冲”的 6 个开关拨至“通”，观察正桥 VT_1 ~ VT_6 门极和阴极之间的触发脉冲是否正常。

2）三相桥式全控整流电路

按图 3-26 接线，将 DJK06 上的“给定”输出调到零（逆时针旋到底），使滑线变阻器放在最大阻值处，按下“启动”按钮，调节给定电位器，增加移相电压，使 α 角在 30° ~ 150°

范围内调节，同时，根据需要不断调整负载电阻 R，使得负载电流 I_d 保持在 0.6A 左右（注意 I_d 不得超过 0.65A）。用示波器观察并记录 α=30°、60°、90° 时的整流电压 U_d 和晶闸管两端电压 U_{VT} 的波形，并记录相应的 U_d 数值于表 3-9 中。

表 3-9 数据记录

α	30°	60°	90°
U_2			
U_d（记录值）			
U_d/U_2			
U_d（计算值）			

计算公式：

$$U_d = 2.34U_2\cos\alpha \qquad (0\sim60°)$$

$$U_d = 2.34U_2\left[1+\cos\left(\alpha+\frac{\pi}{3}\right)\right] \qquad (60°\sim120°)$$

3）故障现象的模拟

当 β=60° 时，将触发脉冲钮子开关拨向“断开”位置，模拟晶闸管失去触发脉冲时的故障，观察并记录这时的 U_d、U_{VT} 波形的变化情况。

（3）任务实施过程中的注意事项

1）为了防止过电流，启动时将负载电阻 R 调至最大阻值位置。

2）有时会发现脉冲的相位只能移动 120° 左右就消失了，这是因为 A、C 两相的相位接反了，这对整流状态无影响，但在逆变时，由于调节范围只能到 120°，使实验效果不明显，用户可自行将四芯插头内的 A、C 两相的导线对调，就能保证有足够的移相范围。

（4）任务要求

1）画出电路的移相特性 U_d=f（α）。

2）画出 α=30°、60°、90°、120°、150° 时的整流电压 U_d 和晶闸管两端电压 U_{VT} 的波形。

3.4.4 相关习题

1. 填空题

1）由于电路中共阴极与共阳极组换流点相隔 60°，所以每隔 60° 有一次__________。

2）三相桥式整流电路控制角 α 的起算点，如 $\alpha=30°$，在对应的线电压波形上脉冲距波形原点为__________。

3）双窄脉冲触发是在触发某一晶闸管时，触发电路同时给__________晶闸管补发一个脉冲。

4）在三相可控整流电路中，$\alpha=0°$ 的地方（自然换相点）为相邻线电压的交点，它距对应线电压波形的原点为__________。

5）三相桥式全控整流电路，电阻性负载，当控制角__________时，电流连续。

6）三相桥式可控整流电路适宜在__________电压而电流不太大的场合使用。

7）带平衡电抗器的双反星形可控整流电路是由两组三相半波可控整流电路__________

组成。

8）考虑变压器漏抗的可控整流电路中，在换相过程期间，两个相邻的晶闸管同时导通，对应的电角度称为____________。

9）考虑变压器漏抗的可控整流电路中，如与不考虑漏坑的相比，则使输出电压平均值___________。

10）设计选用整流变压器的基本技术参数为变压器容量与_______________。

2. 判断题

(　　) 1）输出接有续流二极管的三相桥式全控电路，不可能工作在有源逆变状态。

(　　) 2）三相全控桥整流电路中，变压器二次侧不能接成三角形。

(　　) 3）三相可控整流电路中，$\alpha=90°$ 时，U 相晶闸管的触发脉冲在线电压 u_{UV} 的波形是 120° 。

(　　) 4）一般三相可控整流装置中，如果电源三相进线相序接反会出现缺相或者乱相。

(　　) 5）在三相桥式整流电路中，三相电压的六个交点就是对应桥臂的自然换相点。

(　　) 6）变压器漏抗不会影响整流电路的输出电压大小。

3. 选择题

1）三相桥式全控整流电路，大电感负载，当 $\alpha=$（　　）时整流平均电压 $U_d=0$。

A. 30°　　B. 60°　　C. 90°　　D. 120°

2）三相桥式全控整流电路，电阻性负载时的移相范围为（　　）。

A. 0 ~ 180°　　B. 0 ~ 150°　　C. 0 ~ 120°　　D. 0 ~ 90°

3）整流变压器二次侧为星形联结的三相桥式不控整流电路，A、B、C 三相分别接共阴极组的二极管 V_{21}、V_{23}、V_{25}，还分别接共阳极组的二极管 V_{24}、V_{26}、V_{22}。在这样的接线方式下，二极管换相顺序为（　　）。

A. 共阴 A 相→共阳 C 相→共阴 B 相→共阳 B 相→共阴 C 相→共阳 A 相→共阴 A 相

B. 共阴 A 相→共阳 B 相→共阴 B 相→共阳 A 相→共阴 C 相→共阳 C 相→共阴 A 相

C. 共阴 A 相→共阳 C 相→共阴 B 相→共阳 A 相→共阴 C 相→共阳 B 相→共阴 A 相

D. 共阴 A 相→共阳 C 相→共阴 C 相→共阳 A 相→共阴 B 相→共阳 B 相→共阴 A 相

4）三相全控桥式整流电路在宽脉冲触发方式下一个周期内所需要的触发脉冲共有六个，它们在相位上依次相差（　　）。

A. 60°　　B. 120°　　C. 90°　　D. 180°

5）三相全控桥整流装置中一共用了（　　）晶闸管。

A. 三只　　B. 六只　　C. 九只

6）若可控整流电路的功率大于 4kW，宜采用（　　）整流电路。

A. 单相半波可控　　B. 单相全波可控　　C. 三相可控

4. 简答题

1）三相全控桥整流器的单脉冲触发方式的脉冲宽度为什么要大于 60° ？

2）三相全控桥整流电路，当一只晶闸管短路时，电路会发生什么情况？

3）三相桥式相控整流电路触发脉冲的最小宽度应是多少？

4）三相桥式全控整流电路，其整流输出电压中包含哪些次数的谐波？其中幅值最大的是哪一次？变压器二次侧电流中含有哪些次数的谐波？其中主要的是哪几次？

5）带平衡电抗器的双反星形可控整流电路，与三相桥式全控整流电路相比有何主要异同点？

6）整流电路多重化的主要目的什么？

小　　结

可控整流电路是电力电子电路中出现和应用最早的形式之一，本讲讲述了相控整流电路及其相关的一些问题，这些内容十分重要。

本讲的主要内容及要求包括：

1）可控整流电路，重点掌握电力电子电路作为分段线性电路进行分析的基本思想、单相全控桥式整流电路的原理与计算、三相全控桥式整流电路的原理分析与计算、各种负载对整流电路工作情况的影响。

2）电容滤波的不可控整流电路的工作情况，重点了解其工作特点。

3）与整流电路相关的一些问题，包括：

① 变压器漏抗对整流电路的影响，重点建立换相压降、重叠角等概念，并掌握相关的计算，熟悉漏抗对整流电路工作情况的影响。

② 整流电路的谐波和功率因数分析，重点掌握谐波的概念、各种整流电路产生谐波情况的定性分析、功率因数分析的特点、各种整流电路的功率因数分析。

4）相控整流电路和二极管整流电路的谐波和无功功率分析，主要掌握对其交流输入侧的分析，及直流侧电压的谐波分析。

5）大功率可控整流电路的接线形式及特点，熟悉双反星形可控整流电路的工作情况，建立整流电路多重化的概念。

6）用于晶闸管可控整流电路等相控电路的相位控制，即触发电路。

思考题与习题

1）什么是整流电路？它是由半导体二极管和晶闸管的哪些特性来实现的？

2）三相桥式不控整流电路任何瞬间均有两个二极管导电，整流电压的瞬时值与三相交流相电压、线电压瞬时值有什么关系？

3）某一电热装置（电阻性负载），要求直流平均电压为 75V，电流为 20A，采用单相半波可控整流电路直接从 220V 交流电网供电。计算晶闸管的控制角 α、导通角 θ、负载电流有效值，并选择晶闸管。

4）在图 3-34 所示的单相半波整流电路中，$R = 10\Omega$，$L = 50\text{mH}$，$E = 100\text{V}$，$\text{R} = 1\Omega$，$u = 100\sqrt{2}\sin\omega t$，$f = 50\text{Hz}$，当分别为纯电阻负载、纯电感负载时，试计算：

① 直流输出电压的平均值 U_d。

② 直流输出电流的平均值 I_d。

③ 加在二极管的反向峰值电压。

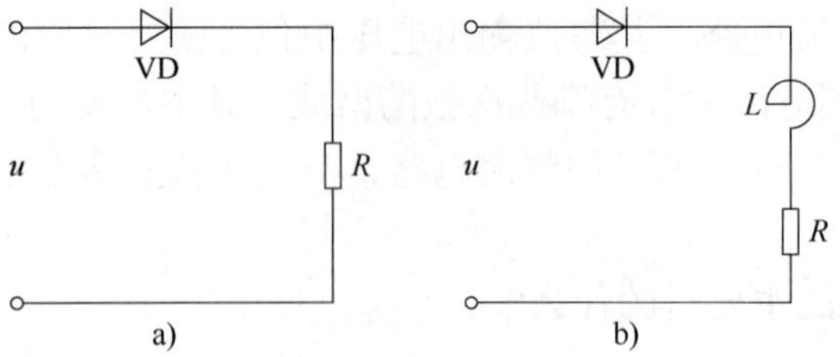

图 3-34　题 4

5）某一电热负载，要求直流电压为 60V，电流为 30A，采用单相半波可控整流电路，直接由 220V 电网供电。试计算晶闸管的导通角及电流有效值。

6）设晶闸管单相半波可控整流电路的交流电压有效值为 U，频率为 f，负载为电感性负载，延迟角为 α，如图 3-35 所示。试绘出输出电压 u_d、输出电流 i_d 的波形，并求出 U_d 及 I_d 的值。

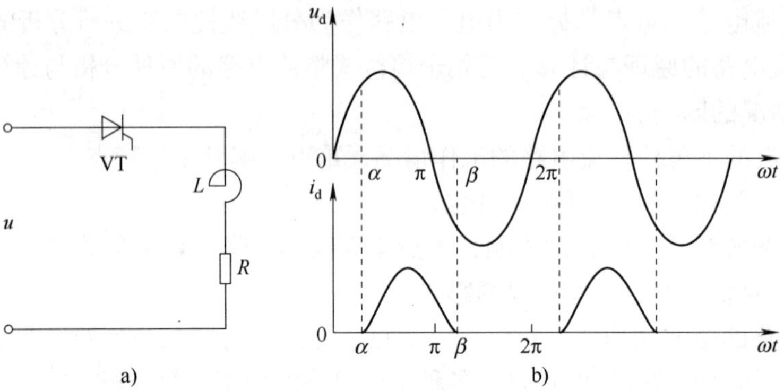

图 3-35　题 6

7）单相半波可控整流电路对电感负载供电，$L = 20\text{mH}$，$U_2 = 100\text{V}$。求当 α 分别为 0° 和 60° 时的负载电流 I_d，并画出 u_d、i_d 的波形。

8）具有续流二极管的单相半波可控整流电路对大电感负载供电，其阻值 $R = 7.5\Omega$，电源电压为 220V，试计算当延迟角分别为 30° 和 60° 时，晶闸管和续流二极管的电流平均值和有效值。在什么情况下续流二极管的电流平均值大于晶闸管中的电流平均值?

9）图 3-36 所示为同步发电机单相半波自励电路，原先运行正常，突然发现电机电压很低，经检查，晶闸管触发电路及熔断器 FU 均正常，试问是何原因。

10）单相桥式全控整流和单相半控整流特性有哪些区别?

11）单相桥式全控整流有反电动势负载时，输出电压波形如何确定?

12）有一单相桥式全控整流电路，负载为电阻性，要求 $\alpha = 30°$ 时，$U_d = 80\text{V}$，$I_d = 7\text{A}$。计算整流变压器二次电流 I_2，并按照上述工作条件选择晶闸管。

13）图 3-37 所示为单相桥式全控整流电路，接大电感负载，$U_2 = 220\text{V}$，$R = 4\Omega$，试计算当 $\alpha = 60°$ 时，输出电压、电流的平均值。如果负载两端并接续流二极管，输出电压、电流的平均值又为多少? 并求流过晶闸管和续流二极管中的电流平均值、有效值以及画出两种情况下的电流、电压波形图。

14）单相全控桥式整流电路接大电感负载，已知 $U_2 = 100\text{V}$，$R = 10\Omega$，$\alpha = 45°$，试求：

① 负载端不接续流二极管 VD，计算输出整流电压、电流平均值及晶闸管电流有效值。

② 负载端接续流二极管 VD，计算输出整流电压、电流平均值及晶闸管、续流二极管电流有效值。画出 u_d，i_d，i_{VT} 及变压器二次电流 i_2 的波形。

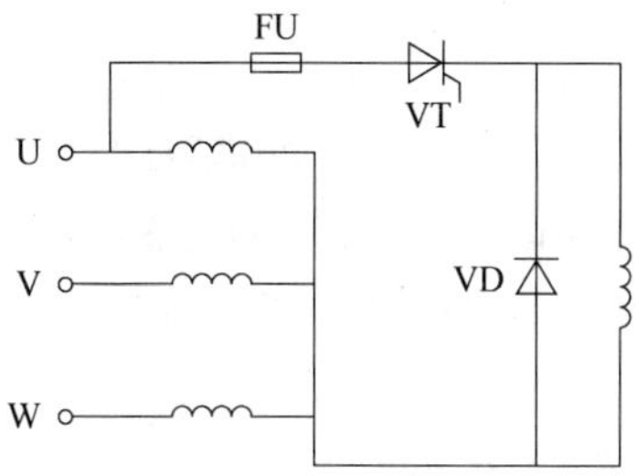

图 3-36　题 9

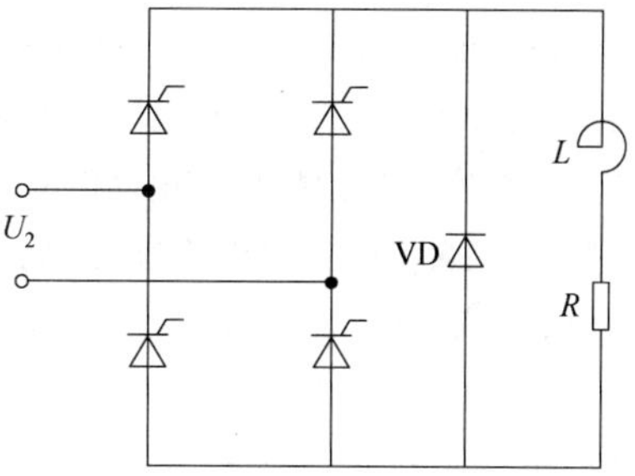

图 3-37　题 13

15）某一电感性负载要求直流电压范围是 15 ~ 60V，电压最高时电流是 10A，采用具有续流二极管的单相桥式半控电路，从 220V 电源经变压器供电，考虑最小控制角 $\alpha_{min}=25°$ ，计算晶闸管、整流管和续流二极管的电流有效值以及变压器一次、二次侧额定电流值。

16）单相可控整流电路供电给电阻性负载或蓄电池充电（反电动势负载），在控制角 α 相同、负载电流平均值相等的条件下，哪一种负载晶闸管的额定电流值大一些？为什么？

17）三相半波可控整流电路，能否如图 3-38 所示只用一套触发器，每隔 120° 送出触发脉冲，使电路工作？

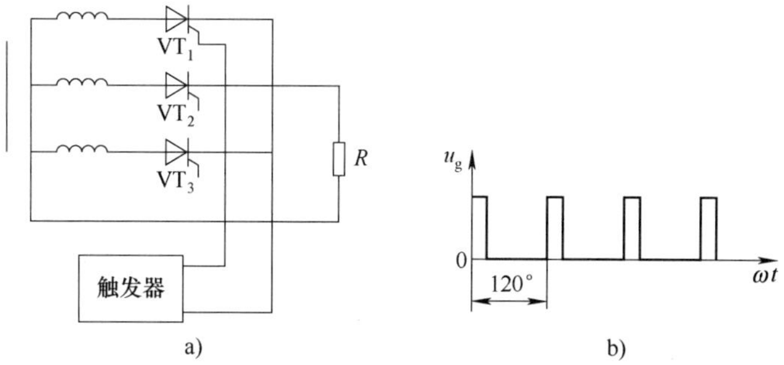

图 3-38　题 17

18）某电解装置是电阻性负载，要求输出电压 $U_d=220V$，输出电流 $I_d=400A$，采用经整流变压器的三相半波可控整流电路，电源是三相 380V 的交流电网，考虑 $\alpha_{min}=30°$ 。估算此时整流变压器的二次容量 S_2，并与 $\alpha=0°$ 时的二次容量 S_{20} 作比较，然后加以说明，最后选择晶闸管。

19）三相桥式全控整流电路，$U_2=100V$，带电阻负载电感负载，$R=5\Omega$，L 值极大，当 $\alpha=60°$ 时，要求：

① 画出 u_d、i_d 和 i_{VT} 的波形。

② 计算 U_d、I_d、I_{dVT} 和 I_{VT}。

20）三相全控桥整流电路如图 3-39 所示，$L_d=0.2H$，$R_d=4\Omega$，要求 U_d 在 0 ~ 220V 之间变化，试求：

① 不考虑延迟角裕量，整流变压器二次线电压是多少。

② 计算晶闸管电压、电流值，如果电压、电流裕量取 2 倍，选择晶闸管型号。

③ 变压器二次电流有效值 I_2。

④ 计算整流变压器二次容量 S_1。

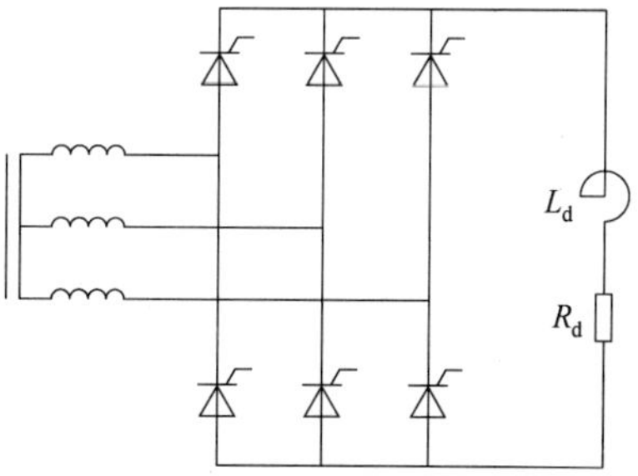

图 3-39　题 20

⑤ 当 α=0° 时，电路功率因数 $\cos\varphi$ 。

⑥ 触发脉冲距对应二次侧相电压波形原点为何处时，U_d为零。

21）三相全控桥串电感 L_d 接电动机负载，已知变压器二次电压 $U_2=100$V，变压器每相绕组漏感（折合二次侧）L_B 为 100μH，负载电流为 150A，求由于漏抗引起的换相压降，该压降所对应整流器的等效内阻及 $\alpha=0°$ 时的重叠角。如果变压器每相电阻折合至二次侧为 0.02Ω，电动机电枢电阻为 0.03Ω，试写出该系统在电流连续时的机械特性方程式。

22）已知 $U_2=100$V，电动机额定电压 $U_N=220$V，$I_N=90$A，$R_a=1\Omega$，$n_N=1500$r/min，$P_N=17$kW，$R_\Sigma=0.5\Omega$，延迟角 $\alpha=30°$ ，$L_d=5$mH，试绘制三相全控桥晶闸管—直流电动机系统的机械特性曲线，并计算出理想空载转速 n_0。

23）三相桥式大电感性负载全控整流电路，变压器二次线电压为 380V，负载电阻为 11.7Ω，$\alpha=60°$ 。画出 u_d，i_d、i_{VT}和 i_2的波形；计算输出电压 u_d、输出电流 i_d、晶闸管电流 i_{VT}、变压器二次侧电流 i_2的平均值、有效值。

24）三相全控桥整流电路，$U_d=230$V，求：

① 确定变压器二次电压。

② 选择晶闸管电压等级。

第4讲　逆变电路的分析与实践

【导读】

与整流相对应，把直流电变成交流电称为逆变。当交流侧接在电网上，即交流侧接有电源时，称为有源逆变；当交流侧直接和负载连接时，称为无源逆变。本项目分别介绍了有源逆变电路和无源逆变电路的基本结构、工作原理以及应用要求，重点讲述了有源逆变中最小逆变角以及如何防止逆变失败，同时对于无源逆变则细述了电压型逆变电路和电流型逆变电路的结构与原理。

应知

- ※ 了解单相有源逆变的基本电路结构与工作原理，熟悉有源逆变产生的条件
- ※ 熟悉逆变失败的原因和最小逆变角定义，掌握如何消除逆变失败的方法以及最小逆变角的计算公式
- ※ 熟悉无源逆变基本结构与工作原理，掌握逆变电路中换相方式类型及要求
- ※ 了解半桥逆变电路和全桥逆变电路结构与工作原理，并熟悉半桥和全桥逆变电路输出特性及电压、电流波形
- ※ 熟悉电压型和电流型逆变器基本结构与工作原理，掌握三相电压型桥式逆变器工作波形
- ※ 了解变频器的基本类型与结构，熟悉变频器的常见应用电路

- ☆ 能利用万用表和示波器完成对半桥逆变电路的数据测试
- ☆ 能根据实验给定条件和相关设备实现对单相桥式有源逆变电路的特性检验与相应数据测试
- ☆ 能独立设计、制作并调试三相半波有源逆变电路，同时根据设计要求完成相关实验数据的测试与记录
- ☆ 熟悉变频器参数设置基本方法，掌握三菱公司变频器的常见应用方法

应会

4.1 有源逆变电路的分析与实践

4.1.1 任务导入

逆变电路经常和变频的概念联系在一起。变频电路有交-交变频和交-直-交变频两种形式。交-直-交变频电路由交-直变换电路和直-交变换电路两部分组成，前一部分属整流电路，由于交-直-交变频电路的整流电路部分常常就采用最简单的二极管整流电路，因此交-直-交变频电路的核心部分就是逆变电路。正因为如此，发达国家常常把交-直-交变频器称为逆变器。

逆变电路的应用非常广泛。在已有的各种电源中，蓄电池、干电池、太阳电池等都是直流电源，当需要这些电源向交流负载供电时，就需要逆变电路。另外，交流电动机调速用变频器、不间断电源、感应加热电源等电力电子装置使用非常广泛，其电路的核心部分都是逆变电路。有人甚至说，电力电子技术早期曾处在整流器时代，后来则进入逆变器时代。

变流电路在工作过程中不断发生电流从一个支路向另一个支路的转移，这就是换流。换流方式在逆变电路中占有突出的地位。逆变电路可以从不同的角度进行分类。如可以按换流方式分类，按输出的相数分类，也可按直流电源的性质分类。若按直流电源的性质分类，可分为电压型和电流型两大类。

在生产实际中，除了将交流电转变为大小可调的直流电外，还需将直流电转变为交流电，这种对应于整流的逆过程称为逆变。有源逆变就是把直流电逆变为同频率的交流电反馈到电网上去。在介绍有源逆变电路之前先从直流发电机、电动机系统入手研究其间电能流转的关系，再转入变流器中分析交流和直流电之间电能的流转，以掌握实现有源逆变的条件。

4.1.2 理论知识

1. 有源逆变的工作原理

两直流电源间的功率传递如图 4-1 所示。

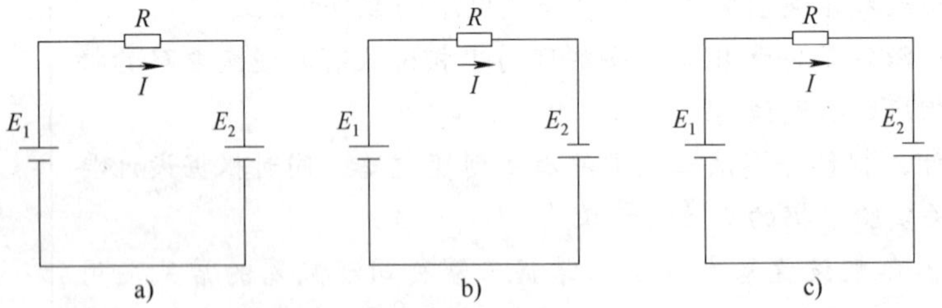

图 4-1 两直流电源间的功率传递

a）两电源同极性 $E_1>E_2$ b）两电源同极性 $E_1<E_2$ c）两电源反极性，形成短路

图 4-1a 是两电源同极性相接，设 $E_1>E_2$，电流 I 从 E_1 流向 E_2，大小为

$$I=\frac{E_1-E_2}{R} \tag{4-1}$$

式中 R 为回路总电阻。电源 E_1 发出的功率 $P_1=E_1I$，电源 E_2 吸取的功率 $P_2=E_2I$，电阻

消耗的功率 $P_R = (E_1-E_2)I = I^2R$。

图 4-1b 是将两电源极性反过来，同时 $E_2 > E_1$，则电流方向不变，但功率反送。

图 4-1c 则为两电源反极性相连，这时电流大小为

$$I = \frac{E_1 + E_2}{R} \tag{4-2}$$

相当于两个电源顺极性相接向电阻 R 供电，此时两电源都输出功率，$P_1 = E_1I$，$P_2 = E_2I$；电阻上消耗的功率 $P_R = (E_1 + E_2)I$。如果电阻 R 仅为回路电阻，数值很小，则会形成很大的电流 I，实际上相当于两个电源间短路。

由上述分析可得以下结论：

1）电流从电源正极端流出者为输出功率，电流从电源正极端流入者为吸收功率。

2）两个电源同极性相连，电流总是从电动势高的电源流向电动势低的电源，电流大小取决于两电动势之差和回路电阻。如果回路电阻很小，尽管两电动势之差不大，也可以产生足够大的电流，使两电源间交换很大的功率。

3）两电源反极性相连时，电动势数值相加，若回路电阻很小，则形成短路。实际应用中要避免发生这种情况。

2. 有源逆变产生的条件

图 4-2a 所示为两组单相全控桥式电路，通过开关 Q 与直流电动机负载相接。假若 Q 掷向左边位置，Ⅰ组晶闸管的触发延迟角 $\alpha_1 < 90°$，电路工作在整流状态，输出波形如图 4-2b 所示。输出电压 U_{d1} 上正下负，电动机作电动运行，流过电枢的电流为 i_1，电动机的反电动势 E 上正下负。这时交流电源通过晶闸管装置供出功率，电动机吸收功率，这相当于图 4-1a 所示的情况。

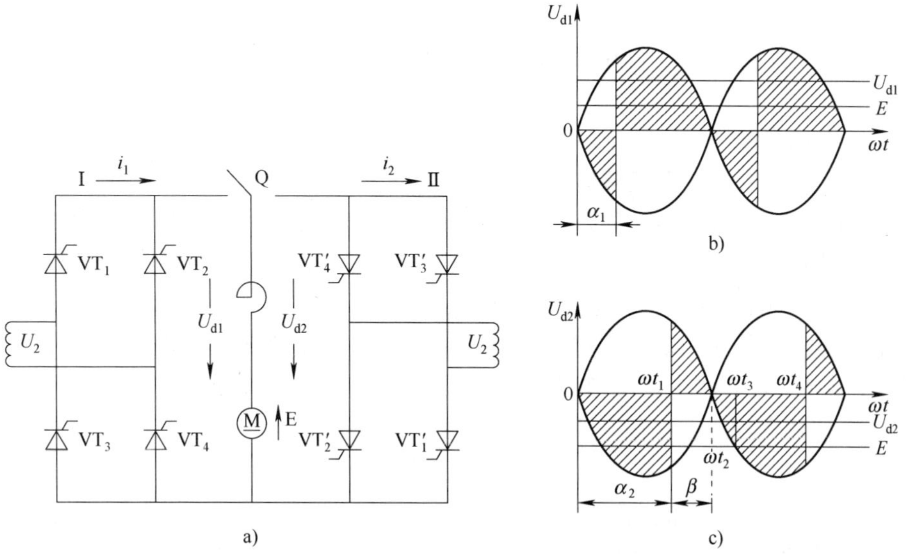

图 4-2 单相桥式电路的整流与逆变原理

当开关 Q 快速掷向 2，由于机械惯性，电动机的电动势 E 不变，仍为上正下负，同时给Ⅱ组晶闸管加触发脉冲，使 $\alpha_2 < 90°$，输出电压 U_d 下正上负，则形成两电源顺极性相连，因回路的电阻很小，将产生很大的电流，相当于短路事故，这是不允许的。

因此，当开关 Q 掷向右边位置时，应同时使单相全控桥电路的触发延迟角 α 调整到大于 90°，这时输出电压为 $U_d = U_{d0}\cos\alpha$，因 $\alpha_{II} > 90°$，U_d 为负值，极性为上正下负，且使$|U_d| < |E|$，假若电动机转速暂不变，因而 E 也不变，晶闸管在 E 和 u_2 的作用下导通，产生电流 i_2。此时电动机供出能量，运行在发电制动状态，晶闸管装置吸收能量送回电网。这就是有源逆变。

由图 4-2b 中波形可见，单相全控桥式电路工作在逆变时的输出电压控制原理与整流时相同，只是触发延迟角 α 大于 90°，表示为

$$U_d = 0.9U_2\cos\alpha$$

为计算方便起见，引入逆变角 β，令 $\alpha = \pi - \beta$，用电角度表示时为 $\alpha = 180° - \beta$，所以

$$U_d = 0.9U_2\cos\alpha = 0.9U_2\cos(180° - \beta) = -0.9U_2\cos\beta \tag{4-3}$$

逆变角为 β 时的触发脉冲位置可从 $\alpha = 180°$ 时刻向左移 β 来确定，如图 4-2c 所示。

由以上分析可见，在有源逆变时，晶闸管在交流电源的负半周导通的时间较长，即输出 u_d 电压波形负面积大于正面积，电压平均值 $U_d < 0$，直流平均功率的传递方向是由电动机返送到交流电源；当装置工作在整流时，为正面积大于负面积，平均电压 $U_d > 0$，直流平均功率的传递方向是交流电源经变流器送往直流负载。所以同一套变流装置当 $\alpha < 180°$ 时工作在整流状态；当 $\alpha > 90°$ 时工作在逆变状态；当 $\alpha = \beta = 90°$ 时，输出电压平均值 $U_d = 0$，电流 I_d 也为零，交直流两侧无能量交换。

对于半控桥式晶闸管电路或直流侧并接有续流二极管的电路，不可能输出负电压，所以不能实现有源逆变。

实现有源逆变的条件可归纳如下：

1）变流装置的直流侧必须外接有电压极性与晶闸管导通方向一致的直流电源 E，且 E 的数值要大于 U_d。

2）变流器必须工作在 $\beta < 90°$（$\alpha > 90°$）区间，使 $U_d < 0$，才能将直流功率逆变为交流功率返送电网。

3）为了保证变流装置回路中的电流连续，逆变电路中一定要串接大电抗。

3. 逆变失败与最小逆变角限制

变流器工作在有源逆变状态时，若出现输出电压平均值与直流电源 E 顺极性串联，必然形成很大的短路电流流过晶闸管和负载，造成事故。这种现象称为逆变失败或逆变颠覆。

造成逆变失败的原因很多，主要有下列几种情况：

1）触发电路工作不可靠，不能适时、准确地给各晶闸管分配脉冲，如脉冲丢失或脉冲延时等，致使晶闸管不能正常换相，使交流电源电压和直流电动势顺向串联，形成短路。

2）晶闸管发生故障，在应该阻断期间，器件失去阻断能力，或在应该导通期间器件不能导通，造成逆变失败。

3）在逆变工作时，交流电源发生缺相或突然消失，由于直流电动势 E 的存在，晶闸管仍可导通，此时变流器的交流侧由于失去了同直流电动势极性相反的交流电压，则直流电动势将通过晶闸管使电路短路。

4）换相的裕量角不足，引起换相失败。即变压器漏抗引起重叠角对变流电路换相的影响，现以图 4-3a 所示三相半波可控整流电路为例，讨论换相重叠角的影响，设负载回路的电感量足够大。

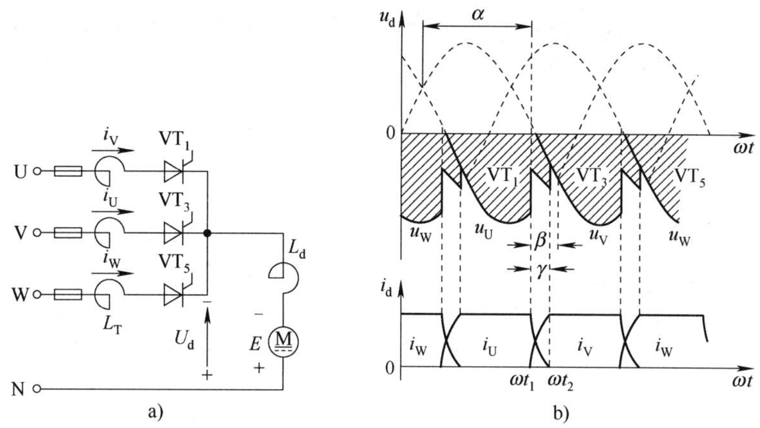

图 4-3　交流侧电抗对变流电路换相的影响

图 4-3a 中 L_T 为变压器每相折算到二次侧绕组的漏感集中参数。图 4-3b 是逆变角 β（$\alpha>90°$ 区间）换流过程电压与电流波形，在 ωt_1 时刻触发 VT_3，由于变压器漏抗存在，流过 VT_3 的 V 相电流 i_V 只能从零开始上升，而 VT_1 的 U 相电流从 I_d 开始下降，当 $\omega t=\omega t_2$ 时，V 相电流已上升到 I_d，U 相电流已下降到零，VT_1 被关断，即换流结束。把 $\omega t_1\sim\omega t_2$ 这段时间称为换流时间，其相应的电角度定义为换相重叠角，用 γ 表示。通常 γ 愈大，则相应换流时间需要愈长，当 α 一定时，γ 的大小与变压器的漏抗及负载电流大小成正比。在负载电流从 U 相换到 V 相的过程中，VT_1 和 VT_3 同时导通，相当于这两相之间出现短路。短路电压 u_V-u_U 在这两相漏抗的回路中产生一个短路电流，如果忽略变压器内阻压降和晶闸管的管压降，短路电压为两相漏感感应电动势所平衡。与不考虑变压器漏抗（即 $\gamma=0$）时整流输出电压波形相比，一周期缺少了图 4-3b 所示 u_d 波形中的三块面积（三相全控桥就出现六块面积）。缺少的这三块面积对应的电压称为换相压降，其平均值为

$$\Delta U_d=\frac{m}{2\pi}X_T I_d \tag{4-4}$$

式中　X_T——变压器每相折算到二次侧绕组的漏抗，可由变压器的铭牌数据求得，即 $X_T=U_2u_k\%/I_{2N}$；

$u_k\%$——变压器的短路电压百分比，一般为 5%～10%；

U_2——变压器二次侧相电压有效值；

I_{2N}——变压器二次侧额定相电流；

m——相数（三相全控桥 $m=6$、三相半波 $m=3$）。

换相平均压降 ΔU_d 大小与负载电流 I_d 成正比，这相当于可控整流电源增加了一项内电阻，其阻值为 $mX_T/2\pi$，区别仅在于这项内阻并不消耗有功功率。

换相重叠角的存在会给逆变工作带来不利的后果，在上述换相过程分析中，逆变电路工作在 $\beta>\gamma$ 时，经过换相过程后，V 相电压 u_V 仍高于 U 相电压 u_U。所以换相结束时，能使 VT_1 承受反压而关断。如果换相的裕量角不足，即 $\beta<\gamma$ 时，换相尚未结束，电路的工作状态到达自然换相点之后，u_U 将高于 u_V，VT_3 承受反向电压而重新关断，使得应该关断的 VT_1 不能关断却继续导通，且 U 相电压随着时间的推迟愈来愈高，与电动势顺向串联导致逆变失败。

综上所述为了防止逆变失败，对逆变装置所用晶闸管参数和性能要进行合理选择，并设置过电压、过电流保护环节，触发电路工作一定要安全可靠，输出的触发脉冲逆变角最小值要严格加以限制。

逆变角最小值 β_{min} 应考虑以下因素：

（1）换相重叠角 γ

此值与整流变压器漏抗、变流器接线型式以及工作电流都有关系。若逆变角 β 小于换相重叠角 γ，就会造成逆变失败。一般 γ 应考虑 15°～25° 电角度。

（2）晶闸管关断时间 t_g 所对应的角度 δ_0

t_g 的大小由管子参数决定，一般约为 200～300μs，对应的电角度为 4°～6°。

（3）安全裕量角 θ_α

考虑触发脉冲间隔不均匀、电网波动、畸变与温度的影响，还必须留有一个安全裕量角，一般取 θ_α 为 10° 左右。

综合以上因素，最小逆变角为

$$\beta_{min} \geqslant \gamma + \delta_0 + \theta_\alpha \approx 30° \sim 35° \tag{4-5}$$

为了防止触发脉冲进入 β_{min} 区内，可在触发电路中加一保护电路，使得在调整 β 减小时，不能进入 β_{min} 区内；也可以在 β_{min} 处设置产生附加安全脉冲的装置，此脉冲位置固定，一旦工作脉冲移入 β_{min} 区内，则安全脉冲保证在 β_{min} 处发出去触发晶闸管，防止逆变失败。

4. 有源逆变应用电路

常用的有源逆变电路除三相半波可控电路外，还有单相全控桥和三相全控桥电路等。

（1）三相半波有源逆变电路

图 4-4a 为三相半波有源逆变电路，电动机电动势 E 的极性符合有源逆变的条件。晶闸管 VT_1、VT_3、VT_5 的触发延迟角 α 必须大于 90°，即 $\beta < 90°$，当 $|E| > |U_d|$ 时，由于电路中接有大电感，电路可工作在有源逆变状态，变流器输出的直流电压为

$$U_\beta = 1.17U_2\cos\beta \tag{4-6}$$

或 $\quad U_d = U_{d0}\cos\alpha = -U_{d0}\cos\beta = 1.17U_2\cos\beta$

公式中输出电压为负，说明逆变电压的极性与整流时相反。输出直流电流平均值的计算公式为

$$I_d = \frac{E - U_\beta}{R_\Sigma} \tag{4-7}$$

式中 R_Σ——回路的总电阻。

不同 β 值时波形画法可按照可控整流电路波形的方法画出，此时的 α=180°－β。逆变电路与整流电路一样，晶闸管的关断是靠承受反向电压或电压过零地来实现的，晶闸管可能承受的最大正反向电压也为 $\sqrt{6}U_2$。

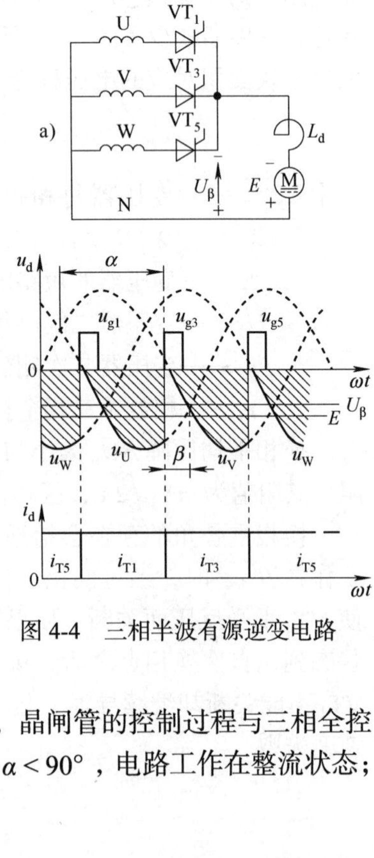

图 4-4 三相半波有源逆变电路

（2）三相全控桥有源逆变电路

图 4-5 所示为三相全控桥带电动机负载的有源逆变电路，晶闸管的控制过程与三相全控桥整流电路相同，只是触发延迟角 α 的移相范围为 180°。当 $\alpha < 90°$，电路工作在整流状态；

当 $\alpha > 90°$ ，电路工作在逆变状态。β 不同时的 U_d 波形如图 4-6 所示。

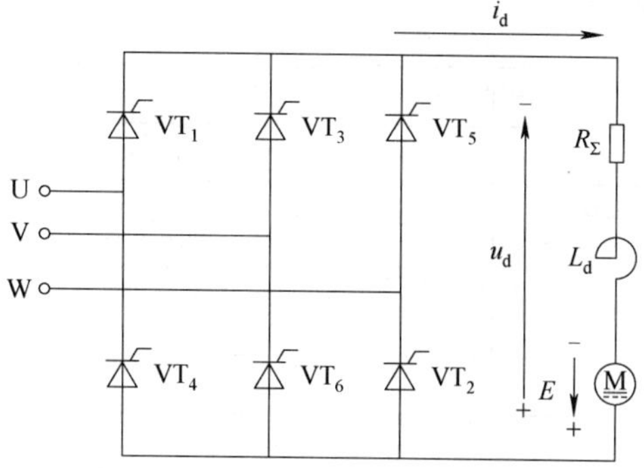

图 4-5　三相全控桥带电动机负载的有源逆变电路

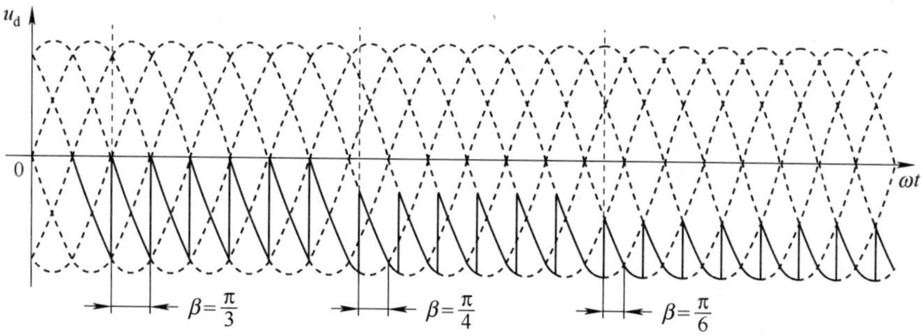

图 4-6　三相全控桥带电动机负载不同 β 时的 U_β 波形

输出直流电压的计算公式分别为

整流时

$$U_d = U_{d0}\cos\alpha = 2.34U_2\cos\alpha \ （当\ \alpha < 90°\ ） \tag{4-8}$$

逆变时

$$U_d = U_{d0}\cos\alpha = 2.34U_2\cos\alpha = -2.34U_2\cos\beta \ （当\ \beta > 90°\ ） \tag{4-9}$$

4.1.3　技能训练

1．知识准备

单相桥式有源逆变实验电路如图 4-7 所示。整流二极管 $VD_1 \sim VD_6$ 组成三相不控整流桥作为逆变桥的直流电源，逆变变压器采用芯式变压器，回路中接入电感 L 及限流电阻 R_d。

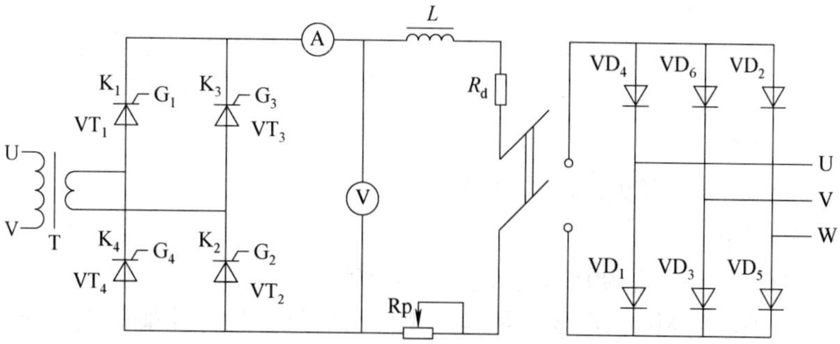

图 4-7　单相桥式有源逆变实验电路

2. 实践操作

（1）项目所需挂件及附件

序　号	型　号	备　注
1	电源控制屏	该控制屏包含“三相电源输出”、“励磁电源”等几个模块
2	单相桥式有源逆变电路板	根据实验室现有条件操作
3	集成触发电路板	KC04 和 KC41 具有六路输出
4	滑线变阻器	
5	直流电压表、电流表	
6	双踪示波器	自备
7	万用表	自备

（2）项目测试内容及方法

1）有源逆变实验

① 将限流电阻 RP 调整至最大（约为 450Ω），合上主电源，调节 $U_{uv}=220$ V，用示波器观察锯齿波触发脉冲，调节偏移电位器 RP_2，使 $U_c=0$ 时，$\beta=10°$，然后调节 U_c，使 β 在 30° 附近。

② 用示波器观察逆变电路输出电压 $U_d=f(t)$，晶闸管两端电压 $U_{AK}=f(t)$ 波形，并记录 U_d 和交流输入电压 U_2 的数值。

③ 采用同样方法，绘出 $\beta=60°$、90° 时，U_d、U_{AK} 波形。

2）逆变到整流过程的观察

当 $\beta>90°$ 时，晶闸管有源逆变过渡到整流状态，此时输出电压极性改变，可用示波器观察此变化过程。注意，当晶闸管工作在整流时，有可能产生比较大的电流，需要注意监视。

3）逆变颠覆的观察

当 $\beta=30°$ 时，继续减小 U_c，此时可观察到逆变输出突然变为一个正弦波，表明逆变颠覆。当关断触发电路电源，使脉冲消失时，也将产生逆变颠覆。

3. 注意事项

1）电阻 RP 的调节需注意，若电阻过小，会出现电流过大造成过电流保护动作（熔丝烧断，或仪表告警）；若电阻过大，则可能流过晶闸管的电流小于其维持电流 I_H，造成晶闸管时断时续。

2）电感值可根据需要选择，需防止过大的电感造成晶闸管不能导通。

3）注意同步电压的相位，若出现晶闸管移相范围太小（正常范围约为 30°～180°），可尝试改变同步电压极性。

4）正确使用示波器，避免造成短路事故。

4. 实验报告内容

1）画出 $\beta=30°$、60°、90° 时，U_d、U_{AK} 波形。

2）分析逆变颠覆的原因，逆变颠覆会产生什么后果？怎样才能避免逆变颠覆？

4.1.4　相关习题

1. 填空题

1）在多数工程应用实践中，一般取最小逆变角 β_{min}=__________。

2）在晶闸管触发脉冲产生的电路中，为满足不会产生逆变失败所需的最小逆变角 β_{min} 值，常将__________和__________相叠加，从而有效地限制了逆变角 β 的大小。

3）在逆变器中，晶闸管的自然关断法，是利用负载回路中的电感 L 和__________在产生振荡时，电路中的电流具有__________的特点，从而使晶闸管发生自然关断。

4）逆变失败是指工作在逆变状态的变流器由于某种原因，出现了 U_d 和 E__________的状态。

5）脉冲宽度调制（PWM）电路的调制比 M 愈高，输出电压基波幅值愈__________。

2. 判断题

（　　）1）无源逆变是将直流电逆变成交流电后返送到电网上去。

（　　）2）逆变角太小会造成逆变失败。

（　　）3）逆变电路应用广泛，主要是解决直流电源向交流负载供电的问题。

（　　）4）变频器是有源逆变电路的一个典型应用。

（　　）5）在逆变电路中，电网换相主要适用于没有交流电网的无源逆变电路。

3. 选择题

1）一般可逆电路中的 β_{min} 选（　　）合理。

A. 30°～35°　　B. 10°～25°　　C. 0°～10°　　D. 0°

2）电压型三相桥式逆变电路，有（　　）两种工作方式。

A. 垂直和横向　　B. 180° 和 120°　　C. 时间比和瞬时值　　D. 单极性和双极性

3）若要增大 SPWM 逆变器的输出电压基波幅值，可增大（　　）。

A. 三角波幅值　　B. 三角波频率

C. 正弦调制波的幅值　　D. 正弦调制波的频率

4）通常可用两种方法抑制逆变器的输出谐波：多重化方法和（　　）方法。

A. 波形调制　　B. 电压调制　　C. 电流调制　　D. 频率调制

4. 简答题

1）下列各种变流装置中，能实现有源逆变电路的分别是哪些，请在正确的后面打“√”，错误的后面打“×”

（1）单相双半波可控整流电路。（　）

（2）接续流二极管的单相双半波可控整流电路。（　）

（3）单相全控桥式整流电路。（　）

（4）单相半波桥式整流电路。（　）

（5）三相半波可控整流电路。（　）

（6）带续流二极管的三相半波可控整流电路。（　）

（7）三相桥式全控整流电路。（　）

2）什么是有源逆变？有源逆变的工作原理是什么？实现有源逆变的条件是什么？哪些电路可实现有源逆变？变流装置有源逆变工作时，其直流侧为什么能出现负的直流电压？

4.2 无源逆变电路的分析及实践

4.2.1 任务导入

无源逆变是将直流电转变为负载所需要的不同频率和电压值的交流电。实现无源逆变的装置称为无源逆变器（简称逆变器），因无源逆变经常与变频概念联系在一起，所以又称为变频器。变频电路有交-交变频和交-直-交变频两种形式，其中交-直-交变频电路由交-直变换电路和直-交变换电路两部分组成，前一部分属整流电路，后一部分就是本讲所要讲述的逆变电路。

逆变电路应用广泛。在已有的各种电源中，蓄电池、干电池、太阳电池等都是直流电源，当需要这些电源向交流负载供电时，就需要逆变电路。另外，交流电动机调速用变频器、不间断电源、感应加热电源等电力电子装置使用非常广泛，其电路的核心部分都是逆变电路。

4.2.2 理论知识

1. 逆变器的工作原理

图 4-8a 所示为单相桥式逆变电路，四个桥臂由开关构成，输入直流电压 E，逆变器负载是电阻 R。当将开关 Q_1、Q_4 闭合，Q_2、Q_3 断开时，电阻上得到左正右负的电压；间隔一段时间后将开关 Q_1、Q_4 打开，Q_2、Q_3 闭合，电阻上得到右正左负的电压。若以频率 f 交替切换 Q_1、Q_4 和 Q_2、Q_3，在电阻上就可以得到图 4-8b 所示的电压波形。显然这是一种交变的电压，随着电压的变化，电流也从一个臂转移到另外一个臂，通常将这一过程称为换相。在换相过程中，有的支路要从通态转移到断态，有的支路要从断态转移到通态。从断态向通态转移时，无论支路是由全控型还是半控型电力电子器件组成，只要给门极适当的驱动信号，就可以使其导通。但从通态向断态转移的情况就不同。全控型器件可以通过对门极的控制使其关断，而对于半控型器件的晶闸管来说，就不能通过对门极的控制使其关断，必须利用外部条件或采取其他措施才能使其关断。一般来说，要在晶闸管电流过零后再施加一定时间的反向电压，才能使其关断。可见换相过程中，使晶闸管关断要比使其导通复杂得多，因此研究换相方式主要是研究如何使器件关断。对逆变器来说，关键的问题就是换相。

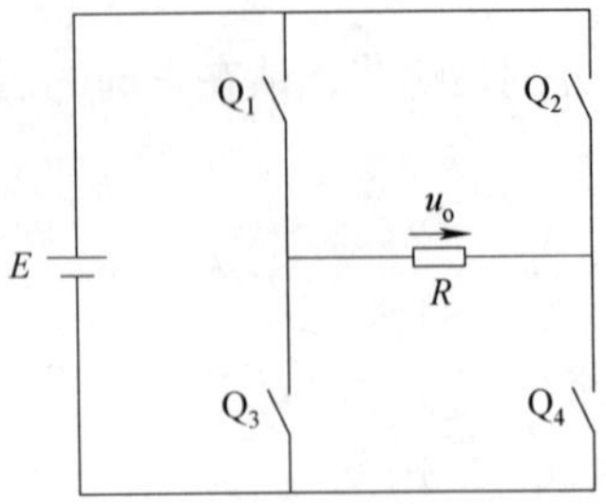

a)

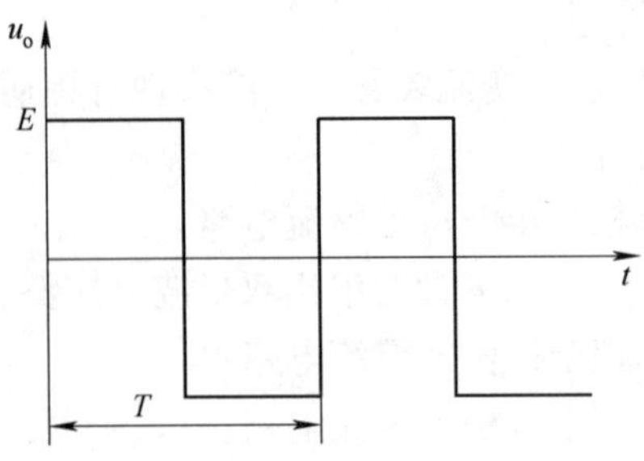

b)

图 4-8 逆变器工作原理

换相方式主要有以下几种。

（1）器件换相

利用全控型器件自身所具有的自关断能力进行换相。图 4-8a 所示电路中的开关，实际是各种半导体开关器件的一种理想模型。逆变器常用的开关器件有：普通型和快速型晶闸管（SCR）、门极关断（GTO）晶闸管、电力晶体管（GTR）、电力场效应晶体管（PMOSFET）、绝缘栅晶体管（IGBT）等。普通型和快速型晶闸管作为逆变器的开关器件时，因其阳极与阴极两端加有正向直流电压，只要在它的门极加正的触发电压，晶闸管就可以导通。但晶闸管导通后门极失去控制作用，要让它关断就困难了，必须设置关断电路，负载换相和强迫换相是晶闸管器件常采用的关断方式。其他几种新型的电力电子器件，属于全控器件，可以用门极信号使其关断，换相控制自然就简单多了。所以，在逆变器应用领域，普通型和快速型晶闸管将逐步被全控型器件所取代。

（2）电网换相

由电网提供换相电压称为电网换相。在第 3 讲讲述的可控整流电路，无论其工作在整流状态还是有源逆变状态，都是借助于电网电压实现换相的，都属于电网换相。在第 6 讲将要讲述的三相交流调压电路也是电网换相。在换相时，只要把负的电网电压施加在欲关断的晶闸管上即可使其关断。这种换相方式不需要器件具有门极关断能力，也不需要为换相附加任何元器件，但是不适用于没有交流电网的无源逆变电路。

（3）负载换相

由负载提供换相电压称为负载换相。凡是负载电流的相位超前于负载电压的场合，都可以实现负载换相。当负载为电容性负载时，即可实现负载换相；当负载为同步电动机时，由于可以控制励磁电流使负载呈电容性，因而也可以实现负载换相。将负载与其他换相元器件接成并联或串联谐振电路，使负载电流的相位超前负载电压，且超前时间大于管子关断时间，就能保证管子完全恢复阻断实现可靠换相。

图 4-9a 是基本的负载换相逆变电路，4 个桥臂均由晶闸管组成。其负载是电阻电感串联后再和电容并联，整个负载工作在接近并联谐振状态而略呈容性。在实际电路中，电容往往是为改善负载功率因数，使其略呈容性而接入的。在直流侧串入了一个很大的电感 L_d，因而在工作过程中可以认为 i_d 基本没有脉动。

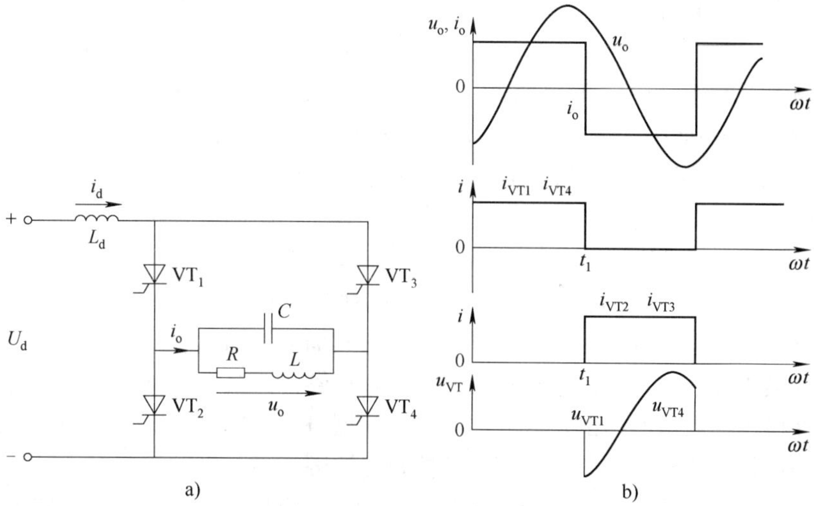

图 4-9　负载换相电路及波形

电路的工作波形如图 4-9b 所示。因为直流电流近似为恒值，4 个臂开关的切换仅使电流流通路径改变，所以负载电流基本呈矩形波。因为负载工作在对基波电流接近并联谐振的状态，故对基波的阻抗很大而对谐波的阻抗很小，因此负载电压 u_o 波形接近正弦波。设在 t_1 时刻前 VT_1、VT_4 为通态，VT_2、VT_3 为断态，u_o、i_o 均为正，VT_2、VT_3 上施加的电压即为 u_o。在 t_1 时刻触发 VT_2、VT_3 导通，负载电压 u_o 就通过 VT_2、VT_3 分别加到 VT_4、VT_1 上，使其承受反向电压而关断，电流从 VT_1、VT4 转移到 VT_2、VT_3。触发 VT_2、VT_3 的时刻 t_1 必须在 u_o 过零前并留有足够的裕量，才能使换相顺利完成。从 VT_2、VT_3 到 VT_4、VT_1 的换相过程和上述情况类似。

（4）强迫换相

设置附加的换相电路，给欲关断的晶闸管强迫施加反向电压或反向电流的换相方式称为强迫换相。强迫换相通常利用附加电容上所储存的能量来实现，因此也称为电容换相。

图 4-10a 所示电路称为直接耦合式强迫换相。该方式中，由换相电路内的电容直接提供换相电压。在晶闸管 VT 处于通态时，预先给电容 C 按图中所示极性充电。如果合上开关 Q，就可以使晶闸管被施加反向电压而关断。

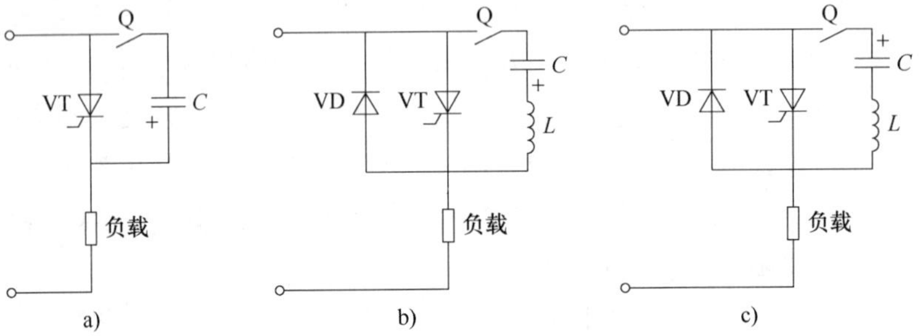

图 4-10 强迫换相电路

如果通过换相电路内的电容和电感的耦合来提供换相电压或换相电流，则称为电感耦合式强迫换相。图 4-10b、c 是两种不同的电感耦合式强迫换相原理图。图 4-10b 中晶闸管在 LC 振荡第一个半周期内关断，图 4-10c 中晶闸管在 LC 振荡第二个半周期内关断。因为在晶闸管导通期间，两图中电容所充的电压极性不同。在图 4-10b 中，接通开关 Q 后，LC 振荡电流将反向流过晶闸管 VT，与 VT 的负载电流相减，直到 VT 的合成正向电流减至零后，再流过二极管 VD。在图 4-10c 中，接通 Q 后，LC 振荡电流先正向流过 VT 并和 VT 中原有负载电流叠加，经半个振荡周期 $\pi\sqrt{LC}$ 后，振荡电流反向流过 VT，直到 VT 的合成正向电流减至零后再流过二极管 VD。在这两种情况下，晶闸管都是在正向电流减至零且二极管开始流过电流时关断。二极管上的管压降就是加在晶闸管上的反向电压。

图 4-10a 给晶闸管加上反向电压而使其关断的换相也叫电压换相，而图 4-10b 和图 4-10c 先使晶闸管电流减为零，然后通过反并联二极管使其加上反向电压的换相也叫电流换相。

上述四种换相方式中，器件换相只适用于全控型器件，其余三种方式主要是针对晶闸管而言的。器件换相和强迫换相都是因为器件或变流器自身的原因而实现换相的，两者都属于自换相；电网换相和负载换相不是依靠变流器自身原因，而是借助于外部手段（电网电压或负载电压）来实现换相的，它们属于外部换相。采用自换相方式的逆变电路称为自换相逆变电路，采用外部换相方式的逆变电路称为外部换相逆变电路。

2. 基本逆变器电路

（1）半桥逆变电路

图 4-11 所示为半桥逆变电路及波形，直流电压 U_d 加在两个串联的足够大的电容两端，并使得两个电容的连接点为直流电源的中点，即每个电容上的电压为 $U_d/2$。由两个导电臂交替工作使负载得到交变电压和电流，每个导电臂由一个电力晶体管与一个反并联二极管组成。

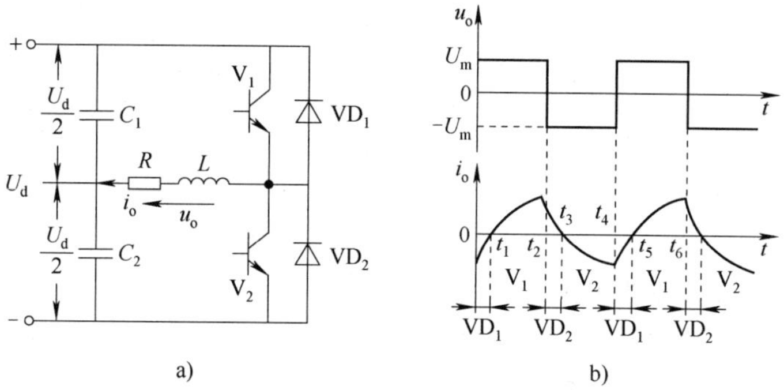

图 4-11 半桥逆变电路及波形

电路工作时，两只电力晶体管 V_1、、V_2 基极信号交替正偏和反偏，两者互补导通与截止。若电路负载为感性，其工作波形如图 4-11b 所示，输出电压为矩形波，幅值为 $U_m = U_d/2$。负载电流 i_o 波形与负载阻抗角有关。设 t_2 时刻之前 V_1 导通，电容 C_1 两端的电压通过导通的 V_1 加在负载上，极性为右正左负，得负载电流 i_o 由右向左。t_2 时刻给 V_1 关断信号，给 V_2 导通信号，则 V_1 关断，但感性负载中的电流 i_o 方向不能突变，于是 VD_2 导通续流，电容 C_2 两端电压通过导通的 VD_2 加在负载两端，极性为左正右负。当 t_3 时刻 i_o 降至零时，VD_2 截止，V_2 导通，i_o 开始反向。同样在 t_4 时刻给 V_2 关断信号，给 V_1 导通信号后，V_2 关断，i_o 方向不能突变，由 VD_1 导通续流。t_5 时刻 i_o 降至零时，VD_1 截止，V_1 导通，i_o 反向。

由上分析可见，当 V_1 或 V_2 导通时，负载电流与电压同方向，直流侧向负载提供能量；而当 VD_1 或 VD_2 导通时，负载电流与电压反方向，负载中电感的能量向直流侧反馈，反馈回的能量暂时储存在直流侧电容器中，电容器起缓冲作用。由于二极管 VD_1、VD_2 是负载向直流侧反馈能量的通道，故称反馈二极管；同时 VD_1、VD_2 也起着使负载电流连续的作用，因此又称为续流二极管。

如电路中的开关器件为普通晶闸管，则需附加电容换相电路才能正常工作。

（2）全桥逆变电路

全桥逆变电路可看作两个半桥逆变电路的组合，电路如图 4-12a 所示，它采用了 4 个 IGBT 作全控开关器件。直流电压 U_d 接有大电容 C，使电源电压稳定。电路中的 4 个桥臂，桥臂 1、4 和桥臂 2、3 组成两对。两对桥臂交替各导通 180°，其输出电压 u_o 的波形和图 4-12b 的半桥电路波形 u_o 形状相同，也是矩形波，但其幅值高出一倍，$U_m = U_d$。在直流电压和负载都相同的情况下，其输出电流 i_o 的波形当然也和图 4-11b 中的 i_o 形状相同，仅幅值增加一倍。图 4-11a 中的 VD_1、V_1、VD_2、V_2 相继导通的区间，分别对应于图 4-12a 中的 VD_1 和 VD_4、V_1 和 V_4、VD_2 和 VD_3、V_2 和 V_3 相继导通的区间。关于无功能量的交换，对于半桥逆变电路的分析也适用于全桥逆变电路。

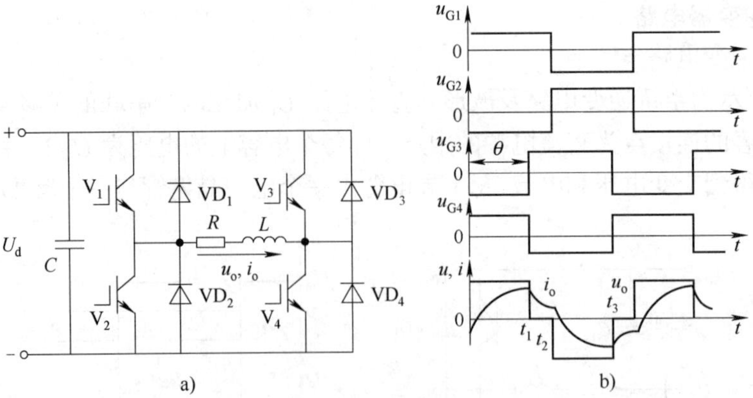

图 4-12　全桥逆变电路及波形

前面分析的都是 u_o 的正负电压各为 180° 矩形脉冲时的情况。在这种情况下，要改变输出交流电压的有效值只能通过改变直流电压 U_d 来实现。

在阻感负载时，还可以采用移相的方式来调节逆变电路的输出电压，这种方式称为移相调压。移相调压实际上就是调节输出电压脉冲的宽度。在图 4-12a 所示的单相全桥逆变电路中，各 IGBT 的栅极信号仍为 180° 正偏、180° 反偏，并且 V_1 和 V_2 的栅极信号互补，V_3 和 V_4 的栅极信号互补，但 V_3 的基极信号不是比 V_1 落后 180°，而是只落后 θ（$0<\theta<180°$）。也就是说，V_3、V_4 的栅极信号不是分别和 V_2、V_1 的栅极信号同相位，而是前移了 $180°-\theta$。这样，输出电压 u_o 就不再是正负各为 180° 的脉冲，而是正负各为 θ 的脉冲，各 IGBT 的栅极信号 $u_{G1}\sim u_{G4}$ 及输出电压 u_o、输出电流 i_o 的波形如图 4-12b 所示。

设 t_1 时刻前 V_1 和 V_4 导通，输出电压 u_o 为 U_d，t_1 时刻 V_3 和 V_4 栅极信号反向，V_4 截止，因负载电感中的电流 i_o 不能突变，V_3 不能立刻导通，VD_3 导通续流。因为 V_1 和 VD_3 同时导通，所以输出电压为零。到 t_2 时刻 V_1 和 V_2 栅极信号反向，V_1 截止，而 V_2 不能立刻导通，VD_2 导通续流，和 VD_3 构成电流通道，输出电压为 $-U_d$。到负载电流过零并开始反向时，VD_2 和 VD_3 截止，而 V_4 不能立刻导通，VD_4 导通续流，u_o 再次为零。以后的过程和前面类似。这样，输出电压 u_o 的正负脉冲宽度就各为 θ。改变 θ，就可以调节输出电压。

在纯电阻负载时，采用上述移相方法也可以得到相同的结果，只是 $VD_1\sim VD_4$ 不再导通，不起续流作用。在 u_o 为零的期间，4 个桥臂均不导通，负载也没有电流。

3. 电压型和电流型逆变电路

逆变电路根据直流侧电源性质的不同分为两类：电压型逆变电路和电流型逆变电路。

（1）电压型逆变电路

直流侧是电压源的称为电压型逆变电路。电压型逆变电路直流侧一般接有大电容，直流电压基本无脉动，直流回路呈现低阻抗，相当于电压源。

电压型逆变电路的主要特点有：

1）由于直流电压源的恒压作用，交流侧电压波形为矩形波，与负载阻抗角无关，而交流侧电流波形及其相位因负载阻抗角的不同而异。

2）当交流侧为电感性负载时，需要提供无功功率，直流侧电容起缓冲无功能量的作用。为了给交流侧向直流侧反馈的能量提供通路，各臂都需并联反馈二极管。

3）逆变电路从直流侧向交流侧传送的功率是脉动的，因直流电压无脉动，必然由直流电流的脉动影响功率的脉动。

前面分析的逆变器的基本电路属于电压型逆变电路，而三相逆变电路是应用最为广泛的。图 4-13 所示为三相电压型桥式逆变电路。

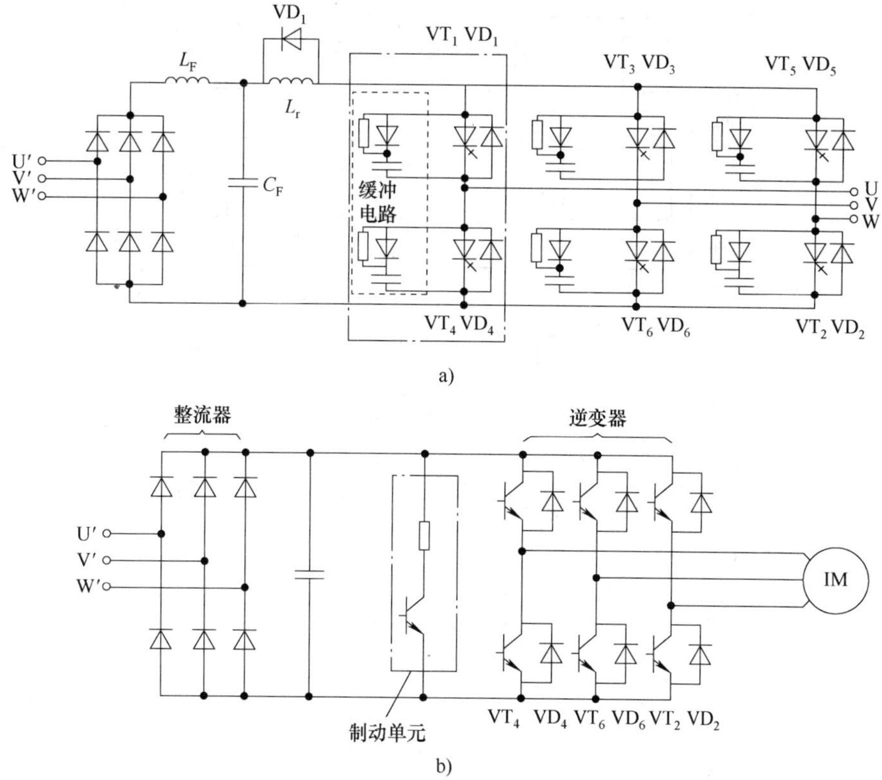

图 4-13　三相电压型桥式逆变电路

a）GTO 变换器　b）BJT 变换器

① 电路结构：电压型逆变器的特点是直流电源接有很大的滤波电容，从逆变器向直流电源看过去电源内阻为很小的电压源，保证直流电压稳定。

② 输出电压波形：图 4-14 所示是三相逆变器输出电压波形。开关元件每隔 60° 电角度按标号 1、2、3、4、5、6 的次序导通，每个元件导通 180° 就关断，即同一支臂的两个元件一个导通，另一个关断，经过 360° 完成输出电压波形的一个周期。

三相线电压为 120° 宽交变方波。图 4-14a、b、c 中电压波形幅值为 $U_d/2$ 的矩形波。线电压的有效值：

$$U_L=\sqrt{\frac{1}{\pi}\int_0^{\frac{2\pi}{3}}(U_{AB})^2\mathrm{d}(\omega t)}=\sqrt{\frac{1}{\pi}\int_0^{\frac{2\pi}{3}}U_d^2\mathrm{d}(\omega t)}=\sqrt{\frac{2}{3}}U_d=0.816U_d$$

线电压基波分量有效值：

$$U_{1L}=\frac{\sqrt{6}}{\pi}u_d=0.78u_d$$

这种变换器向对称的星形连接的负载供电，输出线对中点的电压即相电压波形，在每个周期中有 6 个不同状态，故称六阶梯波，如图 4-15 所示。状态 1.0° ~60° 期间，开关元

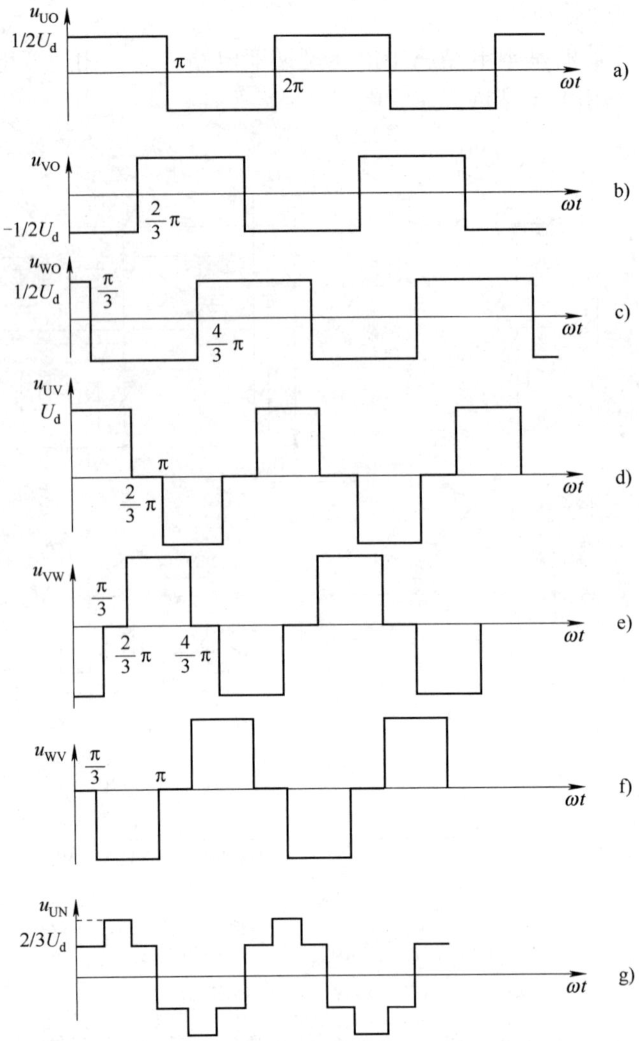

图 4-14　三相变换器输出电压波形

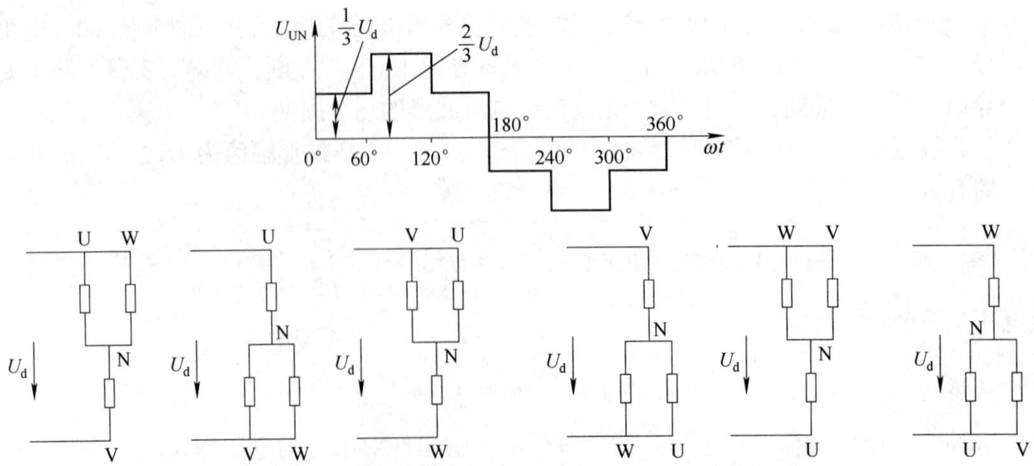

图 4-15　三相变换器相电压波形和在每周期的 6 个不同状态

件 5、6、1 导通，相当于 5、6、1 开关闭合，输出端 U、W 接到电源正极，V 端接电源负极，线电压 $U_{UV}=U_d$，$U_{VW}=-U_d$，$U_{WU}=0$，$U_{UN}=U_{WN}=+U_d/3$，$U_{VN}=-U_d/3$。依次类推其他 5 个状态内 U_{UN}、U_{VN} 和 U_{WN} 波形与 U_{UN} 一样，只是时间上滞后 120° 和 240° 。

综上所述，交-直-交变频原理为频率不变的交流电源经整流器变为直流电，再经逆变器，在其开关元件有规律的导通和关断，即每隔 60° 导通一个，导通 180° 后关断，一个周期中变换器输出的线电压为方形波，相电压为六阶梯波的交流电。改变元件导通与关断的频率快和慢，就能改变输出交流电频率的高和低，改变直流环节电压的高和低，就能调节交流输出电压幅值的大与小。

③ 输出电流波形：图 4-16 所示是三相电压型桥式逆变电路输出电压、电流波形。

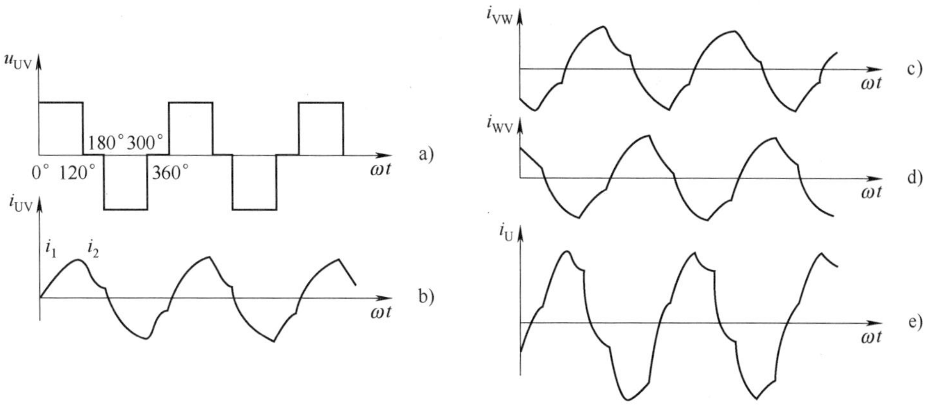

图 4-16 三相电压型桥式逆变电路输出电压、电流波形

（2）电流型逆变电路

直流侧是电流源型的逆变电路称为电流型逆变电路。一般在直流侧串接有大电感，使直流电流基本无脉动，直流回路呈现高阻抗，相当于电流源。

电流型逆变电路的主要特点有：

1）逆变电路中的开关器件主要起改变直流电流流通路径的作用，故交流侧电流为矩形波，与负载性质无关，而交流侧电压波形及相位因负载阻抗角不同而异，电感负载时其波形接近正弦波。

2）直流侧电感起缓冲无功能量的作用，因电流不能反向，故开关器件不必反并联二极管。

3）逆变器从直流侧向交流侧传送的功率是脉动的，因直流电流无脉动，则由直流电压脉动引起功率的脉动。

常用的电流型逆变电路主要有单相桥式和三相桥式逆变电路。图 4-17 所示是电流型三相桥式逆变电路，图中的 GTO 使用反向阻断型器件。使用反向导电型 GTO 时，必须给每个器件串联二极管以承受反向电压。

在电流型逆变电路中，为了吸收换相时负载电感中的能量，在交流输出侧设置电容器。在换相时，由于负载电感中的电流给电容充电，使电流型逆变器的输出中出现了浪涌电压。

① 电路结构：电流型逆变电路的特点是直流电源接有很大的电感，从逆变器向直流电源看过去电源内阻为很大的电流源，保证直流电流基本无脉动。

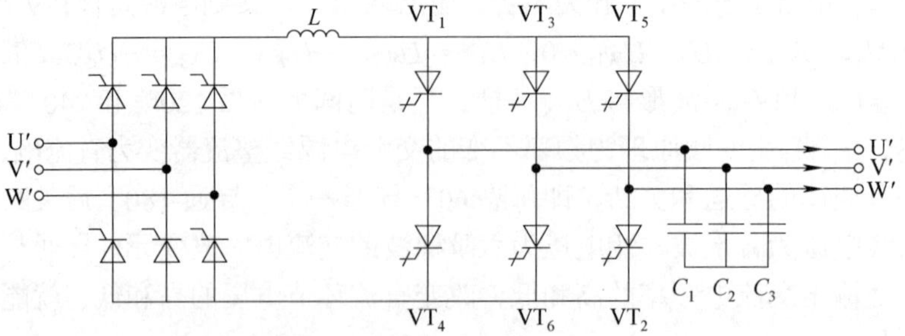

图 4-17 电流型三相桥式逆变电路

② 工作原理：电流型三相桥式逆变电路的基本工作方式是 120° 导通方式。即每个臂导通 120° ，按 $VT_1 \sim VT_6$ 的顺序每隔 60° 依次导通，其逆变器输出电流波形如图 4-18 所示。控制过程与三相全控桥整流电路相同，例如在触发 VT_1、VT_6 导通时，$i_U = I_d$，$i_V = -I_d$，间隔 60° 后，触发 VT_2、VT_1，$i_U = I_d$，$i_V = -I_d$，依次类推。这样，每个时刻共阴极组三臂和共阳极组三臂中都各有一个臂导通。换相时，是在共阴极组或共阳极组内依次换相，是横向换相。

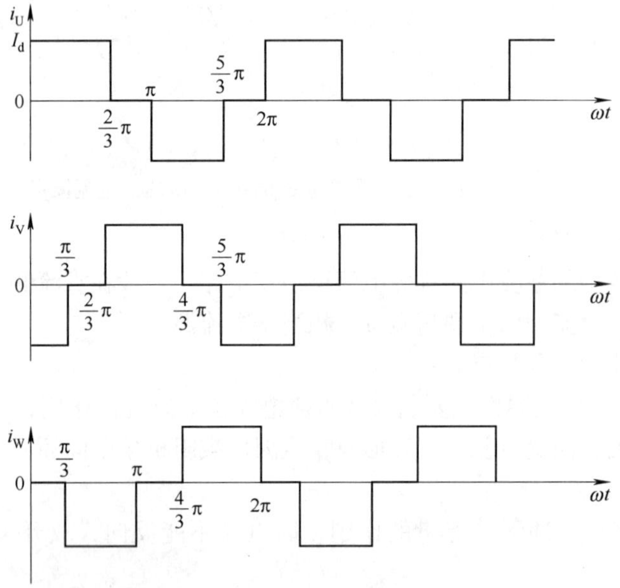

图 4-18 电流型逆变电路输出电流波形

在电流型逆变电路中，为吸收换相时负载电感中的能量，如图 4-17 所示，在交流输出侧加入了电容。在换相时，由于负载电感中的能量给电容充电，从而逆变器的输出电压出现电压尖峰。画电流型逆变电路的波形时，总是先画电流波形，因为电流波形和负载性质无关，是简单的矩形波。

4. 脉宽调制变换器

功率晶体管、功率场效应晶体管和绝缘栅双极型晶体管（BJT、MOSFET、IGBT）是自关断器件。用它们作开关元件构成的脉宽调制（SPWM）变换器，可使装置的体积小、斩波频率高、控制灵活、调节性能好、成本低。SPWM 变换器，简单地说，是控制逆变器开关器件的通断顺序和时间分配规律，在变换器输出端获得等幅、宽度可调的矩形波。这样的波形可以有多种方法获得。

（1）正弦脉宽调制原理及其优点

1）SPWM 原理　根据采样控制理论，冲量相等而形状不同的窄脉冲作用于惯性系统上时，其输出响应基本相同，且脉冲越窄，输出的差异越小。它表明，惯性系统的输出响应主要取决于系统的冲量，即窄脉冲的面积，而与窄脉冲的形状无关。

图 4-19 所示给出了几种典型的形状不同而冲量相同的窄脉冲。它们的面积（冲量）均相同，当它们分别作用在同一个惯性系统上时，其输出响应波形基本相同。当窄脉冲变为图 4-19d 所示的单位脉冲函数时，系统的响应则变为脉冲过渡函数。

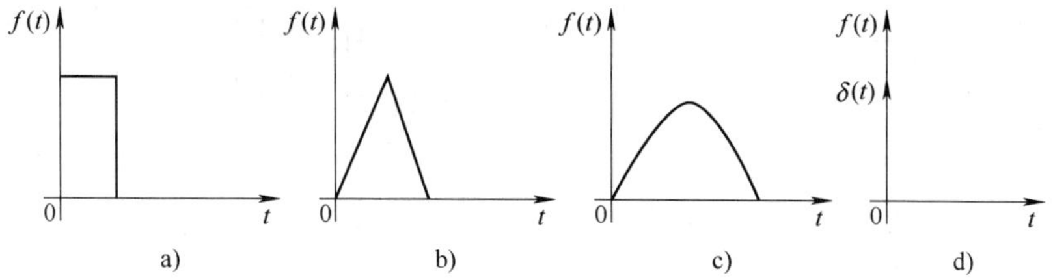

图 4-19　形状不同而冲量相同的窄脉冲

图 4-20 画出了 SPWM 控制的基本原理示意图，并将其划分为 k 等分（图中 $k=7$）。将每一等分中的正弦曲线与横轴所包围的面积都用一个与此面积相等的等高矩形波所替代，从而得到一组等效于正弦波的等幅不等宽的矩形脉冲。

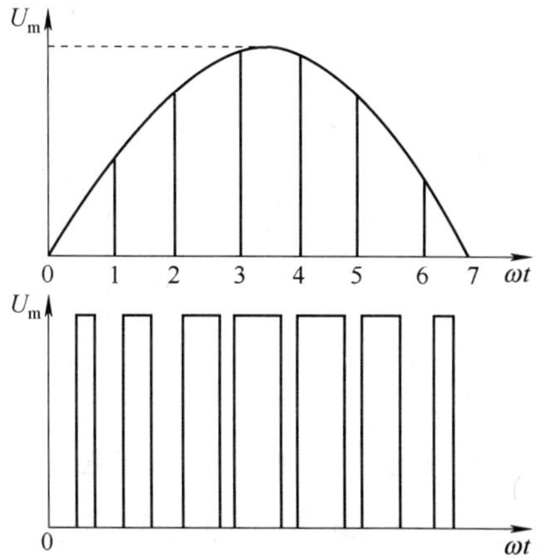

图 4-20　SPWM 控制的基本原理示意图

2）单极性调制　单极性调制原理示意图如图 4-21 所示。

3）双极性调制　双极性调制原理示意图如图 4-22 所示。

一般将正弦调制波的幅值与三角载波的峰值之比定义为调制度 M（亦称调制比或调制系数。

在 SPWM 变换器中，使用最多的是三相桥式逆变器。三相桥式逆变器一般都采用双极性控制方式，如图 4-23a 所示。U、V 和 W 三相的 SPWM 控制通常公用一个三角波载波信号，用 3 个相位互差 120° 的正弦波作为调制信号，以获得三相对称输出。U、V 和 W 各相功率开关器件的控制规律相同。

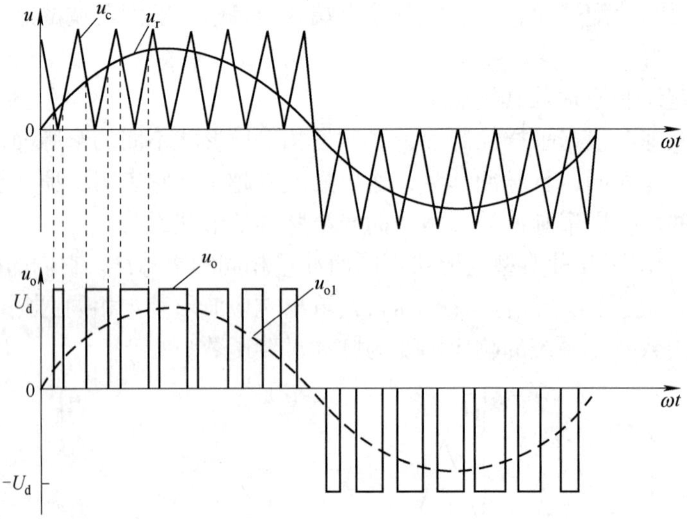

图 4-21 单极性调制原理示意图

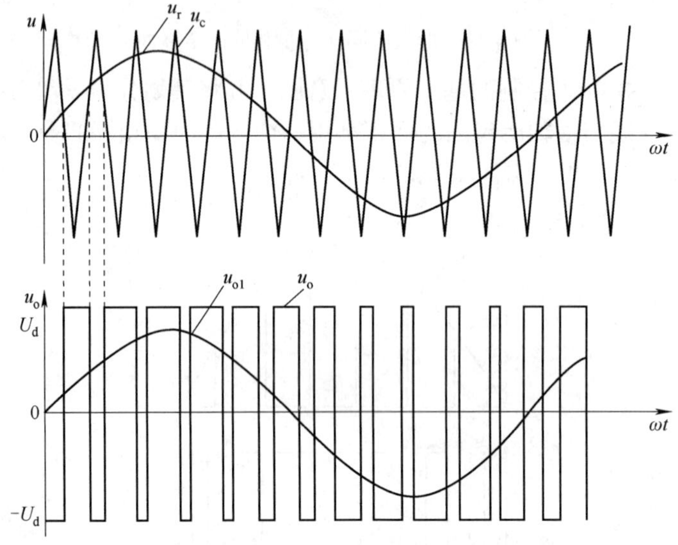

图 4-22 双极性调制原理示意图

在双极性 SPWM 控制方式中，同一相上、下两个臂的驱动信号都是互补的。但实际上为了防止上、下两个臂直通而造成短路，在给一个臂施加关断信号后，再延迟时间，才给另一个臂施加导通信号。延迟时间的长短主要由功率开关器件的关断时间决定。这个延迟时间将会给输出的 SPWM 波形带来影响，使其偏离正弦波。

4）SPWM 的优点

① 在一个可控功率级内调频、调压，简化了主电路和控制电路的结构，使装置的体积小、重量轻、造价低。

② 直流电压可由二极管整流获得，交流电网的输入功率因数接近 1；如有数台装置，可由同一台不可控整流器输出作直流公共母线供电。

③ 输出频率和电压都在逆变器内控制和调节，其响应的速度取决于电子控制回路，而

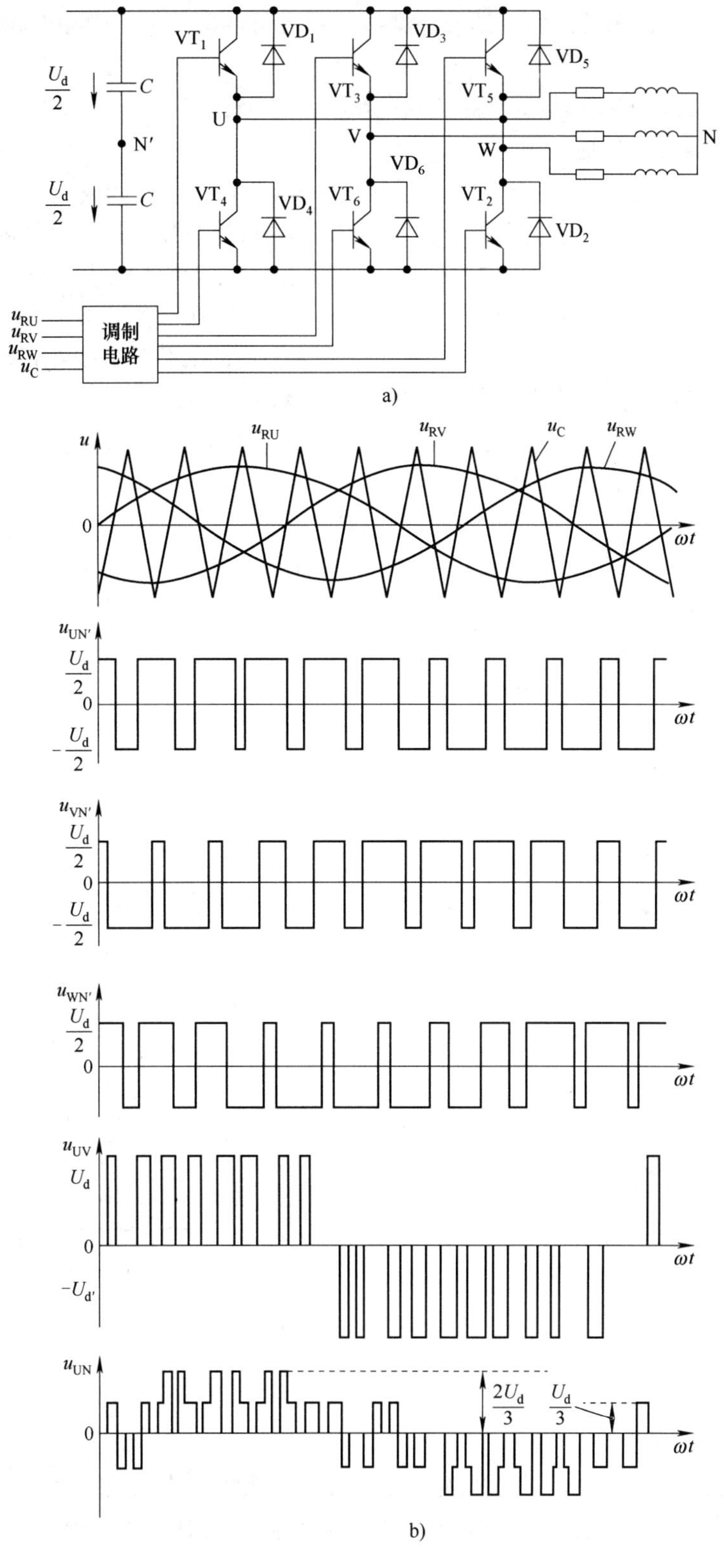

图 4-23　三相桥式逆变器及三相 SPWM 波形

a）三相桥式逆变器　b）三相 SPWM 波形

与直流回路的滤波参数无关，所以调节速度快，并且可使调节过程中频率和电压相配合，以获得好的动态性能。

④ 输出电压或电流波形接近正弦，从而减少了谐波分量。

（2）SPWM 波形的生成

根据 SPWM 变换器的基本原理和控制方法，可以用模拟电路构成三角波载波和正弦调制波发生电路，用比较器来确定它们的交点。在交点时刻对功率开关器件的通断进行控制，这样就可得到 SPWM 波形。但这种模拟电路的缺点是结构复杂，难以实现精确地控制。目前，SPWM 波形的产生和控制可以用微机来完成，这里主要介绍几种用软件产生 SPWM 波形的基本算法。

1）自然采样法　求取开关时刻的方程式是超越方程，求解时需要花费较多的计算时间，因而难以在实时控制中在线计算。自然采样法如图 4-24 所示。

2）规则采样法　规则采样法是一种应用较广的工程实用方法，它的效果接近自然采样法，但计算量却比自然采样法小得多。

实际应用较多的是采用三角波作为载波的规则采样法。在三角波的负峰时刻 t_D 对正弦调制波采样而得到 D 点，过 D 点作一水平直线和三角波分别交于 A 点和 B 点，在 A 点的时刻 t_A 和 B 点的时刻 t_B 控制功率开关器件的通断。可以看出，用这种规则采样法得到的脉冲宽度和用自然采样法得到的脉冲宽度非常接近。

采用三角波载波的规则采样法如图 4-25 所示。

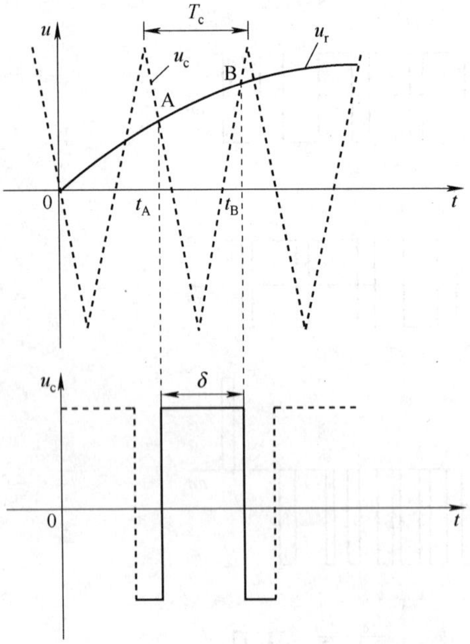

图 4-24　自然采样法

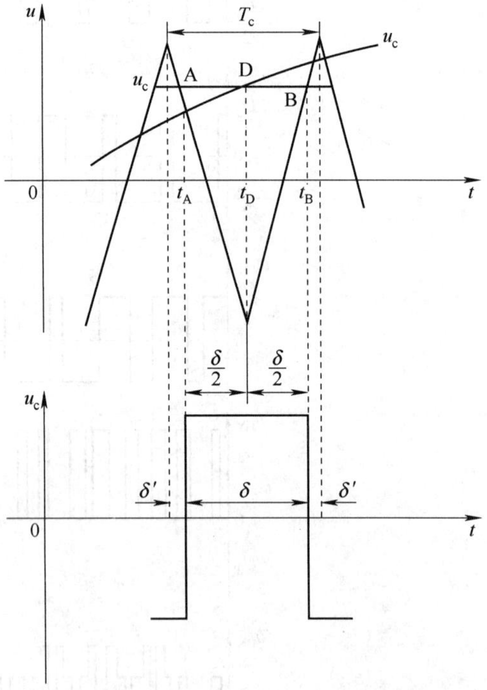

图 4-25　采用三角波载波的规则采样法

3）低次谐波消除法　以消去 SPWM 波形中某些主要的低次谐波为目的，通过计算确定各脉冲的开关时刻。这种方法称为低次谐波捎去法。在这种方法中，已经不再比较载波和正弦调制波，但目的仍是使输出波形尽可能接近正弦波，因此也算是生成 SPWM 波形的一种方法。

应当指出，低次谐波消除法可以很好地消除指定的低次谐波，但是剩余未消去的较低次谐波的幅值可能会相当大。不过，因为其次数已比所消去的谐波次数高，因而较容易滤除。

4）跟踪型 SPWM　跟踪型 SPWM 也不是用载波对正弦波进行调制，而是把希望输出的电流或电压作给定信号，与实际电流或电压信号进行比较，由此来决定逆变器电路功率开关器件的通断，使实际输出跟踪给定信号。

跟踪型 SPWM 变换器中，电流跟踪控制应用较多，主要的有电流滞环控制型和固定开关频率型。

（3）微机控制和专用集成电路

1）微机软件生成 SPWM　在用微机软件生成 SPWM 时，通常有查表法和实时计算法。查表法是根据不同的调制度 M 和正弦调制信号的角频率，先离线计算出各开关器件的通断时刻，把计算结果存于 EPROM 中，运行时查表读出需要的数据进行实时控制，该方法所需要的内存容量往往较大。实时计算法是在运行时，根据控制变量进行在线计算求得所需的数据，这种方法适用于计算量不大的场合。实际所用的方法往往是上述两种方法的结合。

2）专用集成电路芯片　采用专门产生 SPWM 波形的大规模集成电路芯片可简化控制电路和软件设计，降低成本，提高可靠性。

目前应用得较多的 SPWM 芯片有 HEF4752、SLE4520、MA818、8XC196MC。

HEF4752 芯片可提供三组互差 120° 的互补输出 SPWM 控制脉冲，以供驱动逆变器 6 个功率开关器件产生对称的三相输出，可适用于晶闸管或功率晶体管。该芯片有 8 段载波比（15、21、30、42、60、84、120、168）自动切换，调制频率范围为 0～200Hz，开关频率一般不超过 2kHz。总之，SPWM 控制是变换器中关键技术之一，而且仍然是在不断深入研究的重要课题。

4.2.3 技能训练

1. 知识准备

（1）TL494PWM 波形发生器的结构

PWM 调制器用于产生一路 PWM 脉冲波，它是由专用芯片 TL494 产生，其内部原理图如图 4-26 所示。在本任务中，PWM 波形发生器外围接线图如图 4-27 所示。

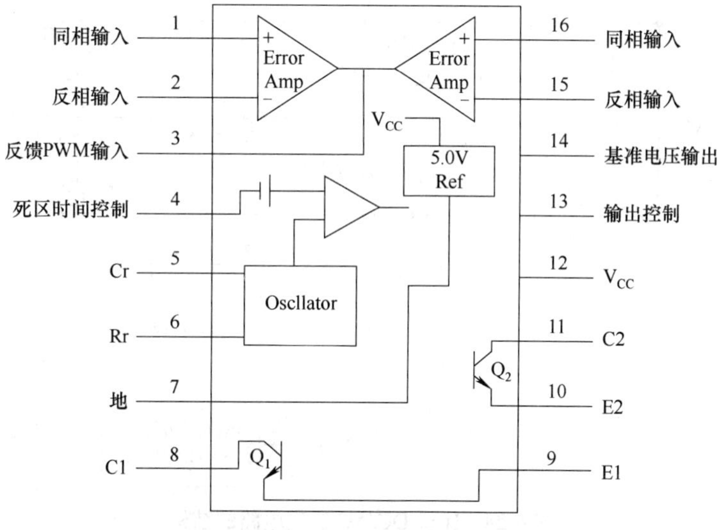

图 4-26　TL494 的内部原理图

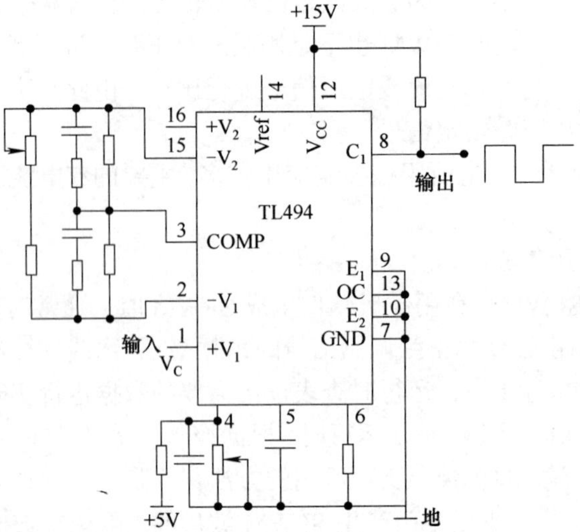

图 4-27　PWM 波形发生器外围接线图

图 4-27 中只利用了 TL494 的一组输出脉冲 C_1。只要控制 TL494 的输入端即“1”脚输入一电平，即可以在输出端“8”脚得到占空比可调的 PWM 脉冲，其脉冲的频率为 5.7kHz。

（2）H 桥 DC/AC 逆变电路结构及原理

H 桥 DC/AC 逆变电路的结构如图 4-28 所示。该主电路采用单极性 PWM 控制方式，其中主电路由 4 个 IGBT 构成 H 桥，触发脉冲 $G_1\sim G_4$ 分别由 PWM 产生电路产生后经过驱动电路放大，再送到 IGBT 相应的栅极，用以控制 IGBT 的通断。在图 4-28 中，左边两个管子的驱动脉冲 $U_{G1}=-U_{G2}$，使 VT_1 和 VT_2 交替导通；而右边两管 VT_3、VT_4 因电动机的转向施加不同的直流控制信号。在输出正电压时，U_{G4} 恒为正，U_{G3} 恒为负，使 VT_3 常通，VT_4 截止；在输出负电压时，VT_3 截止而 VT_4 常通。4 个快恢复二极管 $VD_1\sim VD_4$ 用于逆变电路的续流。

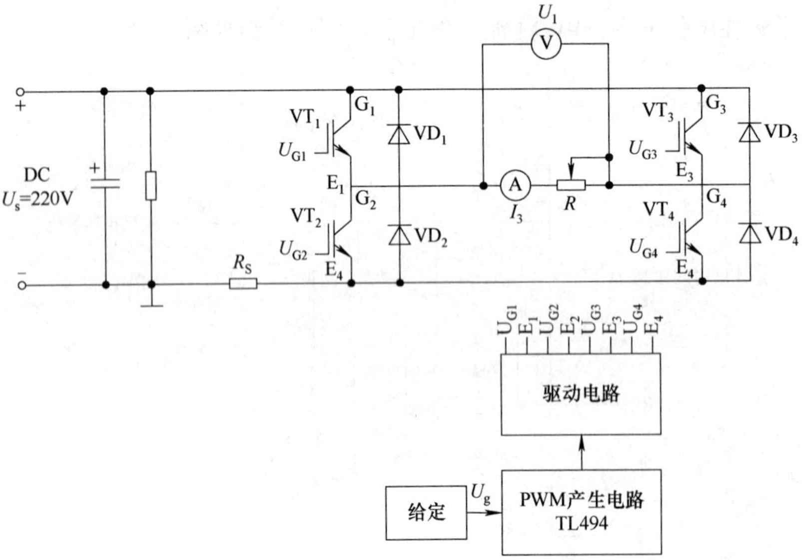

图 4-28　H 桥 DC/AC 逆变电路的结构

2. 实践操作

（1）项目测试所需挂件及附件

序　号	型　号	备　注
1	TLDD-1 型电源控制屏	该控制屏包含“三相电源输出”、“励磁电源”等几个模块
2	DL11 单相调压与可调负载	
3	DL17 双闭环 H 桥 DC/DC 变换直流调速	
4	DQ27 三相可调电阻	
5	双踪示波器	自备
6	万用表	自备

（2）测试方法

1）输出正负电压时 H 桥开关器件控制波形的观测

按图 4-28 连接电路。此时测速发电机输出暂不接入控制系统中。电流反馈量电位器调至零，使系统处于开环状态。接通直流电源 U_s。

用示波器观测 TL494（或 3525）输出的 PWM 脉冲，通过调节给定电压调节电位器，使输出脉冲占空比$\rho=100\%$，用万用表测量此时的 $U_c=U_{cmax}$，并记录之。

调节 U_g 至占空比约为 50%，用双踪示波器同时观测面板上驱动正脉冲 G_1-E_1 与负脉冲 G_2-E_2 的输出信号，适当调节示波器扫描时间使脉冲上升、下降沿关系清晰，并记录之。

给定电压 U_g 由最小值 0 逐渐上调使 U_c 逐渐上升至 U_{cmax}，将此过程中 G_1-E_1、G_2-E_2、G_3-E_3、G_4-E_4 的占空比变化过程填入表 4-1。

表 4-1　数据记录表

PRM 测试点 / ρ / 转　向	G_1-E_1	G_2-E_2	G_3-E_3	G_4-E_4

为了在测试中用双踪示波器测量 G_1 ~ G_4 的波形而不造成短路现象，因此 G_1 ~ G_4 的波形是在光耦隔离器的输入端取出的，它只反映波形的占空比随输入控制电平及正反转控制的变化，并不能代表送到 IGBT 的栅极的实际波形。本测试中，G_1、G_2 的波形是通过射极跟随输出的，它的峰值约为 4.4V，而送到 IGBT 的实际驱动波形的峰值为 15V。

2）电枢回路电流波形的观测

重复步骤 1。

示波器探头接 R 两端，闭合直流电源。

将 U_g 逐渐调至 $U_c=U_{cmax}$，调节负载电阻 R_g 使 I_d 约为 0.8A，慢慢减少 U_g 的值，观测电动机电枢回路电流 I_d 的变化，选典型波形记录。

4.2.4　相关习题

1. 填空题

1）在逆变器中，晶闸管的自然关断法，是利用负载回路中的电感 L 和__________在产生振荡时，电路中的电流具有__________的特点，从而使晶闸管发生自然关断。

2）改变SPWM逆变器中的调制波频率，可以改变____________的频率。

3）脉冲宽度调制逆变电路可以实现调压和__________。

4）逆变失败是指工作在逆变状态的变流器由于某种原因，出现了 U_d 和 E_d ___________的状态。

5）采用 $\alpha_1=\pi-\alpha_2$ 配合有环流控制的单相反并联（双重）全控桥式整流电路，当变流器Ⅱ工作在逆变状态时，变流器Ⅰ工作在___________________状态。

6）电压型单相桥式逆变电路中，与开关管反并联的二极管起着________________和防止开关器件承受反压的作用。

2. 判断题

(　　) 1）对于负载换相电路，只要存在负载电流相位超前负载电压相位的情况都可以实现换相。

(　　) 2）电压型逆变器直流侧无需接大电容就可以实现电流的逆变。

(　　) 3）对于电压型逆变电路从直流侧向交流侧进行功率传递时，其电流脉动频率影响到功率的脉动。

(　　) 4）电流型逆变器其直流侧一般接大电容，而电压型逆变器其直流侧接大电感。

(　　) 5）实用的PWM装置一般由直流电源、中间滤波环节和逆变电路3个部分组成。

3. 选择题

1）能在Ⅰ、Ⅳ象限工作的电路为（　　）。

A. 带续流二极管的单相全控桥式电路　　B. 三相半波电路

C. 带续流二极管的单相半波整流电路　　D. 带续流二极管的单相半控桥式电路

2）高压直流输电中，若要使功率从1组向2组传输，则 U_{d1} 和 U_{d2} 的关系为（　　）。

A. $U_{d1}>U_{d2}>0$　　B. $U_{d1}<U_{d2}<0$　　C. $U_{d1}<0$，$U_{d2}>0$　　D. $U_{d1}>0$，$U_{d2}<0$

3）为防止晶闸管误触发，可在晶闸管的门极和阴极间加（　　）。

A. 反压　　B. 正压　　C. 脉冲　　D. 不加

4）在晶体管的恒流驱动电路中加入加速电容，主要是为了（　　）。

A. 减小基极电流　　B. 增大集电极电流

C. 减小存储时间　　D. 加快晶体管的导通过程

5）电压型三相桥式逆变电路，当采用纵向换相时，每个晶闸管的导通角为（　　）。

A. 180°　　B. 120°　　C. 60°　　D. 240°

6）电流型逆变器，交流侧电压波形为（　　）。

A. 正弦波　　B. 矩形波　　C. 锯齿波　　D. 梯形波

7）PWM斩波电路一般采用（　　）。

A. 定频调宽控制　　B. 定宽调频控制　　C. 调频调宽控制　　D. 瞬时值控制

4. 简答题

1）逆变电路中换相方式有哪几种？各有什么特点？

2）无源逆变和有源逆变电路有何不同？

3）试说明PWM控制的基本原理。

小 结

电压型逆变电路的特点是直流电源接有很大的滤波电容，从逆变器向直流电源看过去电源内阻为很小的电压源。

电流型逆变电路的中间直流环节有一个很大的电感作为滤波环节，从负载侧向逆变器看去，为一具有很大阻抗的恒流源。

SPWM 变换器，从载波信号的极性分有单极性和双极性脉宽调制方法，从载波信号与调制信号的关系分有同步、异步和分段同步调制的控制方法。现在多采用微机产生 SPWM 的方法和专门产生 SPWM 波形的大规模集成电路芯片。

思考题与习题

1）逆变电路必须具备什么条件才能进行逆变工作？

2）什么是电压型逆变电路？什么是电流型逆变电路？

3）电压型逆变电路中反馈二极管的作用是什么？为什么电流型逆变电路中没有反馈二极管？

4）单极性和双极性 PWM 调制有什么区别？在三相桥式 PWM 型逆变电路中，输出相电压（输出端相对于直流电源中点的电压）和线电压 SPWM 波形各有几种电平？

第5讲　直流斩波电路的分析与实践

【项目导读】

将直流电源的恒定直流电压，通过电力电子器件的开关作用，变换为可调直流电压的装置称为直流斩波器。在本项目中主要介绍三种常见的直流斩波电路的应用，分别是降压式直流斩波电路的分析与实践，升压式直流斩波电路的分析与实践和升/降压式直流斩波电路的分析与实践。

应知

※ 了解降压式直流斩波电路的基本结构和工作原理，掌握斩波主电路在负载电流连续和断续两种情况下的电路特征
※ 熟悉升压式直流斩波电路的基本结构和工作原理，掌握升压式斩波电路的实验验证原理，掌握数据测量方法
※ 熟悉升降压式直流斩波电路的基本结构和工作原理，掌握升降压斩波主电路在负载电流连续和断续两种情况下的电路特征
※ 进一步熟悉电力电子器件的基本应用要求与使用方法

☆ 研究触发电路的形成及触发脉冲输出特点，掌握该电路的调试和数据测量的方法
☆ 研究斩波主电路在负载电流连续和断续两种情况下的电路特征，掌握升压式直流斩波电路的实验调测方法
☆ 能利用 PROTEL 软件根据给定要求进行升降压斩波电路原理图绘制，并完成升降压式直流斩波电路的调试与相关数据记录
☆ 能独立设计、制作并调试常见 DC-DC 开关电源

应会

5.1　降压式直流斩波电路的分析与实践

5.1.1　任务导入

直流斩波器也称直流—直流变换器，即 DC-DC 变换器，它具有效率高、体积小、重量轻、成本低等优点。直流斩波电路的种类很多，包括 6 种基本斩波电路：降压斩波电路，升压斩波电路、升降压斩波电路、Cuk 斩波电路、Sepic 斩波电路、Zeta 斩波电路，而前两种是最基本的电路。图 5-1 所示为直流斩波系统的结构图。

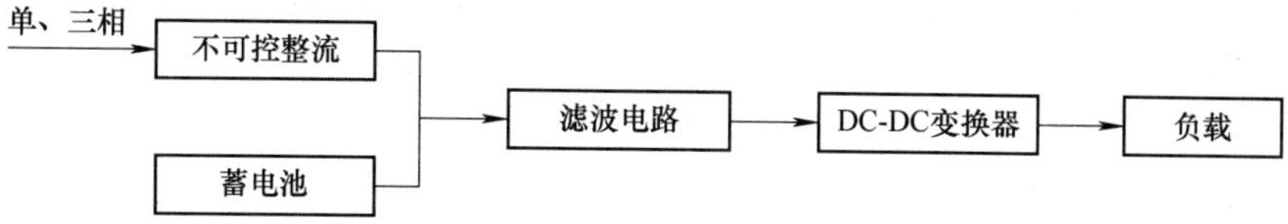

图 5-1　直流斩波系统的结构图

直流斩波技术现在广泛应用于直流牵引变速拖动中，如由直流电网供电的电气化铁路、地铁车辆、城市无轨电车和蓄电池供电的电动自行车、电动汽车等；直流斩波技术还广泛应用于可调直流开关电源和电池供电的设备中，如通信电源、笔记本电脑、计算机主板、远程控制器和手机等。

降压式斩波电路的输出电压平均值低于输入电压 U_d。这种电路主要用于直流可调电源和直流电动机驱动中。

5.1.2　理论知识

1. 直流斩波电路的基本工作原理

对于直流斩波电路工作原理的理解和掌握是我们进行后续内容展开的前提。

图 5-2a 所示为基本直流斩波器原理电路，实现斩波的关键在于对斩波开关 S 的通断控制。通过控制开关器件的通断时间比就可以在输出端得到不同的直流电，如图 5-2b 所示。

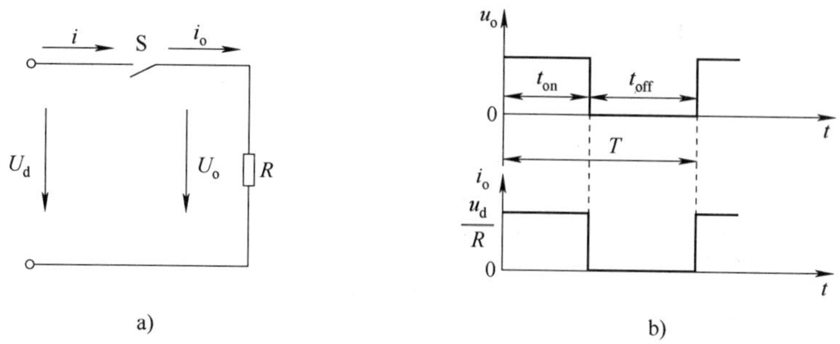

图 5-2　基本直流斩波器电路及波形

设开关器件 S 的导通时间为 t_{on}，周期为 T，定义斩波器工作的占空比 $D=\frac{t_{on}}{T}$，则输出电压的平均值为

$$U_o = \frac{1}{T}\int_0^{t_{on}} u_o \mathrm{d}t = \frac{t_{on}}{T}U_d = DU_d \tag{5-1}$$

输出电压的有效值为

$$U_o = \sqrt{\frac{1}{T}\int_0^{t_{on}} (u_o)^2 \mathrm{d}t} = \sqrt{\frac{t_{on}}{T}}U_d = \sqrt{D}U_d \tag{5-2}$$

假定斩波器开关S是不存在功率消耗的，那么输入功率P_i和输出功率P_o应相等，即

$$P_i = \frac{1}{T}\int_0^{DT} u_o i \mathrm{d}t = \frac{1}{T}\int_0^{DT} \frac{u_o^2}{R}\mathrm{d}t = D\frac{u_d^2}{R} \tag{5-3}$$

从式（5-1）可以看出，当占空比D从0~1变化时，所对应的输出电压平均值从0~U_d变化，因此改变占空比D就可以实现对输出电压的调节，而占空比D的调节可以通过改变导通时间t_{on}或者周期T来实现。

2. 直流斩波电路的控制方式

（1）时间比控制方式

1）脉冲宽度控制　脉冲宽度控制也称定频调频式PWM，这种控制方式中，电力电子器件的通断频率（通断周期T）一定，调节脉冲宽度τ，当τ在0~T之间变化时，占空比D在0~1之间变化，负载电压在0~U之间变化，电路输出波形如图5-3a所示。

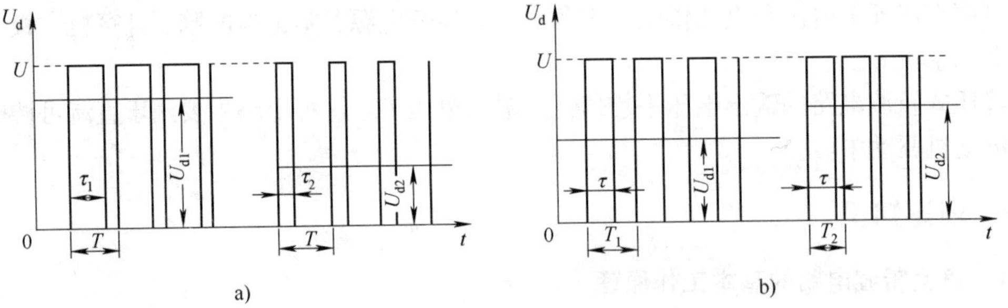

图5-3　时间比控制方式波形

a）定频调频式（PWM）　b）定宽调频式（PFM）

2）脉冲频率控制　脉冲频率控制也称定宽调频式PFM，这种控制方式中，脉冲宽度τ一定，改变电力电子器件的通断频率f（$f=1/T$）。f增加时T减小，占空比D在0~1之间变化，U_d越来越高；当$T=\tau$时，电路始终导通，输出电压最高为U；f下降，周期T增大时，U_d减小，工作波形如图5-3b所示。

3）脉冲混合控制　脉冲混合控制为以上两种方式的组合，即同时改变τ和f的控制方式。

以上三种控制方式都是通过改变直流斩波器的占空比D来实现调节输出电压的。较常用的方法是通过改变脉冲宽度来实现调压。

（2）瞬时值和平均值控制

对于采用直流斩波器进行调速的车辆在加速时，为使其加速度恒定，需要进行恒流控制。而在进行恒流控制时，可采用瞬时值和平均值控制方法。

1）瞬时值控制　电流瞬时值与预先设定的直流电流的上限值I_{max}和下限值I_{min}相比较，如果电流的瞬时值小于直流电流的下限值，控制斩波器开通；如果电流的瞬时值大于直流电流的上限值，控制斩波器关断，如图5-4b所示。我们把这种控制方式称为瞬时值控制，其控

制思路如图 5-4a 所示。这种控制方式瞬时响应快，因此需要采用开关频率高的全控型器件来作为斩波器主电路的开关器件。

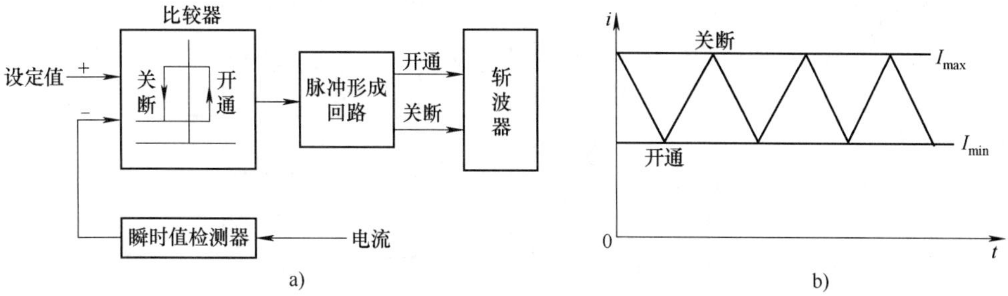

图 5-4 瞬时值控制方式

2）平均值控制 用负载电流的平均值与给定电流值相比较，其偏差值去控制开关器件的开通和关断，这种方式称为平均值控制，如图 5-5a 所示。图中设置了产生斩波器固定工作频率的振荡器和控制占空比 D 的移相器。将实际输出电流的平均值与设定值进行比较后，用偏差信号去控制移相器，其控制波形如图 5-5b 所示。对于恒流控制，一般采用平均值控制方式，因为这种控制方式工作频率稳定，但瞬时响应稍差。

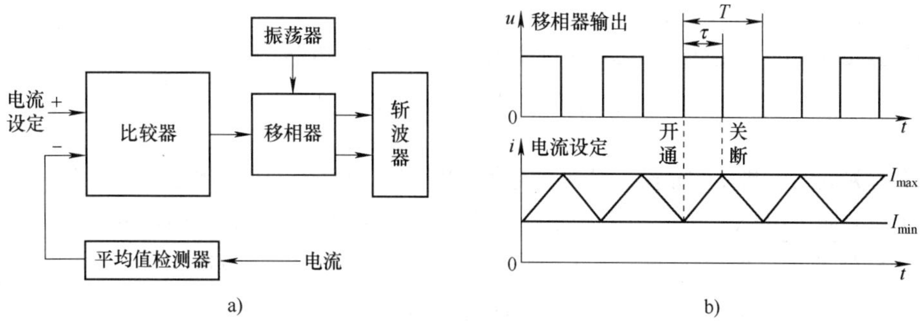

图 5-5 平均值控制方式

3. 降压斩波电路分析

实际应用中负载多为电感性，应采用图 5-6 所示电路。图中 C_d 为输入端的滤波电容，VD 为续流二极管，当斩波开关 V 关断时，续流二极管为感性负载提供电流通路；电感 L 和电容 C 组成低通滤波器，以减小输出电压的波动。

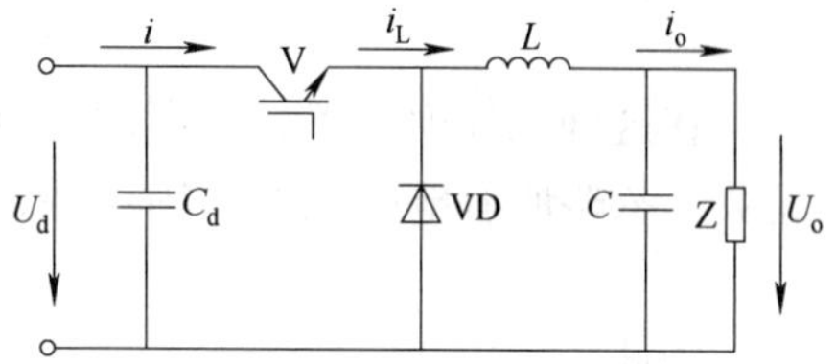

图 5-6 带电感性负载的斩波电路

稳态分析表明，若输出端上的电容 C 很大，则输出电压可近似为常数 $u_o(t)\approx U_o$。由于稳态时电容器的平均电流为零，因而电感中的平均电流等于输出平均电流。根据电感中的电流连续与否，可以划分为电流连续和电流不连续（断续）的两种工作模式，下面分别进行讨论。

（1）电流连续的导通工作模式

图 5-7 所示为电感电流工作于连续导通模式下的等效电路与电压、电流波形。由图可知，流过的电感电流是连续的，即 $i_L>0$。在 t_{on} 期间，开关 V 接通，二极管反向偏置，有如图 5-7a

所示的等效电路，电感上电压为

$$u_{\mathrm{L}}=U_{\mathrm{d}}-U_{\mathrm{o}}=L\frac{\mathrm{d}i_{\mathrm{L}}}{\mathrm{d}t} \tag{5-4}$$

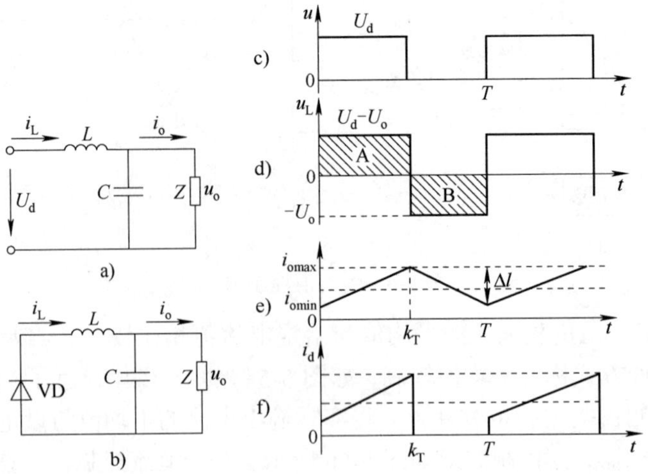

图 5-7　电感电流工作于连续导通模式下的等效电路与电压、电流波形

对应图 5-7d 波形 u_{L} 的 A 区。

如图 5-7e 所示，电感中的电流线性上升，式（5-4）可写为

$$U_{\mathrm{d}}-U_{\mathrm{o}}=L\frac{\mathrm{d}i_{\mathrm{L}}}{\mathrm{d}t}=L\frac{i_{\mathrm{o\,max}}-i_{\mathrm{o\,min}}}{t_{\mathrm{on}}} \tag{5-5}$$

当开关转为关断时，即 t_{off} 阶段，其等效电路如图 5-7b 所示。由于电感的储能使得 i_{L} 经过二极管而继续流通，电感上呈现负电压 $u_{\mathrm{L}}=-U_{\mathrm{o}}=L\mathrm{d}i_{\mathrm{L}}/\mathrm{d}t$，该电压对应于图 5-7d 所示波形的 B 区。如图 5-7e 所示，电感中的电流呈线性下降，输出电压可表示为

$$U_{\mathrm{o}}=-L\frac{\mathrm{d}i_{\mathrm{L}}}{\mathrm{d}t}=-L\frac{i_{\mathrm{o\,min}}-i_{\mathrm{o\,max}}}{t_{\mathrm{off}}}=L\frac{i_{\mathrm{o\,max}}-i_{\mathrm{o\,min}}}{t_{\mathrm{off}}} \tag{5-6}$$

在稳压条件下，电压、电流波形周期性地重复，电感电压在一个周期（$T=t_{\mathrm{on}}+t_{\mathrm{off}}$）内的积分为零，可用下式表示：

$$\left(U_{\mathrm{d}}-U_{\mathrm{o}}\right)t_{\mathrm{on}}=U_{\mathrm{o}}\left(T-t_{\mathrm{on}}\right)$$

在这种工作模式下，给定输入电压不变而输出电压随占空比线性变化，与其他电路参数无关。忽略所有电路元器件的功耗，则输入功率 P_{d} 可用下式表示：

$$P_{\mathrm{d}}=P_{\mathrm{o}}$$

因此

$$U_{\mathrm{d}}I_{\mathrm{d}}=U_{\mathrm{o}}I_{\mathrm{o}}$$

于是

$$\frac{I_{\mathrm{o}}}{I_{\mathrm{d}}}=\frac{U_{\mathrm{d}}}{U_{\mathrm{o}}}=\frac{1}{D} \tag{5-7}$$

在电流连续导通工作模式下，降压式变换电路等效于一个直流变压器，其等效变比可以通过控制开关的占空比 D 在 0 ~ 1 的范围内连续控制。

由上述分析可知，每当开关变为关断时，输入电流波形 i_{d} 总是瞬间地从峰值跳变为零，如图 5-7f 所示，将产生输入电流的高频谐波分量。为了抑制电流谐波的影响，需要在输入端加一个合适的滤波器（如图 5-6 中的 C_{d}）。

电路参数的变化将导致电感电流工作模式的变化，即电感电流由连续变为不连续。如图 5-8a 所示为电流临界连续状态时的 u_L 和 i_L 波形。设临界连续时的平均电感电流为 I_{LB}。由于在临界连续时 $i_{omin}=0$，所以

$$I_{LB}=\frac{1}{2}\left(i_{o\max}-i_{o\min}\right)=\frac{1}{2}i_{o\max} \tag{5-8}$$

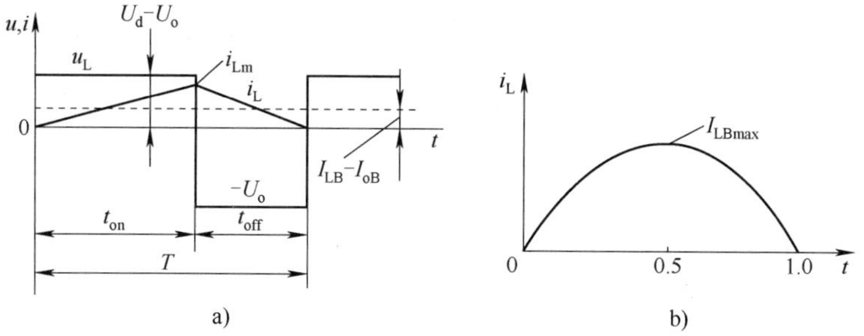

图 5-8　临界连续时的电压、电流波形

结合式（5-1）、式（5-5）和式（5-8）可改写为

$$I_{LB}=\frac{1}{2}i_{o\max}=\frac{t_{on}}{2L}\left(U_d-U_o\right)=\frac{DT}{2L}\left(U_d-U_o\right)=I_{oB} \tag{5-9}$$

在给定 T、U_o、L 和 D 等参数的条件下，如果平均输出电流或平均电感电流小于由式（5-9）给出的 I_{LB} 值，那么 i_L 将不再连续。

（2）电流不连续的导通工作模式

电流不连续的工作模式分为输入电压 U_d 不变和输出电压 U_o 不变两种情况，这里主要介绍 U_d 不变的非连续导通模式。

U_d 不变的非连续导通模式常用于直流电动机的速度控制。输入电压 U_d 保持不变，输出电压 U_o 可通过调整斩波器的占空比 D 进行控制。

由于 $U_o=DU_d$，如在图 5-8a 所示的连续导通模式的结尾处，即 $i_L=0$ 的特定情况下，电感电流的表达式可改写为

$$I_{LB}=\frac{TU_d}{2L}D\left(1-D\right) \tag{5-10}$$

根据这一关系式，电感电流 I_{LBmax} 与占空比 D 的函数关系曲线如图 5-8b 所示。可以看出，假定 U_d 和所有参数不变，对于连续导通模式来说在 $D=0.5$ 时输出的电流最大，其值为

$$I_{LB\max}=\frac{TU_d}{8L} \tag{5-11}$$

根据式（5-10）和式（5-11）可以写出：

$$I_{LB}=4I_{LB\max}D\left(1-D\right) \tag{5-12}$$

讨论非连续导通模式的情况要从连续导通模式的结尾处开始，在给定了 T、L、U_d 和 D 值以后并假定这些参数均不变化，这时若负载电流减小，即负载电阻值增加，那么平均电感电流将随之而减小。当 $I_L<I_{LB}$ 时，电感电流的波形如图 5-9 所示，图中表明电感 L 储能较小，不足以维持在全部关断时间 t_{off} 内导通，因此出现电感电流不连续的现象。从图中可以看出，在 Δ_2T 期间，电感电流为零，已无法向负载提供能量，此时负载电阻上的功率是通过滤波电容提供的。在 Δ_2T 期间，电感上电压也为零，电感上电压在一周期内的平均值为零。经数学

推导得 U_d 不变时降压式斩波器的伏安特性关系式为

$$\frac{U_o}{U_d}=\frac{D^2}{D^2+\frac{1}{4}\left(\frac{I_o}{I_{LB\max}}\right)} \tag{5-13}$$

U_d 不变时降压斩波电路的伏安特性如图 5-10 所示，图中曲线为 U_d 不变时，以占空比 D 作为参变量作出的（U_o/U_d）与（$I_o/I_{LB\max}$）之间的函数关系曲线。临界连续导通的轨迹可由式（5-7）和式（5-13）确定，如图 5-10 中虚线所示。

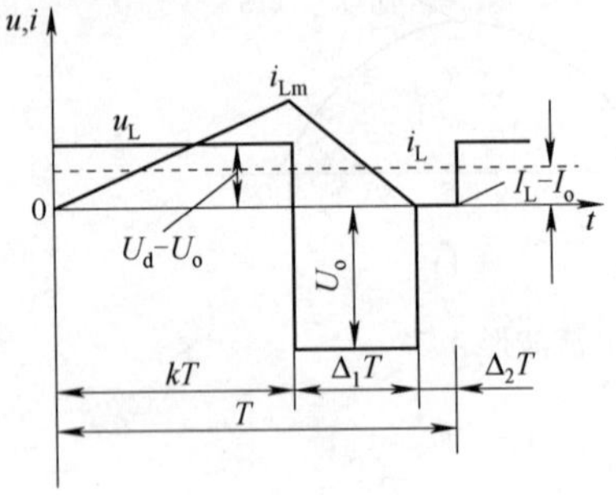

图 5-9　U_d 不变时非连续的电压、电流波形

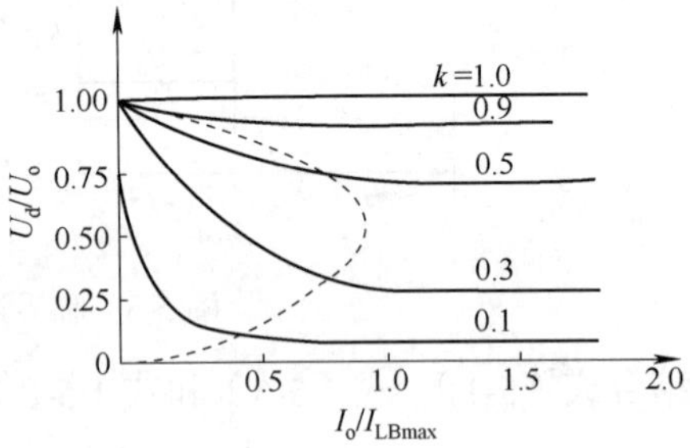

图 5-10　U_d 不变时降压斩波电路的伏安特性

电流不连续导通工作模式的另一种情况是 U_d 可能变动而保持输出电压 U_o 不变。它在直流可调电源中得到广泛应用，输出电压 U_o 可通过调整占空比 D 使其维持不变。

4. 输出电压纹波

斩波电路的输出端所接电容不可能无穷大，所以输出电压含有脉动成分，降压斩波电路的输出电压纹波如图 5-11 所示。在连续导通工作模式中，假定 i_L 中的谐波分量通过电容器短路，其直流分量流过负载电阻。图中阴影部分表示由电容 C 存储并释放的电荷ΔQ。

纹波电压的峰-峰值ΔU_o可以写成：

$$\Delta U_o=\frac{\Delta Q}{C}=\frac{1}{C}\frac{1}{2}\frac{\Delta I_L}{2}\frac{T}{2}=\frac{\Delta I_L}{8C}T \tag{5-14}$$

其纹波电压相对值可表示为

$$\frac{\Delta U_o}{U_o}=\frac{1}{8}\frac{T^2(1-D)}{LC}=\frac{\pi^2}{2}(1-D)\left(\frac{f_c}{f_s}\right)^2 \tag{5-15}$$

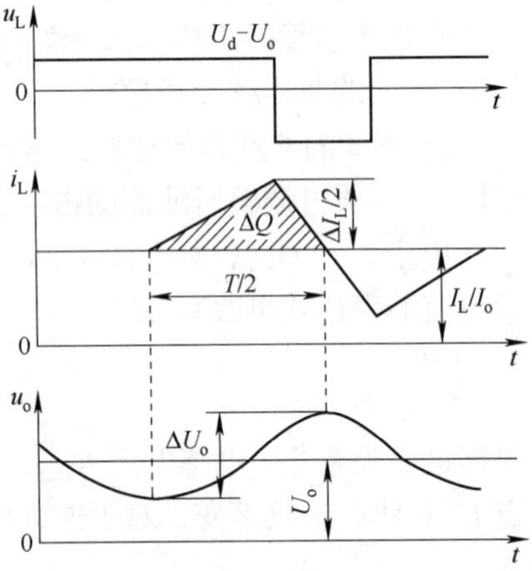

图 5-11　降压斩波电路的输出电压纹波

式中　f_s——开关频率，$f_s=1/T$；

f_c——L、C 低通滤波器的固有频率，$f_c=1/2\pi\sqrt{LC}$。

式（5-15）说明电压纹波可以通过选择低通滤波器的固有频率 f_c，并使 $f_c=f_s$ 来加以抑制。也就是说，当选定 $f_c=f_s$ 后，只要斩波电路在连续导通模式状态下工作，纹波则与输出负载功率无关。类似的分析也适用于非连续导通模式的情况。

开关式直流电源的相对纹波通常都很小，一般小于 1%，因此在分析中假定 $u_o(t)=U_o$ 是正确的。

【例 5-1】 一降压斩波电路如图 5-6 所示。已知：U_d＝120V，电阻负载 R_o＝6Ω，开关周期性地通断，通 30μs，断 20μs，忽略开关导通压降，电感 L 足够大。试求：

1）负载电流 I_o 及负载上的功率 P_o。

2）若要求负载电流在 4A 时仍能维持，则电感 L 最小应取多大？

3）若要求输出电压纹波小于 1%，则电容 C 应取多大？

解： 依据题意，开关通断周期 $T=t_{on}+t_{off}=30\mu s+20\mu s=50\mu s$

占空比
$$D=\frac{t_{on}}{T}=\frac{30}{50}=0.6$$

1）负载电压的平均值　$U_o=DU_d=0.6\times120V=72V$

负载电流的平均值　$I_o=U_o/R_o=72/6A=12A$

负载功率的平均值　$P_o=U_oI_o=0.864kVA$

2）设占空比 D 不变，当负载电流为 4A 时，处于临界连续状态，则电感量 L 为

$$L=\frac{TU_d}{2I_{LB}}D(1-D)=\frac{50\times120}{2\times4}\times0.6(1-0.6)\mu F=180\mu H$$

3）当纹波电压 $\Delta U_o/U_o<1\%=0.01$ 时，

$$C=\frac{T^2(1-D)}{8L\times(\Delta U_o/U_o)}=\frac{50^2\times(1-0.6)}{8\times180\times0.01}\mu F\approx70\mu F，取 C=100\mu F$$

【**例 5-2**】如图 5-12 所示，晶闸管 VT 的开关周期 $T=1/300s$，$T_{on}=T/3$，求：

1）负载的平均电压 U_d；

2）负载的平均电流 I_d；

3）流过晶闸管的平均电流 I_{dT}；

4）流过续流二极管 VD 的平均电流 I_{dD}；

5）输入功率 P_i；

6）负载消耗功率 P_R。

设 $E=100V$，$L=50mH$，$R=10\Omega$。

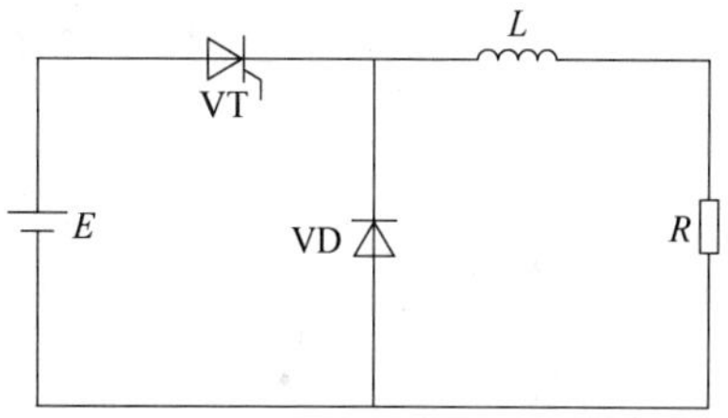

图 5-12　例 5-2

解： 1）负载的平均电压 $U_d=\frac{ET_{on}}{T}$

$$E=100V，T_{on}=T/3，U_d=\frac{100}{3}V\approx33.3V$$

2）负载电流平均值为

$$I_d=\frac{U_d}{R}=\frac{33.3}{10}A=3.33A$$

3）流过晶闸管电流的平均值为

$$I_{dT}=\frac{1}{T}\int_0^{T/3}i_T dt=\frac{I_d}{3}=1.11A$$

4）流过续流二极管电流的平均值为

$$I_{dD}=\frac{1}{T}\int_0^{2T/3}i_D dt=\frac{2I_d}{3}=2.22A$$

5）输入功率为

$$P_i=\frac{1}{T}\int_0^{T/3}Ei_T dt=\frac{E}{T}\int_0^{T/3}i_T dt=EI_{dT}=111.1W$$

6）电阻 R 上消耗的功率为

$$P_{\mathrm{R}} = 111.1\mathrm{W}$$

5.1.3 技能训练

1. 知识准备

实验电路结构与原理

1）斩波器触发电路　斩波器触发电路由三部分组成，DJK05 面板图如图 5-13 所示，图 5-14 所示为斩波器触发电路的原理图。

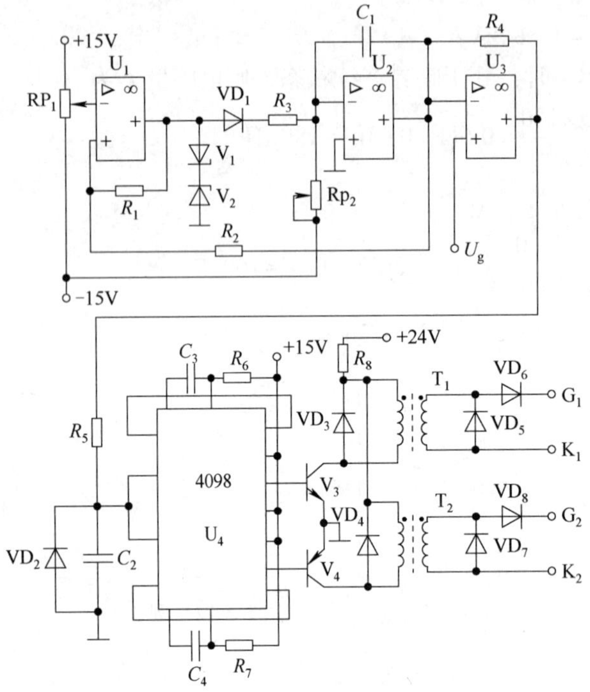

图 5-13　DJK05 面板图

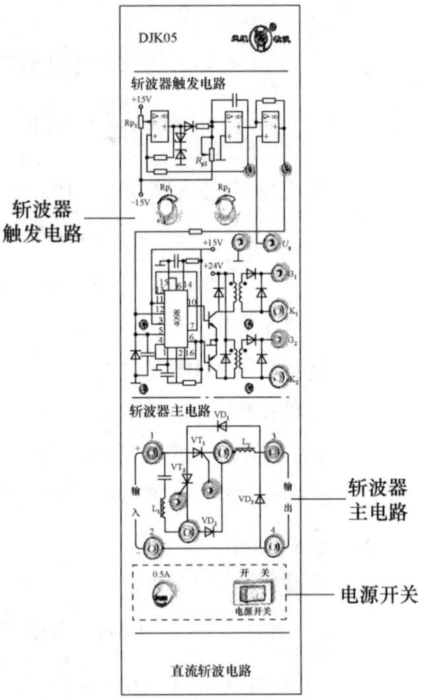

图 5-14　斩波器触发电路原理图

第一部分为由幅值比较电路 U_1 和积分电路 U_2 组成一个频率和幅值均可调的锯齿波发生器。电位器 RP_1 用来调节锯齿波的上下位置，电位器 RP_2 用来调节锯齿波的频率（频率从 100～700Hz 可调）。由于晶闸管的开关速度及 LC 振荡频率所限，所以在斩波实验中我们一般选用 200Hz 这一范围。

第二部分是比较器部分。比较器 U_3 输入的一路是锯齿波信号，另一路是给定的电平信号，输出为前沿固定后沿可调的方波信号。改变输入的电平信号的值，则相应改变了输出方波的占空比。

第三部分是比较器产生的方波送到 4098 双单稳电路 U_4，单稳电路则在方波的前沿和后沿分别产生两个脉冲，如图 5-15 所示，其后沿脉冲随方波的宽度变化而移动，前沿脉冲相位则保持不变，输出的脉冲经晶体管放大通过脉冲变压器输出。将上述两脉冲分别送至主晶闸管及辅助晶闸管，其中方波前沿触发脉冲 G_1、K_1 接主晶闸管 VT_1，而后沿触发脉冲 G_2、K_2 接辅助晶闸管 VT_2。

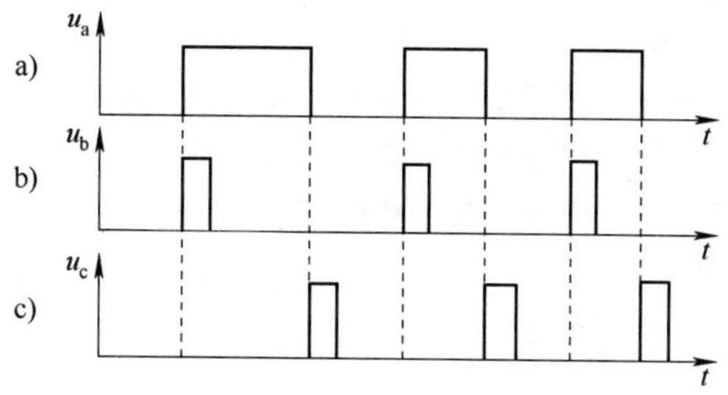

图 5-15 斩波器触发电路输出主、辅脉冲相位关系

a）单稳电路输入波形 b）主晶闸管触发电路 c）辅助晶闸管触发电路

2）斩波器主电路结构 斩波器主电路如图 5-16 所示。其中 VT_1 为主晶闸管，VT_2 为辅助晶闸管，当主脉冲到来的时候，VT_1 导通，电源电压就通过该晶闸管加在负载上。由 VT_2 控制输出电压的脉宽。C 和 L_1 构成换流振荡电路，它们与 VD_2、VD_1、L_2 组成 VT_1 的换流关断电路。接通电源时，C 经 VD_1、负载充电至 $+U_{d0}$，VT_1 导通，电源加到负载上，当辅助脉冲到来时，VT_2 导通，C 和 L_1 产生串联振荡，C 上的电压由 $+U_{d0}$ 变为 $-U_{d0}$，C 经 VD_1 和 VT_1 反向放电，使流过 VT_1 的电流降到零，迫使 VT_1 关断。VD_3 为续流二极管，为反电动势负载提供放电回路。

从以上斩波器的工作过程可知，控制 VT_2 脉冲出现的时刻即可调节输出电压的脉宽，从而可达到调节输出直流电压的目的。VT_1、VT_2 的触发脉冲间隔由触发电路确定。

直流斩波器实验接线如图 5-17 所示，电阻 R 用 D42 三相可调电阻，用其中一个 900Ω 的电阻；励磁电源和直流电压、电流表均在控制屏上。

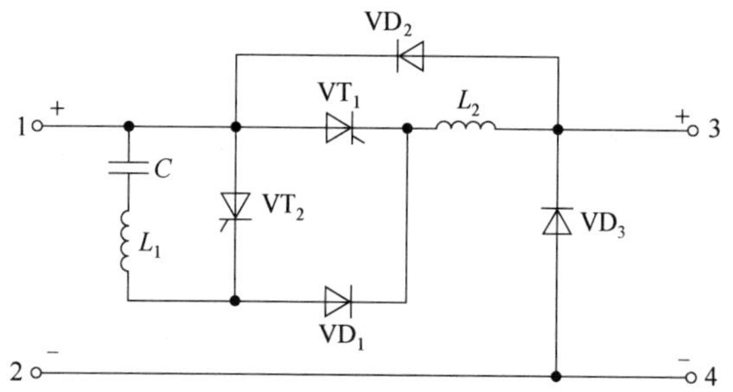

图 5-16 斩波器主电路结构

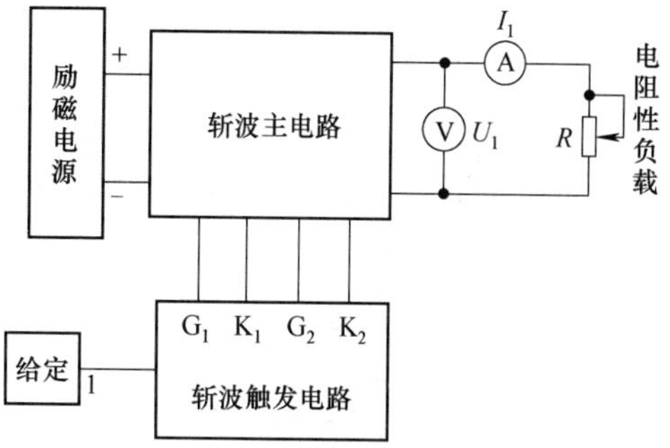

图 5-17 直流斩波器实验接线

2. 实践操作

（1）实验电路所用设备、工具及仪器仪表清单

序 号	型 号	备 注
1	DJK01 电源控制屏	该控制屏包含“三相电源输出”等几个模块
2	DJK05 直流斩波电路	该挂件包含触发电路及主电路两个部分
3	DJK06 给定及实验器件	该挂件包含“给定”等模块
4	D42 三相可调电阻	
5	双踪示波器	自备
6	万用表	自备

（2）项目测试内容及方法

1）斩波器触发电路调试　调节 DJK05 面板上的电位器 RP_1、RP_2，RP_1 调节锯齿波的上下电平位置，而 RP_2 为调节锯齿波的频率。先调节 RP_2，将频率调节到 200 ~ 300Hz，然后在保证三角波不失真的情况下，调节 RP_1 为三角波提供一个偏置电压（接近电源电压），使斩波主电路工作的时候有一定的起始直流电压，供晶闸管一定的维持电流，保证系统能可靠工作，将 DJK06 上的给定接入，观察触发电路的第二点波形，增加给定，使占空比从 0.3 调到 0.9。

2）斩波器带电阻性负载

①按图 5-17 接线，直流电源由电源控制屏上的励磁电源提供，接斩波主电路（要注意极性），斩波器主电路接电阻负载，将触发电路的输出"G_1"、"K_1"、"G_2"、"K_2"分别接至 VT_1、VT_2 的门极和阴极。

②用示波器观察并记录触发电路的"G_1"、"K_1"、"G_2"、"K_2"波形，并记录输出电压及晶闸管两端电压 U_{VT1} 的波形，注意观测各波形间的相对相位关系。

③调节 DJK06 上的"给定"值，观察在不同 τ（即主脉冲和辅助脉冲的间隔时间）时 U_d 的波形，并记录相应的 U_d 和 τ，从而画出 U_d=f（τ/T）的关系曲线，其中 τ/T 为占空比。

表 5-1　数据记录表

τ						
U_d						

3）斩波器带电阻电感性负载（选做）　要完成该实验，需加一电感。关断主电源后，将负载改接成电阻电感性负载，重复上述电阻性负载时的实验步骤。

（3）实验任务实施过程中的注意事项

1）触发电路调试好后，才能接主电路进行实验。

将 DJK06 上的"给定"与 DJK05 的公共端相连，以使电路正常工作。

负载电流不要超过 0.5A，否则容易造成电路失控现象。

2）当斩波器出现失控现象时，请首先检查触发电路参数设置是否正确，确保无误后将直流电源的开关重新打开。

（4）项目安全操作规程

1）如果在实验过程中发生过电流报警，应仔细检查电路以及电位器的调节参数，确定无误后方能重新进行实验。

2）电源控制屏及各挂件所用熔丝规格和型号不得私自改变，否则可能会引起不可预料的后果。

5.1.4　相关习题

1. 填空题

1）直流斩波电路是将____________电压变换成____________的直流电压的电路。

2）直流斩波技术主要应用于____________和____________中，举例说明三种应用____________、____________和____________等。

3）较常见的斩波电路有____________、____________、____________、____________、____________和____________六种。

4）通常斩波器的工作方式分为________________和________________两种。

5）降压式直流斩波电路中输出电压的平均值计算公式为________________，有效值计算公式为________________。

2. 判断题

（　　）1）将一个固定的直流电压变换成大小可变的直流电压的电路称为直流斩波电路。

（　　）2）降压式直流斩波电路的输入电压大于输出电压。

（　　）3）斩波电路中的核心斩波开关只能是全控型器件。

（　　）4）对于降压式直流斩波电路来讲，其输出电压的大小取决于输入直流电压的大小。

3. 选择题

1）将直流电能转换为交流电能馈送给交流电网的变流器是（　　）。

A. 有源逆变器　B. A-D 变换器　C. D-A 变换器　D. 无源逆变器

2）定宽调频控制方式中，导通比 K_t 的改变会导致改变斩波器的（　　）。

A. 输出电压频率　B. 输出电压最大值　C. 电源电压　D. 输出电流幅值

3）降压斩波电路中，已知电源电压 U_d=16V，负载电压 U_O=12V，斩波周期 T=4ms，则开通时间 T_{ab}=（　　）

A. 1ms　B. 2ms　C. 3ms　D. 4ms

4）在直流降压斩波电路中，电源电压 U_d 与负载电压平均值 U_O 之间的关系是（　　）（设开关周期和开关导通时间分别为 T、T_{ON}）。

A. $U_O=\frac{T_{ON}}{T}U_d$　B. $U_d=\frac{T_{ON}}{T}U_O$　C. $U_O=\frac{T}{T_{ON}}U_d$　D. $U_d=\frac{T}{T_{ON}}U_O$

4. 简答题

1）直流斩波器的控制方式有哪几种？

2）斩波电路常用的三种控制方式是什么？

3）脉冲宽度调制 PWM 和脉冲频率调制 PFM 的优缺点是什么？

4）如图 5-18 所示降压斩波电路，V 在 $t=0$ 时导通，$t=t_1$ 时断开，$t=t_1+t_2$ 时又导通，以后重复上述过程，试完成下列要求。

① 求输出电压的平均值 U_O 及有效值 U。

② 求斩波器的输入功率 P_i。

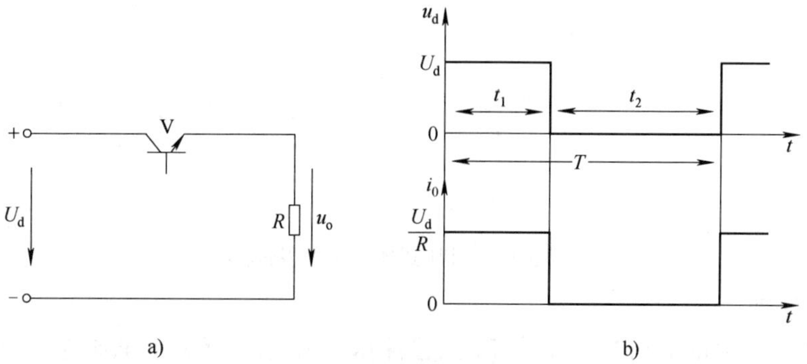

图 5-18　题 4

5）在上题的斩波电路中，负载电阻$R=10\Omega$，$U_S=220V$，斩波开关导通时产生 2V 的压降U_T，斩波频率为 1kHz，如果$k=0.5$，试求：

① 平均输出电压U_0和输出电压有效值U。

② 斩波效率$\eta=P_O/P_i$。

③ 输出纹波电压的相对值。

5.2 升压式直流斩波电路的分析与实践

5.2.1 任务导入

升压式直流斩波技术一般用于直流电动机传动、单相功率因数校正（Power Factor Correction，PFC）电路和其他交直流电源中。

5.2.2 理论知识

如图 5-19a 所示为升压式斩波变换电路，它由功率开关管 V、储能元件 L、升压二极管 VD 和滤波电容 C 组成。当斩波开关管 V 接通时，二极管 VD 被反向偏置，它将输入电源与输出极隔离，这时电源向电感中储能，负载由电容 C 供电。当开关管 V 关断时，电感施放能量，与输入电压一起作用，迫使二极管导通并向负载供电。这种电路的输出电压永远高于输入电压。在下面的稳态分析中，仍假定滤波电容很大，并使输出电压保持不变，即$u_o(t)=U_o$

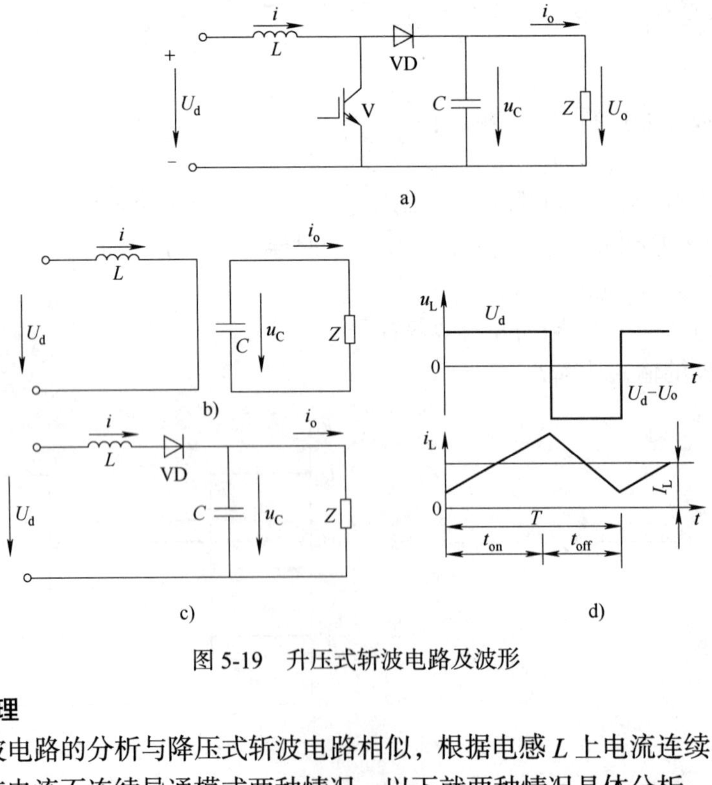

图 5-19 升压式斩波电路及波形

1. 工作原理

升压式斩波电路的分析与降压式斩波电路相似，根据电感 L 上电流连续与否划分为电流连续导通模式与电流不连续导通模式两种情况，以下就两种情况具体分析。

（1）电流连续导通的工作模式

在电流连续导通模式下，在斩波开关管 V 接通与断开时，对应的 t_{on} 和 t_{off} 期间的等效电路分别如图 5-19b 和 5-19c 所示。电感中电压和电流的稳态波形如图 5-19d 所示，电感电流是连续的即 $i_L(t)>0$。

在稳态工作时，电感电压在一个周期（$T=t_{on}+t_{off}$）内的平均值为零，即

$$U_d t_{on}+\left(U_d-U_o\right)t_{off}=0$$

得

$$U_d T=U_o t_{off}$$

两边同时除以 T，并移项得到

$$\frac{U_o}{U_d}=\frac{T}{t_{off}}=\frac{1}{1-D} \tag{5-16}$$

假定电路没有损耗，则输入功率 $P_d=P_o$，所以 $U_dI_d=U_oI_o$，由式（5-16）得

$$\frac{U_d}{U_o}=\frac{I_o}{I_d}=1-D \tag{5-17}$$

临界连续导通时，电感中的电压和电流波形如图 5-20a 所示。在这种工作模式下，i_L 关断结束时刚好变为零。此时流过电感中的电流平均值为

$$I_{LB}=\frac{1}{2}i_{Lm}=\frac{1}{2}\frac{U_d}{L}t_{on}=\frac{TU_d}{2L}D\left(1-D\right) \tag{5-18}$$

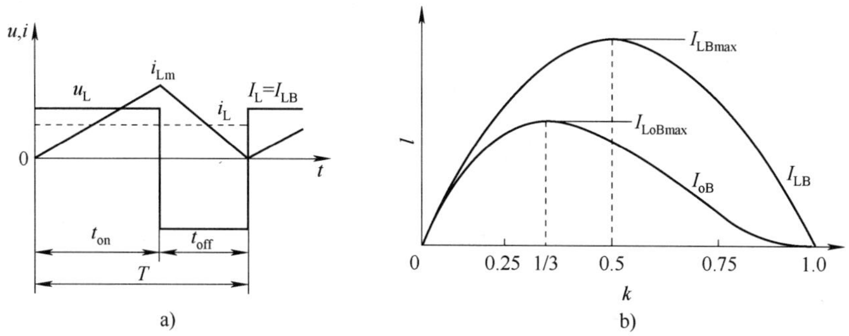

图 5-20　升压式斩波电路临界连续导通时的电压和电流波形

在升压式斩波电路中，电路结构决定了电感电流和输入电流是一样的，即 $i_d=i_L$。在连续导通模式的终点处，由式（5-17）和式（5-18）可求得输出电流的平均值，即

$$I_o=\frac{TU_o}{2L}D\left(1-D\right)^2 \tag{5-19}$$

在升压式斩波电路的大多数应用中都需要 U_o 保持不变。只要占空比可以调整，就允许输入电压变动。I_o、I_{LB} 与占空比 D 的函数关系如图 5-20b 所示。该图表明，I_{LB} 在 $D=0.5$ 时出现最大值 I_{LBmax}

$$I_{LBmax}=\frac{TU_o}{8L}$$

而 I_o 在 $D=1/3$ 时出现最大值 I_{omax}

$$I_{omax}=0.074\frac{TU_o}{L} \tag{5-20}$$

I_{LB} 和 I_o 可用它们的最大值表示，即

$$I_{LB}=4D(1-D)I_{LB\max} \quad (5\text{-}21)$$

$$I_{o}=\frac{27}{4}D(1-D)^{2}I_{o\max} \quad (5\text{-}22)$$

如果负载电流平均值降到低于I_o，那么电流将由连续导通变为不连续导通的工作模式。

（2）电流不连续导通的工作模式

在U_d和D保持不变的条件下，用逐步减小输出负载功率的方法，观察升压式变换电路从电流连续导通模式向不连续导通模式的变化过程，电压与电流波形如图5-21所示。图5-21a为连续导通时电感中的电压与电流波形；图5-21b为电流不连续导通时电感中的电压与电流波形。这两种情况的电流峰值i_{Lm}是一样的，但是非连续导通模式的输出功率将减小。

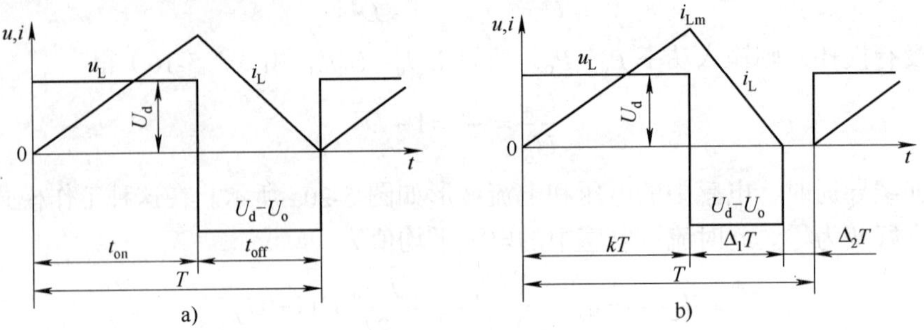

图5-21　升压式斩波电路的电压与电流波形

无论哪种导通模式，电感上电压在一个周期内的平均值为零。这一关系可用下式表示

$$U_{d}DT+(U_{d}-U_{o})\Delta_{1}T=0$$

所以有

$$\frac{U_o}{U_d}=\frac{\Delta_1+D}{\Delta_1} \quad (5\text{-}23)$$

和

$$\frac{I_o}{I_d}=\frac{\Delta_1}{\Delta_1+D} \quad (5\text{-}24)$$

由图5-21b可知，输入电流也即流过电感中的电流为

$$I_{d}=\frac{U_{d}}{2L}DT(D+\Delta_{1}) \quad (5\text{-}25)$$

将式（5-25）代入（5-24）后，得到：

$$I_{o}=\left(\frac{TU_{d}}{2L}\right)D\Delta_{1} \quad (5\text{-}26)$$

如果在非连续导通模式状态，每一个开关周期内U_o不被控制，则至少有能量为

$$\frac{L}{2}i_{Lm}^{2}=\frac{(U_{d}DT)^{2}}{2L} \quad (5\text{-}27)$$

从输入向输出电容和负载传送，如果负载不能吸收这些能量，电容电压将要升高，直到新的能量平衡被确定下来为止。

2. 输出电压纹波

升压式斩波电路的输出电压和电流波形如图5-22所示。可以根据图5-22计算升压式斩波电路在连续导通模式下的电压纹波峰-峰值。假如二极管电流i_D的纹波电流分量全部流过电容，而直流分量流过负载电阻，并以阴影部分表示电荷ΔQ，那么纹波的峰-峰电压为

$$\Delta U_o = \frac{\Delta Q}{C} = \frac{I_o DT}{C} = \frac{U_o DT}{RC} \tag{5-28}$$

所以

$$\frac{\Delta U_o}{U_o} = \frac{DT}{RC} = D\frac{T}{\tau} \tag{5-29}$$

式中　τ——时间常数，$\tau = RC$。

对于非连续导通模式输出电压的纹波亦可进行类似的分析。

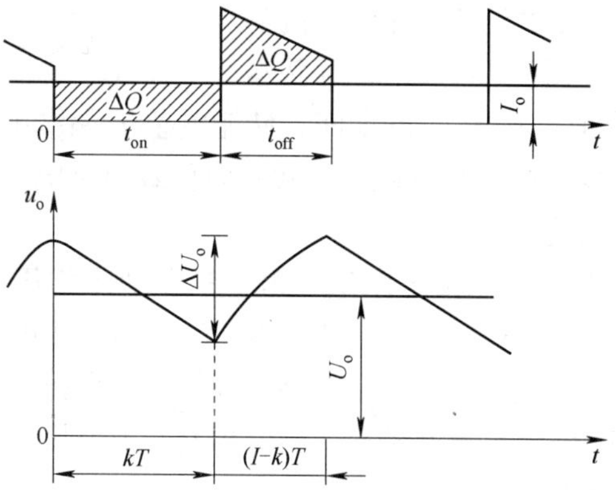

图 5-22　升压式斩波电路的输出电压和电流波形

3. 升压式斩波电路应用

升压斩波电路通常是用于直流电动机再生制动时把电能回馈给直流电源。实际电路中电感 L 值不可能为无穷大，因此该电路和降压斩波电路一样，也有电动机电枢电流连续和断续两种工作模式。

此时电动机的反电动势相当于图 5-23 所示电路中的电源，而此时的直流电源相当于图 5-23a 中的负载。由于直流电源的电压基本是恒定的，因此不必并联电容。

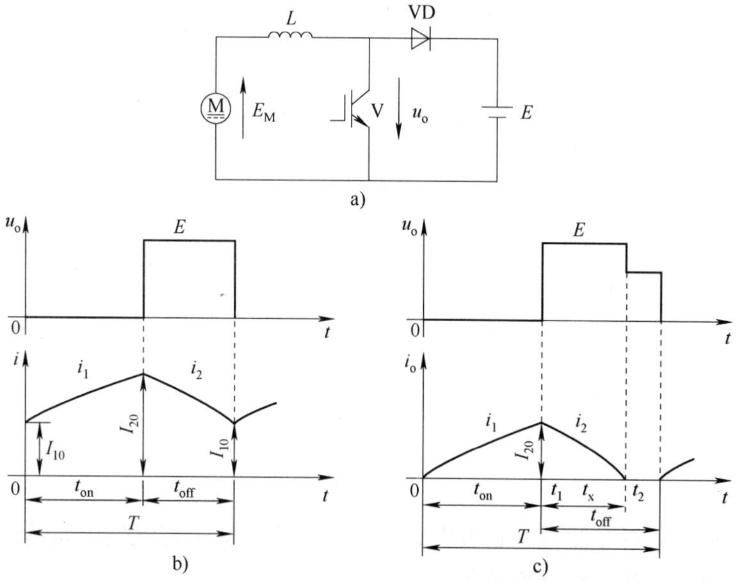

图 5-23　用于直流电动机回馈能量的升压斩波电路及其波形

a）电路　b）电流连续时　c）电流断续时

5.2.3 技能训练

1. 知识准备

（1）升压斩波器主电路

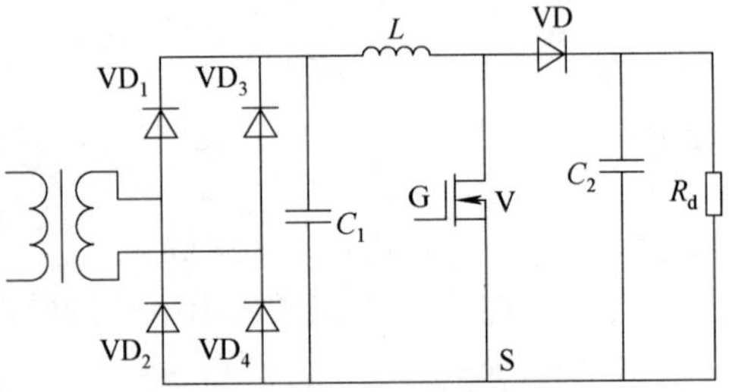

图 5-24 升压斩波电路

任务实施中所用的升压斩波电路如图 5-24 所示。当斩波控制开关 V 导通时，此时续流二极管 VD 反偏，电源 U 向电感 L 充电储能，充电电流基本为恒定值。同时电容 C 向负载 R_d 放电，并基本保持输出电压 U_d 为一恒定值。在 V 关断期间，储能电感 L 两端电动势极性发生改变，续流二极管 VD 转为正偏，储能电感 L 和电源叠加共同向负载提供电流和给电容 C 充电。

（2）升压斩波器触发电路

任务实施中所用的升压斩波器触发电路，如图 5-25 所示为集成（SG3525）的 PWM 波形发生器。它以 SG3525 专用 PWM 集成电路为核心，采用恒频脉宽调制方式。内部包含精密基准源、锯齿波振荡器、误差放大器、比较器、分频器和保护电路等。调节 U_r 的大小，在 A，B 两端可输出两个幅度相等、频率相等、相位相差、占空比可调的矩形波（PWM 波），工作原理及性能指标可查阅相关书籍。

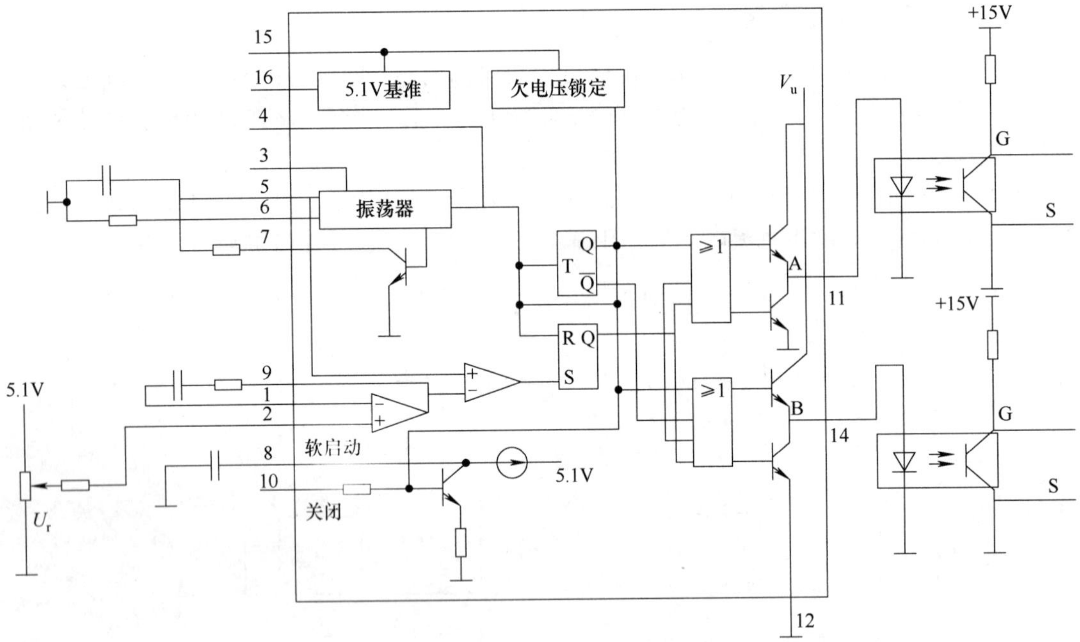

图 5-25 集成（SG3525）的 PWM 波形发生器

2. 实践操作

（1）任务要求

1）针对晶闸管为斩波器件的斩波电路，按照实验要求进行触发电路输出脉冲测试。

2）列写所用工具及仪器仪表清单。

3）列写任务实施步骤，制订工作计划。

（2）任务实施步骤

1）控制与驱动电路的测试　调节 PWM 脉宽调节电位器，改变 u，用示波器分别观测并记录 SG3525 的 11 脚与 14 脚，以及两个光耦输出的波形、频率。数据记录表见表 5-2。

表 5-2　数据记录表

U_r/V	1.4	1.6	1.8	2.0	2.2	2.4	2.6
11 脚占空比							
14 脚占空比							

2）升压斩波电路实验

① 将 PWM 波形发生器的输出端分别和升压斩波电路 V 的 G、S 端相连，电阻箱顺时针旋转调至阻值最大。

② 检查接线正确后，接通控制电路和主电路的电源。改变脉冲占空比 D，每改变一次，分别观察 PWM 信号的波形，MOSFET 的栅源电压波形，输出电压 u_d 波形，输出电流 i_d 的波形，记录 PWM 信号占空比 D，u_i、u_d 的平均值 U_i 和 U_d。

③ 改变负载 R_d 的值（注意：负载电流不能超过 1A），重复上述内容。

④ 记录在某一占空比 D 下，降压斩波电路中 MOSFET 的栅源电压波形，输出电压 u_d 波形，输出电流 i_d 波形，并绘制升压斩波电路的 U_i/U_d-D 曲线，与理论分析结果进行比较，并讨论产生差异的原因。

（3）任务实施注意事项

1）当改变负载电路时，注意 R 值不可过小，否则电流太大，有可能烧毁电源内部的熔丝。

2）实验过程当中先加控制信号，后接通主电路电源。

3）在主电路通电后，不能用示波器的两个探头同时观测主电路元器件之间的波形，否则会造成短路。在做直流斩波器实验时，最好使用一个探头。

4）最好采用数字存储示波器，否则幅值、频率等一些参数不易测量。

5.2.4　相关习题

1. 填空题

1）升压式斩波电路的输出电压平均值计算公式为＿＿＿＿＿＿＿＿＿＿，有效值计算公式为＿＿＿＿＿＿＿＿＿＿。

2）斩波电路的直流调压和直流调功原理，均可通过调节＿＿＿＿＿＿＿实现。

3）开关型 DC-DC 变换电路的 3 个基本元件是＿＿＿＿＿、＿＿＿＿＿＿和＿＿＿＿＿。

2. 判断题

（　　）1）升压式直流斩波电路的输入电压大于输出电压。

（　　）2）升压式直流斩波电路中的电感具有使电压泵升的作用。

（　　）3）在升压式斩波电路中电容 C 可将输出电压保持住。

（　　）4）常见的升压式斩波电路应用为直流电动机传动。

3. 选择题

1）升压斩波电路中，已知电源电压 $U_d=12V$，导通比 $K_t=1/3$，则负载电压 $U_O=$（　　）。

A. 4V　　B. 18V　　C. 36V　　D. 48V

2）能一次实现调压、调频的逆变电路是（　　）。

A. 交流调压不控整流电路　　B. 可控整流调压电路

C. 斩波调压电路　　D. 脉冲宽度调制电路

3）斩波电路的控制方式有（　　）。

A. 垂直控制和横向控制　　B. 180° 控制和 120° 控制

C. 时间比控制和瞬时值控制　　D. 单极性控制和双极性控制

4. 简答题

1）试比较降压式电路和升压式电路的异同。

2）图 5-26 所示的电路工作在电感电流连续的情况下，器件 T 的开关频率为 100kHz，电路输入电压为交流 220V，当 R_L 两端的电压为 400V 时：

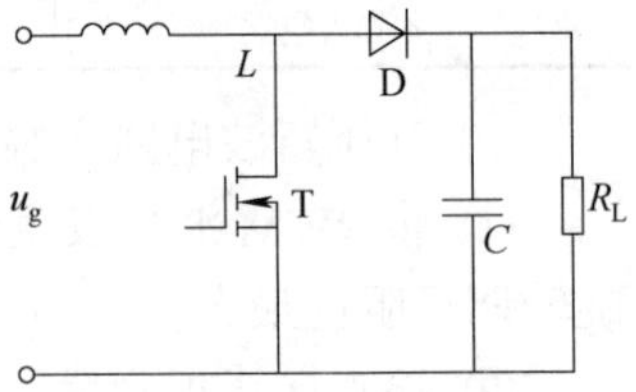

图 5-26　题 2

① 求占空比的大小；

② 当 $R_L=40\Omega$ 时，求维持电感电流连续时的临界电感值；

③ 若允许输出电压纹波系数为 0.01，求滤波电容 C 的最小值。

3）在升压式变换电路中，已知 $U_d=50V$，L 值和 C 值较大，$R=20\Omega$，若采用脉宽调制方式，当 $T_S=40\mu s$，$t_{on}=20\mu s$ 时，计算输出电压平均值 U_O 和输出电流平均值 I_O。

5.3 升降压式斩波电路的分析与实践

5.3.1 任务导入

在选用直流斩波电路时，如果输出电压范围要求既可高于输入电压也可低于输入电压或需要负极性输出，则应选择升降压式和库克斩波变换电路。

5.3.2 理论知识

升降压式斩波电路是由降压式和升压式两种基本变换电路混合串连而成，它主要用于可调直流电源。如图 5-27a 所示，此电路的输出与输入有公共接地端，输出电压的幅值可以高于或低于输入电压，其极性为负。稳态时输出电压与输入电压之间的变化是两级变换电路变化的乘积，若两级变换电路的占空比相同，则有

$$\frac{U_o}{U_d}=D\frac{1}{1-D} \tag{5-30}$$

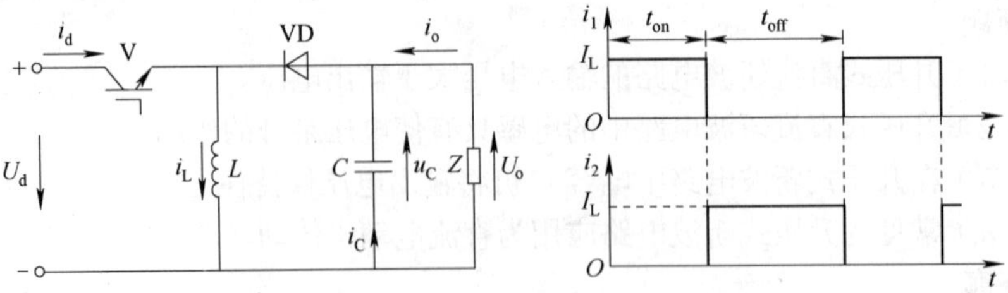

图 5-27　升降压式斩波电路及输出电流波形

a）电路　b）输出电流波形

上式表明输出电压可以高于或低于输入电压，其数值大小取决于占空比 D 的大小。

当斩波开关 V 导通时，输入端向电感提供能量，此时二极管 VD 处于反向偏置。当斩波开关断开时，电感中储存的能量传递给输出端所接的负载。在这段时间内，能量并不从输入端提供。在稳态分析中，同样假定输出电容足够大，并保证输出电压不变即 $u_o(t)=U_o$。

1. 升降压式斩波电路工作原理

设 L 值很大，C 值也很大。使电感电流 i_L 和电容电压即负载电压 u_o 基本为恒值。

V 导通时，电源 E 经 V 向 L 供电使其储能，此时电流为 i_1。同时，C 维持输出电压恒定并向负载 R 供电。

V 关断时，L 的能量向负载释放，电流为 i_2。负载电压极性为上负下正，与电源电压极性相反，该电路也称反极性斩波电路。

2. 数量关系

稳态时，一个周期 T 内电感 L 两端电压 u_L 对时间的积分为零，即

$$\int_0^T u_L \,\mathrm{d}t = 0 \tag{5-31}$$

当 V 处于通态期间，$u_L = E$；而当 V 处于断态期间，$u_L = -u_o$。于是：

$$Et_{on} = U_o t_{off} \tag{5-32}$$

所以输出电压为

$$U_o = \frac{t_{on}}{t_{off}}E = \frac{t_{on}}{T - t_{on}}E = \frac{\alpha}{1-\alpha}E \tag{5-33}$$

3. 结论

改变导通比 α，输出电压既可以比电源电压高，也可以比电源电压低。当 $0<\alpha<1/2$ 时为降压，当 $1/2<\alpha<1$ 时为升压，因此将该电路称作升降压式斩波电路。也有文献直接按英文称之为 Buck-Boost 变换器（Buck-Boost Converter）。

图 5-27b 中给出了电源电流 i_1 和负载电流 i_2 的波形，设两者的平均值分别为 I_1 和 I_2，当电流脉动足够小时，有

$$\frac{I_1}{I_2} = \frac{t_{on}}{t_{off}} \tag{5-34}$$

由上式可得：

$$I_2 = \frac{t_{off}}{t_{on}}I_1 = \frac{1-\alpha}{\alpha}I_1 \tag{5-35}$$

如果 V、VD 为没有损耗的理想开关时，则

$$EI_1 = U_o I_2 \tag{5-36}$$

其输出功率和输入功率相等，可看作直流变压器。

5.3.3　技能训练

1. 知识准备

（1）IGBT 直流斩波电路

220V 单相交流电经整流变压器 T 降为 100V 交流电，在经桥堆 B 和滤波电容 C_S、C_e 后，变为直流电，其幅值在 90 ~ 140V 之间，视负载电流大小而定。

直流电路的负载为 110V、25V 的白炽灯，如今以绝缘栅双极晶体管（IGBT）作为开关管，来控制直流电路。

（2）IGBT 的驱动和保护电路

1）IGBT　IGBT 是一个复合元件，它的前半部分类似绝缘栅场效应晶体管，后半部分类似双极性晶体管。它兼有场效应晶体管和双极性晶体管的优点，因而获得日益广泛的应用。

2）IGBT 的驱动电路　实验采用 EXB841 模块来驱动 IGBT 器件，整个电路信号延迟时间小于 1μs，最高工作频率可达 40 ~ 50kHz。它只需要外部提供一个+20V 的电源。模块采用高速光耦合（隔离）输入，信号电压经电压放大和射极跟随功率放大输出，并有过电流保护环节。IGBT 驱动模块 EXB841 的工作原理如图 5-28 所示。

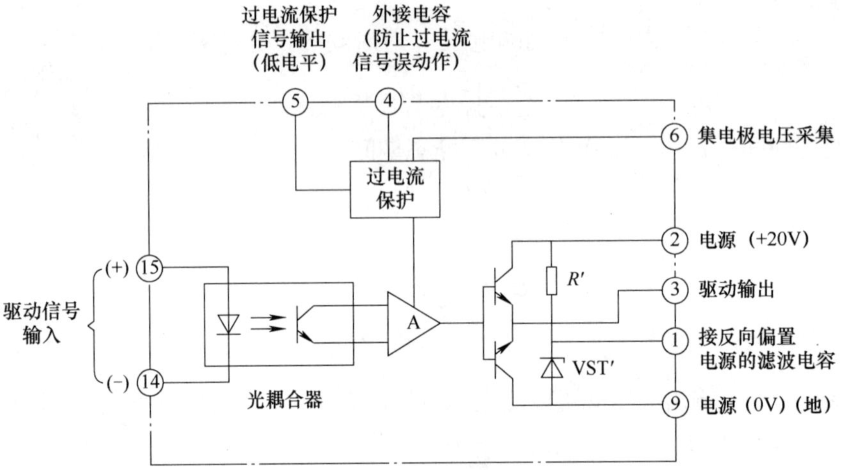

图 5-28　IGBT 驱动模块 EXB841 的工作原理图

3）IGBT 的保护电路　IGBT 的保护电路如图 5-29 所示。

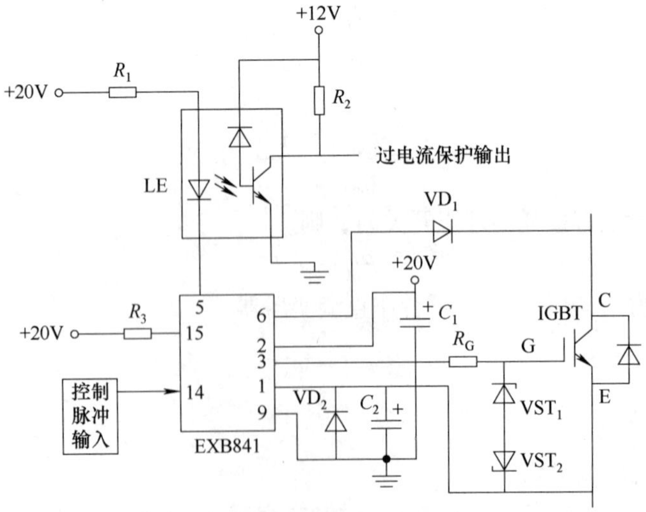

图 5-29　IGBT 的保护电路

① 过电流保护：当集电极电流过大时，管子的饱和电压 U_{CE} 将明显增加，使集电极电位升高，过高的集电极电位将使二极管 VD_1 截止，它作为过电流信号送至 6 脚，通过模块中的保护电路，会使栅极电位下降，IGBT 截止，从而起到过电流保护作用。

② 限流和限幅保护：图 5-29 中 R_G 为栅极限流电阻，对 6A/500V 元件，取 $R_G=250\Omega$。

图 5-29 中 VST_1 为栅极正向限幅保护，VST_1 稳压值为 14～15V（因 EXB841 输出高电平电压为 14.5V）。

图 5-29 中 VST_2 为栅极反向限幅保护，VST_2 稳压值为−5V（因为 EXB841 输出低电平电压为−4.5V）。

（3）脉冲宽度调制器

采用由 555 定时器构成的多谐振振荡器（占空比可变，而频率不变），并经过射极跟随器输出。调节电位器 RP，即可调节脉冲宽度。IGBT 直流斩波电路如图 5-30 所示。

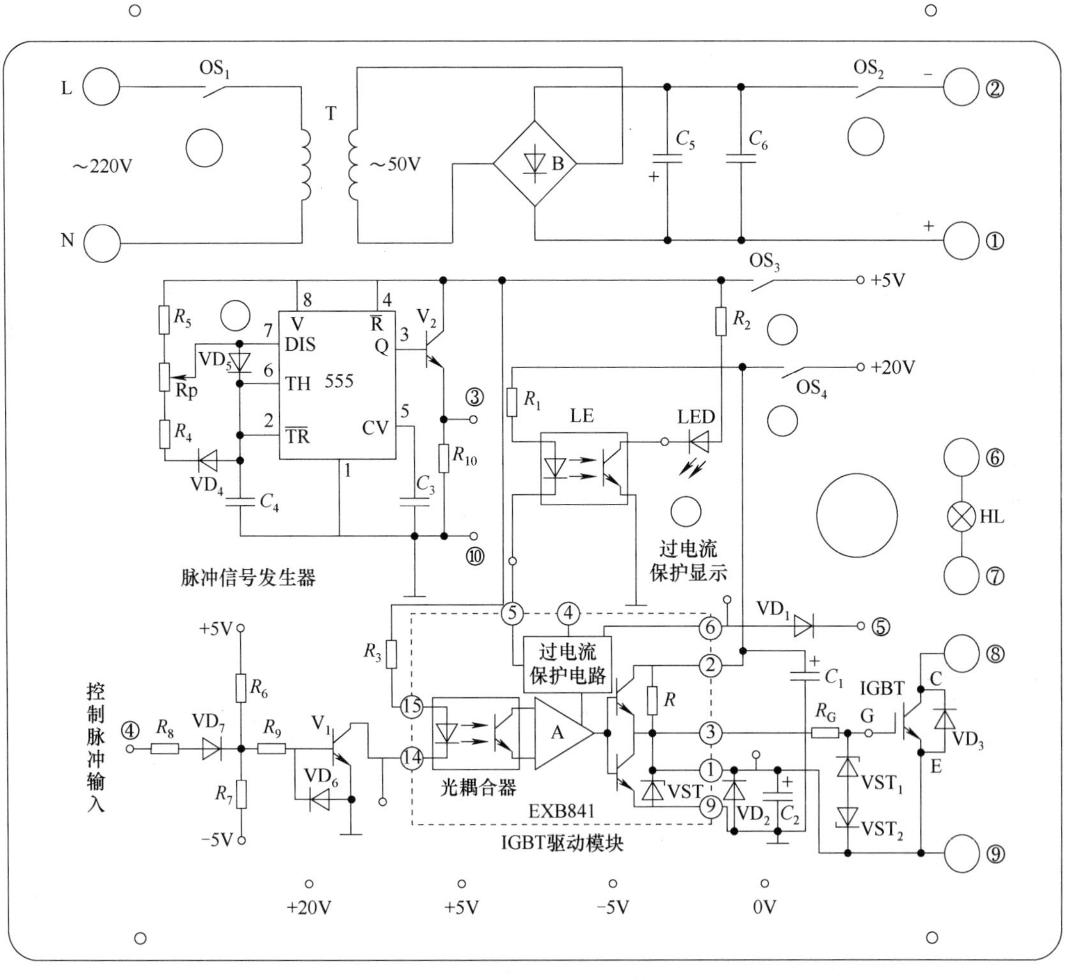

图 5-30　IGBT 直流斩波电路

2. 实践操作

（1）项目测试所用设备、工具及仪器仪表

序号	型号	备注
1	DJK01 电源控制屏	该控制屏包含“三相电源输出”等几个模块
2	IGBT 直流斩波电路板	
3	EXB841IGBT 驱动模块	
4	变阻器，直流电动机	
5	双踪示波器	自备
6	万用表	自备

（2）项目测试内容

1）电路基本接线说明

①点与⑥点连接，②点与⑨点连接，③点与④点连接，⑦点与⑧点连接。电路应该在断电的情况下接线，注意接线的位置，开关 QS_1、QS_2、QS_3 和 QS_4 打左是断开，打右是闭合。

2）电压测试

按要求接好线后，先调节 RP，使得负载灯泡亮度达到最亮，然后完成表 5-3 数据的记录。

表 5-3 数据记录表

测试点的位置	①和②	③和⑩	⑥和⑦	⑧和⑨
测量电压值				
测试点输出波形	/			/

3）改变 RP，使其在不同的状态下，测量负载平均电压 U_L 的幅值和波形，并测量 IGBT 的 U_{CE} 和 U_{GE} 的数值，完成表 5-4 的内容。

$$占空比\ K = \frac{t_{on}}{T}$$

表 5-4 数据记录表

RP 的位置（占空比 K）	$K = 0\%$	$K = 30\%$	$K = 50\%$	$K = 70\%$	$K = 100\%$
U_L 的电压					
U_L 的波形					
U_{CE} 的电压					
U_{GE} 的电压					

（3）任务实施过程中的注意事项

1）在读懂图的基础上，将+ 20V、+ 5V、−5V 接入电路相对应的电源插口。注意电压正、负极性不可接错。

2）测量各电压的幅值是否正确。

3）用示波器和数字直流电压表测量主电路输出电压的幅值和波形。

4）调节 RP，用示波器测量脉冲的宽度和幅值，观察它们的变化，并作记录。

5）在脉冲信号电压及主电压幅值和波形正常的情况下，接上负载（灯泡）及脉冲输入信号。

（4）项目安全操作规程

1）如果在实验过程中发生过电流报警，应仔细检查电路以及电位器的调节参数，确定无误后方能重新进行实验。

2）电源控制屏及各挂件所用熔丝规格和型号不得私自改变，否则可能会引起不可预料的后果。

5.3.4　相关习题

1．填空题

1）升降压式斩波电路是由________________和____________________两种基本变换电路混合串连而成，主要用于可调直流电源。

2）斩波电路的直流调压和直流调功原理，均可通过调节____________实现。

3）同步相控横向控制触发电路由同步变压器、同步信号发生器、移相控制电路、6 倍频脉冲信号发生器、_____________、脉冲整形与功放电路构成。

4）DC−DC 变换的两种主要形式为逆变整流型和_____________。

5）固定脉宽的晶闸管斩波电路一般采用_____________换流。

2．判断题

（　　）1）升降压式斩波电路是由降压式和升压式两种基本变换电路混合连接而成。

（　　）2）升降压式直流斩波电路的输出电压可高于或者低于输入电压。

（　　）3）直流斩波电路输出电压的纹波不影响电路性能。

3．简答题

1）试简述 Buck-Boost 电路同 Cuk 电路的异同。

2）试说明直流斩波电路主要有哪几种电路结构，试分析它们各有什么特点。

小　　结

本讲主要介绍了降压式、升压式、升降压式等直流斩波电路，它们的基本形式是一样的，都只能进行单一方向的能量传输。全桥斩波变换电路则可以进行两个方向的功率流通，电压 U_o 和电流 I_o 可以彼此独立变化、调节，故负载为直流电动机时可以在 4 个象限工作。

直流斩波电路中的电力电子开关器件的选择，除了考虑电路是否简单外，还应考虑输出功率和频率，如普通晶闸管输出功率最大，但工作频率最低，在几十至几百赫兹频段内工作较为理想；GTO 输出功率稍低，但工作频率要高一些，在几百赫兹至 1.2kHz 时工作最为理想（GTR 的工作频率为 1 ~ 10kHz，IGBT 的工作频率为 20 ~ 50kHz，两者的容量相当，但都低于 GTO；而电力 MOSFET 的工作频率为最高，可达 50 ~ 100kHz，容量低于 IGBT 器件）。

在直流斩波电路纹波的分析中，以下 3 个前提条件相同：

1）平均电流 I_o 工作于连续导通模式，电感电流的纹波可以忽略，即 $i_L(t)=I_L$。

2）输出电压 u_o 的纹波可以忽略，故有 $u_o=U_o$，$u_o(t)=U_{om}$。

3）输入电压 U_d 可变，利用调节开关占空比的大小控制输出电压 U_d 保持不变。

在稳态工作条件下，由于开关的峰值电压 U_r 和峰值电流 I_r 可以计算出来，所以开关功耗 $P_r=U_rI_r$；开关的利用率为 P_o/P_r；输出功率为 $P_o=U_oI_o$。

几种变换电路开关利用率 P_o/P_r 与占空比 D 的关系曲线如图 5-31 所示。由图可以看出，如果输入和输出功率容量在同一数量级上，那么升压式和降压式的变换电路开关利用率出现最大值，而升降压式和库克式变换电路的开关利用率则很低。在 $D=0.5$ 时，开关利用率最大，其值为 0.25，对应图 $U_o=U_d$。

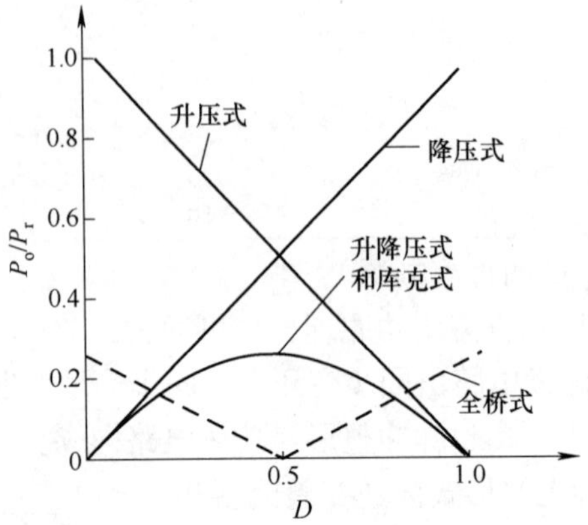

图 5-31　直流斩波电路的开关利用率与占空比的关系曲线

直接驱动的全桥变换电路也可作出开关利用率和占空比的关系曲线，在 $U_o=U_d$ 和 $U_o=-U_d$ 时有其最大值。

在选用直流斩波电路时应尽可能选择降压式或升压式以提高开关利用率。如果输出电压范围要求既可高于也可低于输入电压或需要负极性输出，则应选择升降压式和库克变换电路。在需要四象限工作的地方，则只能选用全桥式斩波电路。

思考题与习题

1）DC-DC 变换电路的主要形式和工作特点是什么？

2）试述斩波电路时间比控制方式中的三种控制模式。

3）Buck 变换器中电流临界连续是什么意思？当负载电压 U_o、电流 I_o 一定时，在什么条件下可以避免电感电流断续？

4）在图 5-32 所示的降压斩波电路中，已知 $E=200\text{V}$，$R=10\Omega$，L 值极大，$E_M=30\text{V}$，$T=50\mu\text{s}$，计算输出电压平均值 U_o、输出电流平均值 I_o。

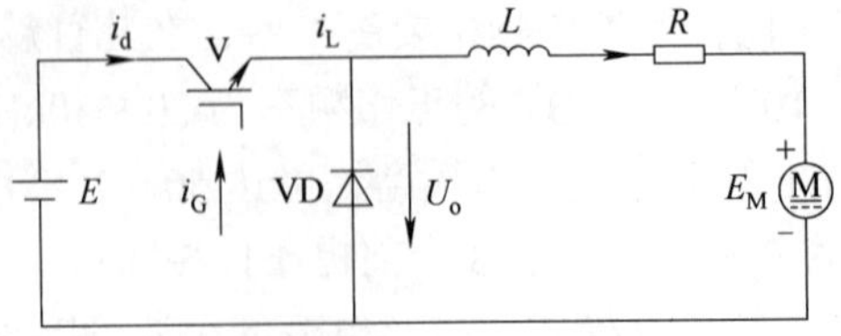

图 5-32　题 4

5）在图 5-32 所示的降压斩波电路中，$E=100\text{V}$，$L=1\text{mH}$，$R=0.5\Omega$，$E_M=10\text{V}$，采用脉宽调制控制方式，$T=20\mu\text{s}$，当 $t_{on}=5\mu\text{s}$ 时，计算输出电压平均值 U_o、输出电流平均值 I_o，计算输出电流的最大和最小值的瞬时值并判断负载电流是否连续。当 $t_{on}=3\mu\text{s}$ 时，重新进行上述计算。

6）图 5-33 所示电路中，设电容 C 很大，可忽略负载上的纹波电压，而 $t_{on}=t_{off}=40\mu s$，试完成下列要求。

① 画出 I_d、I_L 和 I_C 的稳态波形。

② 计算在稳态时，直流电源给出的功率。

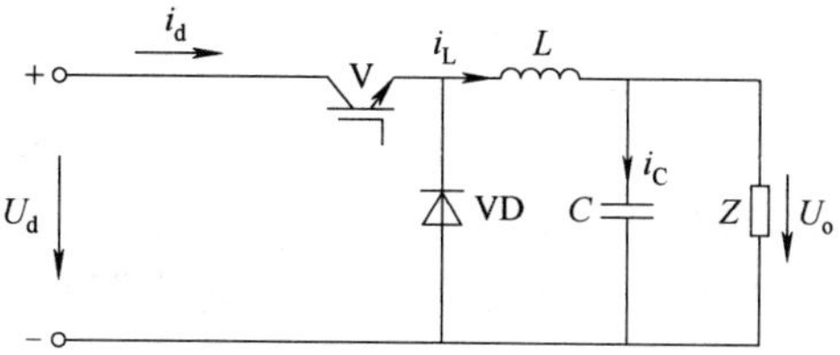

图 5-33　题 6

7）降压式斩波电路如图 5-6 所示，输入电压为 27（1±10%）V，输出电压为 15V，最大输出功率为 120W，最小功率为 10W。轻载时关断时间为 $5\mu s$，电路的工作频率为 30kHz，试求：

① 占空比 D 的变化范围。

② 保证整个工作范围内电感电流连续的电感值。

③ 当输出纹波电压 $\Delta U_o=200mV$ 时，求电容值。

④ 若取电感临界连续电流为 4A，求电感值。

8）Boost 变换器为什么不宜在占空比 D 接近 1 的情况下工作？

9）升压-降压变换器（Cuk 变换器）的工作原理及主要优点是什么？

10）定频调宽和定宽调频控制方式的区别是什么？对输出滤波电路有何要求？

11）升压式斩波电路如图 5-19a 所示，输入电压为 27（1±10%）V，输出电压为 50V，输出功率 750W，效率为 95%，负载电阻 $R=0.05\Omega$。试求：

① 最大占空比是多少？

② 若要求输出电压为 60V 是否可能？为什么？

12）对于如图 5-34 所示的升压调节器，$U_d=100V$，$R=50\Omega$，$t_{on}=80\mu s$，$t_{off}=20\mu s$，设电感和电容的值均较大，可忽略 i_d 和负载电压的纹波，电路稳态工作。试完成下列要求：

① 计算负载电压 U_o；

② 画出 u_o 和 i_C 的波形；

③ 计算 100V 直流电源输出的功率。

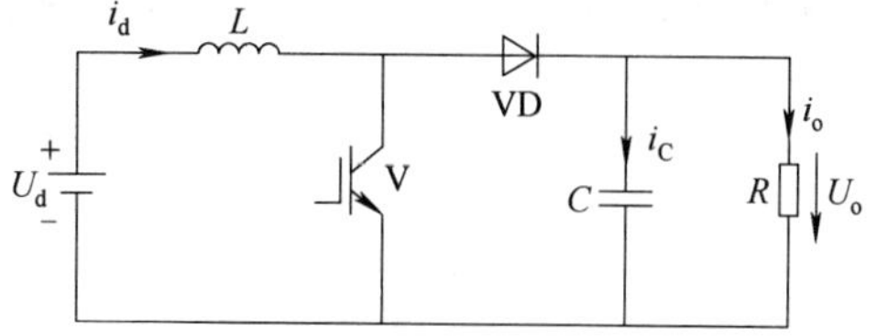

图 5-34　题 12

第6讲　交流调压电路的分析与实践

【导读】

在交流-交流变流电路中，只改变电压、电流或对电路的通断进行控制，而不改变频率的电路称为交流电力控制电路，改变频率的电路称为变频电路。本讲 6.3 即讲述交流电力控制电路，而 6.1 讲述采用相位控制的交流电力控制电路，即交流调压电路；6.2 介绍的是三相交流调压电路。

应知

※ 了解单相交流调压电路的基本结构和工作原理，掌握不同负载下单相交流调压电路的特性和要求

※ 熟悉三相交流调压电路的基本结构和工作原理，掌握不同负载下三相交流调压电路的特性和要求

※ 熟悉交流开关的类型，掌握其电路结构特点与工作原理，掌握过零触发交流调功电路的基本结构和工作原理

※ 进一步熟悉电力电子器件的基本应用要求与使用方法

☆ 掌握单相交流调压电路的实验验证方法，测定移相控制的单相交流调压电路电阻负载上的电压波形

☆ 掌握三相交流调压电路的实验验证方法，测定移相控制的三相交流调压电路电阻负载上的电压波形

☆ 熟悉集成锯齿波移相触发电路（KC05）的工作原理，测定 KC05 电路主要工作点的电压波形

☆ 通过对内容的学习掌握不同类型的交流开关的控制特性，能自行分析电路过程，独立验证结论

☆ 熟悉过零触发交流调功电路的组成结构，掌握各组成部分的工作特性，学会电路安装与测试

应会

6.1　单相交流调压电路的分析与实践

6.1.1　任务导入

交流-交流变流电路，即把一种形式的交流变成另一种形式交流的电路。在进行交流-交流变流时，可以改变相关的电压（电流）、频率和相数等。交流调压电路广泛用于灯光控制（如调光台灯和舞台灯光控制）及异步电动机的软起动，也用于异步电动机调速。在电力系统中，这种电路还常用于对无功功率的连续调节。此外，在高电压小电流或低电压大电流直流电源中，也常采用交流调压电路调节变压器一次电压。在这些电源中如采用晶闸管相控整流电路，高电压小电流可控直流电源就需要很多晶闸管串联；同样，低电压大电流直流电源需要很多晶闸管并联。这都是十分不合理的，因为采用交流调压电路在变压器一次侧调压，其电压、电流值都比较适中，在变压器二次侧只要用二极管整流就可以了。这样的电路体积小、成本低、易于设计制造。

单相交流调压电路一般由一只双向晶闸管构成，也可以用两只普通晶闸管或 GTR（其他全控型器件）反并联组成。由双向晶闸管组成的单相交流调压电路电路简单、成本低，在工业加热、灯光控制、小容量感应电动机调速等场合得到了广泛应用。

6.1.2　理论知识

将一种形式的交流电变成另一种形式的交流电，可以通过改变电压、电流、频率和相位等参数的方法来实现。只改变相位而不改变交流电频率的控制，在交流电力控制中称为交流调压。单相交流调压电路一般由一只双向晶闸管组成，也可以用两只普通晶闸管或 GTR（其他全控型器件）反并联组成。和整流电路一样，交流调压电路的工作情况也和负载有很大关系。下面是关于单相交流调压电路的工作原理分析。

1. 电阻性负载

单相交流调压电路如图 6-1 所示，由一只双向晶闸管组成主电路，接电阻负载。在电源 u 的正半周内，晶闸管 V_1 承受正向电压，当 $\omega t=\alpha$ 时，触发 V_1 使其导通，则负载上得到缺 α 角的正弦半波电压，当电源电压过零时，V_1 电流下降为零而关断。在电源电压 u 的负半周，V_2 承受正向电压，当 $\omega t=\pi+\alpha$ 时，触发 V_2 使其导通，则负载上又得到缺 α 角的正弦负半波电压。持续这样的控制，在负载电阻上便得到每半波缺 α 角的正弦电压波形，如图 6-2 所示。

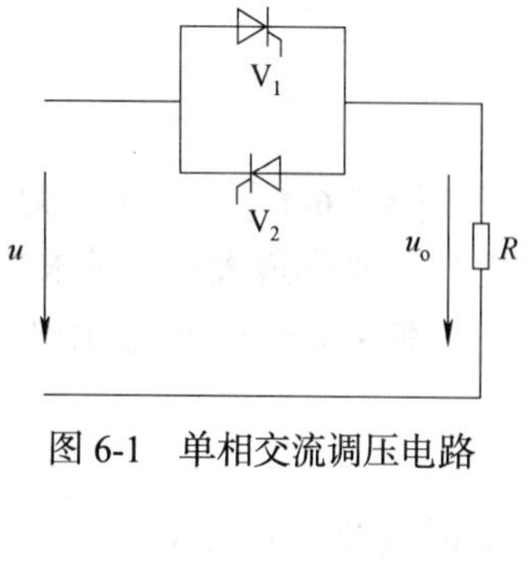

图 6-1　单相交流调压电路

通过改变 α 可得到不同的输出电压有效值，从而达到交流调压的目的。若是由两只单向晶闸管反并联组成的电路，则须要两组独立的触发电路分别控制两只晶闸管，在正负半周的对称时刻（ $\omega t=\alpha$ ， $\omega t=\pi+\alpha$ ）给触发脉冲，其工作情况与双向晶闸管电路一样，在负载上得到同样波形的可调交流电压。

电阻负载时单相交流调压的数量关系如下：

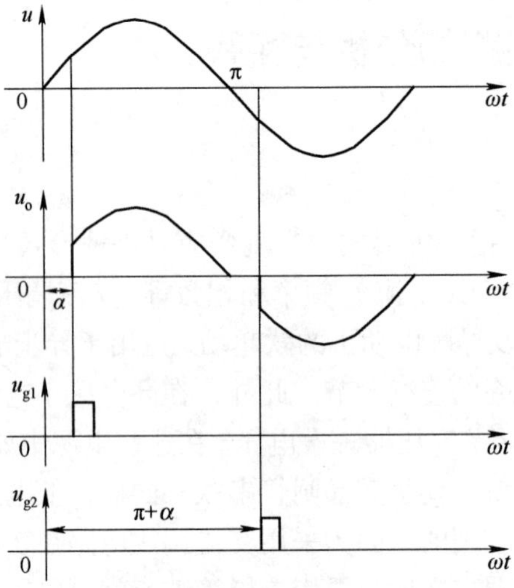

图 6-2 电阻性负载单相交流调压电路工作波形

（1）输出交流电压有效值和电流有效值

设$u=\sqrt{2}U_2\sin\omega t\mathrm{d}(\omega t)$，则负载电压的有效值为

$$U_R=\sqrt{\frac{1}{\pi}\int_{\alpha}^{\pi}\left(\sqrt{2}U_2\sin\omega t\right)^2\mathrm{d}(\omega t)}=U_2\sqrt{\frac{1}{2\pi}\sin 2\alpha+\frac{\pi-\alpha}{\pi}} \tag{6-1}$$

$$I=\frac{U_R}{R}=\frac{U_2}{R}\sqrt{\frac{1}{2\pi}\sin 2\alpha+\frac{\pi-\alpha}{\pi}} \tag{6-2}$$

从上式中可以看出，随着α的增大，U_o逐渐减小；当$\alpha=\pi$时，$U_o=0$。因此，单相交流调压器对于电阻性负载，其电压的输出调节范围为$0\sim U$，控制角α的移相范围为$0\sim\pi$。

（2）流过晶闸管的电流有效值

与式（6-2）相同。

（3）功率因数

$$\cos\varphi=\frac{P}{S}=\frac{U_R I}{UI}=\frac{U_R}{U}=\sqrt{\frac{2(\pi-\alpha)+\sin 2\varepsilon}{2\pi}} \tag{6-3}$$

【例 6-1】一调光台灯由单相交流调压电路供电，设该台灯可看作电阻负载，在$\alpha=0°$时输出功率最大值，试求功率为最大输出功率的80%、50%时的触发延迟角α。

解：$\alpha=0°$ 时输出电压最大，为

$$U_{o\max}=\sqrt{\frac{1}{\pi}\int_0^{\pi}\left(\sqrt{2}U_i\sin\omega t\right)^2\mathrm{d}\omega t}=U_i$$

此时负载电流最大，为

$$I_{o\max}=\frac{U_{o\max}}{R}=\frac{U_i}{R}$$

因此最大输出功率为

$$P_{\max}=U_{o\max}I_{o\max}=\frac{U_i^2}{R}$$

输出功率为最大输出功率的80%，有：

$$P = 0.8P_{\max} = \frac{\left(\sqrt{8}U_{\mathrm{i}}\right)^2}{R}$$

此时

$$U_{\mathrm{o}} = \sqrt{0.8}U_{\mathrm{i}}$$

又由

$$U_{\mathrm{o}} = U_{\mathrm{i}}\sqrt{\frac{\sin 2\alpha}{2\pi} + \frac{\pi - \alpha}{\pi}}$$

解得：

$$\alpha=60.54°$$

同理，输出功率为最大输出功率的 50%，有：

$$U_{\mathrm{o}} = \sqrt{0.5}U_{\mathrm{i}}$$

又由

$$U_{\mathrm{o}} = U_{\mathrm{i}}\sqrt{\frac{\sin 2\alpha}{2\pi} + \frac{\pi - \alpha}{\pi}}$$

解得：

$$\alpha=90°$$

2. 电感性负载

图 6-3a 所示为单向晶闸管反并联连接电感负载的单相交流调压电路。由于电感性负载电路中电流的变化要滞后电压的变化，因而和电阻负载相比就有一些新的特点。当电源电压由正半波过零反向时，由于负载电感中产生感应电动势要阻止电流变化，电压过零时电流还未到零，晶闸管关不断，故还要继续导通到负半周。

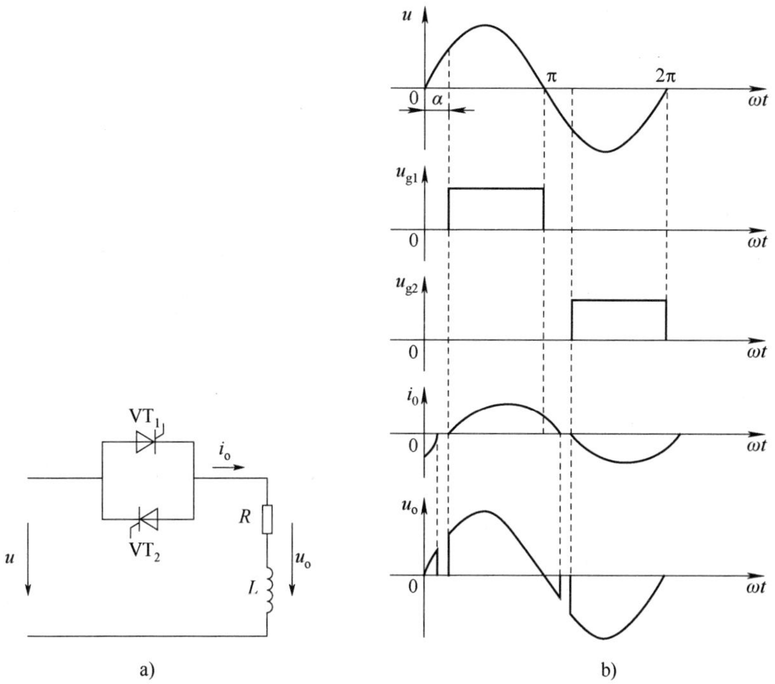

图 6-3 感性负载单相交流调压电路及波形

a）电路 b）波形

由图 6-3b 可知，晶闸管的导通角 θ 的大小，不但与控制角有关，而且与负载阻抗角有关。一个晶闸管导通时，其负载电流 i_{o} 的表达式为

$$i_o = \frac{\sqrt{2}U}{Z}\left[\sin(\omega t - \varphi) - \sin(\alpha - \varphi)e^{\frac{\alpha - \omega t}{\tan\varphi}}\right]$$

式中

$$\alpha \leqslant \omega t \leqslant \alpha + \theta$$

当$\omega t = \alpha + \theta$时，$i_o = 0$。将此条件代入可求得导通角$\theta$与控制角$\alpha$、负载阻抗角$\varphi$之间的定量关系表达式为

$$\sin(\alpha + \theta - \varphi) = \sin(\alpha - \varphi)e^{-\frac{\theta}{\tan\varphi}}$$

$$Z = \left[R^2 + (\omega L)^2\right]^{\frac{1}{2}}$$

$$\varphi = \arctan\left(\frac{\omega L}{R}\right)$$

下面分别就$\alpha > \varphi$、$\alpha = \varphi$、$\alpha < \varphi$三种情况来讨论调压电路的工作情况。

1）当$\alpha > \varphi$时，由上式可以判断出导通角$\theta < 180°$，正负半波电流断续。α越大，θ越小，波形断续愈严重。

2）当$\alpha = \varphi$时，由上式可以计算出每个晶闸管的导通角$\theta = 180°$。此时，每个晶闸管轮流导通 180°，相当于两个晶闸管轮流被短接，负载电流处于连续状态，输出完整的正弦波。

3）当$\alpha < \varphi$时，电源接通后，在电源的正半周，如果先触发 V_1，则可判断出它的导通角$\theta > 180°$。如果采用窄脉冲触发，当 V_1 的电流下降为零而关断时，V_2 的门极脉冲已经消失，V_2 无法导通。到了下一周期，V_1 又被触发导通重复上一周期的工作，结果形成单向半波整流现象，回路中出现很大的直流电流分量，无法维持电路的正常工作。

解决上述失控现象的办法是：采用宽脉冲或脉冲列触发，以保证 V_1 电流下降到零时，V_2 的触发脉冲信号还未消失，V_2 可在 V_1 电流为零关断后接着导通。但 V_2 的初始触发控制角$\alpha + \theta - \pi > \varphi$，即 V_2 的导通角$\theta < 180°$。从第二周开始，由于 V_2 的关断时刻向后移，因此 V_1 的导通角逐渐减小，V_2 的导通角逐渐增大，直到两个晶闸管的导通角$\theta = 180°$时达到平衡。

感性负载窄脉冲触发时的工作波形如图 6-4 所示。

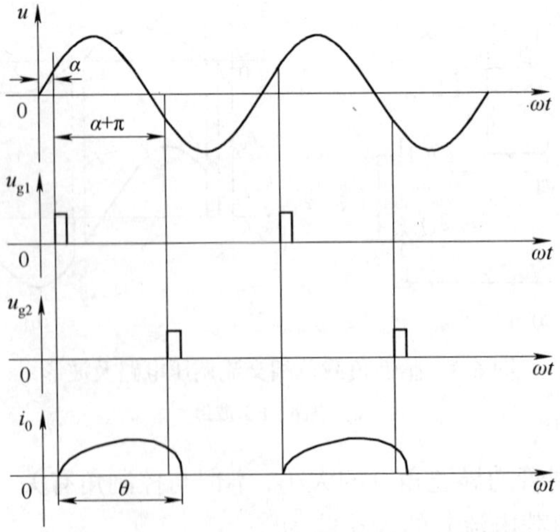

图 6-4 感性负载窄脉冲触发时的工作波形

根据以上分析，当 $\alpha \leqslant \varphi$ 并采用宽脉冲触发时，负载电压、电流总是完整的正弦波，改变控制角 α，负载电压、电流的有效值不变，即电路失去交流调压作用。在感性负载时，要实现交流调压的目的，则最小控制角 $\alpha=\varphi$（负载的功率因数角），所以 α 的移相范围为 $\varphi \sim 180°$ 。

【例 6-2】一单相交流调压器，电源为工频 220V，阻感串联作为负载，其中 $R=0.5\Omega$，$L=2\text{mH}$。试求：

1）触发角 α 的变化范围；

2）负载电流的最大有效值；

3）最大输出功率及此时电源侧的功率因数；

4）当 $\alpha=\dfrac{\pi}{2}$ 时，晶闸管电流有效值、晶闸管导通角和电源侧功率因数。

解：1）负载阻抗角为

$$\varphi=\arctan\left(\frac{\omega L}{R}\right)=\arctan\left(\frac{2\pi\times50\times2\times10^{-3}}{0.5}\right)=\arctan(0.89864)=51.49°$$

2）触发延迟角 α 的变化范围为

$$\varphi \leqslant \alpha \leqslant \pi$$

即

$$51.49° \leqslant \alpha \leqslant \pi$$

3）当 $\alpha=\varphi$ 时，输出电压最大，负载电流也为最大，此时输出功率最大，为

$$P_{\text{o max}}=I_{\text{o max}}^2 R=\left(\frac{220}{\sqrt{R^2+(\omega L)^2}}\right)^2 R=37.532\text{kW}$$

功率因数为

$$\lambda=\frac{P_{\text{o max}}}{U_{\text{i}}I_{\text{o}}}=\frac{37532}{220\times273.98}=0.6227$$

实际上，此时的功率因数也就是负载阻抗角的余弦，即：

$$\cos\varphi=0.6227$$

4）当 $\alpha=\dfrac{\pi}{2}$ 时，先假设晶闸管的导通角，可知：

$$\sin\left(\frac{\pi}{2}+\theta-51.49°\right)=\sin\left(\frac{\pi}{2}-51.49°\right)e^{\frac{-\theta}{\tan\varphi}}$$

解上式可得晶闸管的导通角为

$$\theta=\arctan(2.375)=136.1°$$

此时，晶闸管电流有效值为

$$I_{\text{VT}}=\frac{U_{\text{i}}}{\sqrt{2\pi}Z}\sqrt{\theta-\frac{\sin\theta\cos(2\alpha+\varphi+\theta)}{\cos\varphi}}$$
$$=\frac{220}{\sqrt{2\pi}\times0.803}\times\sqrt{136.1°-\frac{\sin136.1°\times\cos(\pi+51.49°+136.1°)}{\cos136.1°}}=123.2\text{A}$$

电源侧功率因数为

$$\lambda=\frac{I_{\text{o}}^2 R}{U_{\text{i}}I_{\text{o}}}$$

其中：

$$I_o = \sqrt{2} I_{VT} = 174.2\text{A}$$

于是可得出：

$$\lambda = \frac{I_o^2 R}{U_i I_o} = \frac{174.2^2 \times 0.5}{220 \times 174.2} = 0.3959$$

6.1.3 技能训练

1. 知识准备

单相交流调压的典型电路如图 6-5 所示。

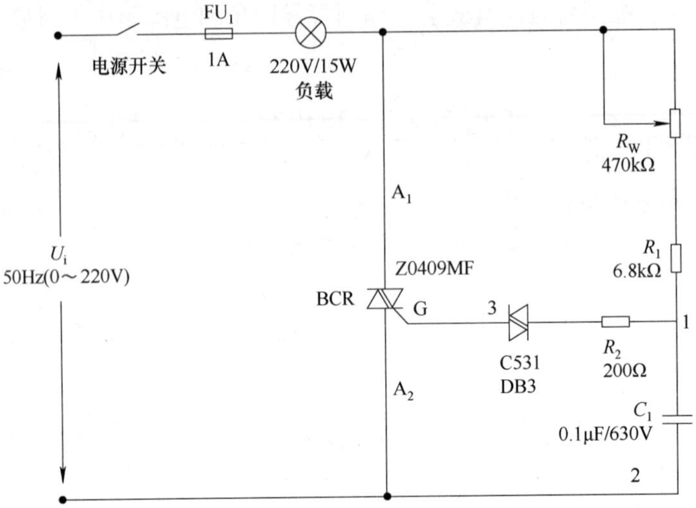

图 6-5　单相交流调压的典型电路

采用双向晶闸管 BCR（Z0409MF）取代由两个单向晶闸管（SCR）反并联的结构形式，并利用 *RC* 充放电电路和双向触发二极管 DB3 的特点，在每半个周波内，通过对双向晶闸管的通断进行移相触发控制，可以方便地调节输出电压的有效值。由图 6-6 可见，正负半周控制角 α 的起始时刻均为电源电压的过零时刻，且正负半周的控制角相等。可见负载两端的电压波形只是电源电压波形的一部分。在电阻性负载下，负载电流和负载电压的波形相同，α 的移相范围为 $0 \leqslant \alpha \leqslant \pi$，$\alpha = 0$ 时，相当于晶闸管一直导通，输入电压为最大值，$U_o = U_i$ 灯最亮；随着 α 的增大，U_o 逐渐降低，灯的亮度也由亮变暗，直到 $\alpha = \pi$ 时，$U_o = 0$，灯熄灭。此外 $\alpha = 0$ 时，功率因数 $\cos\alpha = 1$，随着 α 的增大，输入电流滞后于电压且发生畸变，$\cos\alpha$ 也逐渐降低，且对电网电压、电流造成谐波污染。交流调压电路已广泛用于调光控制、异步电动机的软起动和调速控制。和整流电路一样，交流调压电路的工作情况也和负载的性质有很大的关系，在阻感负载时，若负载上电压、电流的相位差为 φ，则移相范围为中 $\varphi \leqslant \alpha \leqslant \pi$，详细分析从略。

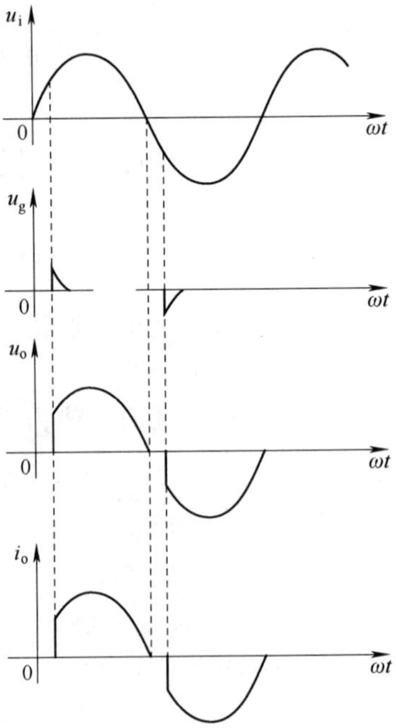

图 6-6　单相交流调压电路波形图

2. 实践操作

（1）单相交流调压电路触发电路研究

1）任务要求

① 单结晶体管触发与KC05集成触发器触发脉冲调测。

② 调光台灯的制作与调试。

③ 制订工作计划。

2）调光台灯的制作与调试

① 正确选择元器件和仪器仪表。

② 按图6-5接好电路，确保器件的正确安装。

③ 主电路中各点的状态测试。

调节 RP，用示波器观察灯泡两端的电压波形，测出在不同的控制角α下所对应的输出变化。数据记录表见表6-1。

表6-1 数据记录表

α角	30°	60°	90°	120°	150°
电压值					

（2）KC05触发器单相调压电路调测

1）单相交流调压电路接线原理图 KC05晶闸管集成移相触发器适用于双向晶闸管或两个反向并联晶闸管电路的交流相位控制，具有锯齿波线性好、移相范围宽、控制方式简单、易于集中控制、有失交保护、输出电流大等优点。

单相晶闸管交流调压器的主电路由两个反向并联的晶闸管组成，主电路原理图如图6-7所示。

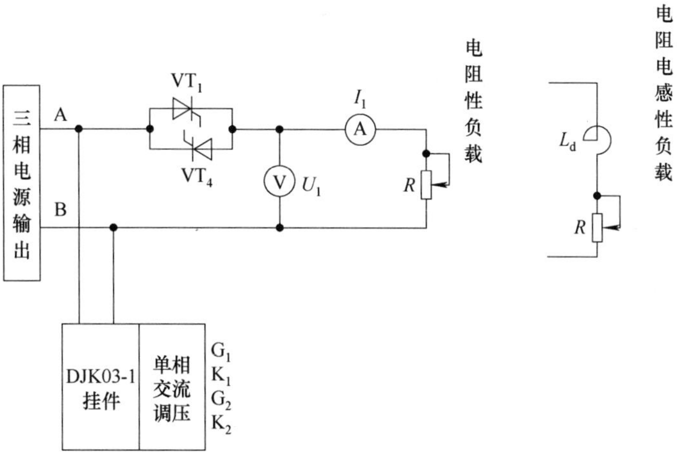

图6-7 KC05触发器单相交流调压主电路原理图

图中电阻R用D42三相可调电阻，将两个900Ω接成并联接法，晶闸管则利用DJK02上的反桥元件，交流电压、电流表由DJK01控制屏上得到，电抗器L_d从DJK02上得到，用700mH。

2）任务实施所需仪器仪表

序　号	型　号	备　注
1	DJK01 电源控制屏	该控制屏包含“三相电源输出”等几个模块
2	DJK02 晶闸管主电路	该挂件包含“晶闸管”以及“电感”等模块
3	DJK03 晶闸管触发电路	该挂件包含“单相调压触发电路”等模块
4	D42 三相可调电阻	
5	双踪示波器	自备
6	万用表	自备

3）任务实施步骤

① KC05 集成晶闸管移相触发电路调试：将 DJK01 电源控制屏的电源选择开关打到“直流调速”侧使输出线电压为 200V，用两根导线将 200V 交流电压接到 DJK03 的“外接 220V”端，按下“启动”按钮，打开 DJK03 电源开关，用示波器观察“1”～“5”端及脉冲输出的波形。调节电位器 RP_1，观察锯齿波斜率是否变化，调节 RP_2，观察输出脉冲的移相范围如何变化，移相能否达到 170°，记录上述过程中观察到的各点电压波形。

② 单相交流调压带电阻性负载：将 DJK02 面板上的两个晶闸管反向并联构成交流调压器，将触发器的输出脉冲端“G_1”、“K_1”、“G_2”和“K_2”分别接至主电路相应晶闸管的门极和阴极。接上电阻性负载，用示波器观察负载电压、晶闸管两端电压 U_{VT} 的波形。调节“单相调压触发电路”上的电位器 RP_2，观察在不同 α 时各点波形的变化，并记录 α=60°、90°、120° 时的波形。

③ 单相交流调压接电阻、电感性负载：

a. 在进行电阻、电感性负载实验时，需要调节负载阻抗角的大小，因此应该知道电抗器的内阻和电感量。常采用直流伏安法来测量内阻，如图 6-8 所示。电抗器的内阻为

$$R_L = U_L / I$$

电抗器的电感量可采用交流伏安法测量，如图 6-9 所示。由于电流大时，对电抗器的电感量影响较大，采用自耦调压器调压，多测几次取其平均值，从而可得到交流阻抗。

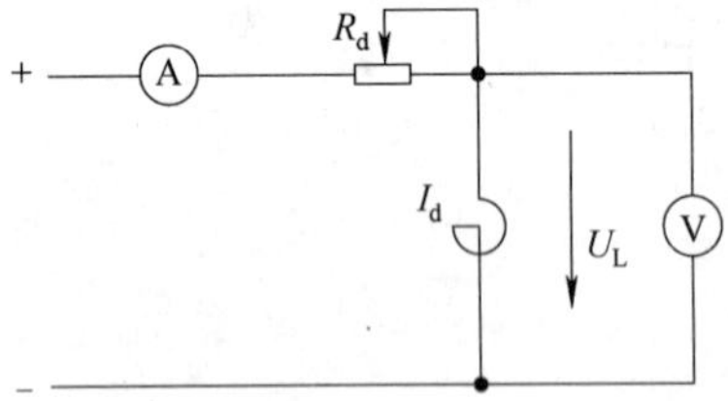

图 6-8　用直流伏安法测电抗器内阻

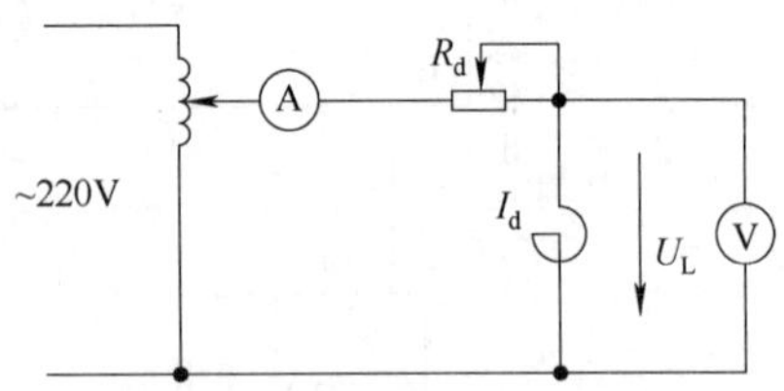

图 6-9　用交流伏安法测定电感量

$$Z_L = \frac{U_L}{I}$$

电抗器的电感为

$$L = \frac{\sqrt{{Z_L}^2 - {R_L}^2}}{2\pi f}$$

这样，即可求得负载阻抗角

$$\varphi = \arctan\frac{\omega L}{R_d + R_L}$$

在实验中，欲改变阻抗角，只需改变滑线变阻器 R_d 的电阻值即可。

b. 切断电源，将 L 与 R 串联，改接为电阻、电感性负载。按下“启动”按钮，用双踪示波器同时观察负载电压 U_1 和负载电流 I_1 的波形。调节 R 的数值，使阻抗角为一定值，观察在不同 α 时波形的变化情况，记录 $\alpha>\varphi$、$\alpha=\varphi$、$\alpha<\varphi$ 三种情况下负载两端的电压 U_1 和流过负载的电流 I_1 的波形。

4）任务实施注意事项

① 触发脉冲是从外部接入 DJK02 面板上晶闸管的门极和阴极，应将所用晶闸管对应的正桥触发脉冲或反桥触发脉冲的开关拨向“断”的位置，并将 $U_{\rm lf}$ 及 $U_{\rm lr}$ 悬空，避免误触发。

② 可以用 DJK02-1 上的触发电路来触发晶闸管。

③ 由于“G”、“K”输出端有电容影响，故观察触发脉冲电压波形时，需将输出端“G”和“K”分别接到晶闸管的门极和阴极（或者也可用约 100Ω 左右阻值的电阻接到“G”、“K”两端，来模拟晶闸管门极与阴极的阻值），否则无法观察到正确的脉冲波形。

6.1.4 相关习题

1. 判断题

（　　）1）单相交流调压电路可用于工业加热、灯光控制、小容量感应电动机调速等场合。

（　　）2）单相交流调压电路中电阻性负载和电感性负载具有相同的输出电流波形。

（　　）3）在单相交流调压电路中如果是电感性负载时，不能用窄脉冲触发。

（　　）4）交流调压电路只能改变输出信号的大小，无法改变其频率。

2. 选择题

1）AC-DC 电路中，为抑制交流侧的过电压，可选用（　　）

A. 电容　　B. 电感　　C. 压敏电阻　　D. 电阻

2）锯齿波为同步信号的触发电路中，若控制电压保持不变，同步信号的周期也不变，则改变同步电压的（　　），即能实现移相。

A. 幅值　　B. 后沿　　C. 斜率　　D. 前沿

3）用集成触发电路 KC04 触发三相全控桥，若 KC04 的引脚 1 接至 V13 的门极，则引脚 15 接至（　　）。

A. V12　　B. V15　　C. V14　　D. V16

4）为防止晶闸管误触发，应使干扰信号不超过（　　）。

A. 安全区　　B. 不触发区　　C. 可靠触发区　　D. 可触发区

3. 计算题

1）由晶闸管反并联组成的单相交流调压器，电源电压有效值 $U_o = 2300$ V。

① 电阻负载时，阻值在 1.15 ~ 2.3 Ω 变化，预期最大的输出功率为 2300 kW，计算晶闸管所承受的电压的最大值以及输出最大功率时晶闸管电流的平均值和有效值。

② 如果负载为感性负载，$R = 2.3\ \Omega$，$\omega L = 2.3\ \Omega$，求控制角范围和最大输出电流的有效值。

2）一台 220V/10kW 的电炉，采用单相晶闸管交流调压，先使其工作在功率为 5kW 的电路中，试求电路的触发延迟角 α 、工作电流以及电源侧功率因数。

3）图 6-10 所示为单相交流调压电路，$U_2=220\text{V}$，$L=5.516\text{mH}$，$R=1\Omega$，试求：

① 触发延迟角移相范围；

② 负载电流最大有效值；

③ 最大输出功率和功率因数；

④ 画出负载电压与电流波形。

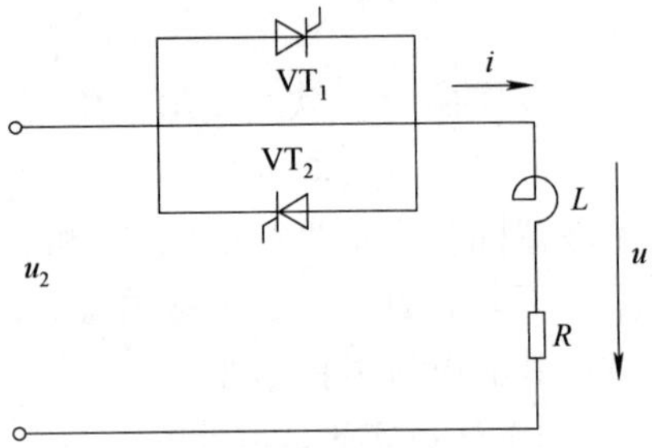

图 6-10 题 3

6.2 三相交流调压电路的分析与实践

6.2.1 任务导入

在功率较大的场合，一般采用三相交流调压电路。

6.2.2 理论知识

1. 三相交流调压器的主电路

在功率较大的场合，一般采用三相交流调压。三相交流调压器的主电路接法有以下几种方式，如图 6-11 所示：一是电机绕组 Y 联接时的三相分支双向控制电路，用三对晶闸管反并联或三个双向晶闸管分别串接在每相绕组上；二是电机绕组 Y 联接时的三相分支单向控制电路，每相只有土个晶闸管，反向由与它反并联的二极管构成通路；三是电机绕组△联接时三相△双向控制电路，此种接法适用于△联结的电机。

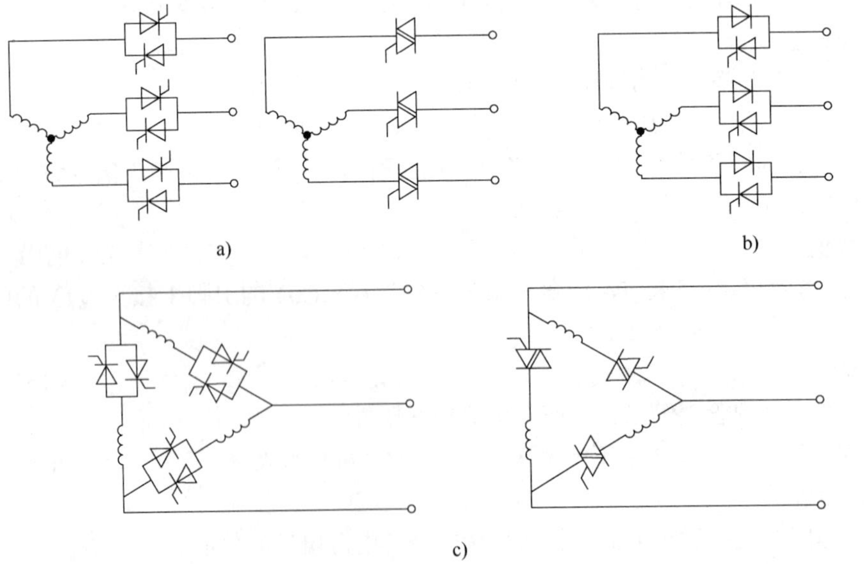

a)　　b)

c)

图 6-11 三相交流调压器主电路接法

a）电动机绕组 Y 联结时的三相分支双向控制电路　b）电动机绕组 Y 联结时的三相分支单向控制电路

c）电动机绕组△联结时三相△双向控制电路

比较而言，接法 a）的综合性能较好，在交流调压调速系统中多采用这种方法。三相三线交流调压电路，输出电流中谐波分量较小，由于没有中线，每相电流必须和另一相构成回路，与三相桥式全控整流电路一样，晶闸管的触发脉冲应采用宽脉冲或双窄脉冲。下面以电阻星形负载电路为例来进行分析。此电路对触发电路的要求是：三相正（或负）触发脉冲依次间隔 120°，而每一相正、负触发脉冲间隔为 180°；为保证电路起始工作时能两相同时导通，以及在感性负载和控制角 α 较大时，仍能保持两相同时导通，采用双脉冲或宽脉冲（>60°）；为保证输出三相电压对称可调，应保持触发脉冲与电源电压同步。

2. 三相交流调压器的工作原理

（1）电阻性负载

结合图 6-12 所示电路，详细分析触发脉冲的相位与调压电路输出电压的关系。

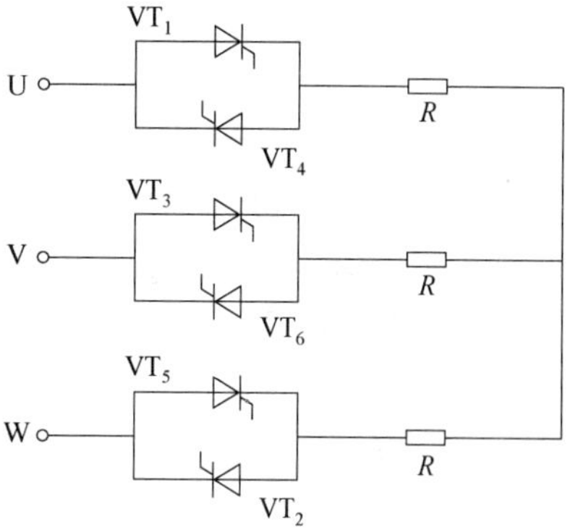

图 6-12 三相全波 Y 联结调压电路

1）控制角 $\alpha=0°$ 与三相整流电路不同，控制角 $\alpha=0°$，为相应半周电压过零点，所以当电源电压为正时，该相正接晶闸管即触发导通；电压为负时，反接晶闸管即触发导通。因此可将晶闸管看成二极管，这时三相正、反方向电流都畅通，相当于一般的三相交流电路。当负载对称时，其管子导通顺序为 $VT_1 \to VT_2 \to VT_3 \to VT_4 \to VT_5 \to VT_6$，$VT_1 \sim VT_6$ 导通区如图 6-13c 所示。U 相电压过零变正时 VT_1 导通，VT_4 受反压自然关断；过零变负时 VT_1 受反压自然关断，而 VT_4 导通，因此 VT_1 在 U 相电压正半周期导通，VT_4 在 U 相电压负半周导通，V、W 两相导通情况与 U 相同。U 相负载电压如图 6-13d 所示。

2）控制角 $\alpha=60°$ U 相晶闸管导通情况如图 6-14 所示。ωt_1 时刻触发 VT_1 导通，与导通的 VT_6 构成电流回路，$u_{RU}=\dfrac{u_{UV}}{2}$。ωt_2 时刻触发 VT_2 导通，$u_{RU}=\dfrac{u_{UW}}{2}$。ωt_3 时刻 VT_1 关断 VT_4 还未导通，$u_{RU}=0$。ωt_4 时刻触发 VT_4 导通，与导通的 VT_3 构成电流回路，$u_{RU}=\dfrac{u_{UV}}{2}$。同理 ωt_5 时刻，VT_4、VT_5 导通，$u_{RU}=\dfrac{u_{UW}}{2}$；ωt_6 时刻 VT_4 关断 VT_1 还未导通，$u_{RU}=0$。同样分析可得到 u_{RV}、u_{RW}，波形如 u_{RU}，只是相位互差 120°。

3）控制角 $\alpha=120°$ 如图 6-15 所示为三相全波星形联结调压电路 $\alpha=120°$ 时的波形。注意，当 ωt_1 时刻触发 VT_1 时，与 VT_6 构成电流回路，导通到 ωt_2 时，由于 u_{UV} 过零反向，强迫 VT_1 关断，所以 VT_1 先导通了 30°。当 ωt_3 时，由于 VT_2 导通，并由于采用大于 60° 的宽脉冲或双窄脉冲，VT_1 仍有脉冲触发，此时在 u_{UW} 作用下，经 VT_1、VT_2 构成回路 VT_1 便又重新导通 30°。

从图 6-15 可见，当 α 增大至 150°，3 个管子不能构成导通条件，所以输出电压为零。由此可见，电阻负载时，电路最大移相范围为 150°。

以上分析表明：随着 α 的增大，电流不连续程度增加，每相负载上的电压已不是正弦波，但正、负周对称。所以输出电压中只有奇次谐波，以三次谐波所占比重最大，但因为电路无零线，所以无三次谐波通路，减少了三次谐波对电网的影响。

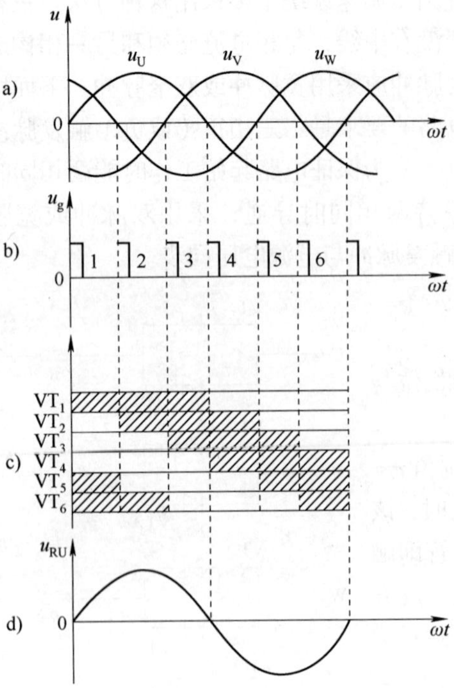

图 6-13　三相全波星形联结调压电路 $\alpha=0°$ 时的波形

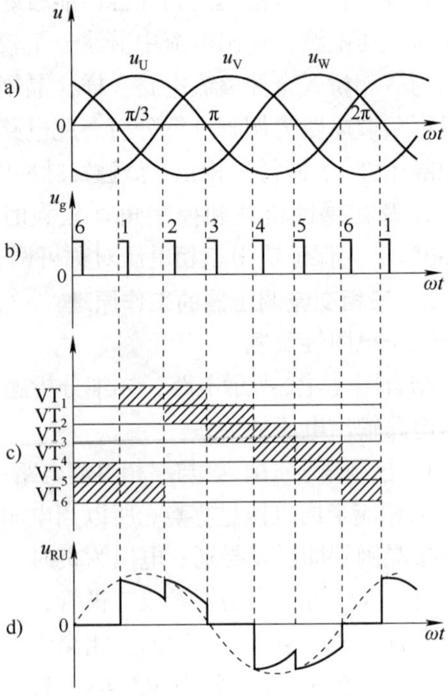

图 6-14　三相全波星形联结调压电路 $\alpha=60°$ 时的波形

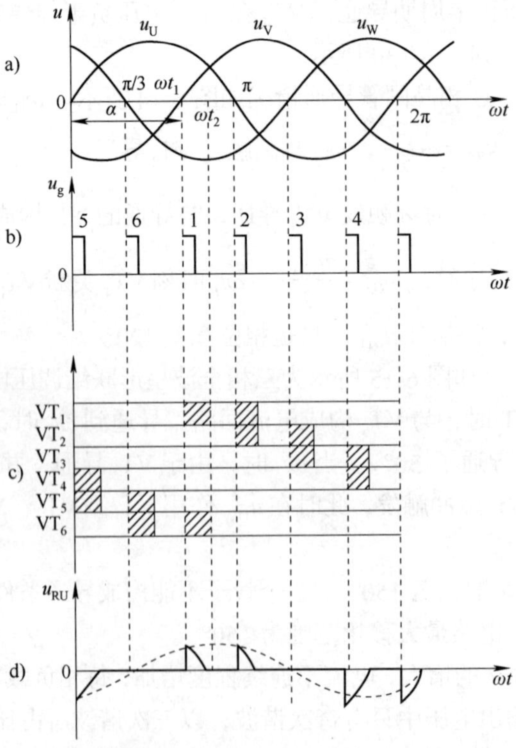

图 6-15　三相全波星形连接调压电路 $\alpha=120°$ 时的波形

（2）电感负载

当交流调压电路的负载为感性负载时，电流和电压波形不同相，且电流滞后电压一个角度，这时调压电路的输出电压不仅与控制角 α 有关，还与负载的阻抗角 φ 有关。当电源电压过零时，由于电路自感电动势的作用使电流要滞后一个角度才能为零而去关断晶闸管，所以管子的导通角会增大，并由于管子是在电压过零后经过一个延时才关断的，所它是在承受反压的情况下被关断的。

图 6-16a 所示为带感性负载的单相调压电路，以阻抗角 $\varphi = \arctan\dfrac{\omega L}{R}$ 来表征电阻-电感负载的参数情况。它的导通区间及输出电流 i 、电压 u 的波形，如图 6-16b 所示。

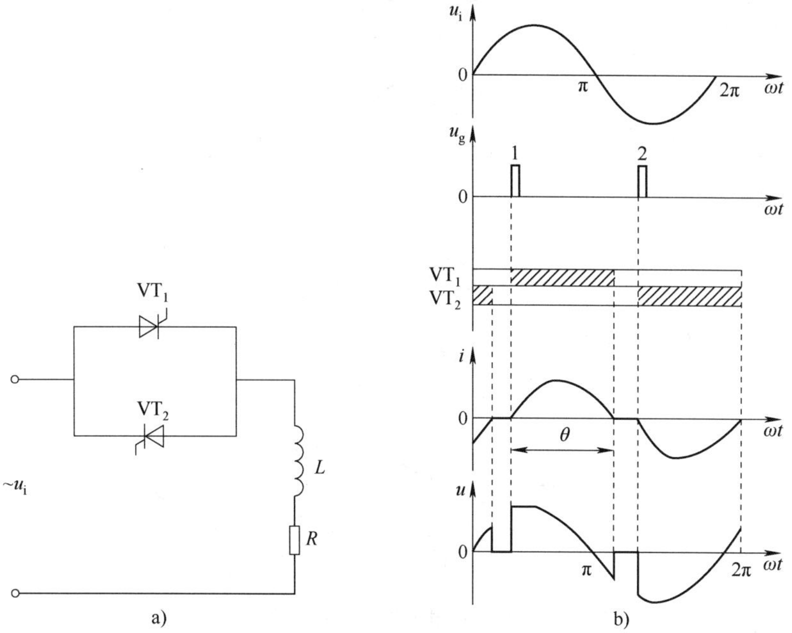

图 6-16 感性负载时的交流调压电路及工作情况

设交流电源电压 $u_i = \sqrt{2}U\sin(\omega t + \alpha)$ ，触发时刻为 $\omega t = 0$ ，并使 $\alpha > \varphi$ ，根据电路理论流过负载的电流为

$$i = \frac{\sqrt{2}U}{\sqrt{R^2 + (\omega L)^2}}\sin(\omega t + \alpha - \varphi) - \frac{\sqrt{2}U}{\sqrt{R^2 + (\omega L)^2}}\sin(\alpha - \varphi)e^{\frac{R}{L}t} \quad (6\text{-}4)$$

式（6-4）中第一项为电流的稳态分量 i_1 ，按正弦规律变化，第二项为暂态分量 i_2 ，是在合闸后短时间内存在的一个直流递减电流分量。当 $t \geqslant 4\tau$ （其中 $\tau = L/R$ ）后，这一项基本消失。

由图 6-16b 所示，当 u_i 变负时，由于电感作用使负载电流不为零；当电压反向进入负半周，且电路中电感储能释放完毕时，电流将为零。而 VT_1 电流不能反向，它就被关断。设 VT_1 的导通角为 θ ，则在 $t = \theta$ 时， $i = 0$ ，把这个条件代入式（6-4）中，得

$$\sin(\omega t + \alpha - \varphi) = \sin(\alpha - \varphi)e^{\frac{\theta}{\tan\varphi}} \quad (6\text{-}5)$$

式（6-5）表示了 θ 与 α 、 φ 的关系，利用它可以按给定的负载阻抗 φ 求得不同的 α 时的导通角 α 。

说明：

1）当$\varphi=0°$时，为纯电阻负载，$\alpha+\theta=180°$。此时负载电压与电流波形如图 6-17a 所示。

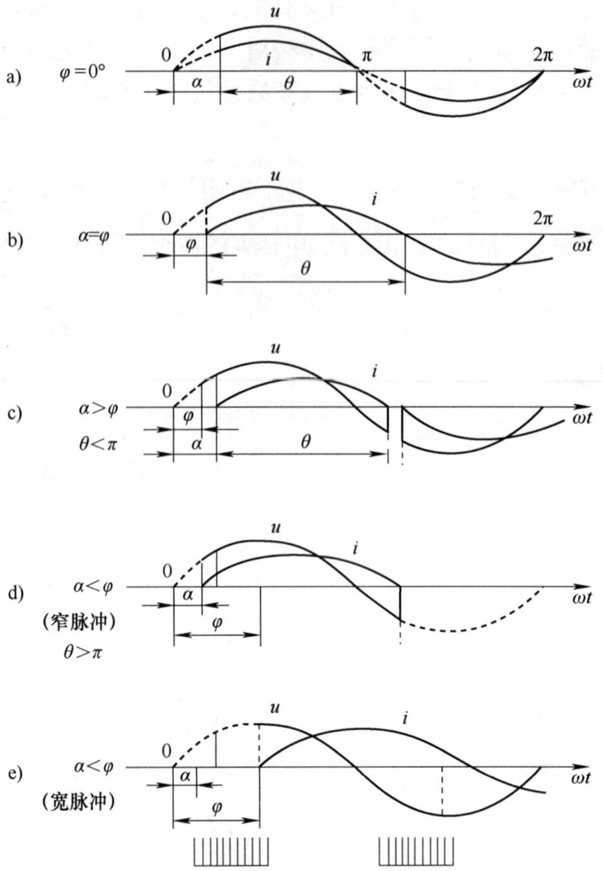

图 6-17　不同α和φ时输出电压和电流波形

2）当$\alpha=\varphi$时，式（6-4）中$i_2(t)=0$，即没有暂态分量，由式（6-4）可知，此时$\theta=\pi$，即反并联晶闸管相当于全导通，调压器不起调压作用，相应的负载电压与电流波形如图 6-17b 所示。

3）当$\alpha>\varphi$时，从式（6-5）可知，$\theta<\pi$，电流出现断续，相应的负载电压与电流波形如图 6-17c 所示。

4）当$\alpha<\varphi$时，从式（6-5）可知，$\theta>\pi$，所以下一个触发脉冲到来时，原导通的双向晶闸管尚未关断，所以这个触发脉冲对双向晶闸管的触发导通不起作用。如所用触发脉冲不够宽，在双向晶闸管电流过零时触发脉冲已消失，那么双向晶闸管在下一个半周时将由于没有触发脉冲而不能导通，结果形成“单相半控整流”现象，如图 6-17d 所示。如果用足够宽的触发脉冲或脉冲列，如图 6-17e 所示，便可以消除这种现象，稳定工作时，负载上将得到和$\alpha=\varphi$时一样的电流波形，在这种情况下，负载电压不可调。

【例 6-3】用三只晶闸管接于星形负载中点的三相交流调压电路，如图 6-18a 所示。试画出延迟角$\alpha=60°$、$\alpha=120°$时的波形，移相范围为多少？

解：$\alpha=60°$时波形如图 6-18b 所示。

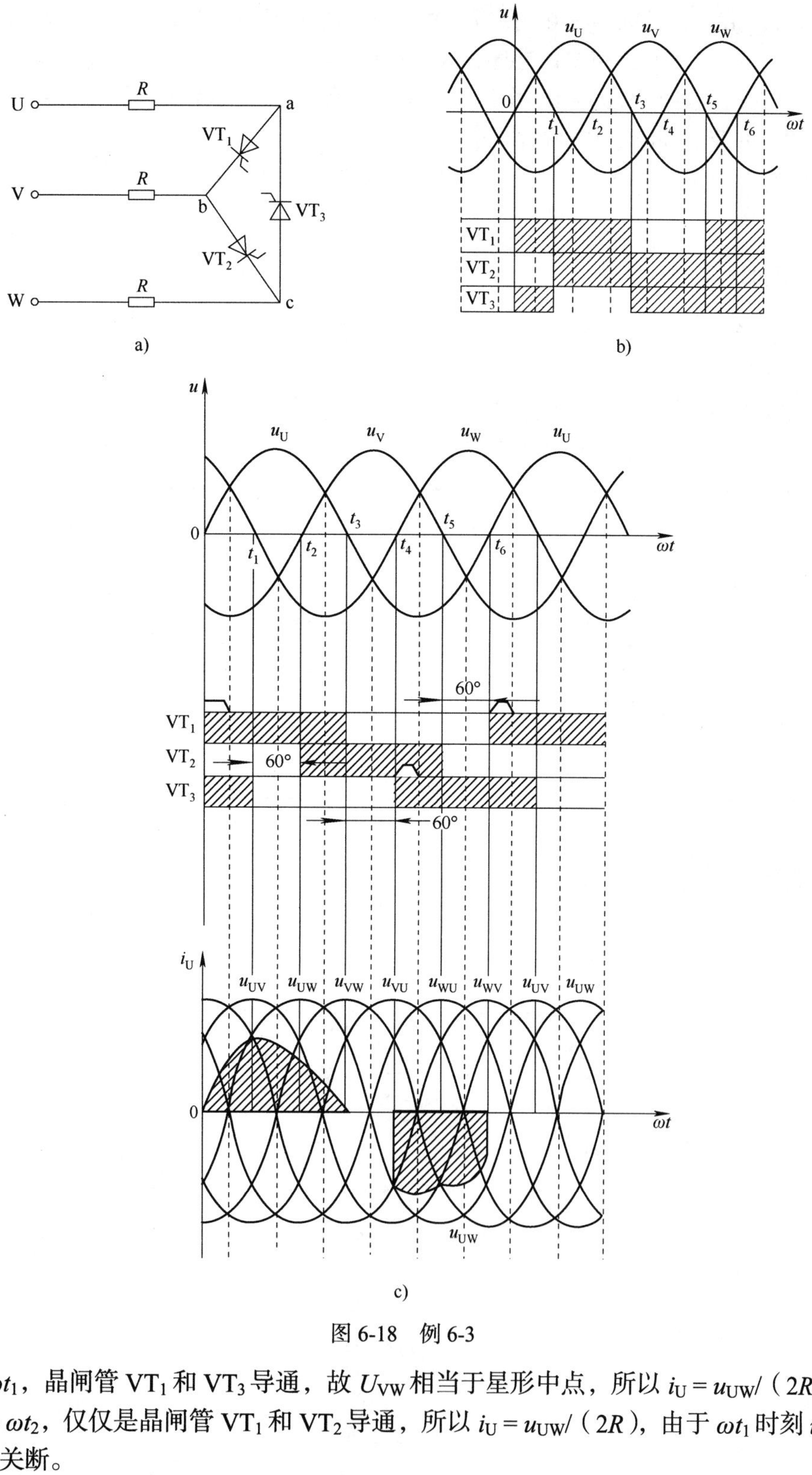

图 6-18　例 6-3

$0 \sim \omega t_1$，晶闸管 VT_1 和 VT_3 导通，故 U_{VW} 相当于星形中点，所以 $i_U = u_{UW}/(2R)$。

$\omega t_1 \sim \omega t_2$，仅仅是晶闸管 VT_1 和 VT_2 导通，所以 $i_U = u_{UW}/(2R)$，由于 ωt_1 时刻 u_W 为零，所以 VT_3 关断。

$\omega t_2 \sim \omega t_3$，晶闸管 VT_1 和 VT_2 导通，所以 $i_U = u_U/R$。

$\omega t_3 \sim \omega t_4$，由于 t_3 时刻 $u_U = 0$，所以 VT_1 关断，在 t_1 时刻已关断，所以 $i_U = 0$。

$\omega t_4 \sim \omega t_5$，晶闸管 VT_1 和 VT_3 导通，$i_U = u_U/R$。

$\omega t_5 \sim \omega t_6$，由于 t_5 时刻 $u_V = 0$，所以 VT_2 关断，在此期间仅有 VT_3 导通，$i_U = u_{UW}/(2R)$。

$\alpha = 120°$ 的波形如图 6-17c 所示。

以上分析了一相的电流波形，整个调压输出波形是与上述波形一样的、互差 120° 的三相波。电路的移相范围为 0 ~ 120° 。

6.2.3 技能训练

1. 知识准备

（1）任务要求

1）三相晶闸管触发电路输出脉冲测试。

2）三相交流调压电路特性测试。

序　号	型　号	备　注
1	DJK01 电源控制屏	该控制屏包含“三相电源输出”等几个模块
2	DJK02 晶闸管主电路	
3	DJK02-1 三相晶闸管触发电路	该挂件包含“触发电路”、“正反桥功放”等模块
4	DJK06 给定及实验器件	该挂件包含“给定”等模块
5	D42 三相可调电阻	
6	双踪示波器	自备
7	万用表	自备

3）制订工作计划。

（2）接线原理图

三相交流调压实验接线原理图如图 6-19 所示。

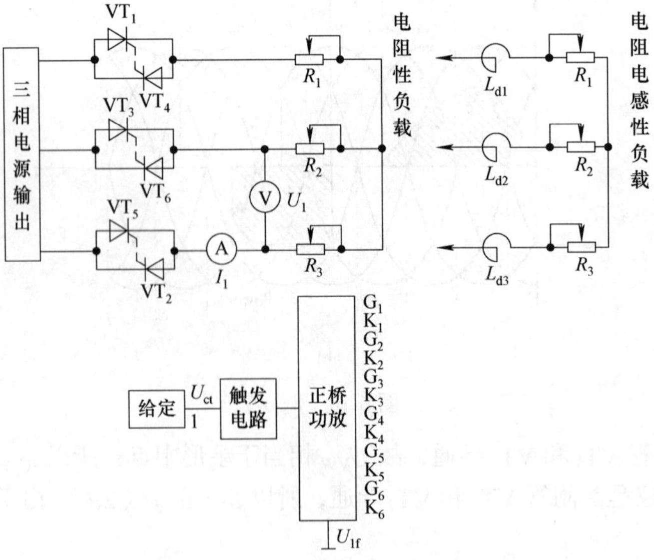

图 6-19　三相交流调压实验接线原理图

交流调压器应采用宽脉冲或双窄脉冲进行触发。实验装置中使用双窄脉冲。图 6-19 中晶闸管均在 DJK02 上，用其正桥将 D42 三相可调电阻接成三相负载，其所用的交流表均在 DJK01 控制屏的面板上。

2. 实践操作

（1）任务实施所需仪器仪表

（2）任务实施步骤

1）DJK02 和 DJK02-1 上的“触发电路”调试

① 打开 DJK01 总电源开关，操作“电源控制屏”上的“三相电网电压指示”开关，观察输入的三相电网电压是否平衡。

② 将 DJK01“电源控制屏”上“调速电源选择开关”拨至“直流调速”侧。

③ 用 10 芯的扁平电缆，将 DJK02 的“三相同步信号输出”端和 DJK02-1“三相同步信号输入”端相连，打开 DJK02-1 电源开关，拨动“触发脉冲指示”钮子开关，使“窄”的发光管亮。

④ 观察 A、B、C 三相的锯齿波，并调节 A、B、C 三相锯齿波斜率调节电位器（在各观测孔左侧），使三相锯齿波斜率尽可能一致。

⑤ 将 DJK06 上的“给定”输出 U_g 直接与 DJK02-1 上的移相控制电压 U_{ct} 相接，将给定开关 S_2 拨到接地位置（即 $U_{ct}=0$），调节 DJK02-1 上的偏移电压电位器，用双踪示波器观察 A 相同步电压信号和“双脉冲观察孔”VT_1 的输出波形，使 $\alpha=180°$。

⑥ 适当增加给定 U_g 的正电压输出，观测 DJK02-1 上“脉冲观察孔”的波形，此时应观测到单窄脉冲和双窄脉冲。

⑦ 用 8 芯的扁平电缆将 DJK02-1 面板上“触发脉冲输出”和“触发脉冲输入”相连，使得触发脉冲加到正反桥功放的输入端。

⑧ 将 DJK02-1 面板上的 U_{lf} 端接地，用 20 芯的扁平电缆将 DJK02-1 的“正桥触发脉冲输出”端和 DJK02“正桥触发脉冲输入”端相连，并将 DJK02“正桥触发脉冲”的 6 个开关拨至“通”，观察正桥 $VT_1 \sim VT_6$ 门极和阴极之间的触发脉冲是否正常。

2）三相交流调压器带电阻性负载 使用正桥晶闸管 $VT_1 \sim VT_6$，按图 6-19 所示连成三相交流调压主电路，其触发脉冲已通过内部连线接好，只要将正桥脉冲的 6 个开关拨至“接通”，“U_{lf}”端接地即可。接上三相平衡电阻负载，接通电源，用示波器观察并记录 $\alpha=30°$、$60°$、$90°$、$120°$ 及 $150°$ 时的输出电压波形，并记录相应的输出电压有效值，填入表 6-2 中。

3）三相交流调压电路带电阻-电感性负载 断开电源，改接电阻-电感性负载。接通电源，调节三相负载的阻抗角 $\varphi=60°$，用示波器观察并记录 $\alpha=30°$、$60°$、$90°$ 和 $120°$ 时的波形，并记录输出电压 u、电流 i 的波形，并将输出电压有效值 U 记录在表 6-3 中。

表 6-2 数据记录表

α	30°	60°	90°	120°	150°
U					

表 6-3 数据记录表

α	30°	60°	90°	120°
U				

6.2.4 相关习题

1. 判断题

(　　) 1) 三相交流调压电路比单相交流调压电路具有更大的输出功率。

(　　) 2) 三相交流调压电路中电阻性负载和电感性负载具有相同的输出电流波形。

(　　) 3) 在三相交流调压电路中如果是电感性负载时，不能用窄脉冲触发。

(　　) 4) 星形（Y）联结的三相交流调压与三角形（△）联结的三相交流调压电路具有相同的功能。

2. 简答题

1) 常见的三相交流调压电路有哪几种连接形式?

2) 试说明三相交流调压与单相交流调压电路的主要区别是什么？。

3. 计算题

图 6-20 所示为单相交流调压电路，$U_2 = 220\text{V}$，$L = 5.516\text{mH}$，$R = 1\Omega$，试求：

1) 触发延迟角移相范围。

2) 负载电流最大有效值。

3) 最大输出功率和功率因素。

4) 画出负载电压与电流波形。

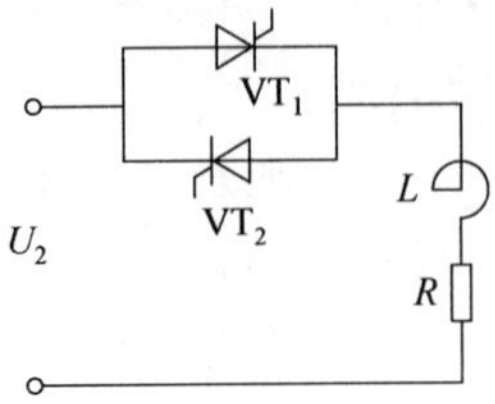

图 6-20　计算题

6.3 交流开关及其应用电路的分析与实践

6.3.1 任务导入

两只反并联的晶闸管可以实现交流开关与交流调压，也可以用一只双向晶闸管实现，并广泛应用于电动机的调速、调光、自动控温等方面。由电力电子器件构成的交流开关可以实现高电压、大电流电路的通断控制，并且具有无触点、动作速度快、寿命长、噪声低和几乎不用维护等优点。

6.3.2 理论知识

1. 交流开关电路

晶闸管交流开关是一种理想的快速交流开关，接通与断开时不存在电弧。由于晶闸管总是在电流过零时关断，所以关断时不会因负载或电路中电感储能而造成暂态过电压和电磁干扰现象。晶闸管交流开关特别适用于操作频繁，可逆运行及有易燃易爆气体、多粉尘的场合。

（1）简单交流开关电路及应用

晶闸管交流开关的基本形式如图 6-21 所示。交流开关的特点是晶闸管在承受正半周电压时触发导通，电流过零时自然关断，且可用晶闸管门极中毫安级的电流，控制晶闸管阳极中的数百安培大电流的通断。

图 6-21a 为普通晶闸管反并联的交流开关。当 Q 闭合时晶闸管 VT_1 或 VT_2 靠管子本身的

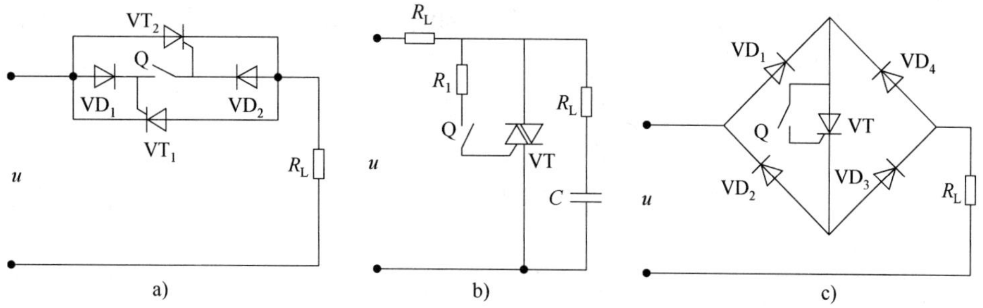

图 6-21　晶闸管交流开关的基本形式

阳极电压进行强触发，使负载 R_L 得到一个基本完整的正弦波。图 6-21b 为采用双向晶闸管的交流开关，电路简单但工作频率比反并联电路低。图 6-21c 为只用一只晶闸管的交流开关电路，晶闸管不承受反压，缺点是串联元件多，其压降损耗较大。

（2）过零触发开关电路及应用

晶闸管交流开关和交流调压的控制方式有两种：相位控制和过零（零电压、零电流）控制。但相位控制会产生相当大的射频干扰，并通过电网传输到远距离，给电力系统造成“公害”。而过零控制方式是经过实践检验、抑制晶闸管导通时产生干扰的一种行之有效的方法，过零控制就是在电压过零时给晶闸管以触发脉冲，使晶闸管工作状态始终处于全导通或全阻断。

利用晶闸管的过零控制可以实现交流功率调节，即在设定的周期 T_C 内，用零电压开关接通几个周波然后断开几个周波，改变晶闸管在设定周期内的通断时间比例，以调节负载上的交流平均电压，即可达到调节负载功率的目的。这种装置也称调功器或周波控制器。

如图 6-22 所示为过零触发控制的两种方式的输出电压波形：全周波连续式、全周波断续

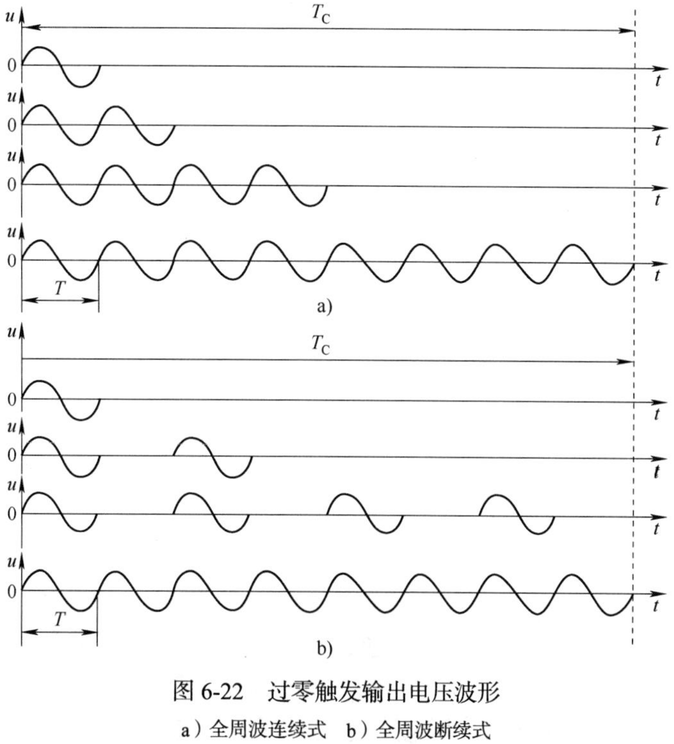

图 6-22　过零触发输出电压波形
a）全周波连续式　b）全周波断续式

式。如在设定周期T_C内导通的周波数为n，每个周波的周期为T（$f = 50\text{Hz}$，$T = 20\text{ms}$），则调功器的输出功率和输出电压有效值分别为

$$P = \frac{nT}{T_C} P_n \qquad U = \sqrt{\frac{nT}{T_C}} U_n$$

式中，P_n、U_n为设定周期T_C内全部周波导通时，装置输出的功率与电压有效值。只要改变导通周波数n即可改变电压和功率。

调功器可以用双向晶闸管，也可以用两只晶闸管反并联连接，其触发电路可以采用集成过零触发器，也可以用分立元器件组成的过零触发电路。图 6-23 所示为全波连续式的过零触发电路。电路由锯齿波产生、信号综合、直流开关、同步电压与过零脉冲输出 5 个环节组成，工作原理如下：

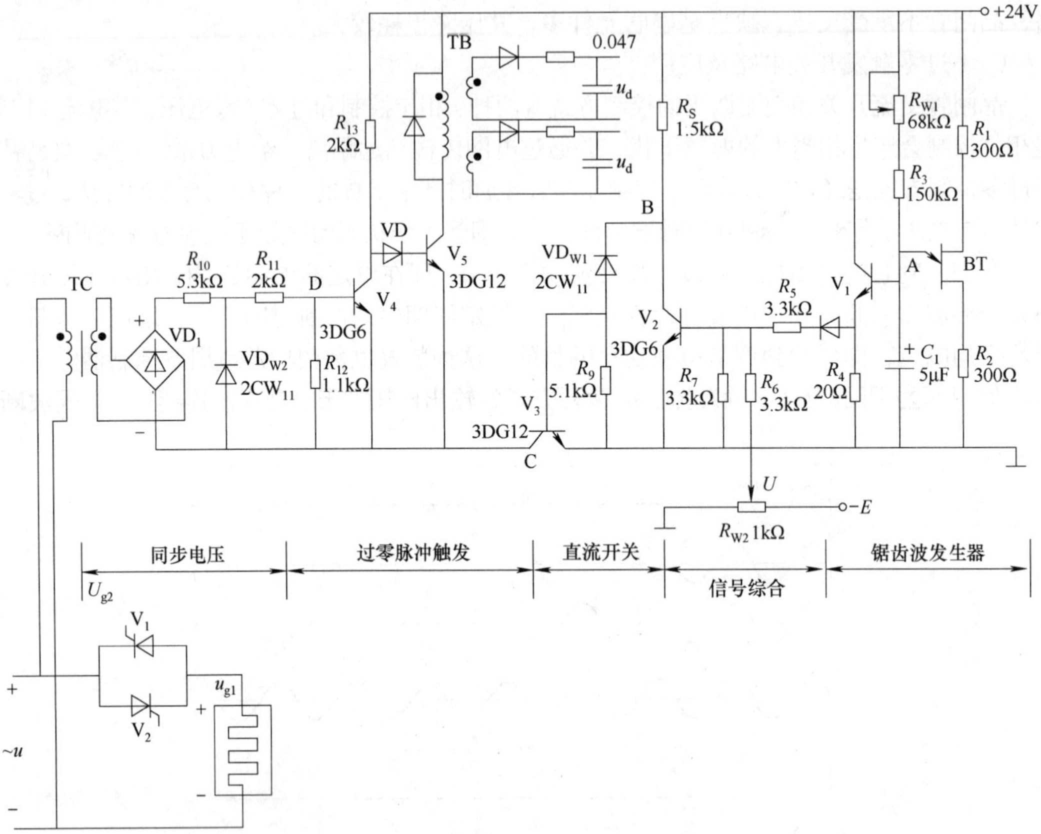

图 6-23 全波连续式的过零触发电路

1）锯齿波是由单结晶体管 BT、R_1、R_2、R_3、R_{W1} 和 C_1 组成的张弛振荡器产生的，然后经射极跟随器（V_1、R_4）输出。

2）控制电压U_C与锯齿波电压进行电流叠加后送到V_2的基极，合成电压为U_S。当$U_\Sigma > 0$时，V_2导通；$U_\Sigma < 0$时，V_2截止。

3）由V_2、V_3以及R_8、R_9、VD_{W1}组成一个直流开关，当V_2的基电压$U_{BE2} > 0$（0.7 V）时，V_2导通，V_3的基极电压U_{BE3}接近零电位，V_3截止，直流开关阻断。当$U_{BE2} < 0$时，V_2截止，由V_2、VD_{W1}和R_9组成的分压电路使V_3导通，直流开关导通。

4）由同步变压器 TC、整流桥 VD_1 及 R_{10}、R_{11}、VD_{W2} 组成一个削波同步电源，这个电源与直流开关的输出电压共同去控制 V_4 与 V_5。只有在直流开关导通期间，V_4、V_5 集电极和发射极之间才有工作电压，两个管子才能工作。在此期间，同步电压每次过零时，V_4 截止，其集电极输出一个正电压，使 V_5 由截止转导通，经脉冲变压器输出触发脉冲，而此脉冲使晶闸管 V_6（V_7）在需要导通的时刻导通。在直流开关（V_3）导通期间输出连续的正弦波，控制电压 U_C 的大小决定了直流开关导通时间的长短，也就决定了在设定周期内电路输出的周波数，从而实现对输出功率的调节。

显然，控制电压 U_C 越大，导通的周波数越多，输出的功率就越大，电阻炉的温度也就越高；反之，电阻炉的温度就越低。利用这种系统就可实现对电阻炉炉温的控制。

由于温度调节系统是手动的开环控制，因此炉温波动大，控温精度低。故这种系统只能用于对控温精度要求不高且热惯性较大的电热负载。当控温精度要求较高、较严时，必须采用闭环控制的自动调节装置。在直流开关（V_3）导通期间输出连续的正弦波，控制电压 U_C 的大小决定了直流开关导通时间的长短，也就决定了在设定周期内电路输出的周波数，从而实现对输出功率的调节。

显然，控制电压 U_C 越大，导通的周波数越多，输出的功率就越大，电阻炉的温度也就越高；反之，电阻炉的温度就越低。利用这种系统就可实现对电阻炉炉温的控制。

2. 固态开关

固态开关（Solid State Switch，SSS）是一种以双向晶闸管为基础构成的无触点通断组件。它是一种四端有源器件，其中两个端子为输入控制端，另外两个端子为输出受控端。为实现输入与输出之间的电气隔离，器件采用了高耐压的专用光耦合器。当施加输入信号后，其主电路是导通状态，无信号时呈阻断状态。整个器件无可动部件及触点，实现了相当于电磁继电器一样的功能。具有工作可靠、寿命长、对外界干扰小、能与逻辑电路兼容、抗干扰能力强及开关速度快等一系列优点。

固态开关包括固态继电器（Solid State Relay，SSR）、固态接触器（Solid State Contactor，SSC）。有直流和交流固态继电器，交流固态继电器又有单相和三相之分。

（1）固态开关电路

如图 6-24 所示为三种固态开关电路，采用了光耦合技术，便于与计算机进行接口。图 6-24a 为光敏双向晶闸管耦合非零电压开关。只要 1、2 端有信号输入，光敏双向晶闸管耦合器 B 就导通，门极由 R_2、B 形成通路，以 I_+、III_- 方式触发双向晶闸管。这种电路与加在晶闸管两端的交流电压相位无关，只要输入端 1、2 有输入信号，在交流电源的任意相位均可触发导通，称为非零电压开关。

图 6-24b 为光敏晶闸管耦合零电压开关。电路中使用了光控晶闸管，当 1、2 端有信号输入时，且光控晶闸管门极不被短接，则光控晶闸管导通。在电路中光控晶闸管的门极受晶体管 VT 的控制，显然 VT_1 只有在电源电压过零时才截止，光控晶闸管门极不被短接，即光控晶闸管只在电源电压过零且 1、2 端有控制信号时才导通。光敏晶闸管导通，在 R_4 上产生触发电压，使双向晶闸管 VT_2 过零时导通。当 1、2 端无控制信号时，光敏晶闸管不具备导通条件，使双向晶闸管 VT_2 零电流时关断。

图 6-24c 为光敏晶体管耦合零电压接通与零电流断开的理想无触点开关。当 1、2 端有控制信号时（交、直流电压均可）适当选取 R_2、R_3 的比值，使交流电源的电压在接近于零值

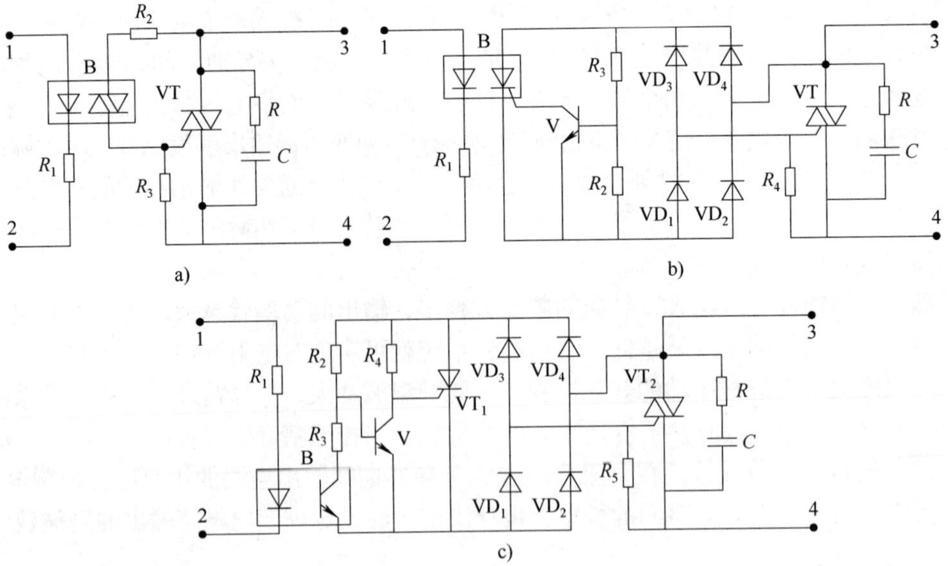

图 6-24　三种固态开关电路

区域（±25V）且有输入信号时，VT_3 截止，无输入信号时 VT_3 饱和导通。因此不管什么时候加上输入信号，开关只能在电压过零附近使晶闸管 VT_1 导通，电源电压经 R_5 触发晶闸管 VT_2 。当无控制信号时，流过双向晶闸管的电流过零时关断。

在实际应用中固态开关一般采用环氧树脂封装，具有体积小、工作频率高的特点，使用于频繁通断或潮湿、有腐蚀性以及易燃的环境中。

（2）全控器件组成的交流开关

图 6-25a 所示为由两个 MOS 晶闸管（MCT）和两个二极管组成的交流开关。其中采用

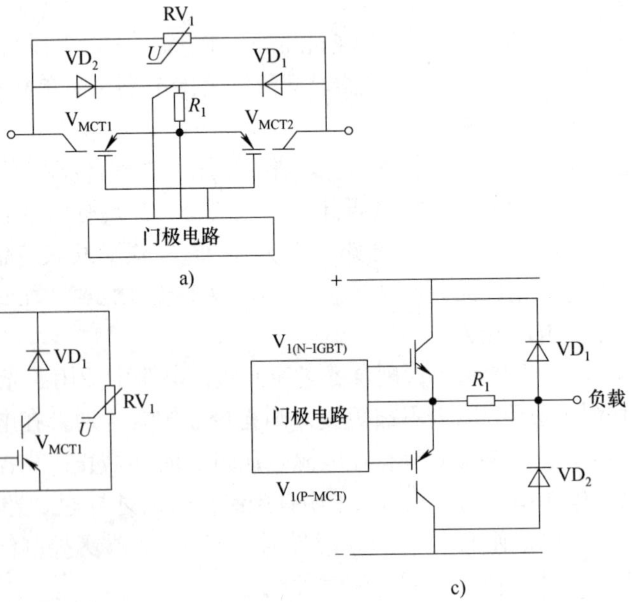

图 6-25　全控型器件组成的交流开关

a）串联式交流开关　b）推挽式交流开关　c）MCT 与 IGBI 组合的直流桥臂

一个驱动电路来驱动两个 MCT。为检测通过开关的电流，全电路中接入 R_1 取样电流信号，可用来显示开关的与、或逻辑控制关系。

图 6-25b 所示为由一个 P-MCT 和一个 N-MCT 组成的交流开关。其中电阻 R_1 用来向门极电路提供电流信号，非线性电阻 RV_1 用来限制瞬态电压。

图 6-25c 所示是由 P-MCT 和一个 N-IGBT 组成的直流桥臂。这种组合使每个桥臂可以采用独立的门极电路和电源。门极电路必须提供适当的门极延迟，避免短路电流流过两个电力器件。电阻 R_1 为门极电路提供电流信号。

3. 交流开关的应用案例分析

（1）光耦合器的交流开关

如图 6-26 所示为采用光耦合器的交流开关电路，利用光耦合器将控制电路与主电路隔离开。主电路由两只晶闸管 VT_1、VT_2 和两只二极管 VD_1、VD_2 组成。当 1、2 端无控制信号时，光耦合器 B 不工作，晶体管 VT_3 的发射结在电源的正、负半周内均正偏，即晶体管 VT_3 处于导通状态，相当于晶闸管的门极与阴极短接，使晶闸管 VT_1、VT_2 处于截止状态，负载未被接通。当 1、2 端有高电平控制信号时，光耦合器 B 导通工作，晶体管 VT_3 截止，则电源电压在两个半周内分别触发晶闸管 VT_1、VT_2，使之交替导通工作。该电路可以实现与微机控制电路的接口。

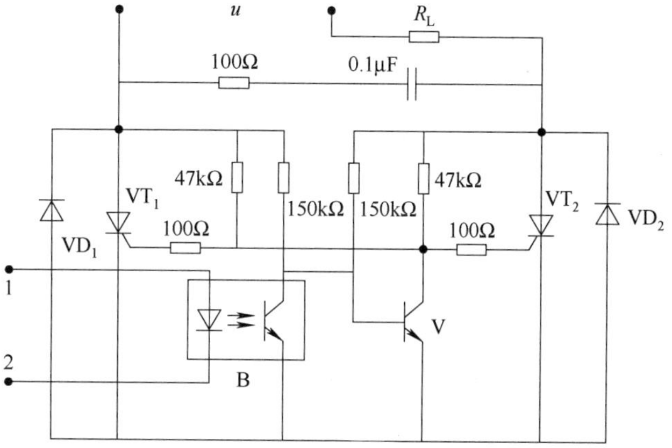

图 6-26　采用光耦合器的交流开关电路

（2）自动控制炉温电路

如图 6-27 所示为利用双向晶闸管交流开关与 KT 温控仪配合实现三相电热炉自动控温的电路。主电路与控制电路中的双向晶闸管各自仅用一只电阻（R_1^*、R_2^*）构成本相强触发电路。调整 R_1^*、R_2^* 的阻值，使双向晶闸管两端的交流压降减小到 2 ~ 5V，R_1^*、R_2^* 的阻值一般为 0.03 ~ 3 kΩ，功率小于 2W。

当控制开关 Q 打到“手动”位置时，KA 得电，本相强触发电路工作，电路一直处于加热状态，要控制温度需人工控制按钮 SB 对温度进行调节。当控制开关 Q 打到“自动”位置时，温度控制仪检测温度，控制晶闸管 VT_4 的工作状态，即控制 KA 是否得电，实现温度的自动控制。

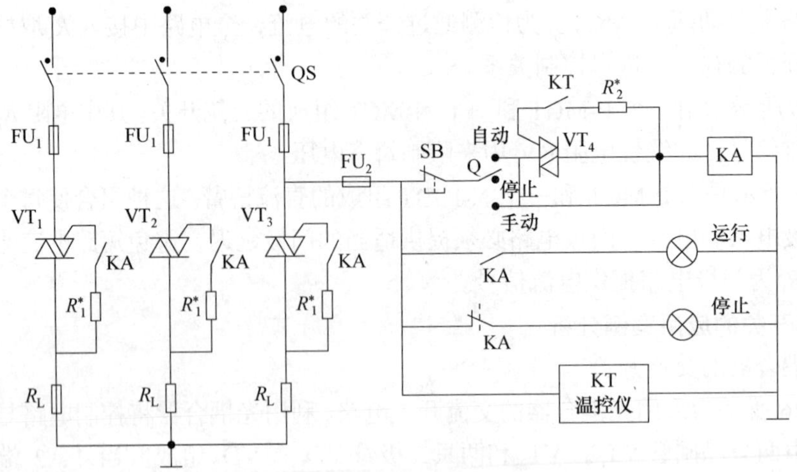

图 6-27　自动控温电热炉电路

（3）软起动器电路

如图 6-28 所示为晶闸管交流开关用于电动机软起动器的主电路，目前已得到广泛的应用。电动机起动时，6 个晶闸管构成的交流开关电路工作，控制电动机绕组电压按设定比率上升，当电枢电压上升至额定值时，自动切换使交流开关停止工作，交流接触器投入工作。采用软起动器将降低起动电流、减少对电网的干扰。用软起动器起动时电压沿斜坡上升，升至全压的时间可在 0.5 ~ 60s 设定。软起动器亦可用于软停止功能，电压下降的时间可在 0.5 ~ 240s 调节。

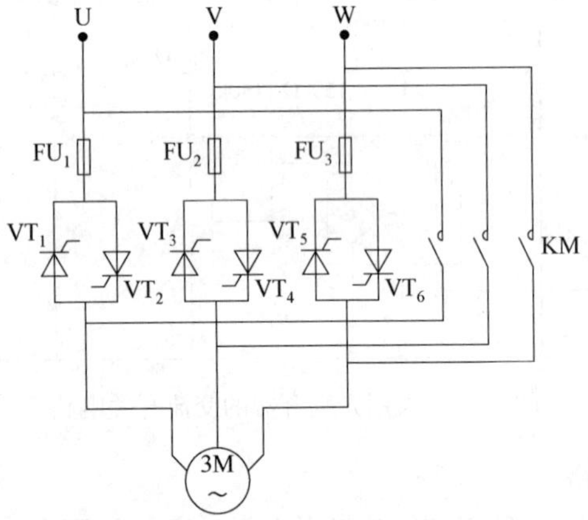

图 6-28　软起动器主电路

【例 6-4】对于热惯性大的负载，可以采用过零触发控制，若设定周期为 T，导通时间为 T_{on}，关断时间为 T_{off}，试求负载电压有效值 U_L 及负载功率 P_L。

解：

$$U_L = \sqrt{\frac{1}{T}\int_0^{T_{on}}\left(\sqrt{2}U_2\sin\omega t\right)^2}$$

$$= U_2\sqrt{\frac{1}{T}\int_0^{T_{on}}\left(1-\cos 2\omega t\right)^2 \mathrm{d}t} = U_2\sqrt{\frac{T_{on}}{T}}$$

$$P_{\mathrm{L}}=\frac{U_{\mathrm{L}}^2}{R}=\frac{U_2^2}{R}\frac{T_{\mathrm{on}}}{T}$$

【例 6-5】一台 220V、10kW 的电炉，现采用晶闸管单相交流调压使其工作于 5kW，试求出其延迟角、工作电流以及电源侧的功率因数。

解：电路是电阻性负载。220V、10kW 的电炉，其电流有效值为 $I=1000/220=45.5\text{A}$。因为功率 $P=I^2R$，若 R 不变，现要求输出功率减半，则应使 I^2 的值减小 1/2，故电流值应减为 45.5×（$1/\sqrt{2}$）= 32.2A。

又因为 $P=U^2/R$，也相当于要求 U^2 的值减小 1/2，$U=1/\sqrt{2}\tilde{U}$，

故 $\cos\varphi=U/\tilde{U}=1/\sqrt{2}$=0.707。$\alpha=90°$ 时，功率正好减半。

6.3.3　技能训练

1．知识准备

单相交流调功电路框图如图 6-29 所示。

交流调功电路的主电路和交流调压电路的形式基本相同，只是控制的方式不同，它不是采用移相控制而是采用通断控制方式。交流调压是在交流电源的半个周期内作移相控制，交流调功是以交流电的周期为单位控制晶闸管的通断，即负载与交流电源接通几个周波，再断开几个周波，通过改变接通周波数和断开周波数的比值来调节负载所消耗的平均功率。如图 6-30 所示，这种电路常用于电炉的温度控制，因为像电炉这样的控制对象，其时间常数往往很大，没有必要对交流电源的各个周期进行频繁的控制，只要大致以周波数为单位控制负载所消耗的平均功率，故称之为交流调功电路。

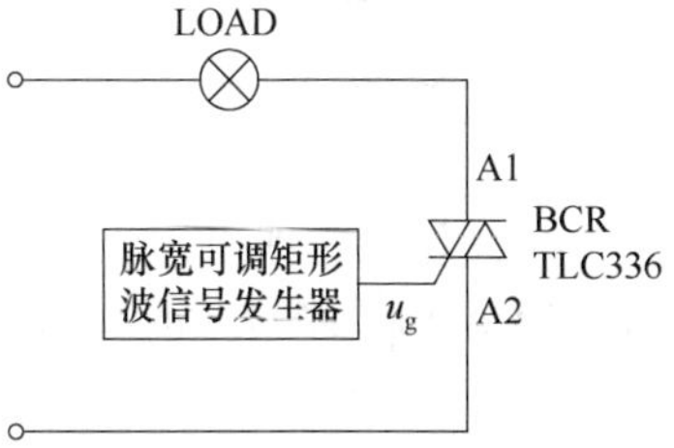

图 6-29　单相交流调功电路图

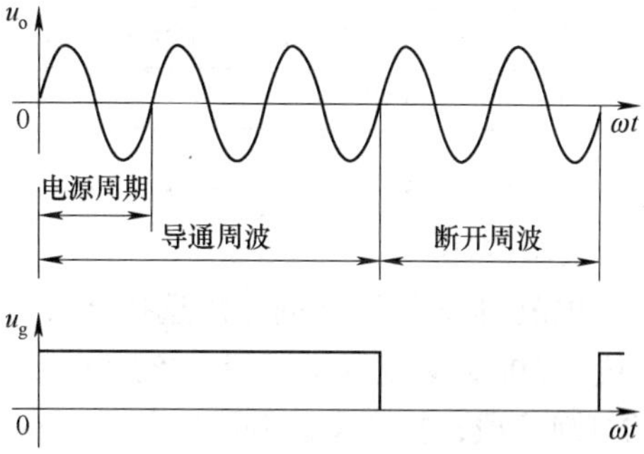

图 6-30　交流调功电路典型波形图

采用周波控制方式，使得负载电压、电流的波形都是正弦波，不会对电网电压、电流造成通常意义的谐波污染。此外由于在 BCR 导通期间，负载上的电压保持为电源电压，因此若将此控制方式用于手电钻在低速下对玻璃或塑性材料进行钻孔，将非常有利。

图 6-31 所示是一个应用的实验电路，选用灯泡作为实验负载，从灯泡亮、暗时段的变化，可了解交流调功电路的原理与特征。实验线路中双向晶闸管的触发信号由 555 组成振荡器，产生一个占空比可调的触发脉冲，并通过模拟门形成可靠的触发信号，其频率要低于市电的频率，并可在一定的范围内调节。

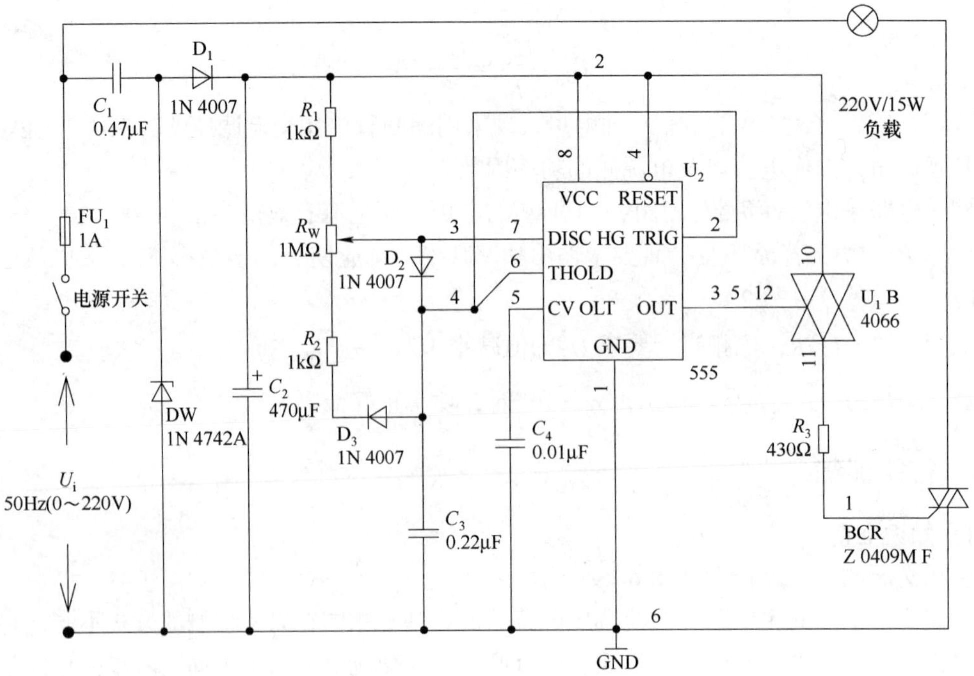

图 6-31 一个应用的实验电路

2. 实践操作

（1）实验所需挂件及附件

序 号	型 号	备 注
1	DJK01 电源控制屏	
2	DJK22 单相交流调压/调功电路	
3	双踪示波器	自备
4	万用表	自备

（2）实验方法

将 DJK01 电源控制屏的电源选择开关打到“直流调速”侧，使输出线电压为 200V，用两根导线将 200V 交流电压接到 DJK22 的“U_i”电源输入端，按下“启动”按钮。接入 220V、25W 的灯泡负载，打开交流调压电路的电源开关。

调节面板上的“移相触发控制”电位器 Rw 观察白炽灯亮暗的变化。调节“移相触发控制”电位器，用双踪示波器同时观察电容器两端及 BCR 触发极信号波形的变化规律，并记录。

取不同的 α 值，用示波器分别观测 BCR 触发信号及白炽灯两端的波形，并记录。

（3）项目测试内容及实施步骤

1）将 DJK01 电源控制屏的电源选择开关打到“直流调速”侧，使输出线电压为 200V，用两根导线将 200V 交流电压接到 DJK22 的“U_i”电源输入端，按下“启动”按钮。接入 220V、25W 的灯泡负载，打开交流调压电路的电源开关。

2）调节面板上的“移相触发控制”电位器 Rw 观察白炽灯亮暗的变化。调节“移相触发控制”电位器，用双踪示波器同时观察电容器两端及 BCR 触发极信号波形的变化规律，并记录。

3）取不同的 α 值，用示波器分别观测 BCR 触发信号及白炽灯两端的波形，并记录在表 6-4 中。

表 6-4　数据记录表

α 值 / 测试对象	30°	60°	90°	120°
BCR 触发信号波形				
白炽灯两端波形				

（4）注意事项

1）双踪示波器有两个探头，可同时测量两路信号，但这两个探头的地线都与示波器的外壳相连，所以两个探头的地线不能同时接在同一电路的不同电位的两个点上，否则这两点会通过示波器外壳发生电气短路。为此，为了保证测量的顺利进行，可将其中一根探头的地线取下或外包绝缘，只使用其中一路的地线，这样从根本上解决了这个问题。当需要同时观察两个信号时，必须在被测电路上找到这两个信号的公共点，将探头的地线接于此处，探头各接至被测信号，只有这样才能在示波器上同时观察到两个信号，而不发生意外。

2）调功电路的触发控制电路，其低压直流电源是通过交流电源电容降压，而不是通过降压变压器隔离，因此在实验时不要用手直接触摸电路的低压部分，以免触电。

6.3.4　相关习题

1．填空题

1）固态开关是一种__________端有源器件。

2）固态继电器是将________、________、________或________等按一定的电路组合在一起。

3）改变 SPWM 逆变器中的调制比，可以改变______的幅值。

4）为了利于功率晶体管的关断，驱动电流后沿应是________。

5）恒流驱动电路中抗饱和电路的主要作用是__________。

2．判断题

（　　）1）交流开关一般用两只普通晶闸管或者两只自关断电力电子器件反并联组成。

（　　）2）双向晶闸管与两只普通晶闸管反并联组成的电路具有相同的电路特性。

（　　）3）交流开关组成的调功电路在调光、温控、小容量电动机调速以及大容量异步电动机的软起动等场合应用广泛。

（　　）4）交流开关与常规电磁式开关相比具有开关速度快、使用寿命长等特点。

（　　）5）所谓的过零触发就是在电源电压过零时给予晶闸管触发脉冲，使得晶闸管始终处于全导通状态。

3．选择题

1）AC−DC 电路中，为抑制交流侧的过电压，可选用（　　）。

A．电容　　B．电感　　C．压敏电阻　　D．电阻

2）为防止晶闸管误触发，应使干扰信号不超过（　　）。

A. 安全区　　B. 不触发区　　C. 可靠触发区　　D. 可触发区

3）平波电抗器的选择原则是：保证电流连续，在（　　）。

A. 最小的负载电流时　　B. 最大的负载电流时

C. 最小的负载电阻时　　D. 最小的控制角时

4）零开关 PWM 变换电路利用改变变换电路的（　　）来调控输出电压和输出功率。

A. 开关频率　　B. 占空比　　C. 电压　　D. 电流

4. 简答题

1）交流调压开关通断触发延迟与相位触发延迟的优缺点是什么？适用于什么负载？

2）图 6-32 为双向晶闸管的零电压开关电路，说明 VT_1 触发信号随机断开时，负载能在电源电压波形过零点附近接通电源；VT_1 触发信号随机导通时，负载能在电流过零点断开电源。

3）交流调压与交流调功电路的电路结构是否相同？控制方式有什么不同？

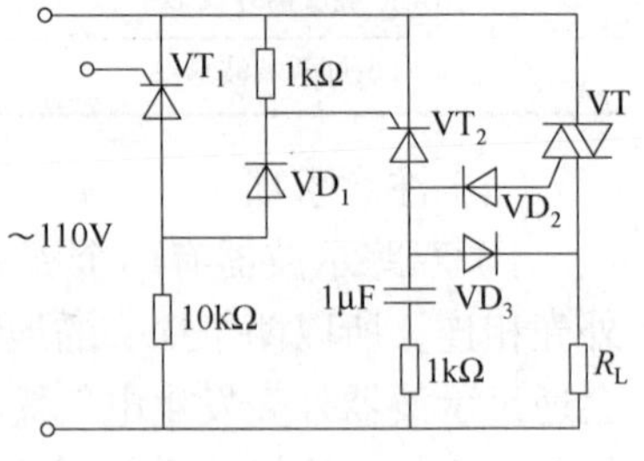

图 6-32　题 2

小　　结

本讲讨论了交流调压电路，它的调节控制方式一般有两种：一种是通断控制方式，控制负载所得电压的周波个数，达到调节负载功率的目的，而它们的触发延迟角一般是 $\alpha = 0°$；另一种就是常用的相位控制，它类似于单相可控整流电路那样调整输出电压，因此它们的相控分析方法是一致的。由于交流调压是交流变交流的应用，其参量均为有效值计算。

交流调压，即使是使用晶闸管也可以借负载过零自然关断，不需另加换流电路，所以电路简单，调整方便。但其含有较严重的谐波分量，不过对于加热炉、电光源、小容量的电动机等惯性较大的负载，谐波对工作的影响较小。因此，交流调压多用于加热或者机械惯性较大的负载功率调整。

异步电动机的软起动装置也属于双向晶闸管在交流调压方面的一种应用，应当提醒注意的是，软起动装置不仅在电动机起动或制动时可起到电压调节的作用，在电动机运行中也可适当调节加于电动机上的电压，使电动机上实际工作电压得到优化和保持。用电力电子器件组成的交流开关，与传统的接触器-继电器系统相比，没有触点及可动的机械机构，不存在电弧、触点磨损和熔焊等问题。组成交流开关的电力电子器件可以是单、双向晶闸管及 IGBT、MCT 等自关断器件。其中，晶闸管的造价较全控型器件低廉，已得到广泛的应用。此外，由于晶闸管总是在电流过零时关断，所以关断时不会因负载或电路中电感储能而造成暂态电压的现象；而 IGBT 及 MCT 均为压控器件，控制功率小、开关频率高，尤其是 MCT 的导通压降最低，是发展应用的方向。

在学习任务三中介绍了电力开关电路，电力交流开关适用于操作频繁、可逆运行及有易燃易爆气体的场合，特别是双向晶闸管组成的交流开关，其电路简单，得到了越来越多的应用。随着 MCT 的制造工艺和结构的进一步完善及制造成本的不断下降，以 MCT 为核心的电力电子开关将是一种更为理想的交流开关。

思考题与习题

1）AC-AC 变换器中的晶闸管的关断条件同整流电路中的一样吗？

2）采用双向晶闸管组成的单相调功电路采用过零触发，$U_2 = 220V$，$R = 1\Omega$，在控制的设定周期 T_C 内，使晶闸管导通 0.3s，断开 0.2s。试计算：

① 输出电压的有效值；

② 负载上所得的平均功率与假定晶闸管一直导通时输出的功率；

③ 选择双向晶闸管的型号。

3）试从电压波形、功率因数、电源容量、设备重量及控制方式等几个方面，分析比较采用晶闸管交流调压与采用自耦调压器的交流调压有何不同？

4）图 6-33 为单相交流调压电路，如果为感性负载，试求：

① 负载电压波形、负载电流波形，晶闸管 VT 两端电压波形。设 $u_2 = \sqrt{2}U_2 \sin \omega t$。

② 负载电压的有效值。

5）在图 6-33 中，若 $U_2 = 220V$，$L = 5.516mH$，$R = 1\Omega$，试求：

① 触发角 α 的移相范围；

② 负载电流最大有效值；

③ 最大输出功率和功率因数。

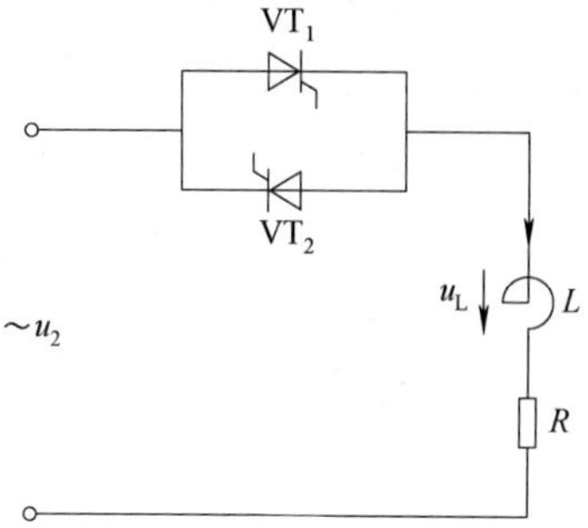

图 6-33　题 4

6）用一对反并联的晶闸管和使用一只双向晶闸管进行交流调压时，它们的主要差别是什么？

7）交流调压电路和交流调功电路有什么区别？两者各适用什么样的负载？为什么？

8）过零触发控制的单相交流调压，若 1 个周期导通，4 个周期关断，已知电源电压为 100V、频率为 50Hz，试求输出电压谐波。

9）在三相交-交变频电路中，梯形波输出控制的好处是什么？为什么？

10）如图 6-34 所示，单相交流调压，如果采用具有强迫换流机能的晶闸管，也会改善电源功率因数及减小谐波，例如采用门极关断晶闸管（GTO）。若门极在 $\omega t = \alpha$ 时，如导通信号，在 $\omega t = \pi - \alpha$ 时加关断信号，回答下列问题：

① 画出负载电压波形；

② 求出 u_1 的有效值电压 U_1；

③ $\alpha = \pi/6$ 时，求电源功率因数及基波功率因数。

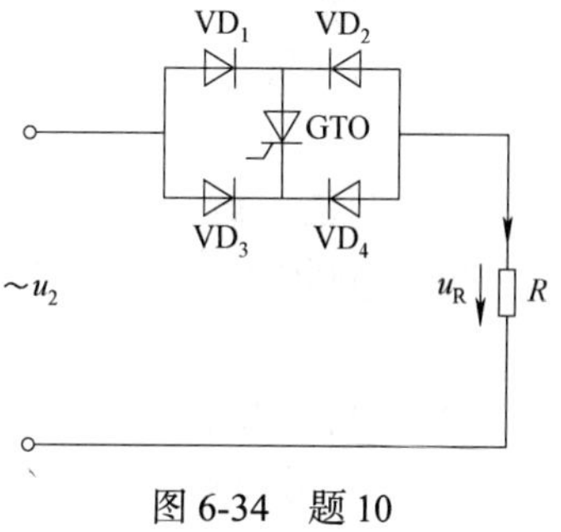

图 6-34　题 10

附录：维修电工题库（电力电子部分）

一、选择题

1. 电力晶体管（GTR）内部电流是由（ C ）形成的。

A. 电子　B. 空穴　C. 电子和空穴　D. 有电子但无空穴

2. 电力场效应管晶体管（MOSFET）在使用和存放时，要防止（ C ）。

A. 时间久而失效　B. 二次击穿　C. 静电击穿　D. 饱和

3. 对于场效应电子器件（场效应管晶体管、（ A ）），为防止静电击穿或静电寄存，在没有采取防静电措施时不要触摸它。

A. MOS 集成电路　B. HTL 集成电路　C. TTL 集成电路　D. 分立电路

4. 对于小容量晶闸管，在其门极和阴极之间加一并联（ D ），也可对电压上升率过大引起晶闸管误导通起到良好的抑制作用。

A. 电阻　B. 电抗　C. 电感　D. 电容

5. 对触发脉冲要求有（ B ）。

A. 一定的宽度，且达到一定的电流　B. 一定的宽度，且达到一定的功率

C. 一定的功率，且达到一定的电流　D. 一定的功率，且达到一定的电压

6. 关断晶闸管（GTO）构成高性能的变速调速系统。但目前由于元件的制造水平，只限于（ D ）容量。

A. 大、中　B. 大　C. 中、小　D. 较小

7. 绝缘栅双极晶体管的导通与关断是由（ C ）来控制。

A. 栅极电流　B. 发射极电流　C. 栅极电压　D. 发射极电压

8. 晶闸管斩波器是应用于直流电源方面的调压装置，其输出电压（ D ）。

A. 是固定的　B. 可以上调，也可以下调

C. 只能上调　D. 只能下调

9. 晶闸管中频电源的效率一般在（ D ）以上。

A. 60%　B. 70%　C. 80%　D. 90%

10. 晶闸管中频电源可能对电网 50Hz 工频电压波形产生影响，必须在电源进线中采取（ D ）措施来减小影响。

A. 耦合　B. 隔离　C. 整流　D. 滤波

11. 晶闸管用（ A ）档测量基极和集电极、发射极之间的正向电阻值。

A. R×10Ω　B. R×100Ω　C. R×1kΩ　D. R×10kΩ

12. 晶体管的集电极与发射极之间的正反向阻值都应大于（ D ），如果两个方向的阻值都很小，则可能是击穿了。

A. 0.5kΩ　B. 1kΩ　C. 1.5kΩ　D. 2kΩ

13. 晶体管属于（ D ）控制型。

A. 可逆　B. 功率　C. 电压　D. 电流

14. 集成化六脉冲触发组件每相同步电压经 RCT 型网络滤波，约移相（ A ）。

A. 30° B. 45° C. 60° D. 90°

15. 集成化六脉冲触发组件每相同步电压经（ B ）型网络滤波，约移相 30° 。

A. RC B. RCT C. LC D. LCT

16. 积分电路 C_1 接在 V_5 的集电极，它是（ C ）的锯齿波发生器。

A. 电感负反馈 B. 电感正反馈 C. 电容负反馈 D. 电容正反馈

17. 锯齿波的形成则主要靠晶体管 V_{12}、电容 C_2、电阻 R_5、电位器 Rp 组成的（ B ）电路。

A. 分 B. 积分 C. RC 耦合 D. RC 并联

18. KC41C 的内部的 1 ~ 6 端输入（ C ）块 KC04 来的 6 个脉冲。

A. 一 B. 二 C. 三 D. 四

19. KC41C 六路双脉冲形成器是（ D ）触发电路必备组件。

A. 两相半控桥式 B. 两相全控桥式 C. 三相半控桥式 D. 三相全控桥式

20. KC41 的输出端 10 ~ 15 是按后相给前相补脉冲的规律，经 V_1 ~ V_6 放大，可输出驱动电流为（ D ）的双窄脉冲列。

A. 100 ~ 300μA B. 300 ~ 800μA C. 100 ~ 300mA D. 300 ~ 800mA

21. KC41C（ B ）形成器是三相全控桥式触发电路中必备组件。

A. 六路单脉冲 B. 六路双脉冲 C. 三路单脉冲 D. 三路双脉冲

22. KC42 调制脉冲频率为（ C ）Hz，调节 R_1、R_2、C_1、C_2 值可改变频率。

A. 5 ~ 10M B. 1 ~ 5M C. 5 ~ 10k D. 1 ~ 5k

23. 集成化六脉冲触发组件每相同步电压经（ B ）型网络滤波，约移相 30° 。

A. RC B. RCT C. LC D. LCT

24. MOSFET 适用于（ D ）的高频电源。

A. 8 ~ 50kHz B. 50 ~ 200kHz C. 50 ~ 400kHz D. 100kW 以下

25. 脉冲移相控制环节改变（ C ），可直接控制 V_{13} 由关断转为导通的时刻，从而达到移相控制的目的。

A. C_r 的大小 B. C_E 的方向和大小 C. U_r 的大小 D. U_E 的方向和大小

26. N 型硅材料整流二极管用（ C ）表示。

A. 2CP B. 2CW C. 2CZ D. 2CL

27. 逆变电路为了保证系统能够可靠换流，安全储备时间 T_β 必须大于晶闸管的（ B ）。

A. 引前时间 B. 关断时间 C. 换流时间 D. t_f–t_r

28. 逆变电路输出频率较高时，电路中的开关元件应采用（ D ）。

A. 晶闸管 B. 单结晶体管

C. 电力晶体管 D. 绝缘栅双极晶体管

29. 逆变桥工作调整是将 0.8Ω 生铁电阻串联在直流电路里。这里串入限流电阻的作用是为了在（ A ）保护未调整好的情况下，当逆变失败时将主电路电流限制在一定范围内。

A. 过电压过电流 B. 过电压欠电流 C. 欠电压过电流 D. 欠电压欠电流

30. 逆变桥一个桥臂不导通。如果在满功率输出时发生这种故障，则逆变立即失败，（ D ）保护动作。

A. 短路　B. 过载　C. 过电压　D. 过电流

31. 逆变桥由晶闸管 $VT_7 \sim VT_{10}$ 组成。每个晶闸管均（ A ）以限制晶闸管导通时的电流上升率。

A. 串有空心电感　B. 硒堆组成的过电压保护装置

C. 串有快速熔断器　D. 并有 C、R 组成的阻容吸收装置

32. 逆变器根据对无功能量的处理方法不同，分为（ C ）。

A. 电压型和电阻型　B. 电流型和功率型　C. 电压型和电流型　D. 电压型和功率型

33. 三相六拍脉冲分配逻辑电路由 FF_1、FF_2、FF_3 三位 D 触发器组成。其脉冲分配顺序是（ D ）。

A. A→B→C→……　B. AB→BC→CA→……

C. A→AC→C→CB→B→BA→A→……　D. A→AB→B→BC→C→CA→A→……

34. 三相六拍脉冲分配逻辑电路由 FF_1、FF_2、FF_3 三位（ A ）触发器组成。

A. D　B. JK　C. RS　D. 脉冲

35. 三相半波可控整流电路其最大移相范围为 150°，每个晶闸管最大导通角为（ C ）。

A. 60°　B. 90°　C. 120°　D. 150°

36. 三相桥式逆变电路电压脉动小，变压器利用率高，晶闸管工作电压低，电抗器比三相半波电路小，在（ D ）容量可逆系统中广泛应用。

A. 小　B. 中、小　C. 大　D. 大、中

37. 三相交流换向器电动机的缺点之一是工作电压不能太高，一般额定电压（ C ）。

A. 小于 250V　B. 大于 250V　C. 小于 500V　D. 大于 500V

38. 三相半波可控整流电路其最大移相范围为（ D ），每个晶闸管最大导通角为 120°。

A. 60°　B. 90°　C. 120°　D. 150°

39. 三相半波有源逆变运行时，为计算方便，引入逆变角 $\beta =$（ D ）。

A. $90° + \alpha$　B. $180° + \alpha$　C. $90° - \alpha$　D. $180° - \alpha$

40. 双闭环调速系统中，电流环的输入信号有两个，即（ A ）信号和速度环的输出信号。

A. 主电路反馈电流　B. 主电路反馈转速

C. 主电路反馈的积分电压　D. 主电路反馈的微分电压

41. 双窄脉冲的脉宽在（ D ）左右，在触发某一晶闸管的同时，再给前一晶闸管补发一个脉冲，作用与宽脉冲一样。

A. 120°　B. 90°　C. 60°　D. 18°

42. 通过交流器把直流电能变成某一频率或可调频率的交流电能直接供电给负载的，叫做（ B ）。

A. 有源逆变　B. 无源逆变　C. 整流　D. 反馈

43. 为了保证三相桥式逆变电路运行必须用间隔（ B ）的双窄脉冲或双窄脉冲列触发。

A. 30°　B. 60°　C. 90°　D. 120°

44. 在斩波器中，作为主开关器件若用晶闸管代替电力晶体管，则会（ C ）。

A. 减小体积　B. 减轻重量　C. 增加损耗　D. 降低损耗

45. 在三相半控桥式整流电路带电阻性负载的情况下，能使输出电压刚好维持连续的控

制角 α 等于（ C ）。

A. 30° B. 45° C. 60° D. 90°

46. 在三相桥式半控整流电路中，对于共阴极组晶闸管来说，只有（ A ）一相的晶闸管且有触发脉冲时才能导通。

A. 阳极电压最高 B. 阳极电压最低 C. 阴极电压最高 D. 阴极电压最低

47. 在工业生产中，若需要低压大电流可控整流装置，常采用（ D ）可控整流电路。

A. 三相半波 B. 三相全波
C. 三相桥式 D. 带平衡电抗器的双反星形

48. 三相半波可控整流电路其最大移相范围为（ C ），每个晶闸管最大导通角为 120°。

A. 60° B. 90° C. 120° D. 150°

49. 双脉冲的脉宽在（ C ）左右，在触发某一晶闸管的同时，再给前一晶闸管补发一个脉冲，作用与宽脉冲一样。

A. 120° B. 90° C. 60° D. 18°

50. 三相半波有源逆变运行时，为计算方便，引入逆变角 $\beta=$（ D ）。

A. $90°+\alpha$ B. $180°+\alpha$ C. $90°-\alpha$ D. $180°-\alpha$

51. 三相桥式电路平均逆变电压 $U_d=$（ B ）。

A. $2.34U_2\cos\beta$ B. $-2.34U_2\cos\beta$ C. $1.17U_2\cos\beta$ D. $-1.17U_2\cos\beta$

52. 常见的可逆主电路连接方式有（ A ）两种。

A. 反并联和交叉连接 B. 并联和交叉连接
C. 并联和反交叉连接 D. 反并联和反交叉连接

53. 关断晶闸管（GTO）构成高性能的变速调速系统。但目前由于元件的制造水平，只限于（ C ）容量。

A. 大、中 B. 大 C. 中、小 D. 较小

54. 并联谐振式逆变器的换流（ D ）电路并联。

A. 电感与电阻 B. 电感与负载 C. 电容与电阻 D. 电容与负载

55. 串联谐振逆变器输入是恒定的电压，输出电流波形接近于（ D ），属于电压型逆变器。

A. 锯齿波 B. 三角波 C. 方波 D. 正弦波

56. （ C ）用于单机拖动，频繁加、减速运行，并需经常反向的场合。

A. 电容式逆变器 B. 电感式逆变器 C. 电流型逆变器 D. 电压型逆变器

57. 脉冲整形主要由晶体管 V_{14}、V_{15} 实现，当输入正脉冲时，V_{14} 由导通转为关断，而 V_{15} 由关断转为导通，在 V_{15} 集电极输出（ B ）脉冲。

A. 方波 B. 尖峰 C. 触发 D. 矩形

58. 高性能的高压变频器调速装置的主电路开关器件采用（ B ）。

A. 功率场效应晶体管 B. 绝缘栅双极晶体管 C. 电力晶体管

59. 在开关型稳压电源中，开关调整管应始终处于（ A ）。

A. 放大状态 B. 周期性通断状态 C. 饱和状态

60. 晶闸管中频电源能自动实现（ A ）调节，在金属加热和熔炼的全过程中，中频频率始终适应负载振荡回路谐振的需要。

A. 频率　　B. 功率　　C. 电压　　D. 电流

61. 对于小容量晶闸管，在其门极和阴极之间加一并联（　D　），也可对电压上升率过大引起晶闸管误导通起到良好的抑制作用。

A. 电阻　　B. 电抗　　C. 电感　　D. 电容

62. 防止电压上升率过大造成误导通的实用办法，是在每个桥臂串一个（　A　）。

A. 空心电抗器　　B. 硒堆保护　　C. 阻容保护　　D. 压敏电阻

63. 电流型逆变器中间环节采用电抗器滤波，（　B　）。

A. 电源阻抗很小，类似电压源　　B. 电源呈高阻，类似于电流源

C. 电源呈高阻，类似于电压源　　D. 电源呈低阻，类似于电流源

64. 串联谐振逆变器电路每个桥臂由（　C　）。

A. 一只晶闸管　　B. 一只二极管串联

C. 一只晶闸管和一只二极管并联　　D. 一只晶闸管和一只二极管串联

65. 可逆电路从控制方式分可分为有（　D　）可逆系统。

A. 并联和无并联　　B. 并联和有环流　　C. 并联和无环流　　D. 环流和无环流

66. 常见的可逆主电路连接方式有（　A　）两种。

A. 反并联和交叉连接　　B. 并联和交叉连接

C. 并联和反交叉连接　　D. 反并联和反交叉连接

67. 通过变流器把直流电能变成某一频率或可调频率的交流电能直接供电给负载的，叫做（　B　）。

A. 有源逆变　　B. 无源逆变　　C. 整流　　D. 反馈

68. 感性负载的特点是电流的变化滞后于电压的变化，这就可能在电源正半周结束时阳极电流仍大于（　B　）电流。

A. 负载　　B. 维持　　C. 关断　　D. 启动

69. 最小逆变角一般取（　D　）。

A. 15°～20°　　B. 20°～25°　　C. 20°～30°　　D. 30°～35°

70. KC42 就是（　B　）电路。

A. 脉冲调制　　B. 脉冲列调制　　C. 六路双脉冲　　D. 六路单脉冲

71. 高频电源设备的直流高压不宜直接由（　A　）整流器提供。

A. 晶闸管　　B. 晶体管　　C. 硅高压管　　D. 电子管

72. 雷击引起的交流侧过电压从交流侧经变压器向整流元件移动时，可分为两部分：一部分是静电过渡，能量较小，可用变压器二次侧经（　B　）来吸收。

A. 阻容吸收电路　　B. 电容接地

C. 阀式避雷器　　D. 非线性电阻浪涌吸收器

73. 在整流变压器空载且电源电压过零时一次侧切断电源时，可在二次侧感应出正常（　B　）以上的瞬间过电压。

A. 有效电压六倍　　B. 峰值电压六倍　　C. 峰值电压三倍　　D. 有效电压三倍

74. 雷击引起的交流侧过电压从交流侧经变压器向整流元件移动时，可分为两部分：一部分是电磁过渡分量，能量相当大，必须在变压器的一次侧安装（　C　）。

A. 阻容吸收电路　　B. 电容接地

C. 阀式避雷器　　D. 非线性电阻浪涌吸收器

75.（　C　）的形成则主要靠晶体管 V_{12}、电容 C_2、电阻 R_5、电位器 RP 组成的积分电路。

A. 锯齿波　B. 矩形波　C. 正弦波　D. 方波

76. 串联谐振逆变器输入是恒定的电压，输出电流波形接近于（　D　），属于电压型逆变器。

A. 锯齿波　B. 三角波　C. 方波　D. 正弦波

77. 不是将逆变的交流电能反馈到交流电网中去，而是供给负载使用，因此也称为（　A　）逆变。

A. 无源　B. 有源　C. 无环流可逆　D. 反并联可逆

78. 逆变状态时（　C　）。

A. $0° < \alpha < 45°$　B. $0° < \alpha < 90°$　C. $90° < \alpha < 180°$　D. $60° < \alpha < 120°$

79.（　C　）属于无源逆变。

A. 绕线式异步电动机串极凋速　B. 高压直流输电

C. 交流电动机变速调速　D. 直流电动机可逆调速

80. 感性负载（或电抗器）之前并联一个二极管，其作用是（　D　）。

A. 防止负载开路　B. 防止负载过电流

C. 保证负载正常工作　D. 保证晶闸管的正常工作

81.（　A　）控制方式的优点是精度高、速度快，其缺点是调试和维修比较复杂。

A. 闭环　B. 半闭环　C. 双闭环　D. 开环

82. KC41 的输出端 10 ~ 15 是按后相给前相补脉冲的规律，经 $V_1 \sim V_6$ 放大，可输出驱动电流为（　D　）的双窄脉冲列。

A. 100 ~ 300μA　B. 300 ~ 800μA　C. 100 ~ 300mA　D. 300 ~ 800mA

83.（　A　）六路双脉冲形成器是三相全控桥式触发电路中必备组件。

A. KC41C　B. KC42　C. KC04　D. KC39

84. KC04 电路中 $V_1 \sim V_4$ 组成（　A　）环节。

A. 同步检测　B. 脉冲形式　C. 脉冲放大　D. 脉冲移相

85. 调频信号输入到方波变换器变成两组互差 180° 的方波输出，经微分电路后产生尖脉冲，传送至双稳态触发电路形成两组互差 180° 的（　B　）脉冲。

A. 尖脉冲　B. 矩形　C. 梯形　D. 三角波

86. 当二极管外加电压时，反向电流很小，且不随（　D　）变化。

A. 正向电流　B. 正向电压　C. 电压　D. 反向电压

87. 逆变电路为了保证系统能够可靠换流，安全储备时间 t_β 必须大于晶闸管的（　B　）。

A. 引前时间　B. 关断时间　C. 换流时间　D. $t_f - t_x$

88. 快速熔断器是防止晶闸管损坏的最后一种保护措施，当流过（　B　）倍额定电流时，熔断时间小于 20ms，且分断时产生的过电压较低。

A. 4　B. 5　C. 6　D. 8

89. 锯齿波的形成则主要靠晶体管 V_{12}、电容 C_2、电阻 R_5、电位器 RP 组成的（　B　）电路。

A. 微分　B. 积分　C. RC 耦合　D. RC 并联

90. （ D ）适用于向多台电动机供电，不可逆拖动，稳速工作，快速性要求不高的场合。

A. 电容式逆变器 B. 电感式逆变器 C. 电流型逆变器 D. 电压型逆变器

91. 串联谐振式逆变器（ A ）电容串联。

A. 负载和换流 B. 负载和电感 C. 电阻和换流 D. 电阻和电感

92. （ A ）逆变器的换流电容与负载电路并联。

A. 并联谐振式 B. 串联谐振式 C. 谐振式 D. 有源

93. 感性负载的特点是（ A ）。

A. 电流的变化滞后于电压的变化 B. 电压的变化滞后于电流的变化

C. 电流的变化超前于电压的变化 D. 电压的变化超前于电流的变化

94. KC41C 六路双脉冲形成器是（ D ）触发电路中必备组件。

A. 两相全控桥式 B. 两相全控桥式 C. 三相半控桥式 D. 三相全控桥式

95. V_7截止期间，在集电极得到一定宽度的移相脉冲，在同步电压的正负半周都产生一个相隔（ D ）的脉冲。

A. 60° B. 90° C. 120° D. 180°

96. 调频信号输入到方波变换器变成两组互差 180° 的方波输出，经（ A ），传送至双稳态触发电路形成两组互差 180° 的矩形脉冲。

A. 微分电路后产生尖脉冲 B. 积分电路后产生尖脉冲

C. 微分电路后产生锯齿波 D. 积分电路后产生锯齿波

97. 晶闸管的 3 个极中门极用字母（ C ）表示。

A. K B. C C. G D. A

98. 晶闸管触发导通后其门极对主电路（ B ）。

A. 仍有控制作用 B. 失去控制作用

C. 有时仍有控制作用 D. 控制作用与自身参数有关

99. 晶闸管门极电压一般要求正向电压、反向电压分别不超过（ A ）。

A. 10V、5V B. 5V、10V C. 10V、10V D. 5V、5V

100. 通态平均电压值是衡量晶闸管质量好坏的指标之一，其值（ B ）。

A. 越大越好 B. 越小越好 C. 适中为好 D. 大小均好

101. 单相半波晶闸管整流电路中晶闸管所承受的最大正向电压为输入电源电压的（ C ）。

A. 平均值 B. 有效值 C. 峰值 D. 2 倍

102. 晶闸管整流电路在小导通角时应限制（ A ）。

A. 输出电流 B. 输出电压 C. 输入电流 D. 输入电压

103. 三相半波可控整流电路带电阻性负载时若触发脉冲加于自然换向点之前则输出电压将（ C ）。

A. 很大 B. 很小 C. 出现缺相现象 D. 降为零

104. 电阻性负载的三相桥式全控整流电路中当控制角 $0° \leq \alpha \leq 60°$，其输出的直流电压 U_d=（ B ）。

A. $1.17U_2\cos\alpha$ B. $2.34U_2\cos\alpha$ C. $1.17U_2\sin\alpha$ D. $2.34U_2\sin\alpha$

105. 三相半控桥式整流电路中每只晶闸管流过的平均电流是负载电流的（ C ）。

A. 1倍　　B. 1/2倍　　C. 1/3倍　　D. 1/6倍

106. 带平衡电抗器的三相双反星形可控整流电路中，平衡电抗器的作用是使两组三相半波可控整流电路（ D ）。

A. 相串联　　B. 相并联

C. 单独输出　　D. 以180°相位差相并联

107. 在三相半波可控整流电路中当负载为电感性时负载电感量越大则（ D ）。

A. 输出电压越高　　B. 输出电压越低　　C. 导通角θ越小　　D. 导通角θ越大

108. 三相半波可控整流电路带电阻性负载时当控制角大于（ A ）时输出电流开始断续。

A. 30°　　B. 60°　　C. 90°　　D. 120°

109. 带电感性负载的可控整流电路加入续流二极管后晶闸管的导通角比没有二极管前减小了，此时电路的功率因数（ A ）。

A. 提高了　　B. 减小了　　C. 并不变化　　D. 有微小变化

110. 对于带电感性负载的可控整流电路，为避免电感性负载的持续电流流过晶闸管，除并联续流二极管的方法外，也可以在电感性负载前并联适当大小的（ C ）。

A. 电阻　　B. 电容

C. 电阻电容串联回路　　D. 电阻电容并联回路

111. 防止过电压作用于晶闸管的保护措施一般有（ D ）。

A. 阻容保护　　B. 硒堆保护　　C. 压敏电阻保护　　D. AB和C

112. 防止过电流的晶闸管保护装置常用的是（ A ）。

A. 快速熔断器保护　B. 阻容保护　　C. 压敏电阻保护　　D. 硒堆保护

113. 晶闸管整流电路中同步的概念是指（ C ）。

A. 触发脉冲与主回路电源电压同时到来同时消失

B. 触发脉冲与电源电压频率相同

C. 触发脉冲与主回路电源电压频率在相位上具有相互协调配合关系

D. 触发脉冲与主回路电源电压频率相同

114. 为了保证晶闸管能准确及时可靠地被触发，要求触发脉冲的前沿要（ C ）。

A. 小　　B. 大　　C. 陡　　D. 坡

115. 在调速系统中称为有静差调速系统的是（ C ）。

A. 开环系统　　B. 闭环系统　　C. 单闭环系统　　D. 双闭环系统

116. 带有速度电流双闭环的调速系统在系统过载或堵转时速度调节器处于（ A ）。

A. 饱和状态　　B. 调节状态　　C. 截止状态　　D. 放大状态

117. 有静差调速系统当负载增加之后转速下降可通过反馈环节的调节作用使转速有所回升，系统调节后电动机电枢电压将（ B ）。

A. 减小　　B. 增大　　C. 不变　　D. 倍减

118. 双闭环系统中不加电流截止负反馈是因为（ A ）。

A. 有电流环保证　　B. 有转速环保证

C. 有比例积分器保证　　D. 有速度调节器的限幅保证

119. 带有速度电流双闭环的调速系统在启动时调节作用主要靠（ A ）产生。

A. 电流调节器　　B. 速度调节器　　C. 电流速度调节器　　D. 比例积分调节器

120. 无静差调速系统中必须有（　A　）。

A. 积分调节器　　B. 比例调节器　　C. 比例积分调节器　　D. 运算放大器

121. 晶闸管导通后通过晶闸管的电流决定于（　A　）。

A. 电路的负载　　B. 晶闸管的电流容量

C. 晶闸管阳—阴极之间的电压　　D. 晶闸管的参数

122. 晶闸管电路中如果脉冲变压器二次绕组极性接反可能发生的故障是（　B　）。

A. 烧熔断器熔芯　　B. 晶闸管不导通　　C. 晶闸管自行导通　　D. 反馈调节不稳定

123. 近年来由于大容量晶闸管整流装置的大量应用，（　B　）成为电网的一大公害。

A. 低频谐波　　B. 高次谐波

C. 电压波形畸变　　D. 电网附加损耗增大

二、判断题

（　×　）1. 变频调速具有优异的性能，调速范围大，平滑性高。变频时按不同规律结合调压仅可实现恒转矩或恒功率调速，以适应不同负载的要求，低速时特性的静差率较高。

（　×　）2. 对于三相全控桥式整流电路，要求脉冲信号是间隔 120° 的双窄脉冲。

（　×　）3. 带有辅助晶闸管换流电路的特点是主晶闸管的关断是由 LC 串联谐振电路中电流反向来实现。

（　√　）4. 单相可控整流电路的缺点是输出电压低，电压波形脉动大，单相负载影响电网的平衡运行。

（　√　）5. 逆变电路输出频率较高时，电路中的开关元件应采用电力场效应晶体管和绝缘栅双极晶体管。

（　√　）6. 逆变器的输出端接负载，输出频率由 LC 并联振荡器的谐振频率 f_0 决定。

（　×　）7. 无源逆变器的电源电压是交流。

（　×　）8. 晶闸管并联使用时，必须采取均压措施。

（　×　）9. 额定电流为 100A 的双向晶闸管与额定电流为 50A 的两只反并联的普通晶闸管，两者的电流容量是相同的。

（　　）10. 在 SPWM 调制方式的逆变器中，只要改变参考信号正弦波的幅值，就可以调节逆变器输出交流电压的大小。

（　√　）11. 晶闸管触发电路的触发信号可以是交流、直流信号，也可以是脉冲信号。

（　×　）12. 无源逆变器的电源电压是交流。

（　×　）13. 来自三块 KC04 触发器 13 号端子的触发脉冲信号，分别送入 KC42 的 2、4、12 端。V_1、V_2、V_3 构成与非门电路。只要任何一个触发器有输出，S 点就是低电平，V4 截止，使 V_5、V_6、V_8 组成的环形振荡器停振。

（　√　）14. 分立元件组成的触发电路，电路复杂且使用元件多。

（　×　）15. 为防止中频电流在 C_d 产生较高的中频电压，影响逆变器的运行，C_d 的容量要足够大，可认为整流器输出为一恒流源。

（　×　）16. 两电压叠加后产生脉冲前沿幅度很低，陡度很小的触发脉冲，从而大大提高了对晶闸管触发的可靠性。

（　×　）17. 带有辅助晶闸管换流电路的特点是，主晶闸管的关断是由 LC 串联谐振电路中电流反向来实现。

（ √ ）18. 串联二极管式逆变器，在变频调速系统中应用广泛，$VD_1 \sim VD_6$ 为隔离二极管，其作用是使换流回路与负载隔离，防止电容器的充电电压经负载放掉。

（ √ ）19. 在中等容量整流装置或不可逆的电力拖动系统中，由于桥式半控整流电路更简单和经济，故在实际中广泛采用。

（ √ ）20. 为了实现频率的自动跟踪，逆变触发电路采取自激工作方法，自激信号来自负载端。

（ √ ）21. 并联谐振逆变器输入是恒定的电流，输出电压波形接近于正弦波，属于电流型逆变器。

（ √ ）22. 既可整流又可逆变的晶闸管电路称为变流器或变流装置。

（ × ）23. 如果 5 个整流元件全采用晶闸管，就成了三相桥式全控整流电路。

（ × ）24. 三相六拍脉冲分配逻辑电路由 FF_1、FF_2、FF_3 三位 JK 触发器组成。

（ × ）25. 数字式触发电路中 U/f 为电压-频率转换器，将控制电压 U_K 转换成频率与电压成反比的脉冲信号。

（ √ ）26. 触发电路中一般设有最小逆变角保护，确保不小于 35°。

（ × ）27. 直流环流采用消除外，交流环流则采用回路中加入均衡电抗器的方法进行限制。

（ √ ）28. 电流检测装置从交流侧检测到过电流信号超过一定值时，立即反馈到自动调节装置，将晶闸管触发脉冲后移，输出电压 U_d 减小致使 I_d 减小，从而达到限流的目的。

（ × ）29. 三相半波逆变电路接线简单，元件少，但性能比三相桥式电路差，变压器利用率低，只适用于大中容量的可逆系统。

（ √ ）30. 晶闸管具有可控的单相导电性能，以小功率电信号对大功率电源进行控制。

（ × ）31. 晶闸管可以广泛用于整流调压交流开关等方面，但不能用于逆变和调整方面。

（ √ ）32. 晶闸管的断态重复峰值电压 U_{dm}、不重复峰值电压 U_{dsm} 和转折电压 U_{bo} 之间的大小关系是 $U_{dm} < U_{dsm} < U_{bo}$。

（ × ）33. 晶闸管的掣住电流是管子保持通态的最小电流。

（ √ ）34. 造成晶闸管误导通的原因有两个：一是干扰信号加于门极；二是加到晶闸管上的电压上升率过大。

（ × ）35. 晶闸管整流电路中可以采用大电容滤波。

（ √ ）36. 三相半波可控整流电路带电阻性负载时，如果触发脉冲出现在自然换相点之前，则输出电压会出现缺相现象。

（ √ ）37. 三相半波整流电路共阴极接法和共阳极接法 U、V 两相的自然换相点在相位上相差 180°。

（ √ ）38. 带平衡电抗器三相双反星形可控整流电路工作时，除自然换相点外的任意时刻都有两个晶闸管导通。

（ √ ）39. 三相桥式半控可控整流电路中一般都用三只二极管和三只晶闸管。

（ × ）40. 三相桥式可控整流电路中每只晶闸管流过的平均电流值是负载电流的 1/6。

（ × ）41. 三相半波可控整流电路中的晶闸管可承受的最大反向电压是 $2\sqrt{2}U^2$ 。

（ × ）42. 在单相半波大电感负载可控整流电路中如控制角很小，则控制角与导通角之和接近于 180° ，此时输出电压平均值近似为零。

（ √ ）43. 带电感性负载的晶闸管整流电路加装续流二极管的极性不能接错，否则会造成短路事故。

（ √ ）44. 晶闸管整流电路中过电流的保护装置是快速熔断器，它是专供保护半导体元件用的。

（ × ）45. 晶闸管整流电路防止过电压的保护元件长期放置产生老化的是压敏电阻。

（ × ）46. 单结晶体管触发电路在一个电源周期内可能产生多个触发脉冲，通常每个触发脉冲都使单结晶体管由截止变导通一次。

（ × ）47. 闭环系统采用负反馈控制是为了降低系统的机械特性硬度，减小调速范围。

（ √ ）48. 在有差调速系统中扰动对输出量的影响只能得到部分补偿。

（ √ ）49. 晶闸管电路的维修调试，其方法可归纳为四句话：摸清情况，分段划块，弄清用途，逐点分析。

（ × ）50. 晶闸管电路中若晶闸管两端没有过电压保护可能发生晶闸管不导通故障。

参考文献

[1] 黄家善. 电力电子技术[M]. 2 版. 北京：机械工业出版社，2007.
[2] 刘峰，孙艳萍. 电力电子技术[M]. 大连：大连理工大学出版社，2006.
[3] 陈因. 电力电子技术实训教程[M]. 重庆：重庆大学出版社，2007.
[4] 黄俊. 半导体变流技术[M]. 北京：机械工业出版社，1986.
[5] 浙江天皇科技实业有限公司. 电力电子及电机控制实验指导书. 2004.
[6] 浙江天皇科技实业有限公司. THPJC-2 型高级电工实训指导书. 2006.
[7] 陈国呈. PWM 变调速及软开关电力变换技术[M]. 北京：机械工业出版社，2001.
[8] 艾默生网络能源有限公司. DT2100 系列供水专用变频器拥护手册. 2006.
[9] 莫正康. 电力电子应用技术[M]. 3 版. 北京：机械工业出版社，2000.
[10] 石秋洁. 变频器应用基础[M]. 北京：机械工业出版社，2002.
[11] MM420 西门子系列变频器使用手册.
[12] 张登山，肖芳. 西门子通用变频器应用实例手册. 西门子标准传动部，2002.
[13] 吕汀，石红梅. 变频技术原理与应用[M]. 北京：机械工业出版社，2003.

电力电子新技术系列图书

书　　名	书　　号	定　　价	出 版 时 间
电压源换流器在电力系统中的应用	37849-5	49.8	201206
机车动车牵引交流传动技术	37250-9	48	201203
PWM 整流器及其控制	36822-9	69.8	201203
电力半导体器件原理及应用	35666-0	49.8	201110
电力电子技术在汽车中的应用	29993-6	40	201006
新能源汽车与电力电子技术	29087-2	30	201010
太阳能光伏并网发电及其逆变控制	31800-2	58	201205
脉冲功率器件及其应用	28956-2	40	201101
高频开关型逆变器及其并联并网技术	32395-2	40	201111
开关稳压电源的设计和应用	30463-0	39	201208
开关变换器的实用仿真与测试技术	28688-2	45	201001
宽禁带半导体电力电子器件及应用	25165-1	36	200901
交流电动机直接转矩控制	28346-1	45	201011
高压直流输电原理与运行	25098-2	30	201202
逆变焊机原理与设计	23637-5	39	201204

零起点学自动化技术丛书

书　　名	书　　号	定　　价	出 版 时 间
零起点学西门子 S7-300/400 PLC	38359-8	59.8	201207
零起点学西门子 S7-200 PLC	37423-7	39.8	201205
零起点学西门子变频器应用	36363-7	43	201203
零起点学 Linux 系统管理	37309-4	29.8	201203
零起点学 Proteus 单片机仿真技术（含 1CD）	36904-2	38	201203
零起点学维修电工技术	36361-3	30	201202

电子技术入门

书　　名	书　　号	定　　价	出 版 时 间
常用电子仪器仪表的使用与速修技巧（第 2 版）	39078-7	38	201208
电子产品工艺与装配技能实训	37408-4	34.8	201205
新型元器件快学巧用必问精答	36227-2	35	201202
精准快识别与检测实用元器件	33529-0	39.8	201106
电工电子元器件的选择与测量	30677-1	19.8	201107
汽车电子电器元器件的检测与修理	30237-7	27	201107
电子技术一点通	26114-8	35	201106
电器修理入门	31359-5	25	201110
常用电路的分析方法与技巧	31467-7	36	201105
学电子技术入门到成才	26115-5	25	200912
万用表使用入门	14084-2	13	200903
电子工艺与实训	36417-7	44	201201

（续）

书　名	书　号	定　价	出版时间
电工电子实训教程	27342-4	28	201101
电子工艺实训教程	23151-6	36	201101
电子操作工实践教程	24873-6	23	200809
数字电路及其实际操作技能问答	27717-0	24	200908
模拟电路及其实际操作技能问答	25305-1	19	200901
电子技术实训与课程设计	26346-3	18	200905
电子技术基础实验及课程设计	20662-0	19.8	201206
电子元器件与电子实习实训教程	26186-5	30	201107
电子元器件与电子实习	19721-6	24	201201
学电子元器件从入门到成才	28447-5	29.8	201103
电子元器件检测入门	13442-8	10	200710
电子元器件检测技能一点通	23046-5	18	200908
电子电路识图技能一点通	24872-9	25	201105
电子电路知识点合订本：元器件应用电路高速入门好助手	28961-6	29.5	201011
电子电路知识点合订本：负反馈电路	29088-9	27	201001